钢铁冶金流程复杂固废资源化循环利用技术

叶恒棣　著

北　京

冶　金　工　业　出　版　社

2024

内 容 提 要

本书从分析钢铁全流程固废来源、物化特征、物质和能量的迁移转化规律出发，阐明了冶金流程协同资源化消纳复杂固废的生态化适配路径，建立了固废属性判别指标体系，以固废定向分离、有价资源循环利用、全过程污染物协同控制为核心，围绕复杂固废处置的基本原理、工艺流程、关键装备、工业示范案例等，系统地阐述了钢铁全流程复杂固废循环利用技术的开发与应用，同时介绍了钢铁流程资源化消纳非钢领域含铁固废的相关技术，并疏理了固废处置行业发展的政策支持和标准体系建设情况，展望了未来的发展方向。

本书可供钢铁行业从事钢铁冶金复杂固废处置及资源化的工程技术人员、设计人员、教学人员参考阅读，也可供有色、化工等行业含铁固废处置相关技术人员参考使用。

图书在版编目(CIP)数据

钢铁冶金流程复杂固废资源化循环利用技术/叶恒棣著. —北京：冶金工业出版社，2024.5

ISBN 978-7-5024-9707-1

Ⅰ．①钢…　Ⅱ．①叶…　Ⅲ．①钢铁冶金—固体废物利用　Ⅳ．①X756.05

中国国家版本馆 CIP 数据核字（2024）第 004170 号

钢铁冶金流程复杂固废资源化循环利用技术

出版发行	冶金工业出版社	电　话	(010)64027926
地　　址	北京市东城区嵩祝院北巷 39 号	邮　编	100009
网　　址	www.mip1953.com	电子信箱	service@ mip1953.com

责任编辑　夏小雪　美术编辑　彭子赫　版式设计　郑小利
责任校对　石　静　李　娜　责任印制　禹　蕊
北京捷迅佳彩印刷有限公司印刷
2024 年 5 月第 1 版，2024 年 5 月第 1 次印刷
710mm×1000mm　1/16；30.25 印张；589 千字；463 页
定价 228.00 元

投稿电话　(010)64027932　投稿信箱　tougao@cnmip.com.cn
营销中心电话　(010)64044283
冶金工业出版社天猫旗舰店　yjgycbs.tmall.com
（本书如有印装质量问题，本社营销中心负责退换）

序

    我国经济正处于工业化、城镇化高速发展阶段。同时，我国也是全球最大的钢铁生产国和消费国。基于我国的资源禀赋，支撑我国大规模钢铁生产的主要是以高炉、转炉为主的长流程钢铁工艺，而长流程炼钢每生产1 t粗钢要产生600~800 kg固体废弃物。全国钢铁行业每年产生的固体废弃物超过6亿吨，主要包括炉渣、含铁尘泥、有机固废、烧结脱硫产物等。渣类固废主要成分为Ca、Si类，基本上可以通过水泥、建材行业进行消纳，但还有部分固废含有Fe、C等有价元素，因赋存了Zn、K、Na、Cl、S及高挥发分有机物，不能直接在钢铁流程循环利用，成了难处理的复杂固废，尤其是危险废物，给钢铁工业造成了资源浪费和环境破坏，阻碍了钢铁工业高质量发展。

    党的二十大报告提出要加快发展方式绿色转型，推动绿色发展，推进各类资源节约集约利用，加快构建废弃物循环利用体系，加快节能降碳先进技术研发和推广应用。国家"十四五"发展规划也明确要求"全面推行循环经济理念，构建多层次资源高效循环利用体系。推进能源资源梯级利用、废物循环利用和污染物集中处置。"我国是资源消耗大国，倡导节能减排、资源循环利用是历史所趋、势在必行，尤其近年来党和国家对建设生态文明和发展循环经济的要求提升到了一个新的高度，我国钢铁工业绿色发展越发面临挑战。

    钢铁流程固废的循环利用一方面有利于减少资源浪费、降低对现有资源的过度开采；另一方面，对降低企业污染物排放、减少堆存空间占用、提高固废经济效益具有十分重要的意义。然而，钢铁流程固废组分及赋存形态非常复杂，对其循环利用既要回收有价资源，对其中的污染物进行全流程控制，同时还要考虑固废循环利用过程的成本问题。因此，必须针对钢铁系统的多源复杂固废制定一个全方位的低碳、低污染、低成本资源化处置技术方案。

中冶长天国际工程有限责任公司、国家烧结球团装备系统工程技术研究中心叶恒棣团队与中南大学、宝钢股份、山东永锋钢铁等企业和高校共同努力，对钢铁流程复杂固废中质能迁移、转化、循环利用规律进行了系统而深入的研究，取得了许多有价值的研究成果，提出了耦合钢铁冶金质能流的固废组分定向分离循环利用理论方法，开发了固废多组分反应物界面特征调控、强化组分定向分离而被冶金流程资源化消纳的技术方法，发明了有机固废热解-焚烧法高值化制备冶金原（燃）料技术及装备、有机/含锌尘泥多场可控回转窑法铁锌低成本高效分离技术及装备、多金属高盐固-液废物协同资源化技术及装备，不仅实现了钢铁企业厂内固废不出厂，还可以协同消纳部分社会废弃物，提升了钢铁企业的功能价值和社会价值。

叶恒棣总工程师将这些研究成果系统撰写成《钢铁冶金流程复杂固废资源化循环利用技术》，从钢铁全流程固废来源与物化特征分析、物质和能量的迁移转化规律出发，以固废组分定向分离、有价资源循环利用、全过程污染物协同控制为核心，围绕复杂固废处置的基本原理、工艺流程、关键装备、工业示范案例等，系统地阐述了钢铁全流程复杂固废循环利用技术的开发与应用的新成果，同时介绍了钢铁流程资源化消纳非钢领域含铁固废的相关技术，并分析了固废处置行业发展的政策支持和标准体系建设情况，展望了未来的发展方向。

《钢铁冶金流程复杂固废资源化循环利用技术》是一部兼具学术性、实用性的冶金固废循环利用领域著作，能为钢铁企业复杂固废处置提供新的工艺路线和技术参考。相信广大读者能从书中获得启迪，对冶金复杂固废的处置萌发新的认识和思考。书中介绍的成果将会有助于读者弄清钢铁流程复杂固废的循环利用机理，解决钢铁流程复杂固废的资源化利用问题，为钢铁工业绿色转型做出积极贡献。

中国工程院院士

2023 年 11 月

前　　言

　　钢铁长流程是铁素体为主的物质流在碳素体为主的能量流推动下，沿着信息流指引的路径，不断发生物理化学反应，不断与外界进行物质、能量转化与交换的动态平衡耗散结构体系。在这个过程中，钢铁冶金流程各工序不断有新的物质和能量输入，也不断向环境释放不同相态的副产物和不同形态的余能。所谓的固废就是稳定态为固态的副产物（废弃物）。

　　根据钢铁流程固废物理化学特征可以把固废分为三类：渣类固废、尘泥类固废和杂物类固废。渣类固废主要是高炉渣和钢渣。炼铁和炼钢的目的是使铁矿石中杂质被分离进入熔渣，熔渣密度较小，漂浮在铁水或钢水上面，从而与铁、钢分离除去，冷却后成为高炉渣或钢渣。尘泥类固废主要有烟尘、扬尘和磨屑。烟尘是冶金过程高温环境下产生的烟气中的颗粒体污染物，包括未燃尽的残碳、气流夹带的冶金产物、挥发后又冷凝氧化的重（碱）金属氧化物、氯化物及其他颗粒物。扬尘主要是原料、燃料、半成品在运输、转运、破碎过程中产生的细微颗粒物。而磨屑是轧钢过程中，轧辊制成品表面磨屑与乳化废液的混合物，故又称含油尘泥。杂物类固废主要包括废含油手套、废橡胶、废织物等有机杂物和废钢、铁屑、其他废金属等。

　　从固废的化学成分来分析，渣类固废是低铁高钙高硅类固废，尘泥类固废是富铁或富碳类固废，杂物类固废大多是高挥发分的碳氢类固废。基于对固废化学成分的认识，近年来，人们在固废的处置方面，做了大量的工作。渣类固废主要用于建材，存在的问题主要有：由于高炉渣主要是水冲渣，潜热没有充分利用；而随着建材标准的提高，钢渣中游离 CaO 问题，带来了严峻的挑战。尘泥类含铁或含碳高，具有在钢铁流程循环利用的潜力。但由于这类固废富集了大量不宜进入钢铁流程的重（碱）金属、氯元素，资源化利用举步维艰。其中，含锌固废利用转底炉提锌后，循环利用技术相对成熟，但投资和运行成本偏高；而采用回转窑提锌易结圈、作业率低、资源化水平低、经济效益差。扬尘类固废收集后基本可以直接回冶金流程循环利用。杂物类固废中，废钢类可以在钢铁流程中直接回冶金流程循环利用，但有机杂物类固废大多作为工业有机危险废物外运，与社会工业危险废物一起，采用焚烧法处置，资源化率较低，并且灰渣与飞灰填埋处置，存在土地占用的问题和二次污染的风险，邻避效应严重。

在钢铁冶金环境治理领域，中冶长天国际工程有限责任公司研发团队（以下简称中冶长天研发团队）近年来提出了系统质能减量及循环利用冶金环境治理理论观点，即质能流源头及过程优化控制等方面采取技术措施，减少吨钢物质流、能量流总量，从而减少冶金流程废弃物和余能对环境的排放总量。对减量后排放的废弃物和余能，通过技术手段尽量循环回钢铁冶金主流程，实现循环利用。为此，中冶长天研发团队建立了强化系统治理的多相流、多组分反应界面调控理论方法，研发了冶金流程"碳污源头减排—污物协同净化—质能耦合循环"冶金治理核心技术及成套装备。

基于上述理论观点，针对钢铁冶金固废资源化存在的问题，中冶长天研发团队开展了冶金流程固废质、能、毒害价值属性分析和多维度判别指标体系研究。结合冶金流程各工序协同处置固废的潜力分析，制定了钢铁冶金流程资源化技术路线，研究了钢铁流程固废有价组分定向分离与循环利用机制。采用多相流、多组分反应界面调控理论方法，开发了有机危险废物控温控氧热解焚烧制备原/燃料并循环利用技术，含锌尘泥铁、锌组分低碳高效还原分离并循环利用技术，高盐固-液废高效洗盐除铊提纯并循环利用技术，研制了系列成套装备，形成了适应性强、高效低耗、清洁安全的钢铁流程固废资源化循环利用技术体系，并正在形成标准体系。

本书全面系统地总结了中冶长天国际工程有限责任公司及行业内近年来在钢铁冶金流程复杂固废资源化方面的研究成果和实践经验。其中，第1章钢铁冶金流程固废物化特征、处置现状及发展趋势，介绍了固废产生的物化特征、处置现状及存在的问题，分析了技术发展方向；第2章钢铁冶金复杂固废质、能、毒害属性分析及循环利用准则，介绍了固废的物质、能源、毒害价值属性，提出了冶金流程协同治理固废的适配原则和循环利用准则；第3章钢铁冶金流程各工序协同处置固废潜力及路径分析，介绍了冶金流程各工序的工艺技术特点及协同处置固废的潜力，并结合前述的循环利用准则，提出了冶金流程各工序协同处置固废的生态化适配路径；第4章钢铁冶金流程有机固废资源化循环利用技术，介绍了有机富铁固废（含铁尘泥）、有机低铁固废（有机杂物）控温控氧热解主焚烧制备冶金原/燃料技术和二噁英污染控制技术，阐述了冶金流程消纳社会工业有机危险废物工艺及其工业应用示范；第5章钢铁冶金重金属固废资源化循环利用技术，介绍了含锌含铁固废回转窑法高效还原提铁提锌循环利用，并控制回转窑结圈的技术，阐述了工业应用示范，同时叙述了含铬固废通过烧结法循环利用技术；第6章钢铁冶金高盐固-液废资源化循环利用技术，介绍了冶金流程高盐含铁固废与酸性废水协同治理，并高效除铊提盐循环利用技术，阐述了工业应用示范；第7章复杂固废组分分离核心装备技术研发，介绍了上述新技术中核心装备的开发，包括强力混合机、扰动造球机、多场协同可控回转窑、控氧干式冷却装备、洗灰提盐一体化装置、活性炭多污染物净化吸附及解吸装置等；第8章钢铁流程消纳非钢领域固废技术介绍，介绍了铜、硫化工领域含铁硫酸渣球团法资源化利用技术、钒化工高碱含铁固废球团法资源化利用技术、电解铝行业赤泥球团法资源化利用技术、冶金流程资源化处置市政垃圾飞灰技术、烧结处置半干法脱硫灰技术，并阐述了冶金流程处置含铁硫酸渣和半干法脱硫灰的工业应用示范；第9章全流程、跨领域多源固废协同资源化组合方案及智慧平台构建，提出了多源固废协同资源化组合方案和技术路线，并介绍了协同处置智慧平台的构成及工作流程；第10章相关政策及标准体系，介绍了国家政策法规对冶金流程协同消纳冶金固废与社会废弃物的指导和支持，阐述了冶金流程固废资源化循环利用标准体系构建的现状和思路。

本书由叶恒棣撰写，参与资料收集与素材提供的人员有李谦、王兆才、郑富强、杨本涛、师本敬、李俊杰、张雪凯、张震、卢兴福、胡兵、曾小信、王业峰、姚聪林、刘臣、朱佼佼等。固废领域专家何发钰、魏进超、王明登、沈维民、王兆才、刘昌齐等对全书进行了审核和校对，由叶恒棣负责审定。

特别感谢中冶长天国际工程有限责任公司董事长易曙光和总经理乐文毅对本书撰写的高度重视和指导，也特别感谢中国工程院院士柴立元及其研究团队在本书撰写过程中给予的大力支持并为本书作序，感谢安徽工业大学龙红明教授、武汉轻工大学张垒教授、武汉科技大学胡佩伟副教授等高校学者的协助与交流指导，感谢宝山钢铁股份有限公司、宝钢湛江钢铁有限公司、山东钢铁集团永锋临港有限公司、安阳钢铁集团有限责任公司、湖南诚钰环保科技有限公司、铜陵有色金属集团控股有限公司等企业领导和专家的支持和指导，感谢湖南中冶长天节能环保技术有限公司彭杰、李勇、刘唐猛等为书中工程项目介绍提供的素材和数据。书中参考和引用了中南大学姜涛院士团队及其他专家学者的有关文献资料，在此一并表示感谢。

由于本书涉及面广，撰写工作量大，再加上作者水平有限，书中难免有不足和疏漏之处，恳请广大读者和同行批评指正。

作　者
2023 年 10 月于长沙

目　　录

1 钢铁冶金流程固废物化特征、处置现状及发展趋势

本章重点介绍钢铁冶金流程固废的产生及物理化学特征、处置现状及发展趋势。从冶金流程固废的来源和物理形态分析，固废可以分为渣类固废、尘泥类固废和有机杂物类固废；从固废的物化特征分析，固废可分为普通固废和复杂固废。复杂固废又包括有机固废、含重固废和高盐固废，其既含有对钢铁流程有用的铁、碳、钙等元素，又含有对钢铁流程有害的重金属、碱金属、有机物等元素，是钢铁流程固废处置的重点和难点。本章还介绍了钢铁冶金流程主要固废的处置现状，指出了冶金固废处置目前存在的问题及未来的发展方向。

1.1 钢铁冶金流程固废的产生及分布

1.1.1 钢铁流程固废的来源

中国钢铁工业历经了连续多年的高速发展，从 2020 年开始，中国粗钢年生产规模均超过 10 亿吨，在世界占比超过 50%，超过其他所有国家总和而位居世界第一。

作为全球最大的钢铁生产国和消费国，目前我国的钢铁生产仍然是以"高炉—转炉"为主的长流程生产工艺，长流程粗钢产能占比约为 90%。我国钢铁原料主要是进口粉矿，铁精矿少，燃料主要为煤和焦炭，天然气资源缺乏，这些原/燃料条件决定了我国高炉炉料制备仍以烧结工艺为主，目前全国烧结机总面积已经超过 10 万平方米。

传统钢铁流程是铁素体为主的物质流在碳素体为主的能量流的推动下，沿着信息流指引的路径，不断发生物理化学反应，不断与外界进行物质、能量交换及转换的动态平衡耗散结构体系。如图 1-1 所示，铁素体不断被纯净化，而后又与其他特定元素融合成目标产物钢铁产品，而部分杂质及各种非目标产物不断被剥离，形成各种副产物（废弃物）。

典型的钢铁长流程物质平衡示意图如图 1-2 所示，每生产 1 t 钢铁大约需要铁矿石 1.61 t、标煤 560 kg、新水 2.15 t、空气 9406 m^3，以及熔剂约 300 kg。这

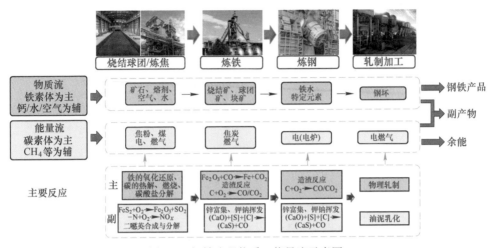

图 1-1 钢铁流程物质、能量流示意图

些输入的原料生产出 1 t 钢铁后，其余大部分以废气、废水和固废的形式离开钢铁流程。传统钢铁长流程生产 1 t 钢铁向外排出的参与物理化学反应的固废、废水、废气等副产物超过 16 t，其中，废气排放量最大，达到 13~13.5 t，在所有废弃物中质量比超过 80%，废气中除了 SO_2、NO_x 和粉尘等常规污染物之外，每生产 1 t 钢铁向外排放的 CO_2 大约为 1.8 t。考虑到我国钢铁工业巨大的产能，每年钢铁行业的碳排放达到了 18 亿~20 亿吨，碳减排的压力巨大。废水主要来源于焦化废水、制酸废水、各工序的冲渣废水以及废油等，吨钢排放量为 1.5~2 t，在钢铁工业三废中质量占比约为 10%。钢铁企业每生产 1 t 粗钢产生的固体废弃物为 600~800 kg，按照 2022 年全国粗钢产量 10.18 亿吨计算，全年固体废弃物产生量达到 6.4 亿~8.5 亿吨。

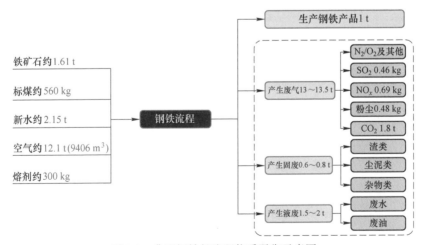

图 1-2 典型钢铁长流程物质平衡示意图

　　钢铁流程固废来源主要有以下几个方面：冶炼工艺过程中的造渣、生产过程中产生的烟尘、物料运输过程中的扬尘以及冶金流程各种杂物等。所谓造渣过程是指铁矿石中的铁元素与脉石不断分离，脉石经过炼铁和炼钢工序被剥离进入熔渣，熔渣比重较轻，漂浮在铁水或钢水表面，从而与铁水或钢水分离，分离冷却后的熔渣成为高炉渣或钢渣；钢铁冶金过程同时会产生大量的含尘烟气，这些含尘组分主要是未燃尽的残碳、气流夹带的冶金产物、挥发后又冷凝氧化的重（碱）金属氧化物、氯化物等，通过干式或湿式烟气净化法会得到除尘灰或污泥；在原料、燃料、成品运输、转运、破碎的过程中，还会产生大量的扬尘，为了防止扬尘泄漏到环境中危害人员健康，通常会对扬尘采取抑尘、收集处理，由此会产生各工序的环境除尘灰；除此之外，钢铁流程固体废弃物还包括钢铁企业的工人在劳动过程中使用过的沾染了油脂、油漆的废手套、装过油漆的废桶，以及废橡胶、废织物等有机杂物类固废。钢铁流程固废来源于各个工序，存在点多面广的特点，钢铁长流程和短流程固废来源情况分别如图1-3和图1-4所示。

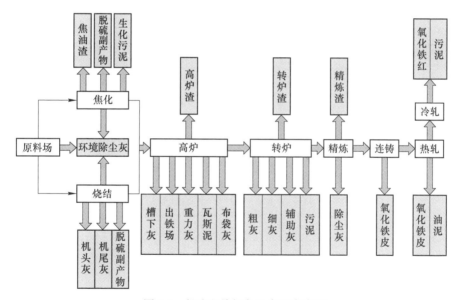

图1-3　长流程炼钢各工序固废来源

1.1.2　钢铁流程固废的分类

　　以某年产900万吨粗钢的长流程钢铁企业为例，其全厂各工序产生的主要固废种类及产量如表1-1所示。从表1-1可以看出，该钢铁企业全年固体废弃物产量约为544万吨，其中高炉渣产量达到219万吨，在全厂固废占比中为40.33%，是钢铁厂最主要的固废来源；其次是炼钢工序产生的炼钢尾渣，其产量约91万吨，占比为16.76%；各工序产生的粉尘如高炉灰、环境除尘灰、电厂的粉煤灰

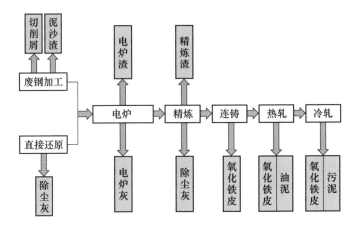

图1-4　短流程炼钢各工序固废来源

等也占有很高的比例；除此之外，每年还产生约6000 t危险废物，虽然在全部固废中占比较小，却也是钢厂固废处置中的重点和难点。

表1-1　某钢铁厂主要固废种类及年产量

来　源	品名大类	总量/t	占比/%
烧结	烧结机头灰	91198	1.67
焦化	焦油渣	4226	0.08
焦化	除焦粉尘	117757	2.16
焦化	生化污泥	11142	0.20
球团、炼焦	脱硫灰	11029	0.20
高炉	高炉一次灰	114329	2.10
高炉	高炉二次灰	54996	1.01
高炉	高炉干渣	7765	0.14
高炉	高炉水渣	2196318	40.33
炼钢	OG粗粒	85239	1.57
炼钢	OG泥	166243	3.05
炼钢	渣钢渣铁	150837	2.77
炼钢	渣铁粉	200537	3.68
炼钢	钢渣尾渣	912741	16.76
炼钢	石灰石白云石细粒	187050	3.43
炼钢	炼钢除尘灰	34764	0.64

来　源	品名大类	总量/t	占比/%
炼钢	轧钢除尘灰	148	0.00
炼钢	废弃除尘灰	1035	0.02
热轧、厚板、冷轧	氧化铁皮	198485	3.64
冷轧	再生酸	152193	2.79
冷轧	氧化铁红	31055	0.57
冷轧	锌渣	4973	0.09
电厂	废杂渣	3641	0.07
电厂	脱硫石膏	24472	0.45
电厂	粉煤灰	84993	1.56
全厂	杂煤杂矿	479416	8.80
全厂	水处理污泥（铁）	31626	0.58
全厂	无价污泥	40194	0.74
全厂	废耐材（含铁）	36776	0.68
全厂	工业垃圾	4683	0.09
全厂	危险废物	5929	0.11
合　计		5445790	100

通过前述钢铁全流程固废产生的来源分析可知，钢铁全流程的固废量大、面广，而且成分复杂，物理和化学性质各不相同。按照固废的来源划分，钢铁流程固废可分为烧结固废、焦化固废、炼铁固废、炼钢固废等；按照物理特征划分，也可以分为渣类固废、尘泥类固废和有机杂物类固废这三类。

（1）渣类固废。渣类固废主要包括高炉渣、钢渣、焦油渣等，其特征是在物理形态上呈现出渣态，粒度较大，具有多孔结构和一定的强度。渣类固废中高炉渣和钢渣是钢铁企业产量最大的固废，二者占全部固废的 60% 以上，全国每年产量达到数亿吨，是典型的大宗冶炼固废。

（2）尘泥类固废。尘泥类固废主要来源于各工序各环节的除尘灰，其粒度细、比重轻，干法除尘得到的除尘灰呈粉态，如高炉布袋灰、电炉布袋灰等；湿法除尘得到的除尘灰本身含水量较高，呈泥态，如转炉泥、瓦斯泥、轧钢油泥等。这些尘泥有的富集了 Zn、Pb、Tl 等重金属，有的富集了 K、Na 等碱金属。这些冶金尘泥如果散落各处将影响生产环境，有碍于正常生产工作的推进，同时吸入粉尘还将损害人们的身体，而收集起来合理利用能够避免资源浪费，是冶金尘泥处置的必由之路。

（3）有机杂物类固废。有机杂物类固废来源于钢铁各工序产生的有机杂物，其外观呈不定形态，比如物料运输产生废皮带呈带状，设备维护产生的含油废抹布呈条状等。有机杂物的特征就是混杂，在处置前必须对入炉物理形态进行破碎、剪碎等预处理，以保证入炉的稳定。

1.2　钢铁冶金流程各工序典型固废的物化特征

1.2.1　烧结工序典型固废的来源及物化特征

烧结工序的典型固废为除尘灰和脱硫副产物，如图 1-5 所示。

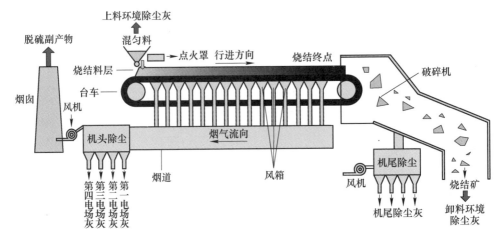

图 1-5　烧结工序典型固废来源

1.2.1.1　烧结除尘灰

烧结除尘灰主要包括工艺除尘灰和环境除尘灰。其中，工艺除尘灰按照工艺位置的不同又分为机头除尘灰和机尾除尘灰，不同除尘灰的来源如下。

A　烧结机头除尘灰

烧结机头除尘灰主要来源于以下三个方面：

（1）由于烧结混合料制粒效果有限，部分粒径小于 1 mm 的烧结料尚未来得及参与高温烧结反应，便在较高的抽风负压下被带入烧结烟气，特别是细磨精矿烧结时。

（2）烧结过程中因裂解而产生的二次粉尘，例如干燥带混合料结晶水脱除将促使制粒小球的破裂，以及燃烧带焦粉燃烧消失促使小球发生破裂所带来的粉尘。

（3）诸如前述的在烧结过程中被挥发脱除的重金属、碱金属，经再次结晶而成为粉尘，该部分粉尘粒度较细，达微米级。

这些物料随着烧结抽风系统进入大烟道，随后大部分被烧结机头除尘系统捕集形成烧结机头灰，还有一小部分随烟气排入大气。

B 烧结机尾除尘灰

烧结机上烧成的烧结矿在卸矿和单辊破碎过程中会产生粉尘，扬起的粉尘被机尾除尘系统捕集。

C 环境除尘灰

烧结料在配料、转运、破碎、筛分过程产生的粉尘，以及烧结返矿输送时产生的粉尘，该部分的粉尘被相应区域的环境除尘系统捕集形成环境除尘灰。

以上三种粉尘中，烧结机头灰是烧结工序最主要的粉尘来源，其产量占烧结矿产量的 2%~4%，烧结使用的含铁原料品质越差，烧结机面积越小，灰的吨矿产量就越多，全国每年由此产生的除尘灰高达 1500 万吨左右。

烧结机头灰整体呈灰白色，堆密度在 $0.5~1 \text{ g/cm}^3$，粒度极细，因此机头灰堆存时堆密度小，流动性好，且卸灰时容易激起很大的扬尘。钢厂的烧结机头电除尘器一般有 3~5 个电场，随着电场级数的增大，除尘灰的粒度也随之降低，从表 1-2 某钢铁厂烧结除尘灰粒度分布数据可以看出，粒度小于 0.038 mm 的细灰占比从 12.27% 增加至 97.59%，而大于 0.074 mm 粗灰占比从 66.41% 减小至 0.76%。因此，随着电场的递加，烧结除尘灰中小粒径灰尘占比逐步增大。

表 1-2 烧结除尘灰粒径分布 （%）

种 类	<0.038 mm	0.038~0.044 mm	0.044~0.074 mm	>0.074 mm
一次电场灰	12.27	5.22	16.10	66.41
二次电场灰	52.58	13.70	18.74	14.98
三次电场灰	83.18	10.88	3.43	2.51
四次电场灰	97.59	1.08	0.57	0.76

K、Na 和 Cl 是烧结机头灰中最主要的有害元素，部分钢厂的机头灰中 K 的质量分数高达 30%。如表 1-3 所示，随着电场级数的增加，烧结机头灰中的 Fe 含量逐步下降，有害元素 K、Na、Pb 和 Cl 则逐步增加。烧结机头灰中的 Fe 主要以 Fe_2O_3 和 Fe_3O_4 的形式存在，K 和 Na 主要以 KCl 和 NaCl 的形式存在。矿物中含有碱金属元素的复杂硅铝酸盐，如钾长石、钠长石和六方钾石等，在烧结的工作环境下，部分会发生分解及还原反应，可以与矿物中的 $CaCl_2$ 等氯化物反应生成 KCl 和 NaCl。

烧结机尾除尘灰与环境除尘灰中有害杂质含量较少，全铁含量较高，其工艺风险和环境风险较低，一般直接返烧结处置。

表 1-3　烧结除尘化学成分　　　　　　　　　　（%）

名　称	TFe	SiO_2	CaO	MgO	Al_2O_3	Pb	K	Na	Cl	S
一次电场灰	33.4	4.29	9.88	1.97	1.55	0.8	10.97	1.39	11.59	1.18
二次电场灰	13.57	1.82	5.45	1.37	0.64	2.18	29.28	3.88	30.62	1.48
三次电场灰	5.22	0.73	0.98	1.62	0.28	2.57	34.04	4.91	37.1	2.02
四次电场灰	9.14	0.58	1.85	1.48	0.26	2.58	34.40	4.34	31.47	3.44
机尾除尘灰	49.14	6.91	15.20	3.40	3.46	0.015	0.33	<0.10	—	0.45
环境除尘灰	51.16	7.10	15.18	3.63	3.69	0.008	0.20	<0.10	—	0.11

1.2.1.2　脱硫副产物

烧结工序外排的 SO_2 大约占钢铁生产总排放量的 60% 以上，是钢铁流程中 SO_2 的主要排放源。目前已开发的烟气脱硫技术有几十种，但应用较多的主要有钙基湿法、钙（钠）基半干法、碳基干法脱硫技术，其中湿法和半干法脱硫技术均有固废产生。

A　湿法脱硫副产物

目前大多数烧结烟气湿法脱硫装置采用石灰/石灰石-石膏法脱硫，其脱硫副产物主要是脱硫石膏，其形成机理是将石灰石粉加水制成浆液作为吸附剂，将吸附剂通过泵送入吸收塔与烟气充分混合使其与 SO_2 反应，同时通入大量空气，最后结晶生成二水硫酸钙排出吸收塔，反应方程式如式（1-1）和式（1-2）所示。

$$2CaCO_3 + 2SO_2 + H_2O === 2CaSO_3 \cdot 1/2H_2O + 2CO_2 \uparrow \qquad (1\text{-}1)$$

$$2CaSO_3 \cdot 1/2H_2O + O_2 + 3H_2O === 2CaSO_4 \cdot 2H_2O \qquad (1\text{-}2)$$

脱硫石膏中二水硫酸钙（$CaSO_4 \cdot 2H_2O$）含量一般在 90% 以上，其余是结合水含量为 8%~10%，其化学成分和天然石膏类似。除此之外，还含有亚硫酸钙、碳酸钙、钾、钠的硫酸盐或氯化物以及少量飞灰等杂质。脱硫石膏从外观上呈灰白色或灰黄色，具体根据矿石、煤种、脱硫工艺和烟气除尘效果等不同而有细微差别。堆密度约为 1 g/cm^3。脱硫石膏和天然石膏化学成分和物理特征分析如表 1-4 和表 1-5 所示。

表 1-4　脱硫石膏和天然石膏主要化学成分　　　　　（%）

种类	$CaSO_4 \cdot 2H_2O$	$CaSO_4 \cdot 1/2H_2O$	$CaSO_3$	MgO	H_2O	SiO_2	Al_2O_3	Fe_2O_3
脱硫石膏	85~90	1.2~1.5	5~8	0.8	8~15	1.2	2.8	0.6
天然石膏	70~74	0.5~1.0	2~4	3.8	3~4	3.5	1.0	0.3

表 1-5 脱硫石膏与天然石膏物理性质的比较

比较项	脱硫石膏	天然石膏
颜色	白色、深灰色或带黄色	纯白色
主要矿物相	硫酸钙的水化物	硫酸钙的水化物
放射性	无	无
原始物理状态	单独的结晶颗粒	粘合在一起的块状
颗粒大小	高细度（200目以上），30~60 μm	140 μm

B 半干法脱硫副产物

常用的半干法烟气脱硫工艺主要有循环流化床法（CFB）、旋转喷雾干燥吸收法（SDA）、MEROS 法等，产生的脱硫副产物被称为烧结脱硫灰、脱硫灰渣或脱硫渣。

烧结脱硫灰是一种由脱硫副产物、未反应的脱硫吸收剂及烟道飞灰组成的混合物，外观呈白色偏黄固态干粉状，粒度比较细，主要成分为 $CaSO_3$、$CaSO_4$、$CaCO_3$、CaO、$Ca(OH)_2$、$CaCl_2$、CaF_2 等，是典型的高钙高硫类固废。其中，含硫物相主要以 $CaSO_3 \cdot 1/2H_2O$ 形式存在，在脱硫灰中质量分数为 10%~50%，$CaSO_4$ 含量很少。由于同时含有 $Ca(OH)_2$、CaO 等碱性物质，因此脱硫灰呈现出碱性，pH 值一般大于 11。这些未反应的 $Ca(OH)_2$ 和 CaO 可在空气中与 CO_2 反应生成 $CaCO_3$，因此，脱硫灰具有较高的自硬性倾向。

C 碳基干法烟气净化技术

碳基法烟气净化技术是一种多污染物协同深度净化技术，其原理是利用活性炭表面孔道结构和官能团特性，吸附 SO_2、粉尘、催化还原 NO_x，催化热解二噁英。活性炭经吸附-解吸作用在系统中循环利用，直至由于机械磨损变为炭粉，在冶金流程其他工序作为燃料消耗掉，也可以经再生工艺重新制备为新鲜活性炭。碳基法烟气净化技术的优点是可以实现多污染物协同治理，运行成本低，不产生二次污染副产物；不足之处是一次性投资相对较高。

1.2.2 焦化工序典型固废的来源及物化特征

焦化工序每年产生大量的固体废弃物，如焦粉、焦油渣、生化污泥、脱硫副产物等。一座年配用炼焦煤 550 万吨左右的焦化厂，每年焦油渣产量约 3600 t，污泥产量约 1.8 万吨，除尘灰（焦粉）产量约 4.8 万吨。

1.2.2.1 焦油渣

焦油渣主要来源于焦化厂焦油氨水澄清槽、超级离心机和清槽，是炼焦生产时产生的黏稠状固体废渣，黏附有大量的煤焦油。焦化产生的焦油和氨水混合物会进入多个并联运行的机械化澄清槽，完成氨水和焦油的分离。为提升焦油的质量，在澄清槽的底部设有链条式刮板机，其作用是刮出槽底的固液体黏稠物，这些刮出来的黏稠物就是焦油渣。从机械化澄清槽中分离的焦油中尚含有2%~8%的焦油渣，再用离心分离法处理，可以再分离出一部分焦油渣。焦油渣的产量一般占炼焦干煤的0.05%~0.07%，与炼焦原料品种、粉碎程度、水分有关，也受装煤方法和装煤时间的影响。

焦油渣大部分呈黑色泥沙状，有黏性，经自然晾干或烘干后形成细小颗粒。含有大量的固定碳和有机挥发物，其中固定碳含量大约为60%，热值较高，其余主要是挥发分和灰分，分别约占33%和4%。焦油渣真密度为1.27~1.30 t/m^3，气孔率约为63%。焦油渣主要含有酚、萘、氨、多环芳烃等碳氢化合物，有机组分极其复杂。焦油渣含有易挥发组分，其挥发出的硫化氢、氨气、酚类、苯并芘等气体会造成大气污染，尤其是苯并（a）芘，即3,4-苯并芘，是国际上公认的强致癌物质。焦油渣中含有焦油、氨水等液态组分，故其性质类似于半流体状态，容易在运输、处理过程中发生泄漏现象，污染作业现场操作环境。

1.2.2.2　焦粉

焦粉是炼焦过程中的颗粒物固废，其来源主要集中在焦炉出焦时，比如拦焦机摘门、导焦、熄焦车装焦和倒运等环节；还有干熄焦的整个过程，比如干熄罐提升、干熄焦本体运行、焦炭皮带运输、焦炭筛分等。根据环保要求，必须对上述各个环节设置完善的除尘系统，将这些过程产生的粉尘进行全面捕集。焦炉出焦除尘和干熄焦除尘灰是焦化除尘灰的主要组成部分，占焦化厂全部除尘灰的90%以上，其粒度和成分如表1-6所示。

表1-6　焦化除尘灰的不同种类和相关性质　　　　　　　　（%）

种　类	占比	粒　度				灰分	挥发分	硫分
		>3 mm	3~1 mm	1~0.5 mm	<0.5 mm			
工艺除尘	45.19	0.70	17.69	22.58	59.11	13.63	1.66	1.31
环境除尘	44.29	0.00	2.22	13.78	83.98	12.58	0.87	0.73
地面除尘	10.47	0.43	6.68	12.44	80.47	11.56	12.17	0.74

干熄焦主要是利用一次除尘、二次除尘和环境除尘来收集除尘灰。除尘粉末直径不超过3 mm，外观呈灰黑色。通过一次除尘后得到的产物是尺寸比较大的粗尘，经过二次除尘后得到灰尘尺寸相对比较小。干熄焦主要通过环境除尘对焦炭装料、焦炭输送过程进行除尘收集，此过程中除尘灰粒度最小。干熄焦除尘灰的硬度比较高，主要是在炼焦过程中，由于煤颗粒干馏特性，其自身的结构收缩并且结构变得致密。干熄焦除尘灰中水分含量极低，固定碳含量高达80%以上，并且具有挥发分低、含硫量低等特点，灰分中还含有氧化铝、氧化钙、氧化硅以

及氧化镁等物质。

1.2.2.3 焦化污泥

焦化污泥来源于焦化废水。焦化工序的煤气净化、冷却、焦油加工等工序都会产生焦化废水，焦化废水中含有大量的油类、氨类、重金属、酚萘类、多环芳烃、吡啶类污染物。焦化废水的主要处理工艺包括预处理、生化处理、深度处理及污泥处置等。其中，生化处理多采用活性污泥法，过程中产生的污泥称为剩余污泥；深度处理多采用混凝法，过程中产生的污泥称为絮凝污泥，剩余污泥和絮凝污泥共同构成了焦化污泥的主要组成。

由于焦化废水来源不同、处置工艺也存在差异，由此产生的污泥性质也有所区别，但是大部分污泥都含水率较高、热值偏低，具有一定的共性。

焦化污泥的主要成分是各种有机物、无机物以及细菌微生物群体，具有絮凝性，所以污泥中原始水分通常在98%以上，即使是经过机械脱水后，含水率也不低于80%。污泥中水分的形态可分为间隙自由水、表面吸附水、毛细结合水以及内部结合水。其中，间隙自由水在污泥水分中占比达到70%，是污泥脱水的重点，通常存在于固体颗粒的间隙，不与固体结合，去除较容易；毛细结合水存在于污泥毛细孔之间，占污泥水分的20%左右；表面吸附水吸附于污泥表面，占污泥水分的10%左右，由于污泥具有较大的比表面积，同时存在表面张力的作用，表面吸附水通常较难被去除；内部结合水是污泥内部与固体颗粒结合的水分，占污泥水分的3%，常规方法较难去除。

除上述共同的性质外，由于污水处理过程不同，其产生的污泥也具有一些特性。焦化污泥来源于焦化废水处理过程，其组成受焦化废水的性质影响较大。由于焦化废水中含有大量多环芳烃、油类、吡啶类等有机污染物和氨类、氰类等无机污染物，虽然这些污染物在焦化废水处理过程中会部分分解，但是另一部分无法分解的污染物最后会进入污泥。因此，焦化污泥中含有二甲基苯酚、吲哚、苯并（a）蒽、二苯醚、芴等70多种有机物，其中蒽（$C_{16}H_{10}$）、芴（$C_{13}H_{10}$）、苯并（a）蒽（$C_{18}H_{12}$）等是具有极强生物毒性、致癌、致突变性的多环芳烃类有机物质。焦化污泥被国家列为有毒的T类危险废物，所以与普通污泥相比，焦化污泥还具有更高的有毒有害性。若不对其进行妥善处理，会对生态环境和人类健康造成巨大的危害，所以对焦化污泥的资源化与无害化处置已经成为焦化企业亟须解决的问题。

1.2.2.4 焦化脱硫副产物

焦化煤气脱硫一般优先选择湿法脱硫工艺，目前国内主要采用PDS法和HPF法，使用这两种脱硫方法会产生大量含有杂质的硫磺产品，一般称为粗硫磺。粗硫磺大多发黑，由于含有较多的杂质，要经过一些预处理和额外加工才可以制得工业硫磺产品，加工成本较高。

焦化烟气脱硫工艺类似于烧结烟气脱硫，同样可以采用钙基湿法、钙（钠）基半干法、碳基干法等脱硫工艺，当采用湿法和半干法脱硫工艺时，也会产生脱硫石膏或脱硫灰等脱硫副产物，其化学成分和处置工艺与烧结脱硫副产物类似，在此不赘述。

1.2.3　高炉炼铁工序典型固废的来源及物化特征

高炉产生的典型固废包括高炉除尘灰和高炉渣两大类，如图1-6所示。

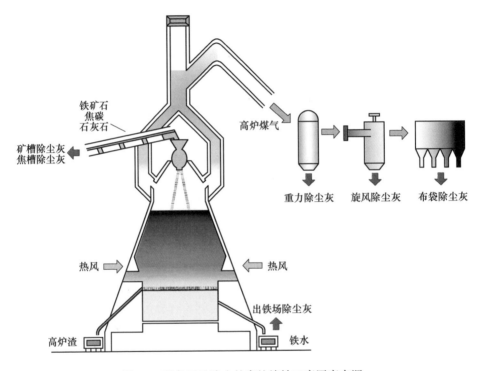

图1-6　配备干法除尘的高炉炼铁工序固废来源

1.2.3.1　高炉除尘灰

按照除尘位置和目的的不同，高炉除尘灰可以分为高炉煤气除尘灰和环境除尘灰。

高炉煤气除尘灰来源于净化煤气的过程，高炉炼铁是钢铁生产的关键环节，煤气除尘系统是高炉炼铁系统组成之一，包括粗除尘和精细除尘两部分。冶炼过程中，从高炉炉顶会产出大量的高炉煤气，也称为高炉瓦斯，而高炉煤气中携带有大量的粉尘。高炉煤气粉尘净化的方式主要有湿法除尘和干法除尘两类。在湿法除尘工艺中，高炉煤气回收通常会采取重力、文氏管等除尘的方式，将重力除尘后的高炉煤气引入洗涤塔和文氏管中用水喷淋，一般把通过重力沉降方式得到的颗粒较粗的粉尘称作瓦斯灰，经过文氏管水雾的喷淋方式捕集到的细颗粒含水粉尘称作瓦斯泥。干法除尘通常依次采用重力、旋风和布袋除尘，通过重力除尘去除颗粒较粗的粉尘，再通过布袋捕集颗粒较细的粉尘，分别称作重力灰、旋风灰和布袋灰，产量为 15~50 kg/t 铁水，其中布袋灰产量为 3~6 kg/t 铁水，高炉的入炉原料铁品位越低，炉容越小，灰量越多。

环境除尘灰是在高炉炼铁的原/燃料运输、装料、铁水收集等工序产生的灰尘，高炉的除尘系统一般设在原/燃料装入料车、集料斗、槽上的卸料、槽下的筛分、皮带机的转动等环节，粉尘产生的浓度为 5~8 g/m^3，目前国家对钢铁企业超低排放的要求是这些环节经除尘后的排放的气体中含尘量不能超过 10 mg/m^3，产尘点及车间不得有可见烟尘粉尘外逸。高炉原料系统的烧结矿、杂矿、焦炭等原料、燃料在运输、上料时收集的粉尘一般分别称作炉前矿槽和焦槽的除尘，出铁场的环境除尘灰叫出铁场除尘灰，其中矿槽除尘灰产量一般为 2.4 kg/t 铁水。

在粉尘粒度统计中，d_{50} 值表示某粉尘中有 50% 的颗粒粒度超过该值。表 1-7 所示为某高炉各级除尘灰粒度 d_{50} 值，并进行了 7 次不同取样。从表 1-7 中可以发现，由于除尘原理和工艺不同，除尘灰粒度在不同类型除尘灰中分布相差很大。重力灰是靠自身重力沉降收集的除尘灰，因此其粒度最大，平均值达到 368.8 μm；旋风灰和布袋灰是通过旋风除尘和布袋除尘捕集，其粒度显著下降，平均粒度分别为 185.5 μm 和 20.77 μm；出铁场环境灰粒度最小，平均粒度只有 7.131 μm，各级灰尘粒度差别很大。

表 1-7 某高炉除尘灰 d_{50} 分布情况 （μm）

样品	重力灰	旋风灰	布袋灰	环境灰
1 号	333.1	132.6	19.68	7.155
2 号	329.9	128.6	16.79	6.115
3 号	373.7	144.8	17.18	5.743
4 号	396.9	194.8	22.79	7.296
5 号	352.5	270.5	9.233	7.313
6 号	417.7	225.5	31.91	8.428
7 号	377.7	201.4	27.78	7.769
平均值	368.8	185.5	20.77	7.131

从表 1-8 看出布袋灰是高炉除尘灰中重金属污染组分最多的一种，是高炉除尘灰处置的重点和难点。高炉布袋灰外观类似于磁铁精粉，流动性好，堆密度一

般在 0.7~1.1 g/cm³, 其中的 C 以单质 C 的形式存在, 而 Fe 主要以 Fe_2O_3 和 Fe_3O_4 的形式存在, Zn 含量较高, 以 ZnO、$ZnFe_2O_4$ 和 $ZnCl_2$ 等形式存在。与烧结机头灰类似, 高炉布袋灰中的 Na 和 K 也主要以氯化物的形式存在, 这些 K、Na、Cl 和 Zn 主要由入炉原料带入, 如烧结矿、球团矿、块矿和焦炭等。重力和旋风除尘灰的成分比较接近, 含铁量为 45% ~ 50%, 含碳量为 15% ~ 20%。焦槽除尘灰中含有丰富的碳, 其碳元素含量达到了 62.31%, 出铁场除尘灰中铁元素丰富, 铁品位达到 62.15%。除了布袋除尘灰之外, 其他几种除尘灰中碱金属和重金属的含量不高, 有害元素较低。

表 1-8　高炉除尘灰成分组成　（%）

种　类	TFe	SiO_2	Al_2O_3	CaO	MgO	K	Na	Pb	Zn	C
重力除尘灰	47.74	5.32	2.06	3.20	0.74	0.056	0.076	0.012	0.25	19.23
旋风除尘灰	47.60	6.06	2.31	3.62	0.87	0.096	0.130	0.016	0.28	17.15
布袋除尘灰	31.92	5.31	3.15	4.70	1.10	1.27	0.35	0.55	4.32	25.51
焦槽除尘灰	12.97	6.82	—	2.38	—	0.170	0.14	—	0.0067	62.31
出铁场除尘灰	62.15	5.84	2.15	3.15	0.94	0.440	0.320	0.050	0.210	2.14

1.2.3.2　高炉渣

高炉渣是高炉炼铁时从炉中排出的废物。高炉炼铁的原料主要是铁矿石、焦炭和助熔剂。当炉温达到 1400~1600 ℃ 时, 炉料熔融, 矿石中的脉石、焦炭中的灰分和助熔剂, 以及其他不能进入生铁中的杂质形成以硅酸盐和铝酸盐为主浮在铁水上面的熔渣, 这些熔渣就是高炉渣。每冶炼 1 t 生铁产生 300~350 kg 的高炉渣, 按照 2022 年我国生铁产量 8.6 亿吨计算, 全国每年高炉渣的产生量为 2.6亿~3.0 亿吨, 是钢铁厂产量最大的大宗固废。

高炉渣是在铁矿石提取冶金过程中矿石脉石、焦炭灰分、熔剂等形成的硅酸盐熔体, 由于冶炼生铁品种和矿石品位不同, 高炉渣的化学成分变动较大, 不同钢铁厂的高炉渣成分如表 1-9 所示, 从表 1-9 中看出, SiO_2、Al_2O_3、CaO 和 MgO 是高炉渣的主要成分, 它们在高炉渣中占 95% 以上, 这与水泥建材的成分比较类似, 其中 SiO_2 和 Al_2O_3 主要来自脉石和焦炭中的灰分, CaO 和 MgO 主要来自熔剂。高炉渣的矿物组成主要是硅酸二钙（$2CaO \cdot SiO_2$）、钙镁黄长石（$2CaO \cdot MgO \cdot SiO_2$）、假硅灰石（$CaO \cdot SiO_2$）、钙镁橄榄石（$CaO \cdot MgO \cdot SiO_2$）、钙铝黄长石（$2CaO \cdot Al_2O_3 \cdot SiO_2$）、镁蔷薇辉石（$3CaO \cdot MgO \cdot 2SiO_2$）、硅长石（$CaO \cdot Al_2O_3 \cdot 2SiO_2$）及镁方柱石（$2CaO \cdot MgO \cdot 2SiO_2$）等, 一般情况下高炉渣可视为 $CaO-SiO_2-Al_2O_3$ 的三元系。高炉终渣温度一般在 1400~1550 ℃ 之间,与铁水相当或略高于铁水。

表 1-9　高炉渣的化学成分　　　　　　　　　　　　（%）

厂　名	CaO	SiO_2	Al_2O_3	MgO	Fe_2O_3	MnO	TiO_2	S
A 钢铁厂	41.53	32.62	9.92	8.89	4.21	0.29	0.84	0.74
B 钢铁厂	45.54	37.83	11.02	3.52	3.47	0.29	0.30	0.88
C 钢铁厂	38.13	33.84	11.68	10.61	2.20	0.26	0.21	1.12
D 钢铁厂	40.53	37.50	8.08	9.56	1.00	0.16	0.15	0.66
E 钢铁厂	42.55	40.55	7.63	6.16	1.37	0.08	—	0.87
F 钢铁厂	37.97	33.92	11.11	8.03	2.15	0.23	1.10	0.93
G 钢铁厂	36.78	35.01	14.44	9.72	0.88	0.30		0.53

高炉渣冷却方式不同，得到的炉渣物理性能不同：

（1）水渣：高炉熔渣在大量冷却水的作用下急冷形成的海绵状浮石类物质。在急冷过程中，熔渣中的绝大部分化合物来不及形成稳定化合物，而以玻璃体状态将热能转化为化学能封存其内，从而构成了潜在的化学活性。

（2）重矿渣：高温熔渣在空气中自然冷却或淋少量水慢速冷却而形成的致密块渣，其物理性质与天然碎石相近，容重大多在 1900 kg/m³ 以上，稳定性、抗冻性、抗压性、抗冲击能力（韧性）均符合工程要求，可以代替碎石用于各种建筑工程中。

（3）膨珠：是高炉渣在滚筒离心力及水和空气的快速冷却作用下，形成的内含微孔、表面光滑的颗粒，大多呈球形，微孔孔径大的有 350~400 μm，粒径与生产工艺和装备密切相关，一般在 10 mm 以下。膨珠表面有釉化玻璃质光泽，其容重在 1000 kg/m³ 左右。

1.2.4　转炉炼钢工序典型固废的来源及物化特征

转炉炼钢的固废主要包括转炉除尘灰和转炉钢渣。

1.2.4.1　转炉除尘灰

转炉除尘灰主要来源于对转炉煤气进行净化所收集到的粉尘，按照工艺不同主要分为湿法除尘技术和干法除尘技术两大类，其中干法除尘是当今转炉煤气除尘工艺的主流。

A　湿法除尘

湿法除尘即 OG 法除尘，如图 1-7 所示，转炉煤气从转炉炉口喷出后，先经过冷却烟道进行冷却，再先后经过一级文氏管、二级文氏管的喷淋将煤气中大部分粉尘脱除，粉尘脱除后的煤气经过三通阀，根据工艺的需要被放散或者进入煤气柜进行收集。而被脱去的粉尘中由于含有大量的污水，因此要对这些污水进行分离、浓缩等过程，分离出一部分水后，剩下的含水的粉尘称为转炉污泥，也叫做 OG 泥。

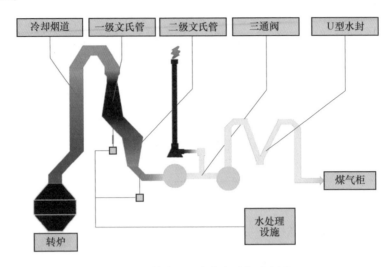

图 1-7　转炉 OG 法除尘系统示意图

B　干法除尘

干法除尘，最早是在 20 世纪 60 年代末由德国鲁奇（Lurgi）和蒂森（Thyssen）公司联合开发，所以干法除尘也叫 LT 法除尘。其系统示意图如图 1-8 所示，主要工作原理为：转炉炼钢产生的高温煤气（1400~1600 ℃）先经过汽化冷却烟道进行初步冷却，随后进入蒸发冷却器中进行二次冷却，在蒸发冷却器的上端布置有一套喷淋系统，液态水经过喷淋系统的喷嘴进行雾化喷出，经过

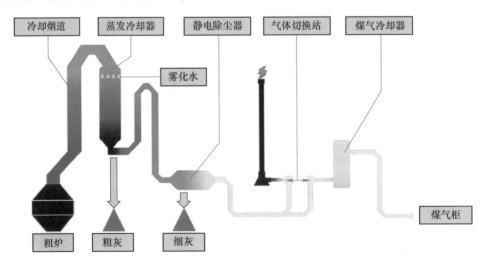

图 1-8　转炉 LT 法除尘系统示意图

蒸发冷却后煤气温度降低至200℃左右，在这个过程中，煤气中颗粒较大的烟尘在重力的作用下发生沉降，这个过程收集到的粉尘称为转炉粗灰或转炉一次灰，其特点是粒度相对较大。

随后，转炉煤气继续进入静电除尘器进行二次除尘，由于静电除尘器中存在高压电场，受电场的作用，细小的粉尘被电场极板吸附，对极板进行振打可以使这部分细粉尘脱落，并被收集输送到储存仓。这部分收集到的颗粒较细的粉尘被称作转炉细灰或转炉二次灰。由于粒度较细，细灰上通常更容易富集重金属，含锌较高，其处理难度较粗灰更大。

转炉泥为深棕色（见图1-9），是一种颗粒极细、黏性较大的糊状粉末，具有一定的磁性，pH值为9.46，为弱碱性。转炉尘泥绝大部分颗粒粒径在1 μm以下，占比超过90%，剩余大于1 μm的粒径分布范围在1~56 μm，占比一般在10%以内，因此转炉尘泥的粒径非常小且分布较集中。

图1-9 转炉炼钢污泥

某转炉产生的灰典型成分如表1-10所示。从表1-10中可知，转炉灰中的含铁量一般在40%左右，其他主要成分是CaO，含量在13%~17%。与粗灰相比，转炉细灰中Zn含量更高，达到了1.505%，而粗灰中Zn含量只有0.234%。此外，转炉灰中还含有少量Mg、Na、Cr、Mn、Al、Pb等元素。

表1-10 转炉泥中主要金属元素含量 （%）

种类	TFe	Al_2O_3	K_2O	Na_2O	MgO	CaO	SiO_2	Pb	Zn
转炉粗灰	42.94	0.48	0.8884	1.462	3.59	16.45	4.04	0.021	0.234
转炉细灰	40.76	0.86	0.9692	0.8525	3.36	13.05	4.35	0.0721	1.505

转炉尘泥中的Fe元素大多以赤铁矿（Fe_2O_3）、磁铁矿（Fe_3O_4）和方铁矿（FeO）等氧化物形式存在，这也是转炉尘泥具有一定磁性的原因，Zn元素主要

以氧化锌（ZnO）和铁酸锌（$ZnFe_2O_4$）存在。

1.2.4.2 转炉钢渣

炼钢过程通常需要加入多种矿物作为冶炼熔剂和造渣材料，如生石灰等，目的是调整钢水的性能或去除钢水中的杂质。炉内的物质经过高温熔融反应之后，会形成互不相溶的钢液和熔渣，渣和钢实现了分离，这些被分离出来的渣就是钢渣。钢渣一部分来源于矿石或精炼矿中的脉石组分，这些脉石成分有 SiO_2、Al_2O_3、CaO，在炼钢过程中未被还原，最后进入钢渣；还有一部分粗炼和精炼的金属被氧化产生的氧化物，如 FeO、Fe_2O_3、TiO_2、P_2O_5、MnO 等；还包含一部分被侵蚀和冲刷下来的炉衬材料以及根据炼钢工艺要求加入的熔剂，如 CaO、SiO_2、CaF_2 等。

每生产 1 t 粗钢约产生钢渣 80~150 kg，我国粗钢产量为 10.13 亿吨，其中长流程炼钢占比大约为 90%，由此估算，我国转炉钢渣每年产生量为 0.7 亿~1.4 亿吨，是钢铁企业中产量仅次于高炉渣的大宗固废。

转炉钢渣硬度比较大，抗压性能好，真密度在 3.4 g/cm^3 左右，质地较致密，堆密度在 1.6~2.2 g/cm^3 之间，与其真密度和粒径有关，易磨指数为标准砂易磨指数的 70% 左右。钢渣的外观一般呈黑灰色，碱度较大时钢渣则呈灰色。

转炉钢渣的成分如表 1-11 所示，主要成分是 CaO 和 SiO_2、Fe_2O_3、MgO 及 FeO，其中 CaO 含量为 40%~60%，SiO_2 含量为 13%~20%，Fe_2O_3 含量为 4%~23%，MgO 含量主要在 5%~10%。主要矿物相是硅酸三钙（$3CaO \cdot SiO_2$）、钙铁橄榄石、硅酸二钙（$2CaO \cdot SiO_2$）、游离氧化镁（f-MgO）、游离氧化钙（f-CaO）等，其中 $2CaO \cdot SiO_2$、$3CaO \cdot SiO_2$ 和 f-CaO 为主要成分，总量在 50% 以上。钢渣的含水率较低，成块的钢渣中含水率通常都在 5% 以下。

表 1-11 转炉钢渣的化学成分　　　　　　　　　　（%）

厂名	SiO_2	Fe_2O_3	Al_2O_3	CaO	MgO	FeO	MnO	P_2O_5	f-CaO
A 钢铁厂	15.86	22.37	3.88	44.00	10.04	7.30	1.11	1.31	0.80
B 钢铁厂	15.99	12.29	3.00	41.14	9.22	7.34	1.34	0.56	0.80
C 钢铁厂	13.38	12.73	2.54	40.30	9.05	14.06	1.88	1.40	0.84
D 钢铁厂	14.22	7.26	2.86	49.80	9.29	13.29	1.06	0.56	1.57
E 钢铁厂	12.15	8.79	3.29	45.37	7.98	18.40	2.31	0.72	0.95
F 钢铁厂	15.55	5.19	3.84	43.15	3.42	19.22	2.31	4.08	3.56
G 钢铁厂	18.52	4.72	4.76	78.14	6.90	10.66	1.60	1.13	1.23

钢渣具有较高的碱度（R>3）时，是高碱度钢渣，其中矿物成分含量从高至低依次为 $3CaO \cdot SiO_2$、$2CaO \cdot SiO_2$、RO 相、$2CaO \cdot Fe_2O_3$、f-CaO；当钢渣碱度介于 1.5 与 3 之间时，矿物成分含量从高至低依次为 $2CaO \cdot SiO_2$、RO 相、

$2CaO \cdot Fe_2O_3$、$3CaO \cdot SiO_2$、f-CaO；当钢渣的碱度 $R<1.5$ 时，在钢渣中可能还会出现镁蔷薇辉石、钙镁橄榄石、黄长石等矿物。

f-CaO 是钢渣中最典型的有害成分，是钢渣大规模安全利用必须要克服的问题。转炉渣中的 f-CaO 主要有两个来源，一是炼钢造渣过程中，有一部分加入的熔剂在高温煅烧条件下未完全反应，导致形成了 f-CaO；二是钢渣缓慢冷却阶段，热渣中的 $3CaO \cdot SiO_2$ 在 $1100 \sim 1250\ ℃$ 时极不稳定，转变为亚稳相，易生成 f-CaO 和 β-$2CaO \cdot SiO_2$，而 β-$2CaO \cdot SiO_2$ 在 $675\ ℃$ 再次转变成 γ-$2CaO \cdot SiO_2$。f-CaO 和 $2CaO \cdot SiO_2$ 最后进入钢渣中，后期储存和使用过程中遇水发生持续水化或相变反应，生成 $Ca(OH)_2$，导致体积急剧增加，严重影响转炉渣的可靠性和稳定性。另外，钢渣缓慢冷却阶段生成的 f-CaO 会包裹住 $3CaO \cdot SiO_2$ 使得钢渣的胶凝性降低，所有这些因素导致钢渣建材化利用时长期安定性极差，严重制约了钢渣在建材行业的安全利用。

1.2.5　电炉炼钢工序典型固废的来源及物化特征

1.2.5.1　电炉灰

电炉除尘灰产生于电弧炉熔炼废钢过程，快速加热并在 $1600\ ℃$ 高温和熔池剧烈搅动的条件下，冶炼中的金属高温蒸发被上升的热气流带出炉体，在烟道中被氧化或氯化，经冷却后被除尘系统收集而形成。以目前的电炉炼钢工艺水平，电炉每生产 $1\ t$ 钢水产生的电炉粉尘为 $10 \sim 20\ kg$，由此估算，目前我国电炉粉尘产生量达到 100 万 ~ 200 万吨/年。

电炉灰的主要物性特征如表 1-12 所示，其水分含量都很低，全部在 1% 以下；堆密度为 $635.4 \sim 737.5\ kg/m^3$，平均粒径为 $0.381 \sim 3.941\ μm$，粒度非常细小，是钢铁厂粒度最细的几种粉尘之一，比表面积很大，容易富集重金属等有害物质，已经明确被国家列为危险废物，代号为 HW23。

表 1-12　电炉粉尘的主要物性特征

厂　名	水分/%	堆密度/kg·m⁻³	比表面积/m²·g⁻¹	平均粒径/μm
A 钢铁厂	0.78	737.5	26.00	0.897
B 钢铁厂	0.35	635.4	8.27	3.941
C 钢铁厂	0.58	674.0	29.50	0.381

电炉灰中的金属元素较为丰富，含量较高的金属元素有 Fe、Zn、Ca、K、Na 等，以 Fe 和 Zn 的含量最多。如表 1-13 所示为某三家电炉生产企业的电炉粉尘的化学成分，其电炉灰中含铁品位在 $41.99\% \sim 53.78\%$，ZnO 达到 $8.92\% \sim 15.54\%$，PbO 为 $0.56\% \sim 1.41\%$，不同企业的 Fe 和 Zn 含量会有所区别，这与原

料特性和冶炼钢种有关。电炉炼钢产生的粉尘比转炉灰的含锌量普遍偏大，这主要是由电炉炼钢配入大量的镀锌板材、含锌铅废钢带入。Na_2O、K_2O 含量均较高，分别是 1.92%~2.68% 和 1.45%~3.75%。

表 1-13　电炉粉尘的化学成分　　　　（%）

厂名	TFe	MFe	SiO_2	CaO	Al_2O_3	Na_2O	K_2O	MgO	MnO	PbO	ZnO	C
A 钢铁厂	53.78	0.26	2.45	1.39	0.49	1.92	1.45	1.23	2.29	0.56	8.92	0.92
B 钢铁厂	46.35	<0.1	5.30	3.45	0.63	2.68	3.31	0.75	1.74	1.41	11.07	0.93
C 钢铁厂	41.99	<0.1	3.84	4.87	0.46	2.66	3.75	0.69	1.73	1.41	15.54	1.08

1.2.5.2　电炉钢渣

电炉钢渣可以分为氧化渣和还原渣，其化学成分如表 1-14 所示，分别产自电炉及精炼炉。在电炉炼钢冶炼前期，需要向熔池中逐步加入铁矿、石灰以及硅、锰等原料，同时将钢水均匀加热至 1550 ℃ 以上，钢液沸腾并发生剧烈的氧化反应，目的是去除钢液中的杂质气体及有害的磷元素，在这个过程中产生的大量冶炼渣即为氧化渣。电炉冶炼后期 1600 ℃ 左右、还原气氛下形成的冶炼渣即为还原渣，常温下外观呈白色粉末状，含铁较低，碱度较高，可以作为水泥行业的原料用于生产水泥熟料。一般来说，氧化渣产量大，占比 90% 左右，还原渣占比仅为 10%。电炉钢渣产量较大，与冶炼原料的组成有一定的关系，其中以废钢为原料时产量为 50~150 kg/t 钢水。

表 1-14　电炉钢渣化学成分　　　　（%）

种类	CaO	MgO	Al_2O_3	SiO_2	Fe_2O_3	S	P
氧化渣	18.68	6.2	7.40	15.00	39.00	0.174	0.162
还原渣	51.00	7.6	6.90	22.00	2.20	0.360	0.025

电炉渣的矿物组成和物理性质如表 1-15 和表 1-16 所示，氧化渣的成分与高炉渣、转炉渣类似，且介于高炉渣和转炉渣之间，与高炉渣和转炉渣不同的是，氧化渣中还有来自电炉炉衬的 MgO 成分，在长时间的冶炼过程中形成各种 MgO 系的化合物，f-CaO 也被矿化。氧化渣的组成中，铁的含量高，而铝的含量低，碱度低，因此具有较少的水硬性。硬度较高，外观呈黑色坨状，无粉化现象。若采用水淬冷却，则呈黑色颗粒状，平均粒径为 0.67 mm。

表 1-15　电炉渣的矿物组成

项目	碱度	主要矿物名称	次要矿物名称
	1.8	C_2S-C_3MS_2（56：44）固溶体	玻璃质，RO 相，尖晶石固溶体
氧化渣	1.56	C_3MS_2	玻璃质，RO 相
	1.12	（Mg,Fe,Mn）O、SiO_2	RO 相，尖晶石固溶体，玻璃质

项目	碱度	主要矿物名称	次要矿物名称
还原渣	2.91	γ-C_2S（75%），$C_{11}A_7 \cdot CaF_2$	C_3MS_2，MgO（>5%），CaF_2
	2.87	γ-C_2S，$C_{11}A_7 \cdot CaF_2$（多）	C_3MS_2，MgO（>5%），RO 相
	2.63	γ-C_2S，$C_{11}A_7 \cdot CaF_2$（少）	C_3MS_2，MgO（>6%），RO 相，CaF_2

表 1-16 电炉渣的物理性质

项目	真密度/t·m^{-3}	假密度/t·m^{-3}	水淬渣容重/t·m^{-3}	熔渣的流动性/mm	水淬渣的细度模数
氧化渣	3.5~3.6	3.1~3.2	1.00~1.82	71~260	约 3.5
还原渣	3.5~3.6	2.9~3.2	0.75~1.20	230~580	—

还原渣与氧化渣的差别很大，其特点是含铁低，而含钙、铝高，因此其碱度较高，具有较高的硅酸盐、铝酸盐和氟铝酸钙固熔体，有显著的水硬性，是制作钢渣水泥的材料，其中氟铝酸钙使水泥具有速凝的特性。由于所含的铁、锰、钛等氧化物很少，所以还原渣外观呈白色，缓冷的渣块有粉化现象。水淬渣呈绿色，若堆放一段时间后就转为白灰或淡灰色的细粒，粒径为 0.2~0.5 mm。经过水淬处理的还原渣保存了较多的硅酸三钙、硅酸二钙等活性高的物质。但同时由于方镁石含量增多，影响了钢渣水泥的长期安定性。

1.2.6 连铸连轧典型固废的来源及物化特征

1.2.6.1 氧化铁皮

氧化铁皮是在轧钢过程中形成的高温钢坯取出后表皮被迅速氧化，氧化物经高压水枪除鳞剥落产生。有关数据表明，据统计，这部分被空气氧化的铁资源会造成一部分钢产品的质量损失，氧化铁皮的产量占钢产量的 1.5%，其含铁量一般在 70% 以上。按照 2022 年全国粗钢产量 10.13 亿吨计算，氧化铁皮的年产量约为 1520 万吨。

随着粗钢轧制过程的进行，会先后在三个阶段产生氧化铁皮。首先将生成的钢坯放入炉体内，经高温炉加热至 1200 ℃，在这个过程中钢坯一直处于高温有氧的条件下，其表面的铁离子不断与环境中的氧发生反应，形成一层很厚的铁皮，这一层铁皮与钢坯的基体之间呈现出很强的结合力，经过一段时间后用高压水对钢坯进行除鳞，这个过程形成的铁皮被称为一次氧化铁皮。

除鳞后的钢坯随后进入粗轧机初步轧制，经过多次轧制之后，获得的钢板仍然处在较高的温度下，会与环境中的氧气发生氧化反应，在粗轧机中轧制一段时间后，进行第二次高压水除鳞，这个过程形成的氧化物称为二次氧化铁皮。由于粗轧过程与第一阶段相比时间较短，所以这个阶段生成的氧化铁皮比一次氧化铁皮要薄，与钢坯之间的结合力也要更弱一些。

从粗轧机轧制过的钢坯紧接着进入精轧机进行精轧，才能获得满足成品板材要求的产品。但是精轧过程比粗轧过程速度更快、时间更短，因此这个阶段形成的氧化铁皮比二次氧化铁皮更薄，被称为三次氧化铁皮。

表 1-17 所示为某典型氧化铁皮的化学成分，可以看出该氧化铁皮的含铁量高达 72.29%，且主要以亚铁的形式存在，FeO 含量为 70.72%，其他的杂质含量少，S 的含量仅为 0.02%。氧化铁皮在配入烧结处置时，其富含的 FeO 会燃烧氧化成 Fe_2O_3 释放大量热能，对降低烧结固体燃耗有一定作用。

表 1-17　氧化铁皮的化学成分　　　　　　（%）

名　称	TFe	FeO	SiO_2	S	P	Al_2O_3	MgO
氧化铁皮	72.29	70.72	0.23	0.02	0.01	0.185	0.0275

1.2.6.2　轧钢油泥

在轧钢生产中，轧机机组、磨辊车间和带钢脱脂机组以及各机组的油库会产生大量的冷轧含油、乳化液废水等，这些废水产量大、化学稳定性好、处理难度大。在轧钢过程中，会有一部分润滑油、润滑脂、齿轮油、液压油会泄漏到浊环水中，混合着少量钢坯脱落的氧化铁皮被浊环水一起冲入旋流井沉淀，未沉淀并且表面附着油污的细铁鳞颗粒继续被冲入平流池后的沉淀物，这些沉淀物就是轧钢油泥的主要来源，其体积占处理污水体积的 0.5%～1%，是化学法处置轧钢含有废水的必然产物。

轧钢油泥是钢铁厂典型的有机危险废物，有机污染物含量高。从表 1-18 中的数据可以看出，轧钢油泥的水分为 31.76%，挥发分含量为 15.60%，如果直接配入烧结可能会加速烧结燃烧带下移，或挥发分进入烧结烟气导致烟气中有机组分超标。热值测试为 6.54 MJ/kg，在焚烧前将油泥烘干将有可能进一步提升轧钢油泥的单位发热量。在灰分测试过程中，测试后的重量出现增长现象，最终灰分+固定碳的重量约为 106.67%，这主要是因为轧钢油泥中含有较高的金属铁，在焚烧过程中氧化导致增重。轧钢油泥中非金属含量整体不高，含碳量为 10.58%，氮、硫、磷等污染元素含量均较低。

表 1-18　轧钢油泥的工业与热值分析、非金属元素分析结果

类　别	成　分	数　值
工业与热值分析	发热量	6.54 MJ/kg
	H_2O	31.76%
	挥发分	15.60%

类　别	成　分	数　值
非金属元素	C	10.58%
	H	1.73%
	O	8.62%
	N	0.12%
	S	0.12%
	P	0.047%

轧钢油泥中金属元素分析如表 1-19 所示，从表 1-19 中可以看出，轧钢油泥中的铁含量比较高，达到了 64.16%，这其中一半是以金属铁的形式存在于油泥中，另外亚铁含量也达到了 39.12%，这也印证了前文中焚烧残渣相对于原料油泥而言重量增加的原因。油泥中重金属 Cr 的含量达到了 2.16%，因此在轧钢油泥处置过程中要注意对 Cr 污染的控制，其余重金属和碱金属、碱土金属含量均不高。

表 1-19　轧钢油泥中金属元素分析结果

序　号	成　分	数　值
铁元素	TFe	64.16%
	FeO	39.12%
	MFe	33.74%
碱金属与碱土金属	K	0.028%
	Na	0.058%
	Mg	0.055%
	Ca	0.26%
重金属	Pb	0.014%
	Zn	0.24%
	Hg	14.3×10^{-6}
	Cr	2.16%

1.2.6.3　冷轧酸碱泥

冷轧酸泥是冷轧厂酸再生车间沉降罐产生的污泥，其主要成分为氧化铁，且全铁含量高，具有循环回用的价值，但是酸泥残余了大量盐酸，沉降罐废液中盐酸质量分数为 11%~15%，pH 值为 2.0，因此直接将冷轧酸泥大量循环回钢铁流程会造成设备的腐蚀，目前只能堆存处理。冷轧碱泥一部分是来自冷轧厂酸再生车间废水中和站产生的污泥，其主要成分为铁、钙等有用元素；另一部分是冷轧板退火前需用碱性脱脂剂清除板材表面的乳液，板材表面的氧化铁皮和废油被碱性脱脂剂带入清洗槽中，磁选机将含氧化铁皮和废油及碱性脱脂剂混合物收集起来即为冷轧碱油泥，碱泥含水率为28%，pH值为13.2，具有强碱腐蚀性。表1-20为取自某钢铁厂冷轧厂酸再生车间酸泥和碱泥的成分，冷轧碱泥含铁虽然相对酸泥略低，但是也接近40%，具有循环回用价值，但因碱泥具有强烈的碱性腐蚀性，且呈泥膏状，不易与其他物料混合均匀，因此与酸泥一样不能回钢铁流程直接循环利用。

表1-20 冷轧酸泥、冷轧碱泥成分 （%）

名　称	TFe	FeO	SiO$_2$	CaO	MgO	Al$_2$O$_3$	Cl	P$_2$O$_5$	TiO$_2$
冷轧酸泥	65.19	0.36	1.35	<0.10	<0.10	0.30	0.32	0.48	1.20
冷轧碱泥	39.70	0.36	16.94	9.90	1.41	3.21	2.10	0.46	—

1.2.6.4 热镀锌渣

热镀锌渣是进行热镀锌生产时不可避免的产物，来源于铁在锌液中的溶解，或者说是锌液对铁的腐蚀产物，是一种锌铁相合金。根据形态和在锌液中的状态不同，可分为底渣、悬浮渣和浮渣，由于其成分不同，所以密度不一。底渣由于密度大，沉积在锌锅底部，难以直接捞取，需要在锌液中加入锌铝合金锭使底渣变成浮渣，热镀锌渣就是浮出锌液被捞取的锌浮渣，其主要成分为锌、铁、铝。热镀锌渣的形成造成锌的损失，影响锌镀层的质量，使镀锌成本增加。我国每年热镀锌用量超过80万吨，锌渣量一般约为耗锌量的12.5%，则锌渣的年产出量为10万吨。

由于捞渣工每次捞取锌渣时会带走一部分锌液，这部分锌液的量时多时少，锌渣中锌含量也会有所不同，因此锌渣的成分会有一定的波动，但一般含锌量在94%以上。对热镀锌渣进行了多次取样进行化学成分分析，如表1-21所示。热镀锌渣中最主要的成分是锌元素，也存在少量杂质Fe和Al元素。

表1-21 热镀锌渣的化学成分 （%）

序号	Zn	Fe	Al	Si	Ca
1	94.59	1.94	2.80	0.53	0.09
2	94.14	2.63	3.23	—	—
3	95.66	1.81	2.53	—	—

1.2.6.5 含铬污泥

含铬污泥是钢厂主要的固体危险废弃物，主要来源于电镀锌、热镀锌、电镀锡等冷轧机组铬酸盐钝化产生的含铬废水处理后产生的污泥。冷轧生成过程一般采用铬酸盐对钢板进行钝化，目的是提高钢板的防腐性能，钝化过程会产生大量废水，这些废水先经亚硫酸氢钠还原，再用石灰中和沉淀，产生的沉淀物就是含铬污泥。

表 1-22 和表 1-23 为某钢铁企业含铬污泥的典型组成。含铬污泥整体呈浅绿色，有机组分含量相对较低，固定碳仅为 0.70%，大部分是无机组分；从表 1-23 可以看出，含铬污泥成分以 CaO 为主，全铁含量较低，仅有 1.6%；有害元素中 Cr、Mn、S、P 含量均比较高，分别达到了 5.75%、5.54%、3.68% 和 2.84%，其他有害元素含量相对较低。

表 1-22　含铬污泥工业分析

原料	M_{ad}/%	A_{ad}/%	V_{ad}/%	FC_{ad}/%
含铬污泥	11.82	70.74	16.74	0.70

表 1-23　含铬污泥主要元素分析

成分	TFe	K_2O	Na_2O	Al_2O_3	SiO_2	CaO	Fe_2O_3	MgO
含量/%	1.6	0.5	0.4	2.8	2.62	59	1.12	7.12
成分	S	P	Zn	Pb	Mn	Cr	Cu	As
含量/%	3.68	2.84	0.23	< 0.05	5.54	5.75	0.07	< 0.01

含铬污泥中主要物相为 CaO、SiO_2、Al_2O_3 和 Cr_2O_3 的矿相结构；850 ℃热处置后，XRD 矿相主要以铬尖晶石（$(Fe,Mg)(Cr,Fe)_2O_4$）、钙镁橄榄石（$CaO \cdot MgO \cdot SiO_2$）、透辉石（$CaO \cdot Al_2O_3 \cdot 2SiO_2$）和钙长石（$CaO \cdot Al_2O_3 \cdot 2SiO_2$）存在，在渣中主要以固溶体形态存在，如图 1-10 和图 1-11 所示。

图 1-10　含铬污泥实物图

由图 1-12 所示微观形貌图可以看出，含铬污泥团聚问题突出，铬渣粒度分布不均匀，各粒级均有分布，外观呈现不规则的棱角状。由能谱成分分析图可

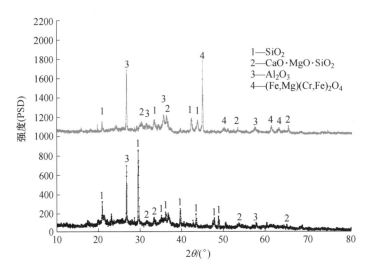

图 1-11　含铬污泥原样与 850 ℃处理后的 XRD 图谱

知，铬渣中含有较高含量的 Ca、Si、Al、Fe、Cr、O 和 C 等元素，主要以氧化物、硫酸盐和磷酸盐等结构存在，这与 XRD 分析结果基本一致。

图 1-12　含铬污泥原样 SEM/EDS 图谱

（a）SEM 图；（b）EDS 图谱

1.2.7　其他固废的物化特征

1.2.7.1　粉煤灰

许多大型钢铁企业花费巨额资金建造了自己的电厂，即自备电厂，一方面减轻了钢铁企业的用电成本，另一方面提高了企业用电的可靠性，保护钢铁流程其他用电设备的正常运行，粉煤灰就是自备电厂燃煤后产生的废弃物。为增加燃烧的效率，提供更多的热量，在燃煤发电厂中，煤炭被磨成粉后，由一次风携带进入锅炉燃烧区，在炉内形成悬浮燃烧，绝大部分可燃组分会经历热解、着火、燃尽的过程，而大部分不可燃组分变成颗粒较小的烟尘，随着高温废气运动，在烟道末端被除尘器拦截下来，该部分的产量巨大，是粉煤灰的主要组成部分。一些粒度较大的颗粒，会通过气流落到锅炉底部，由机械从锅炉底部除去。还有一些炉渣在锅炉中熔化，并且在底料斗中淬火，变得坚硬，呈现出玻璃状。这些煤炭燃烧之后在锅炉底部产生的灰渣及烟气中通过除尘系统收集到的细灰统称为粉煤灰。

粉煤灰的主要化学组成为：SiO_2、CaO、Al_2O_3、MgO、FeO、Fe_2O_3 等金属氧化物，是煤粉燃尽之后剩余的不可燃金属氧化物，其中 CaO、MgO 来自相应的碳酸盐及硫酸盐；FeO、Fe_2O_3 来自黄铁矿；SiO_2、TiO_2 来自黏土和页岩。由于煤的组分本身就波动很大，因此煤粉灰的含量、组分受到煤的产地、种类、燃烧状态、烟气净化工艺等不同而有较大的差异，这种差异不仅发生在不同产地和不同煤矿中的煤，甚至同一煤矿不同煤层、不同区域的煤也会有所差异。

粉煤灰中各组分的物相受到煤粉化学组分的影响，也跟其燃烧过程和冷却方式有关。从物相上讲，粉煤灰主要包含晶体矿物和非晶体矿物，其含量和占比与粉煤灰的冷却速度有关。通常情况下，冷却速度越快，玻璃体含量越多。反之，则容易析晶，晶体矿物含量相对较多。在显微镜下观察，粉煤灰是由玻璃体、晶体及少量未燃碳颗粒构成的混合体，三者的比例随着煤种、煤燃烧所选用的技术及操作手法的不同而不同，晶体矿物主要包括莫来石、石英、生石灰、磁铁矿、氧化镁及无水石膏等，非晶体矿物主要包括玻璃体、无定形碳和次生褐铁矿，其中玻璃体占比最大，达到50%以上。

粉煤灰的基本性质如表1-24所示，由于粉煤灰的组成和物相波动范围很大，因此粉煤灰之间的性质差异也很大，这也是化学成分和矿物组成在粉煤灰宏观方面的反映。

表 1-24　粉煤灰的基本性质

粉煤灰的基本特性	项目范围值
密度/$g \cdot cm^{-3}$	1.9~2.9
堆积密度/$g \cdot cm^{-3}$	0.531~1.261
比表面积/$m^2 \cdot g^{-1}$	800~1950
原灰标准稠度/%	27.3~66.7
28d 抗压强度比/%	37~85

1.2.7.2 有机固废

钢铁生产的各个环节也产生大量的有机固废，包括设备维护保养过程产生的废机油、擦拭废油的废抹布、丢弃的废油桶等，典型的有机固废名称和产量如表1-25所示。一般年产千万吨粗钢规模的钢铁企业每年有机固废的产量为5000~6000 t。与钢铁流程的其他固废相比，有机固废的产生存在点多、面广、量少的特点，但是由于其赋存了有机物、重金属等污染物，处置过程中环境风险大，是钢厂固废处置的重点和难点。

表 1-25   某粗钢年产能 1000 万吨的钢铁企业部分有机固废产量

序号	品　名	年产生量/t
1	含油污泥	400
2	废油桶	500
3	废塑料桶	30
4	含油抹布	500
5	硒鼓墨盒	1.2
6	烟气净化污泥	204
7	煤精脱硫剂	1800
8	废油漆（固态）	5
9	废有机树脂	3
10	废油漆（液态）	5
11	含油废物（废油脂）	300
12	水处理浮渣	900
13	废油	300

表1-26列出了几种典型的有机固废的主要成分，其中有许多热值很高的固废，比如橡胶皮带热值达到42.01 MJ/kg，远远超过了普通煤炭的热值，这主要也是因为橡胶通常是高分子聚合物，含碳量较高，且灰分和水分含量很低。

表 1-26   几种典型的工业垃圾主要成分

原料名称	元素分析（质量分数）/%						热值/MJ·kg⁻¹	工业分析（质量分数）/%			
	C	H	O	N	S	Cl	/MJ·kg^{-1}	挥发分	灰分	水分	固定碳
橡胶皮带	85.42	12.36	0.94	—	0.38	0.05	42.01	95.24	4.63	0.13	—
废滤布	84.87	13.54	1.59	—	—	0.03	38.89	89.55	7.97	1.49	0.99
废抹布	55.77	5.55	37.00	0.66	1.01	0.02	19.15	83.93	0.22	2.64	13.21
有机树脂	21.3	—	—	—	4.5	0.1	8.3	—	15.0	—	—
废机油	83.1	—	—	—	—	—	37.4	—	—	—	—

常规经使用后的皮带、滤布、抹布等废弃物通常只是普通的生活垃圾，可以作为一般固废经由市政环卫生活垃圾处置系统进行收集、运输、处置。但是钢铁厂内的这些废弃物在使用过程中，经常容易沾染机油、润滑油、粉尘等，存在被有机物和重金属污染的风险，通常被当作危险废物进行储运和处置。以废抹布为例，按照其使用场景不同，可能会含有芳烃类、烃类、酚类、甲苯、多环芳香烃、胺类、硫化物、联苯、醇酸树脂、环氧树脂、邻苯二甲酸酯类、环氧化合物类、偏苯三甲酸酯类等污染物，环境风险较大。

1.2.7.3 无价污泥

无价污泥主要来自于钢铁厂内给水排水管网、水厂污水净化等设施。通常情况下，污水处理厂每处理1万吨生活污水或工业污水会产生含水率80%的污泥约6 t和20 t。

1.2.8 固废的物理化学特征分析

综上所述，结合前述小节中对钢铁冶金各工序固废的物理、化学特征分析，钢铁流程的渣类固废含 Fe 较低，但是 Ca、Si、Al 高，与建材的成分接近，一般已作为建材原料而资源化利用，但是，钢渣中含有 f-CaO 对建筑材料的强度可能会造成影响，是钢渣建材化目前面临的问题；尘泥类固废中有部分化学成分相对简单，如烧结环境灰、轧钢氧化铁皮、高炉重力灰等，含有丰富的 Fe 或者 C 资源，可直接在钢铁流程循环利用。这些环境风险较低、基本已实现资源化的固废称为普通固废。

另一部分的尘泥类和杂物类中含有可以被冶金流程循环利用的有价元素 Fe、C、Ca、H，但同时也富集了的 Zn、Pb、K、Cl、挥发分等有害物质，如果直接返回冶金流程，会对钢铁产品质量和装备系统产生不利的影响，这类固废我们定义为复杂固废，包括高锌固废，如高炉布袋灰、转炉灰、电炉灰等；高盐固废，如烧结机头灰；有机固废，如轧钢油泥、废抹布、废油漆等，也包括半干法脱硫灰等。

复杂固废的产量在钢铁冶金所有固废中占比虽然不是很大，却一直是固废处置中的重点和难点，是钢铁企业实现"固废不出厂"的关键。本书主要围绕复杂固废的资源化循环利用开展研究和讨论。

1.3 钢铁冶金流程复杂固废处置现状

1.3.1 尘泥类固废处置现状

1.3.1.1 重金属尘泥类

含锌尘泥是钢铁厂内最主要的重金属尘泥，主要包括高炉布袋灰、转炉灰、电炉灰等，其特征是粒径小、密度轻，极易飘散到大气中，严重污染周围环境。

Zn 主要以易于浸出的氧化锌（ZnO）和难以溶解的铁酸锌（ZnFeO$_4$）两种形式存在，并且以铁酸锌物相存的锌量比较高。目前，国内外钢铁企业对于含锌粉尘效果比较好的方法有湿法和火法两种工艺。湿法工艺利用氧化锌是两性氧化物的性质，可以溶于酸、氢氧化钠或氯化铵等溶液，不溶于水或乙醇，因此可以使用多种浸出液，把锌从尘泥中分离出来。湿法工艺浸出的锌、铅等重金属或者其他氧化物的品位较高，产品质量好，相对火法工艺而言，能源消耗较少，设备投资较低；但湿法工艺生产成本高，浸出率总体较低，生产率不高；操作环境恶劣，会产生废水，对环境造成二次污染；对锌原料的品位要求较高，这种原料条件我国许多钢铁企业都无法满足，因此，国内一般不用或者少用湿法来处理含锌尘泥，多采用火法工艺。火法典型处理工艺有回转窑工艺、转底炉工艺及Oxycup 竖炉工艺等。

A　回转窑工艺

回转窑工艺是由德国克虏伯公司在 20 世纪 20 年代为处理锌精炼渣而开发，回转窑工艺脱锌率较高，普遍能达到 90% 以上。回转窑工艺以回转窑作为还原反应器，利用含碳固体燃料作还原剂，具有原料适应性广的优点，其工艺流程如图1-13 所示。回转窑的还原剂采用煤、焦粉或含碳粉尘，入炉前首先将含锌粉尘与还原剂配料、混合，以粉状或造球的方式送入回转窑，在 1100 ~ 1250 ℃ 的条件下含锌尘泥中的铁和锌组分被充分还原，还原后的锌金属蒸发汽化进入烟气，在烟气中再次被氧化为氧化锌，烟气经沉降、冷却后在布袋除尘集尘，收集到布袋灰中氧化锌的含量可达到 40% ~ 60%，可以作为炼锌厂的生产原料实现资源化；而还原后的窑渣经破碎、磁选后，富含金属的铁料可以返回钢铁流程循环利用，尾渣建材化利用。

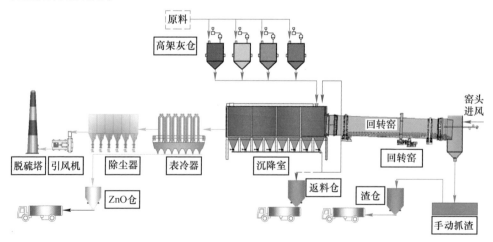

图 1-13　回转窑提铁减锌工艺流程

回转窑工艺处置含锌粉尘在欧美的马头公司（Horsehead Resources Development，HRD）、德国 B. U. SAG 公司、瑞士环球钢铁粉尘公司以及日本住友金属工业公司等得到广泛应用，单个回转窑处理能力从数万到数十万吨。国内火法脱锌回转窑多是采用 Waelz 工艺，中国台湾钢联 TSU、日照钢铁、莱钢、昆钢、包钢等多家企业也都应用了回转窑工艺路线。国内外典型企业回转窑生产工艺情况如表 1-27 所示。

表 1-27　国内外典型企业回转窑生产工艺情况

企业名称	技术工艺	处 理 能 力
美国 HRD	回转窑	100 万吨/年（美国、加拿大约 7 个工程总计）
德国 B. U. SAG	回转窑	50 万吨/年（德国、法国、意大利 4 个工程总计）
包钢	回转窑	年处理布袋除尘灰 10 万吨，生产高锌产品 0.8 万吨、铁渣 3.5 万吨
昆钢	回转窑	处理高炉瓦斯灰
中国台湾钢联 TSU	回转窑	两条线，年处置能力分别为 10 万吨和 8.9 万吨
日照钢铁	回转窑+水洗	两条线，年处置 50 万吨
莱芜钢铁	回转窑+水洗	年处理含锌粉尘 15 万吨

使用火法回转窑工艺可以实现含锌尘泥中的铁、锌分离，得到富含铁的窑渣和富集了氧化锌的次氧化锌粉尘两种产品。回转窑工艺具有能耗低、投资及运行成本低、操作简单、工艺成熟、占地面积小等优点，但是，回转窑产品经济价值低，主要表现在铁料金属化率低，回收的次氧化锌杂质较多，锌品位低；其次，回转窑工艺处置过程中常发生结圈现象，需要通过减少窑内粉末以及降低窑内局部高温环境来控制回转窑结圈。

传统的脱锌回转窑采用粉料入窑，粉状物料从窑尾至窑头运行过程中，在窑内翻滚和脱水及还原气体推动作用下，极易被窑内气流裹挟至烟尘中，与挥发出的氧化锌一并进入除尘系统，导致次氧化锌产品品质低。粉状物料逐渐升温至高温段时，高压风送入窑内的氧气在此处集中分布，料层中的碳集中剧烈燃烧，产生局部高温，导致料层中形成的低熔点化合物产生液相，黏结物料和窑衬，造成窑内结圈。物料经过还原后，铁氧化物转变为金属铁，锌组分挥发至烟尘中进入除尘系统，待还原物料运行至窑头排料口附近时，由于高压风和窑头漏风等原因，导致窑头氧浓度高，还原物料极易再氧化，形成低熔点物质，造成窑头结圈。还原物料在排料口再氧化和水淬过程再氧化的共同作用下，导致最终脱锌渣金属化率低，产品品质差。

B　转底炉工艺

转底炉工艺不仅可以处置含锌固废，也可以发展成为一种非高炉炼铁工艺，最早源自于 Midrex 公司前身 Midland Ross 公司在 1965 年开发的 Heat-Fast 工艺，现如今已开发出 Fastmet、INMETCO、ITmk3 等多种工艺类型。转底炉处置含锌粉尘典型工艺流程如图 1-14 所示，其工艺过程主要为：含锌固废与煤粉按比例混合，并加入膨润土作为黏结剂，各种原料混合后经润磨、造球、筛分制得粒径为 6~16 mm 的合格生球，经过干燥机将生球水分从 11% 降低至 1% 以下，干燥后的小球均匀布置在转底炉的环形台车上，利用转底炉上 1300 ℃ 的高温与还原气氛，将球团中的金属氧化物还原成金属铁、锌等单质形式，一般高温还原反应时间仅需 10~20 min。单质锌蒸发汽化后进入烟气，又被重新氧化，经冷却、余热利用后在布袋除尘器中被收集得到次氧化锌。被还原的金属化球团经高温水冷螺旋从转底炉排出，进入充满氮气的圆筒冷却器中冷却，圆筒外通过水喷淋系统对圆筒进行降温并冷却球团，氮气的作用是防止金属化球团再次被氧化。经过圆筒冷却后，球团的温度从 1100 ℃ 降到 300 ℃，再经筛分选出粒度合格的成品球团，返回高炉或转炉进行循环利用，筛下的粉料返回烧结循环利用。

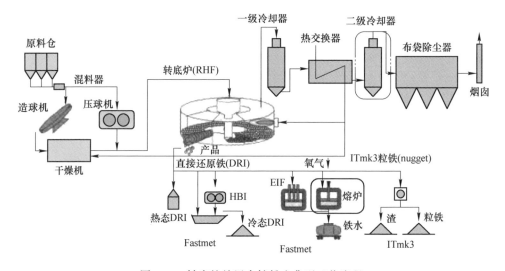

图 1-14　转底炉处置含锌粉尘典型工艺流程

转底炉工艺有如下几个特点：将含锌尘泥直接制成含碳球团；球团反应温度高，在还原区温度可达 1300~1350 ℃；还原时间短，仅需 15~20 min 即可将球团金属化率提升到 70 % 以上；对生球强度要求低，因为生球平铺在炉底上，与炉底没有相对运动。

转底炉工艺在日本很受当地钢铁企业的青睐，新日铁、神户制钢等均先后投产了多座转底炉工艺用于处置含锌尘泥，并对其开展了深入的研究。在国内也有宝钢湛江、江苏沙钢、安徽马钢、山东日钢等多家钢厂应用了转底炉工艺。国内典型企业转底炉生产工艺情况如表 1-28 所示。

表 1-28 国内典型企业转底炉生产工艺情况

企业名称	技术工艺	技术来源	投产时间	实施效果
宝钢湛江	20 万吨/年,金属化球团	中冶赛迪	2016 年 6 月	年处理尘泥 30 万吨,生产金属化球团 20 万吨,氧化锌粉 0.7 万吨,脱硫率大于 85%
江苏沙钢	42 万/年,压块	北京神雾	2010 年 10 月	存在烟气系统锅炉黏结堵塞问题,国产设备故障率高,作业率低,脱锌效果尚可,炉膛温度 1250 ℃,脱锌率可达到 90% 左右
安徽马钢	20 万吨/年,圆盘造球	新日铁	2009 年 6 月	初期运行不顺,能耗高,目前情况尚可,金属化球团外售
日照钢铁	20 万吨/年,2 台,压块	钢铁研究总院	2010 年 5 月	初期烟气系统锅炉黏结、堵塞,目前高温烟气直接掺冷风后进除尘器,运行能耗高
山东莱钢	32 万吨/年,压块	北京科技大学	2011 年 3 月	初期烟气系统锅炉黏结、堵塞
中国台湾中钢	13 万吨/年,压块	新日铁	2007 年 12 月	初期锅炉换热器黏结堵塞严重,定期修理
河北燕钢	20 万吨/年	—	2015 年 6 月	脱锌率大于 85%,金属化率大于 75%,每年可获得约 14 万吨金属化球团、0.5 t 氧化锌粉尘、13 万吨蒸汽

转底炉工艺虽然起步较晚,但是经过多年发展工艺也比较成熟,脱锌率普遍较高,与其他方法相比,转底炉的显著优点是球团的金属化率较高,次氧化锌的品位高,污染也相对较小。缺点是转底炉能耗较高、生产率较低,主要是因为金属化球团主要依靠辐射传热,传热效率较低,且球团不能铺太厚,一般只铺 1~3 层,除此之外转底炉设备占地面积大,投资大,整体运行成本也比较高。

C Oxycup 竖炉工艺

Oxycup 富氧竖炉工艺即源自传统冲天炉的改良技术,由德国 Kuttner 公司开发。传统冲天炉主要用于熔炼铸造铁,处理的原料主要是生铁和废钢等,燃料一般使用铸造焦和气体燃料。Oxycup 富氧竖炉工艺基本流程如图 1-15 所示,将钢铁流程中各工序产生的含铁含锌粉尘配以焦粉等还原剂,并加入水泥作为黏结剂,混匀后压制成大小为 100~150 mm 的六棱柱型砖,养护约 3 天即可作为入炉原料使用。Oxycup 炉采用富氧热风工艺,废钢、渣钢、焦炭以及含铁粉尘压制的型砖等炉料从炉顶装入,富氧热风在底部风口吹入,混合炉料先后经过预热、还原、熔化、渣铁分离等熔炼过程,最终产品是铁水、煤气和炉渣。除尘系统将煤气净化收集得到富锌粉尘，外销给炼锌厂作为炼锌原料，煤气净化后可用于预热热风供竖炉使用，或并入煤气管网供其他用户使用，整套系统的脱锌率达到95%以上。

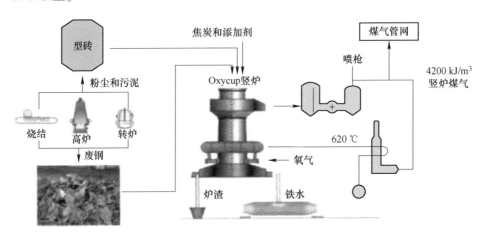

图 1-15　Oxycup 富氧竖炉工艺流程

日本新日铁和 JFE、墨西哥 Sicartsa、德国 TKS 等都应用了 Oxycup 竖炉工艺，国内的太钢建成了全球最大的 Oxycup 竖炉车间，一共包含三座 Oxycup 竖炉，并于 2011 年建成投产，每年可以处理含铁尘泥碳砖 60 万吨。Oxycup 竖炉工艺能够处理钢铁厂的各类含铁含锌尘泥，也能处理渣钢类的大块废料，对炉料种类的适应范围很广，对炉料的强度要求很低、生产灵活，具有传统冲天炉的优点。但是也存在燃料消耗比较大、设备作业率低、维修工作量大等问题，型砖的压制工序投资也比较高，操作比较复杂。目前，太钢的三座 Oxycup 竖炉均已停止使用。

D　小高炉工艺

德国 DK 公司开发了小高炉工艺，利用 580 m³ 小高炉每年处理废旧电池 2000 t 和各类钢铁粉尘 45 万吨，同时生产生铁 28 万吨和次氧化锌产品 1.7 万吨。该工艺的基本流程是采用传统的高炉炼铁模式，配套 60 m² 烧结机，烧结所用原料为电池和钢铁厂各类含铁尘泥等固体废物，包括轧钢铁皮、转炉尘泥、高炉尘泥，也配入了部分正常铁矿。小高炉燃料比在 700 kg/t 以上，其中煤比和焦比分别为 70 kg/t 和 630 kg/t，主要用于冶炼铸造铁，日产铁量约为 1000 t。

DK 公司小高炉工艺完全利用传统的炼铁模式，各种设备及工艺比较成熟，能处理废旧电池及各类钢铁企业的含铁除尘灰，回收的富锌粉尘中锌含量高达 65%~68%，具有很高经济价值。但也正因为该工艺专门用于处理固废，入炉锌负荷则达到 38 kg/t，碱金属负荷约为 8.5 kg/t，负荷极高，对设备的长寿和顺行危害很大。

几种火法处理含锌粉尘工艺的对比如表 1-29 所示。综合来看，回转窑和转底炉是目前最主流的火法处置工艺，转底炉的产品质量较高，但存在能耗高、投资大的问题；回转窑投资低、操作简单，但是存在易结圈、产品质量差的问题，需要在现有回转窑技术的基础上，开发新工艺、新装备提升回转窑产品质量，降低结圈风险。

表 1-29 火法处理含锌粉尘工艺对比

项 目	回转窑	转底炉	富氧竖炉	小高炉
脱锌率/%	>90	>90	>95	>95
原料处理工序	无/造球	造球/压球	压块型砖	烧结
年处理量/万吨	15~20	20~25	40	45
作业率/%	70~85	80~90	80	95
优点	工艺成熟，操作简单，投资低，占地小	生产率高，产品质量好	炉料要求低，生产灵活，处理大块废料	工艺成熟，可以协同处理废电池
缺点	易结圈，生产率低，产品质量差	能耗高，投资大，占地面积大	作业率低，炉衬寿命短，成本高	使用小高炉有害元素影响大

1.3.1.2 有机尘泥类

轧钢油泥是钢铁企业产量最大的一种有机含铁尘泥，目前国内外轧钢油泥的处理方法主要有焙烧法、高温蒸馏法、高温热还原法、高温碱液热清洗法、常温清洗法。

A 焙烧法

轧钢油泥经过沥水后采用专用的回转窑或转底炉设备焙烧，油泥中有机物被重复焚烧，含铁组分中亚铁和金属铁成为氧化铁，可以循环利用；或者把沥水后的轧钢油泥以一定比例与烧结原料混合制成烧结矿，使油泥中铁循环回用。但是这种方法会产生大量的油烟，并散发出气味，对烧结的抽风和除尘系统造成不良影响，并且污染烧结车间的环境。鞍钢曾经把轧钢油泥掺入烧结中使用，随着环保要求的提高，鞍钢已经停止把含油率较高的轧钢油泥直接加入烧结，正在积极开发更加环保、经济的轧钢油泥处置技术。

B 高温蒸馏法

该工艺是将轧钢油泥在不同温度下分阶段脱水脱油，随后将高含油的烟气冷凝下来收集油分并作为油产品销售给化工厂，脱油的油泥底渣可以返回烧结作为原料利用。首钢曾经建成了轧钢油泥高温蒸馏法处置线，但是这条生产线在首钢搬迁后便拆除了。

C 高温热还原法

该工艺是以焦炭作为还原剂与轧钢油泥混匀，并在隧道窑中还原生产海绵铁。鞍钢曾经建成了轧钢油泥高温还原生产海绵铁的生产线，但是该生产线对环境污染较大、能耗较高、运行成本偏高，鞍钢已将该生产线拆除。

D　高温碱液热清洗法

该工艺是采用80~90 ℃的碱性清洗剂对轧钢油泥进行搅拌清洗，清洗后的油分浮在液面上被收集下来向化工厂出售，除油洗净的轧钢油泥可以返回钢铁流程作为烧结原料和炼钢原料使用。本钢曾经采用高温碱液热清洗法建成了轧钢油泥清洗处置线。

E　常温清洗法

该工艺是采用特殊的化学清洗剂在常温下对轧钢油泥进行清洗除油，除下来的油分出售给化工企业，除油后的油泥返回钢铁流程进行利用，柳钢应用该技术建成了轧钢油泥的常温清洗线。

1.3.1.3　碱金属尘泥类

钢铁厂内的碱金属尘泥主要来自于烧结工序的机头除尘灰。烧结机头除尘灰含盐高且粒度较小，表面疏水性强，表面能低，难于制粒，很难与其他原料混合均匀。为此，国内一些企业通过一些技术改进，对机头除尘灰进行预处理后再返回烧结，效果良好。

A　直接回用烧结

将烧结机头除尘灰直接混入原料进行烧结具有操作简单、成本低等优点，目前很多钢铁企业如柳钢、武钢等均采用直接返烧结的方式。但是烧结除尘灰直接返回烧结容易再次被抽入大烟道，造成碱金属的富集，同时由于除尘灰润湿性差，会影响烧结料的造粒效果，进而影响烧结矿的质量。

为了克服上述问题，有研究者提出在烧结之前先将除尘灰预制粒，可以缓解除尘灰再次被抽入大烟道的情况，同时避免机头灰对烧结料造粒性能的负面影响。为了提升制粒效果，预制粒时通常需要在机头灰中添加石灰类的黏结剂。水城钢铁将厂内产生的各种含铁粉尘，如烧结机头灰、机尾灰、高炉瓦斯灰及出铁场除尘灰，进行充分混合后制粒，以6%~8%的比例配入烧结料中，料层透气性得到明显改善，烧结矿的生产质量也有所提高。首钢也采用了跟水城钢铁类似的技术路线，将烧结电除尘灰与其他除尘灰混合之后，配入一些黏结剂利用造球盘进行制粒后加入烧结，改善了烧结料层透气性，提高了烧结成品率和烧结机的利用系数。

机头灰直接回用烧结虽然能解决部分除尘灰的利用问题，但是添加的比例有限，也会造成碱金属的烧结系统的富集，出现篦条糊堵的现象。

B　提取K、Na后回用烧结

我国是一个钾资源匮乏的国家，而烧结机头灰中含有丰富的钾元素，因此，有研究者以烧结机头灰为原料制备钾肥，开展了许多研究。

机头灰中大部分钾可溶于水，因此一般先用水洗的方法使钾转移到溶液中，为了去除溶液中的重金属离子，需要在富含钾的溶液中加入添加剂，如硫化钠、二甲基二硫代氨基甲酸钠（SDD）或碳酸钠，将富钾溶液先后通过蒸发、结晶的工序，可以得到氯化钾晶体，纯度可达 90% 以上，蒸发冷凝水可以循环用于机头灰水洗。采用水洗的方法利用烧结机头灰制备氯化钾工艺设备投资小、流程简单、能耗少，没有废气排放，该工艺能缓解我国钾资源紧缺的现状。但是氯化钾直接用于施肥进入中性或盐碱土地中容易形成氯化钙，在灌溉或大量雨水的时节会造成土壤板结，因此氯化钾肥无法大规模直接施用。

与氯化钾相比，硫酸钾肥能够克服氯化钾施肥的各种缺点，因此，有学者在烧结机头灰制备氯化钾肥工艺的基础上，开发了进一步制备硫酸钾肥的工艺。把烧结机头灰经过水洗获得富钾溶液后，先往溶液中加入 NH_4HCO_3 除掉大部分杂质，再继续加入 $(NH_4)_2SO_4$ 发生复分解反应获得 K_2SO_4，随后溶液先后经过两级蒸发浓缩、结晶后，可以分别获得工业级和农业级 K_2SO_4，以及 KCl 和 NH_4Cl 复合农用化肥。研究者同时发现，往富钾溶液中加入甲酰胺，可以降低硫酸钾的结晶温度，提高结晶效率，降低能耗，提高硫酸钾的回收率。甲酰胺还可以循环利用，使硫酸钾制备技术具有更好的经济性。研究表明，通过这种工艺制备的农用 K_2SO_4 肥、KCl 和 NH_4Cl 复合农用化肥等产品不仅在工艺上可行，所生产的钾肥产品均满足国家标准对硫酸钾的要求，而且机头灰中钾盐的脱除率达到 92% 以上，大幅降低返回烧结工序的风险，实现了机头灰的资源化。所制备的钾肥产品还可以与磷肥进行复配，生产高品质的氮磷钾复合肥。

但不论是制成 KCl 还是 K_2SO_4，在过去相当长的时间内，都未关注烧结机头灰中重金属离子的存在，特别是含铊毒害元素，如处置不当，有可能存在铊元素通过钾肥进入食物链的风险。

1.3.2 有机杂物类固废处置现状

钢铁冶金流程的有机杂物由于在使用过程中沾染了油漆、汽油、润滑油等毒害物质，必须按照危险废物的处置要求进行收集、运输和处置。大部分钢铁企业现在仍然没有单独处置有机危险废物的设施和资质，按照危险废物标准处置的固废需要运出厂外，交给具备危险废物处置资质的专业企业进行集中处置。国内外危险废物处置技术主要包括焚烧、填埋等，对有机杂物焚烧产生的飞灰还需要通过填埋、固化或等离子气化等进一步处理。

1.3.2.1 焚烧处理

采用焚烧处理方法可以对危险废物减容 80% 左右的体积，处理效率高，焚烧之后的残余物具有很好的化学稳定性，对环境污染风险大大降低。典型的危险废物焚烧项目采用回转窑+二次燃烧室高温焚烧方法，危险废物从生产单位运输到处置单位，首先进入专用的储存仓库暂存，对其化学成分进行分析，对不同的危险废物经过配伍后，按照配伍方案对危险废物进行混合、破碎，再送入回转窑进行焚烧，在回转窑内先后经过预热、干燥、热解、焚烧等过程，在回转窑850 ℃左右的焚烧温度下，危险废物中绝大部分有机物被焚烧干净，残渣从回转窑窑尾落入湿式冷渣机中冷却，最后由捞渣机捞出，再经过物化稳定处理后，统一进行安全填埋，具体流程如图1-16所示。回转窑燃烧产生的烟气仍含有大量 VOCs 和二噁英等污染物，从回转窑出来直接进入二燃室进行再次燃烧，在二燃室内1100 ℃的条件下停留时间2 s 以上，保证烟气中的二噁英和可燃物彻底反应、分解。液体废弃物一般按热值分为高热值和低热值的废液，其中低热值的废液由回转窑窑头燃烧器直接喷入，高热值的废液经燃烧器从二燃室喷入，为二燃室的燃烧提供热量。烟气经过二燃室的高温焚烧后，再经过余热锅炉回收热量，降温至550~600 ℃，再依次经过急冷塔、干式反应器、布袋除尘、湿法脱酸等工艺后，对烟气进行完整的净化工序，最后由加热器对烟气再热以消除白烟后，最终达标排入大气。

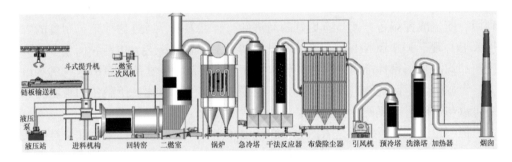

图1-16　典型的有机危险废物焚烧工艺

焚烧法能较好地实现危险废物的减容，具有操作简单、原料适应性强的优点，危险废物中的有害物质在高温下彻底焚毁，消除了危险废物的环境风险。但是，焚烧法烟气净化流程长，投资和运行成本高，危险废物中的有价元素、能量等利用率低，且危险废物焚烧产生的飞灰和底渣，目前仍然主要是简单稳定化后进行安全填埋，占用了宝贵的土地，也存在二次污染的风险。

1.3.2.2　填埋法

填埋是对危险废物进行综合处理或者焚烧减量后，对最后无法处理的一部分残渣采取的措施。危险废物焚烧产生的飞灰跟底渣仍然是危险废物，且目前没有很好的手段对其进行资源化回收，大部分情况仍然需要对其进行填埋处置。

危险废物填埋场一般包括预处理设施、防渗设施、渗滤液收集、导流与处理系统、封场覆盖系统等。填埋场分为柔性填埋场和刚性填埋场两种，其中柔性填埋场一般采用填土和 HDPE 膜作为防渗层，其造价低、操作简便，但是对地质要求高，二次污染风险大，对入场废物限制大，大部分都要经过预处理，且后期的维护和运行成本高，一旦发现渗漏现象，修复成本较高；刚性填埋场是以水泥结构作为场地防渗层，其建设成本更高，但是对地质条件限制较小，对入场废物限制较小，预处理要求低，且后期管理和维护成本更低。

20世纪90年代，长沙冶金设计研究院（现中冶长天国际工程有限责任公司）设计建造了我国第一座按国际标准设计的有毒有害废物安全填埋场，用于处置深圳"8·5"爆炸危险废物。该填埋场场底面积2640 m^2，场顶面积6400 m^2，有效容积达到2.3×10^4 m^3。为了提高填埋场安全性，设计了防渗系统、渗滤液收集系统、集排气和风场系统等。该填埋场的设计建造对后来国内工业危险废物处理处置技术的开发研究与推广应用起到了示范作用。

1.3.2.3 稳定化/固化技术

稳定化/固化技术主要包括水泥固化、石灰固化、陶瓷固化、玻璃固化等，是指通过无机胶凝硬性材料或化学稳定化药剂将危险废物的不稳定组分转变成高度不溶性的稳定物质。稳定化/固化技术最初开发是用于对放射性废物的处置，后来在其他危险废物的处置上也有大量的应用。以垃圾焚烧飞灰为例，其粒度较细，富含了重金属，直接对其填埋仍然存在重金属通过地下水系统造成二次污染的风险，填埋前一般采用水泥等无机胶凝材料对其进行固化，能大幅降低填埋的环境风险。经过几十年的发展，稳定化/固化技术目前已经比较成熟，其使用的稳定剂/固化剂价格比较低廉且易于获取，整体处置成本较焚烧法更低。但是，这种方法并不能对废物进行减容，甚至会增加废物的重量，而且对无机重金属固化效果较好，而对有机物固化时存在困难。

1.3.2.4 等离子气化技术

等离子气化技术用于处置危险废物源自20世纪60年代初期，最初是用来处置化学武器、低放射性物质等。它的原理是采用等离子火炬或弧将废物加热至3000~5000 ℃，最高甚至可超过10000 ℃，使基本粒子的活动能量远大于分子间化学键的作用，此时物质的微观运动以原子热运动为主，原来的物质将被打破为原子状态而丧失活力，从而使危险废物转变为无害的物质。通过等离子气化处理，危险废物中的有机物转化为可燃气体，无机物转化为稳定的液态渣，可以作为优质的建筑材料。

该技术与普通焚烧技术相比最大的优势是对废物处置彻底，且处置过程不会产生二噁英，处置过程及处置后固废的环境风险小，处置的设备体积小，操作简便。但是，该技术反应器的设计难度大，运行成本高，仍未实现大规模工业应用。20世纪90年代末期，美国西屋公司在日本开展了一个中试规模的等离子气化项目，主要用于将生活垃圾和污水污泥转化为新能源，2013年末我国引进了该公司技术用于危险废物的处置。目前，加拿大阿尔特公司正在全球范围内积极推进建设多个等离子体垃圾处理项目的商业化运营。

1.3.2.5　超临界水氧化技术（SCWO）

温度大于 374 ℃、压力大于 22.1 MPa 被称为水的超临界状态，有机废物在该状态下会发生深度氧化反应，彻底分解成 H_2O、CO_2 和 N_2 等无害气体，美国 MIT 学者 Modell 根据这个原理在 20 世纪 80 年代中期提出了有机固废的超临界水氧化技术，截至目前，国内外学者在采用该技术处置有机固废方面已经开展了大量研究，有机物范围包括醇类、酚类、硝基苯，甚至氰化物、芳烃衍生物等难处理的有毒物质。研究发现，许多正常条件下性质稳定的有机物在超临界水氧化状态下能够迅速分解为无毒的小分子化合物，实现了有机物的彻底无毒化、无害化，因此，该技术在有毒有害有机物的处置中得到迅速发展。

经过几十年的发展，超临界水氧化技术先后被应用于处理生化污泥、有机废水、回收降解废塑料等，在美国、日本、欧洲等国家和地区受到重视和广泛研究。1995 年，美国 Austin 成功建成了一座商业化运营的超临界水处理装置，用于处理长链有机物和胺类危险废弃物。我国首套自主研发和建造的工业化超临界水氧化装置在河北廊坊投产运营，该装备在国内由新奥环保技术有限公司投资和开发，主要用于处理有机污泥，处理能力为 240 t/d。但是，该技术目前仍然存在金属在高温高压条件下容易被腐蚀，且反应生成的无机盐容易堵塞管道，这些问题仍然需要在未来的研发中被攻克。

1.4　钢铁冶金流程复杂固废处置存在的问题及发展趋势

1.4.1　冶金复杂固废处置存在的问题

（1）冶金固废综合资源化水平偏低。冶金尘泥组分复杂、有价元素多，但传统处置方法对其资源综合利用水平较低，比如，对有机固废进行处置时，通常采用焚烧的方法对固废中的有机物进行处置，仅回收了有机固废焚烧的余热，还需要占用宝贵的土地用于焚烧灰渣的填埋。而处置含锌尘泥时，则一般采用外配焦炭的方式进行高温还原，能耗和碳排放水平较高。如果能把有机固废中的碳通过预处理之后，制成可以被含锌尘泥还原所利用的焦炭，部分或全部替代化石燃料，可以显著提高有机固废和含锌尘泥的综合资源化水平。因此，如何通过技术手段，把复杂组分定向高效分离，并在冶金流程中循环利用，或者把不同固废进行协同资源化，具有重要意义。

（2）固废处置存在二次污染的风险。废弃物的相态不是一成不变的，在一定条件下也可以相互转化。比如冶炼废气在净化成干净烟气的过程中，会同时产生脱硫灰、废活性炭等固态废弃物和制酸废水；含锌固废和有机危险废物在还原和焚烧的过程中，在产出次氧化锌、富铁渣产品的同时，也会产生废烟气；高盐固废在通过水洗除盐之后，产生了新的高盐废水。固废处置过程中往往会发生污染物的迁移，生成二次污染。部分企业在制定固废处置路线时，未考虑污染物闭环处置，比如烟气、废水超标排放，废渣堆存或填埋，仍然有二次污染的风险，如图 1-17 所示。

图 1-17　固废处置过程中的二次污染

（3）固废处置装备技术水平偏低。冶金尘泥处置的主要装备有转底炉和回转窑等，转底炉投资大、运行成本高、占地较大，制约了其大规模推广；回转窑处置冶金固废拥有上百年的历史，但是其易结圈、产品质量低的难题始终未得到很好的解决；对回转窑热窑渣的冷却仍普遍采用简单的湿法冷却，造成生产区域环境差，热渣的热能没有得到有效利用。因此，亟须开发适应新形势下固废生态化高效处置的新工艺、新装备。

（4）冶金流程固废处置标准化体系建设薄弱。冶金流程固废种类繁多、成分复杂，其处置技术路线也是多种多样，按照低碳循环经济的要求，冶金流程不仅要循环处置本流程冶金固废，还要能够协同消纳社会废弃物。然而，目前钢铁企业仍主要根据自身的经验制定固废处置的技术路线和运营维护的工艺制度，缺乏统一的处置技术标准，固废处置的技术水平受企业的管理水平、工人的运营经验影响而参差不齐。水泥窑行业处置固废已经发布了一系列标准，如《水泥窑协同处置固体废物污染控制标准》（GB 30485—2013）、《水泥窑协同处置固体废物技术规范》（GB 30760—2014）、《水泥窑协同处置固体废物环境保护技术规范》（HJ 662—2013）、《水泥窑协同处置的生活垃圾预处理可燃物》（GB 35170—2017）等，从原料预处理、处置技术工艺、污染物排放等方面对水泥窑处置固废进行规范。而钢铁行业的烧结、焦炉、高炉、转炉等工序消纳冶金流程的固废早已有所应用，但相关的标准建设仍不完善。标准不完善甚至缺乏是导致固废制备的产品难于被市场接受的一个重要因素，要建设一个完善的钢铁冶金流程固废循环利用标准体系，鼓励、规范和引导钢铁企业依法依规处置和利用自产固体废物及消纳部分社会废弃物，推动钢铁企业走资源循环、绿色低碳发展的道路。

1.4.2　冶金复杂固废处置技术发展方向

（1）冶金流程复杂固废资源循环利用是大势所趋。冶金流程复杂固废中的 Fe、Ca、C、H 等元素都是钢铁流程中物质流、能量流需要的资源，但其富集的 K、Na、Pb、Zn、Cl、挥发分等又制约了其在钢铁流程循环利用。研发先进的工艺及装备技术，高效分离复杂固废中毒害元素，充分利用好有价元素，对节约资源、保护环境、减少碳排放的意义重大。国家发展和改革委员会等相关部门出台了政策鼓励建设"无废城市"、发展循环经济，也体现了这种思想。因此，冶金流程复杂固废资源化循环利用是大势所趋。

（2）多相废弃物协同资源化循环利用。积极开发冶金固废气-液-固多相协同资源化处置技术，实现物"穷"其用。比如，烧结机头灰含有大量碱金属氯盐，且呈碱性，而冶金流程中也存在大量呈酸性工业废水，利用酸性工业废水来进行机头灰的水洗，可以达到酸碱中和，以废治废的目的，节约水资源的消耗；又比如有机固废中存在有机物污染，含有一定的能量，而含锌尘泥需要在高温下进行还原，能耗高，如果将有机固废经过一定的预处理后，用作含锌尘泥还原的燃料，就可以实现以废代碳，减排增效的效果，大幅提高有机固废中能量的利用水平。

（3）跨领域协同资源化。通过跨领域协同提升处置价值，构建多行业、多领域之间深度耦合新理念。单一的钢铁行业难以实现固废中所有元素的资源化利用，通过钢铁冶金与有色、化工、建材、市政等多领域深度融合，可以大幅提高固废的资源化处置水平。比如钢铁冶金行业的含锌粉尘脱锌产出的次氧化锌可以作为有色工业的炼锌原料，有色工业的硫酸渣、铁矾渣等含铁固废又可以进入钢铁流程对铁进行循环回用；钢铁冶金行业的高炉渣、钢渣等可以作为建材行业的原料，市政领域的有机危险废物也可以进入钢铁流程通过预处理后回收碳资源。

（4）固废处置污染物全过程控制。积极开发钢铁流程固废处置全过程污染物控制技术，对减污过程产生的副产物资源化，不应产生新的固废，实现固废的闭环处置。比如，对高盐固废进行水洗之后，高盐固废中的碱金属氯盐转移到了高盐废水中，高盐废水如果直接排放，会极大地破坏生态、破坏水循环系统。要开发高盐废水的多级蒸发分盐提纯工艺，将废水中的盐分分步提取出来，获得高价值的工业级 KCl、NaCl 和 $CaCl_2$ 产品，并可以进一步制取 K_2SO_4 等作为农业肥料，实现高盐固废中污染元素的资源化处置。同时，应当积极开发多工序烟气协同净化技术，将固废火法处置产生的烟气并入冶金流程烟气进行协同净化，可以大幅降低污染物排放，降低污染物净化投资。

（5）提高钢厂有机固废自消纳水平并协同处置社会危险废物。利用冶金流程的优势，在钢铁企业内建设有机固废处置中心，既处理钢厂内部的有机固废，又能消纳社会工业危险废物，提升钢铁企业的社会责任和功能价值。钢铁流程拥有众多的高温流程，在钢铁企业建设有机固废处置中心，一方面可以通过预处理充分利用有机固废中能源，降低自身能源消耗和碳排放；另一方面，与传统的危险废物焚烧工艺不同，钢铁厂内建设的有机固废处置中心不需要配建灰渣填埋场，甚至不需要单独建设烟气净化设施（与冶金流程协同净化），因此投资和运行成本大幅降低，也可以节约填埋的土地。

（6）提高冶金固废处置装备水平。针对冶金固废生态化处置的新需求，钢铁企业和科研机构要进行技术改造、更新设备、提高装备水平，破解回转窑处置含锌尘泥、有机固废等存在的易结圈的历史性难题；针对粉尘粒度细、密度轻等特性，研制高效的混匀和制粒装备；针对热窑渣湿法冷却带来的环境和能源浪费问题，开发具有自主知识产权的干式冷却及余热回收一体化新装备；针对常规水洗设备占地大、新水消耗高的问题开发高盐固废水洗一体化装备。同时，大力提高装备的智能化水平，对固废进行智能识别、智能分类及配送，对处置过程的温度场、气氛场开展智能测控，提高全过程工艺及装备的能效、排放控制水平。

（7）冶金流程消纳固废的标准化建设和应用推广。科技创新与标准相互促进、共生发展，需要加快对冶金固废处置中涌现出的关键技术领域的标准研究、标准应用推广和新技术产业化步伐。从固废的产生、贮存、转运、利用、处置、碳污排放等各方面开展标准化体系建设研究，构建钢铁全流程固废资源化处置标准体系。同时，加快钢铁冶金固废循环利用工艺、装备和产品的标准制定，推进新技术和新装备的开发和应用；增强标准培训和宣贯，提升钢铁冶金固废从业人员标准意识，进而推动钢铁冶金固废的规范管理；推动建立绿色采购制度，政府在大规模基建和工程项目的采购中优先选用符合标准的钢铁固废循环利用产品，鼓励相关设计、施工单位优先选用钢铁固废制备的新型产品，为钢铁固废的利用打开销路；搭建跨行业、跨地区的固废产品信息交流平台，促进钢铁固废循环利用行业与上下游、多领域各产业融合，促进生产企业资源共享、原料互供，实现区域的协同发展等。

本 章 小 结

（1）钢铁冶金长流程是含铁原料为主的物质流，在含碳能源为主的能量流的推动下，不断发生物理化学反应，不断与外界进行物质流和能量流的交换，并进行物质转换的耗散过程。在此过程中，含铁原料被不断净化，成为目标产物钢铁产品；部分杂质及各种非目标产物不断被剥离，形成各种废弃物，其中稳定态为固态的废弃物称之为固废，吨钢固废产生量为 600～800 kg，根据固废的来源和物理形态，可分为渣类固废、尘泥类固废和杂物类固废。随着长流程向短流程发展，固废的总量及组分会随之发生变化，但是固废大类应该不会有太大的变化。

（2）根据固废的物化性能特征、处置现状来分析，渣类固废含 Fe 低，Ca、Si、Al 高，国内外基本上都已作为建材原料而资源化利用，但存在显热未充分利用，钢渣中含有 f-CaO 等未完全解决的问题。尘泥类中有部分化学成分相对简单，如烧结环境灰、轧钢氧化铁皮等，可直接在钢铁流程循环利用，而更多的尘泥类和杂物类中含有可以被冶金流程循环利用的有价元素 Fe、C、Ca、H，但同时也富集了太多不能在冶金流程直接循环利用的 Zn、Pb、K、Cl、挥发分等有害物质，这类固废我们定义为复杂固废，包括高锌、高盐、有机固废，也包括脱硫石膏等（见表 1-30）。

表 1-30　钢铁冶金流程固废特征及处置现状

分　类	名　称	特　征	处置现状	备　注
渣类固废	钢渣	含铁低，以 Si、Al、Ca 为主	建材化利用，但是存在 f-CaO 的问题	普通固废
	高炉渣	含铁低，以 Si、Al、Ca 为主	建材化利用	普通固废
	焦油渣	含碳和芳香烃高，热值高，黏稠	作为黏结剂配煤炼焦	普通固废
	热镀锌渣	含锌 95% 以上	作为炼锌原料	普通固废
尘泥类固废	氧化铁皮	含铁丰富，杂质少	直接返烧结	普通固废
	烧结环境灰、高炉重力灰、出铁场灰	含 Fe 或 C 丰富，杂质少	直接返烧结	普通固废
	粉煤灰	粒度细，含 Fe 低，以 Si、Al、Ca 为主	建材化利用	普通固废
	烧结机头灰	含铁 40% 左右，同时含有 K、Na、Cl 等高盐组分	水洗除盐返烧结，未关注除铊提盐问题	复杂固废
	高炉布袋灰、转炉灰、电炉灰	含 Fe 丰富，Zn 和 Pb 等重金属含量也很高	回转窑或转底炉脱锌后返冶金流程，但存在易结圈、产品质量低或能耗高、投资大的问题	复杂固废

分 类	名 称	特 征	处置现状	备 注
尘泥类固废	磨辊污泥	含 Fe 和 C 丰富，有油分	返烧结时气味比较大，处置量有限；焚烧处置易结圈	复杂固废
	冷轧酸碱泥	含 Fe 丰富，酸碱度较高，腐蚀性高	不能直接返回钢铁流程，多堆存	复杂固废
杂物类固废	含油抹布、废油漆、废活性炭等	含 Fe 低，含碳高，热值高，富集 VOCs 和重金属	作为市政危险废物运出厂外焚烧后填埋	复杂固废
	半干法脱硫灰	以 $CaSO_3$ 为主，含 $Ca(OH)_2$、CaO，有较高的自硬性倾向，含 $f\text{-}CaO$ 和 Cl、K 等有害元素	抛弃或就地填埋	复杂固废

（3）复杂固废在冶金流程循环利用是固废治理的重点和难点，目前还存在资源化利用率低，二次污染矛盾突出等问题，如何加深对复杂固废的认识，开发出提高冶金固废资源化利用的效率、协同消纳社会废弃物、消除二次污染的工艺及装备技术，为钢铁冶金绿色发展、为碳中和战略目标的实现做出贡献，意义重大。

参 考 文 献

[1] World Steel Association. World Steel in Figures 2023 [R]. Brussels, 2023.

[2] 叶恒棣. 钢铁烧结烟气全流程减排技术 [M]. 北京：冶金工业出版社，2019.

[3] 郭玉华，马忠民，王东锋，等. 烧结除尘灰资源化利用新进展 [J]. 烧结球团，2014，39（1）：56-59.

[4] 马怀营，裴元东，潘文，等. 烧结机头除尘灰特性及资源化利用进展 [J]. 中国冶金，2018，28（6）：5-8，12.

[5] 谢全安，王杰平，冯兴磊，等. 焦化生产废弃物处理利用技术进展 [J]. 化工进展，2011，30（S1）：424-427.

[6] 尹霞. 焦化污泥对活性炭结构和性能的影响及机制 [D]. 太原：山西大学，2021.

[7] 李翔. 转炉除尘灰冷固球团气硬性黏结机制及除尘系统结垢研究 [D]. 重庆：重庆大学，2021.

[8] 寇建兵，罗果萍，张芳. 包钢高炉除尘灰中有害元素分析研究 [J]. 中国冶金，2011，21（3）：44-46，50.

[9] 熊果，刘欣，周云花，等. 含锌转炉炼钢泥的理化特性分析研究 [J]. 烧结球团，2021，46（3）：93-98.

[10] 劳德平. 粉煤灰与氧化铁皮制备复合型混凝剂及混凝性能研究 [D]. 北京：北京科技大学, 2019.

[11] 常静, 李春民, 黎蓓. 轧钢含油污泥资源化处理技术的探讨 [J]. 再生资源与循环经济, 2008 (10)：34-36.

[12] 杨大正, 刘佳, 徐光, 等. 轧钢污泥综合利用试验 [J]. 钢铁, 2015, 50 (12)：119-123.

[13] 钱峰, 于淑娟, 侯洪宇, 等. 烧结机头电除尘灰资源化再利用 [J]. 钢铁, 2015, 50 (12)：67-71.

[14] 秦立浩, 墙蔷, 阳红辉, 等. 烧结机头电除尘灰的分级利用 [J]. 钢铁研究学报, 2020, 32 (9)：802-808.

[15] 卜二军. 钢铁企业热镀锌渣整体化利用技术的创新与集成 [D]. 沈阳：东北大学, 2019.

[16] 刘令传. 我国钢铁工业固废综合利用产业发展现状及建议 [J]. 中国资源综合利用, 2021, 39 (1)：113-116.

[17] 张安贵. 冶金烧结工序脱硫石膏制备铁酸钙的基础研究 [D]. 太原：太原理工大学, 2018.

[18] 回春雪, 李虎, 郎明松, 等. 烧结脱硫灰资源化利用途径 [J]. 河北冶金, 2023 (4)：66-69.

[19] 张伟, 赵德胜, 刘宝奎, 等. 工业化含锌粉尘处理技术现状及分析 [J]. 鞍钢技术, 2018 (2)：10-15, 20.

[20] 于恒, 黄细聪, 李科, 等. 钢铁企业除尘灰综合利用现状与展望 [J]. 矿产保护与利用, 2021, 41 (4)：164-171.

[21] 吕冬瑞. 中国钢铁企业含锌粉尘处理工艺现状及展望 [J]. 鞍钢技术, 2019 (3)：7-10, 18.

[22] 范圣轩, 叶恒棣, 刘学玲, 等. 钢铁厂铬泥高温焚烧重金属形态分布及其环境风险评价 [J]. 烧结球团, 2023, 48 (3)：7-13, 105.

[23] 耿飞, 刘晓军, 马俊逸, 等. 危险固体废弃物无害化处置技术探讨 [J]. 环境科技, 2017, 30 (1)：71-74.

[24] 张超, 申巧蕊. 危险废物焚烧处置技术 [J]. 中国环保产业, 2018 (9)：60-63.

2 钢铁冶金复杂固废质、能、毒害属性分析及循环利用准则

钢铁冶金固废来源于冶金流程物质流、能量流，因此，也保留了部分物质、能源属性，其无法被直接利用是因为富集了一定的毒害元素。本章首先分析了固废物质、能源、毒害属性的深刻内涵，从这三个属性的维度出发建立了冶金流程固废的多维度判别指标体系，提出了在冶金流程固废质能循环利用过程中，必须遵循与主流程质能耦合的固废组分定向分离循环利用、质能价值优化循环利用、多相梯次处置循环利用以及跨领域协同利用等几条关键准则，力求实现固废处置过程中物质、能源的全量化利用以及全流程污染物深度控制。

2.1 冶金固废属性分析

从化学成分来看，不同固废之间的基础特性差别较大。固废的基础特性数据包括工业分析、元素分析、热值、粒度、重碱金属含量、氯元素含量等，按照固废处置的目标不同，可以把固废的基础特征属性分为物质属性、能源属性和毒害属性等。

物质属性是以固废的物质利用为目标而定义的属性，比如固废中的铁元素含量，高含铁的固废具备进入钢铁流程循环回用的潜力；同样，固废中 Cu、Zn、Pb 等有价元素含量，也可以作为有色行业物质利用的考量指标；对于炼焦行业协同处置固废，碳元素是固废物质属性指标之一；Si、Ca、Mg、Al 元素，可以被建材行业利用。

能源属性是以固废作为能量利用为目标而定义的属性，包括碳含量、热值、挥发分含量、热解/燃烧/气化特征参数、闪点等属性指标。工业生产中存在大量的能量利用过程，充分利用固废的能源属性有利于替代原有工业生产中的化石燃料，降低 CO_2 的排放。

固废中通常有一些有害元素，对生产和环境造成负面影响，因此需要定义固废的毒害属性，具体包括工艺毒害、环境毒害。工艺毒害是固废加入对原有生产工艺、生产设备产生不利影响的属性，比如在炼铁高炉中加入过量的含锌固废，会影响高炉的顺行；通常在工业窑炉协同处置固废时，F、Cl 等卤族元素及 K、

Na 等碱金属元素的存在，都会造成设备腐蚀和积灰，影响工艺设备使用寿命和正常运行。环境毒害是指直接或间接影响人体健康的属性，主要包括 S、N、Cl、F 等元素。这些元素在高温反应过程中容易生成 SO_2、NO_x、HCl、HF 和二噁英等污染物，增加工艺流程原有烟气净化系统的负担，必须严格控制毒害元素过高的固废进入生产流程。

把固废中物质属性、能源属性充分利用好，使毒害属性转化为可以利用的物质属性、能源属性的过程，就是碳污协同治理、绿色发展的过程，也就是本书追求的价值。

2.1.1　冶金流程固废物质属性分析

2.1.1.1　铁资源的赋存形态及循环利用机理

铁元素是钢铁流程固废中最主要的可循环利用资源，普遍分布于钢铁流程的各种固废中，如在烧结灰中铁含量为 5% ~ 35%，高炉除尘灰中含铁量可达 30% 以上。这些含铁的固废可以进入烧结、炼铁、炼钢工序进行再循环，在完成固废处置的同时回收铁资源。铁元素的再循环利用方式，与其在固废中的赋存形态息息相关。

铁在固废中赋存形态主要包括金属铁、FeO、Fe_2O_3、Fe_3O_4 等，铁元素在钢铁流程主要固废中的赋存形态如表 2-1 所示（以某钢铁厂为例）。总体而言，经过了原料精炼后，炼钢工序产品中铁的纯度越来越高，其产生的固废中含铁量也偏高，如磨辊污泥、氧化铁皮等炼钢固废铁含量都超过了 60%，槽下返矿除尘灰中铁含量也达到了 55.84%。磨辊污泥中铁元素接近一半是以金属铁的形式存在的，另外一半主要以 FeO 的形式存在，以 Fe_2O_3 和 Fe_3O_4 存在的铁元素很少。而氧化铁皮中铁元素大部分是以 FeO 的形式存在，FeO 在氧化铁皮中的含量占比达到了 61.51%，金属铁只有 1.05%，剩下少部分是以氧化铁的形式存在。钢铁流程中其他的尘泥类固废中含铁量高低有所差异，但主要是以 Fe_2O_3 的形式存在的。

表 2-1　钢铁流程主要固废中铁的赋存形态　　　　　　（%）

序号	工序	名　称	TFe	MFe	FeO
1	烧结	一次电场灰	33.40	—	4.28
2		二次电场灰	13.57	—	2.26
3		三次电场灰	5.22	—	0.96
4		四次电场灰	9.14	—	1.00
5	炼铁	高炉渣	0.41	—	0.52
6		环境除尘灰	38.82	—	3.72

序号	工序	名 称	TFe	MFe	FeO
7		槽下返焦除尘	24.83	—	2.50
8		槽下返矿除尘	55.84	—	5.10
9	炼钢	除尘二次灰	29.26	—	7.26
10		磨辊污泥	64.16	33.74	39.12
11		氧化铁皮	73.72	1.05	61.51
12		转炉钢渣	19.33	—	17.05

注：TFe 表示总铁，即固废中所有形态的铁元素之和；MFe 表示金属铁。

对于铁元素主要以氧化态（Fe_2O_3、FeO、Fe_3O_4）存在的固废，尤其是固废自身以粉态存在，如烧结机头灰、高炉除尘灰、炼钢除尘灰等，不能直接进入炼钢工序，其铁元素需要经过还原、精制等过程才能成为最终的钢铁产品，因此应将其经过预处理去除或降低有害元素含量以后，混入烧结原料，经过混匀、制粒、烧结，与铁矿共矿化成为烧结矿，进入炼铁流程；对于铁元素主要以金属铁（MFe）存在的固废，如磨辊污泥等，经预处理后更适宜直接进入炼钢流程，直接回收固废中的金属铁资源，缩短固废中金属铁在钢铁流程的停留时间。对于在预处理去除有害元素过程中，获得了较高金属化率的固废也可以考虑进入炼钢工序。

2.1.1.2 Cu、Zn、Pb 的赋存形态及循环利用机理

过量的 Cu、Zn、Pb 等重金属对钢铁流程而言是有害元素，但是对有色领域，Cu、Zn、Pb 也可以作为冶炼原料进行循环利用。尤其是当 Cu、Zn、Pb 元素在固废中含量达到一定程度时，其回收技术难度会降低，经济性也会大大提高。钢铁流程中有多个工序会产出高含锌的粉尘，因此，重金属资源化回收的对象一般以含锌粉尘为主，对含锌粉尘中多种重金属进行梯次回收。

Cu、Zn、Pb 等重金属在固废中多以氧化态的形式存在，性质比较稳定。单一的火法或湿法难以实现多种重金属同时回收。有研究者提出了火法挥发富集-湿法分离提取有价元素的回收方法。首先采用火法条件下，将重金属还原或氯化，使重金属挥发进入烟气被氧化后重新捕集。被捕集的重金属中氧化物含量高，可以采用控点位还原、选择性萃取等逐级分离，实现固废中多种重金属全组分回收。

本书只涉及上述元素从含铁固废中如何分离出去做有色领域的原料，而对于上述元素如何在有色领域进一步提纯应用，本书不做详细阐述。

2.1.1.3 碳资源的赋存形态及循环利用机理

碳在钢铁流程中，有三种功能：燃料、原料和还原剂，后两种功能本质上是

物质利用。一般来说，物质利用的价值大于作为能源利用的价值。钢铁企业或化工行业的炼焦工序是以碳元素为原料生产焦炭，可以实现对碳元素的物质利用。焦化工序自身的固废有废焦油渣、废焦油等，其本身均为危险废物，处置成本较高。但是焦油渣和废焦油碳元素含量很高，一般都达到80%以上，再加上其黏结性很好，在焦化型煤的制备中是一种很好的黏结剂；市政固废中的废旧轮胎主要成分是橡胶，废旧轮胎具有与煤炭相似的热解曲线，对焦化原工艺影响较小，也适宜在焦炉中资源化处置，因此，在焦化配煤中添加适量的废焦油、废焦油渣或废旧轮胎，可以替代部分原有黏结剂和焦煤，节约原料的同时实现固废中碳元素的循环利用，与将含碳固废直接焚烧只利用热能相比，碳元素的物质利用附加值更高。

2.1.1.4　Si、Ca、Mg、Al 等常规元素资源的赋存形态及循环利用机理

Si、Ca、Mg、Al 等常规元素在钢铁流程的渣类固废中含量丰富，在固废中通常是以氧化物的形式存在。钢铁固废中的高炉渣是钢铁工序产量最大的固废，其铁元素含量低，Si、Ca、Mg、Al 等主要成分与水泥的成分十分接近，高炉渣的成分特征使其成为一种很好的建材原料，目前建材行业处置高炉渣已经得到了广泛应用，使 Si、Ca、Mg、Al 等常规元素得到充分利用。钢渣的组成以 CaO、SiO_2、MgO 等为主，碱度较高，其中 CaO 组成占比最高，有部分 CaO 以游离态 f-CaO 的形式存在，这部分 f-CaO 在长期的水化作用下会导致钢渣膨胀，影响钢渣建材产品的安定性和稳定性，使钢渣在建材行业的大规模利用受到限制。

Si、Ca、Mg、Al 等常规元素也是尘泥类固废中的主要元素，CaO 和 MgO 是烧结工序所需要的熔剂，因此将富含 Ca、Mg 的尘泥类固废配入烧结中，利用固废中的 Ca 和 Mg 元素，替代烧结熔剂，达到物质再利用的目的。

2.1.2　冶金流程固废能源属性分析

2.1.2.1　固体碳的利用

冶金及社会有机固废通常含有一定的碳元素，碳元素指标即固废中碳元素的质量在固废总量中的占比，含碳量的高低直接决定了有机固废能量含量的高低，含碳量越高的固废，更加具有能源利用价值。在钢铁生产中，焦化工序固废中含碳量一般较高，如焦化工序的除尘粉、焦油渣、干熄焦等固废，含碳量可以达到70%以上，与原煤的含碳量基本相当，具备替代原煤作为燃料使用的条件。

固废能源属性的利用，有两种路径，一是直接替代化石碳作为燃料循环回冶金流程；二是集中燃烧后再通过余热发电供冶金流程利用。一般来说，在满足工艺条件的前提下，以减少能源转换次数直接利用为宜，能源利用效率更高。

将固体碳以能源的方式返回钢铁流程，要满足不同工艺对碳质量指标的要求。以烧结工序为例，我国部分烧结厂固体燃料入厂条件如表 2-2 所示。表 2-2

适用于以无烟煤或焦粉作为燃料的烧结工序,而有机固废的热能品质一般难以达到优质燃料的标准,但是,固废利用属于循环经济,各钢铁企业对入炉的有机固废热解残碳的质量指标一般会有所放宽。对有机固废进行热解预处理时,应当以钢铁流程对燃料的指标要求作为热解预处理的目标,使固定碳、挥发分、硫分、水分、粒度等指标尽量接近优质燃料。对于碳元素含量较高的有机固废,可以用热解法去除固废中挥发分,保留固定碳替代化石碳作为冶金燃料,并且在部分替代化石燃料过程中,通过固废残碳与焦炭进行优化配伍,保证最终的燃料指标仍然满足冶金燃料要求,不影响最终冶金产品的生产。

表 2-2 我国部分烧结厂固体燃料入厂条件

名称	序号	固定碳/%	挥发分/%	硫/%	灰分/%	水分/%	粒度/mm
无烟煤	1	≥75	≤10	≤0.05	≤15	<6	0~13
	2	≥75	≤10	≤0.50	≤13	≤10	≤25(≥90%)
焦粉	1	≥80	≤2.5	≤0.60	≤14	≤15	0~25
	2	≥80	—	≤0.8	≤14 (波动+4)	≤18	<3(≥80%)

近年来,有研究者以生物质热解残碳作为原料,研究了烧结工序对木质炭、秸秆炭、果核炭等固体残碳的能源化利用过程。三种生物质炭替代焦粉对烧结矿产质量的影响如表 2-3 所示。随着生物质对焦粉的替代比例的增加,烧结速度加快,但成品率、转鼓强度和利用系数明显下降。当替代焦粉比例相对较低时,成品率、转鼓强度和利用系数降低的幅度相对较小,当替代比例超过一定值后,烧结矿产量、质量指标将大幅恶化。因此,生物质在一定程度上可以替代焦粉,但是替代焦粉的比例必须严格控制。以木炭为例,当其替代焦粉比例超过40%时,烧结矿产量和质量指标均迅速下降,因此木炭替代焦粉的比例不宜超过40%。而秸秆炭、木质炭、果核炭替代焦粉的最优比例分别为20%、40%和40%,在这个比例下,生物质可以尽量多地替代焦炭,而对烧结矿产质量的影响相对较小。不同生物质之间的差别主要是燃料自身的性质不同,果核炭、木质炭、秸秆炭的燃烧性、反应性与焦粉的性质相差依次增大。

表 2-3 生物质炭替代焦粉对烧结指标的影响

燃料种类	焦粉取代比例/%	烧结速度/mm·min⁻¹	成品率/%	转鼓强度/%	利用系数/t·(m²·h)⁻¹
焦粉	—	21.94	72.66	65.00	1.48
木质炭	20	24.58	68.69	64.40	1.52
木质炭	40	24.73	65.30	63.27	1.43

燃料种类	焦粉取代比例/%	烧结速度/mm·min^{-1}	成品率/%	转鼓强度/%	利用系数/t·(m^2·h)$^{-1}$
木质炭	60	27.20	55.35	54.67	1.32
木质炭	100	27.17	41.11	23.87	0.93
秸秆炭	20	24.05	66.12	63.52	1.42
果核炭	40	23.67	67.32	63.76	1.46

由于生物质具有孔隙率高、比表面积大、挥发分高等特征，因此与焦炭相比，其燃烧性、反应性都更好，这样导致生物质在烧结过程中燃烧速度更快，使燃烧前沿和传热前沿不匹配，生物质中大量挥发分提前析出，造成烧结料层热量不足、温度偏低、高温时间短，不利于烧结成矿，降低了烧结矿铁酸钙的生成量，导致孔洞增多，使烧结矿的成品率和转鼓强度降低。但是，生物质热解固体残碳在钢铁工序的能源化利用展现出了巨大的潜力，在未来钢铁行业"碳达峰、碳中和"目标的实现过程中将发挥重要作用。

2.1.2.2　有机挥发物的利用

A　高分子塑料热解挥发物

与焚烧和填埋相比，处理塑料垃圾更适用热解方法处置，不仅可以使塑料体积大幅减少，还能获得高热值的热解气和热解油，对环境的影响显著降低。废塑料的热解气是大量碳氢化合物的集合，热值极高，可以用作工业燃气。但是目前热解工艺在废塑料的处置上仍未大规模应用，塑料垃圾产量很大，热解法处置高分子塑料获取热解挥发分仍具有很大的发展潜力。

废塑料主要成分是高分子有机聚合物，已有研究表明，其热解气中的主要成分是小分子化合物，如烷烃和烯烃（$C_1 \sim C_6$）、H_2、CO_2 和 CO，具体组成受塑料的合成工艺和热解工艺的影响。如表 2-4 所示为几种典型废塑料的热解气组成，包括聚对苯二甲酸乙二醇酯（polyethylene glycol terephthalate，PET）、聚丙烯（polypropylene，PP）、聚乙烯（polyethylene，PE）、聚氯乙烯（polyvinyl chloride，PVC）、聚苯乙烯（polystyrene，PS）等。

表 2-4　不同高分子材料热解气组成

材料	热解温度/℃	气体组成/%						
		CO_2	CO	H_2	CH_4	C_2	C_3	C_4
PET	500	49.8	37.8	6.7	1.2	3.4	0.2	0.1
	700	33.0	41.2	12.7	7.5	4.7	0.4	0.1
	900	33.6	34.5	19.5	9.7	2.6	0.1	0

材料	热解温度 /℃	气体组成/%						
		CO_2	CO	H_2	CH_4	C_2	C_3	C_4
PP	500	0	0	14.2	4.4	7.7	38.3	6.3
	700	0	0	9.1	13.7	20.2	37.9	16.9
	900	0	0	15.1	27.5	25.1	19.0	9.1
PE	500	0	0	17.9	9.3	15.8	19.9	19.3
	700	0	0	7.7	15.6	36.7	17.0	12.5
	900	0	0	14.2	23.6	41.5	11.1	6.4
PVC	500	0	0	40.4	32.5	15.8	6.4	2.7
	700	0	0	52.5	24.4	13.4	6.2	3.0
	900	0	0	67.9	20.6	8.7	1.5	0.6
PS	500	0	0	0	27.4	25.0	22.5	25.1
	700	0	0	0	38.8	45.4	11.4	4.4
	900	0	0	45.4	28.3	25.0	1.1	0.2

在 500~700 ℃ 温度范围内，PET、PP、PE 这几种塑料产生的热解气都比空气密度大，PET 热解气中含有大量的 CO_2 和 CO；PVC 热解气中 H_2 产量最高，达到 67.9%；PP 热解气中多碳的烃类含量较高，比如 500 ℃ 热解时，C_3 含量有 38.3%。PVC 热解气体产率在几种材料中是最高的，且热解气具有高导热性和低普朗特数。

B 橡胶热解挥发物

橡胶也是一种高分子聚合物，根据所热解工艺条件和橡胶类型不同，其热解气的产率占原料的百分之几到超过百分之十不等。废轮胎橡胶热解气有很高的热值，高达 42 MJ/kg 或 84 MJ/m³，是一种较理想的燃料，可以为橡胶热解提供所需的热量。橡胶的热解气产量随着温度的提升和增加，当热解温度较低时，橡胶首先裂解为产生大分子的热解油，这是一种热解不彻底的产物，随着热解温度的提升，热解油会蒸发、裂解，产生更多的小分子热解气。除了热解终温之外，加热速度和停留时间对热解气组分的影响也不容忽视，一般而言，更高的热解终温、更快的反应速度、更长的停留时间会促进橡胶热解油裂解成为小分子热解气，从而增加热解气的产量。

轮胎橡胶热解气体的组成如表 2-5 所示，其热解气主要由 CH_4 和其他多碳的碳氢化合物组成，如 C_2H_4、C_2H_6、C_3H_6、C_3H_8 等，此外，还有 CO、CO_2、H_2。这些气体来自橡胶的解聚，例如苯乙烯丁二烯在较高温度下的二次裂化反应。一般来说, 热解气体含有 30% ~ 40% 的甲烷, 其他碳氢化合物的浓度差异很大, 且受温度的影响波动很大。H_2 是废轮胎热解气丰富的成分之一, 一般来说裂解越充分, H_2 产量越多, 比如提高温度或延长停留时间后, H_2 的含量可明显提升, 但是这也会增加热解过程的成本。废轮胎热解气体中的 CH_4 含量虽然低于天然气, 但含有更多热值更高的 $C_2 \sim C_6$ 碳氢化合物, 因此热解气的总体热值仍然很高, 达到 20 ~ 40 MJ/kg。

表 2-5 废轮胎热解气的组成

温度/℃	气体组成/%								Q_{net} /MJ·m^{-3}
	CH_4	C_2H_6	C_2H_4	C_3H_8	C_3H_6	H_2	CO_2	CO	
400	33.61	6.38	5.75	1.32	1.52	0	24.71	26.71	23.74
500	39.04	10.40	10.70	5.34	8.76	0	10.24	15.52	38.71
600	41.39	9.02	13.56	3.14	9.59	0	9.54	13.76	38.83
700	38.46	4.47	6.97	0.40	0.63	26.59	6.62	15.85	24.77
800	34.37	3.05	11.81	0.40	4.11	25.72	5.19	15.35	27.90

废轮胎热解得到的热解气是一种理想的工业燃料, 高热值的热解气可以满足很多高温工业对能源的需求, 替代部分天然气, 但是由于橡胶硫化过程添加了许多的硫组分, 因此其热解气中可能也含有较高的 H_2S, 在热解气的利用过程中必须重点考虑。过高的 H_2S 会对设备造成腐蚀, 如果泄漏会污染环境, 对人体健康造成严重影响; H_2S 的存在是热解气燃烧时 SO_2 的主要来源, 因此在热解气燃烧时要考虑硫化物的控制和排放问题。

C 生物质热解挥发物

生物质是高挥发分固废, 热解气在热解产物的占比中达到 30% ~ 60%。热解气的成分包括 H_2、CO_2、CO、CH_4、H_2O 等, 热解气的热值在 12 ~ 15 MJ/m^3 之间, 产气率一般为 0.25 ~ 0.45 m^3/kg; 生物质热解产物也在很大程度上取决于所用原料类型、化学成分、物理特征、热解参数, 其中热解参数中影响产物组成的最关键因素是热解温度和加热速率, 不同生物质热解气的组成如表 2-6 所示。

表 2-6 生物质热解气组成

材料	热解温度 /℃	气体组成/%				
		CO_2	CO	H_2	CH_4	C_2H_4
木屑	800	0.0624	0.32	0.101	0.107	0.0044
	950	0.0590	0.33	0.190	0.110	0.0022

材料	热解温度 /℃	气体组成/%				
		CO_2	CO	H_2	CH_4	C_2H_4
松木片	500	8.6300	34.07	51.690	4.450	0.0700
	590	8.5300	33.68	52.820	3.800	0.0400
锯木屑	630	6.7300	15.98	49.430	18.720	—
	740	14.3000	13.46	58.260	9.670	—
	750	20.3000	22.40	51.600	4.900	0.3000
	850	22.6000	18.10	56.600	2.500	0.1000
	860	13.2800	9.25	9.270	4.210	—
	890	12.4700	5.52	9.730	2.450	—
桉树木材	450	6.1330	0.70	0.00625	0.328	0.0482
	550	8.1410	2.50	0.03035	0.816	0.1178
松木屑	500	32.7200	53.22	0.820	9.910	—
	600	18.6700	54.71	9.250	11.400	—
	700	20.5700	42.89	21.480	9.120	0.3700
	900	19.3600	33.42	39.400	6.100	0.0000
桦木	800	8.3000	50.70	16.800	16.200	0.3000
	1000	7.5000	45.70	34.000	11.700	—
云杉	800	0.1800	2.71	1.700	0.540	—
	1000	0.2040	2.88	2.640	0.305	—

生物质热解气体的成分和产量受原料影响很大，锯木屑热解气中 H_2 含量达到 50% 以上，是最主要的组分；而松木屑的 CO_2 则最高可达 30% 左右，这与其自身含有较高的含氧量，尤其是含较高的羧基有关。物料颗粒较小会促进热解过程的裂解，从而产生更多的 H_2。提高热解温度，有利于增加总气体产物的产出速率，减少液体产物，而且气体中 H_2、CO、CH_4 和 C_2H_4 的生成量也会有所增加。停留时间的延长主要是增加反应时间，延长二次反应，这也有利于促进生物质及大分子产物的二次裂解，促进小分子气体的产生。加热速率的提高有利于化学键的快速断裂，改变固体生物焦的结构，促进挥发分的快速释放。除了上述工艺条件外，催化裂解也是一种促进生物质分解的有效方法，有研究者通过添加催化剂促进生物质油的分解，提高热解气的产量。

　　与煤炭等化石燃料相比，生物质中含氧较高，导致生物质热解气中 CO_2 产量相对较高，H_2 相对较低，因此，很多研究者就如何提高生物质热解气的 H_2 的产量开展了大量的研究。在材料选择方面，由于木质素比纤维素、半纤维素材料更容易产氢，因此可以选择木质素含量更高的生物质作为生物质原料；延长停留时间、提高热解温度有利于延长二次反应时间，从而促进 H_2 的产生；在热解反应器的选择方面，流化床由于具有更好的传热条件和更高的升温速率，因此具有更高的热解氢产率；还有研究者研究了采用 $ZnCl_2$ 催化剂和镍基催化剂在提升气体质量和产量方面的巨大潜力。

2.1.2.3　热解油的利用

A　废塑料热解油

　　与热解气一样，热解油理化性质也是受塑料类型及反应条件的影响，其理化性质与汽油、柴油相近，相比而言，热值、闪点和密度略偏低；热解油的碳数分布一般介于 $C_5 \sim C_{40}$，轻质馏分和中质馏分占比在 70% 以上，是最主要的组分；跟原油相比，碳、氢含量相当，但热解油的硫含量偏低，氧、氮含量高。以 PE、PP 为主的热解油组成以正构烷烃和正构烯烃为主，PP 热解油中烯烃和异构烷烃比例较高。PS 热解油主要由单环和双环芳烃组成。大部分塑料热解油（原料有少量或不含 PS）芳烃含量较低，但含酸性中心较多的催化剂和较长的反应时间等会明显促进芳烃的形成。

　　由于塑料中有一些含杂原子塑料，如 PVC 和 PET，在塑料制作过程还会添加一些添加剂，因此塑料热解油中非烃化合物种类繁多，含量最高的是氧化物和氮化物，除此之外还有一些卤化物、硫化物等其他杂原子化合物。

　　以塑料热解油为原料制备柴油或提取高价值化学组分，如甲苯、乙苯、苯乙烯等，具有很好的应用前景，但是成为高价值化学品之前还需要经过复杂的预处理，因此塑料油的高价值利用虽然具有技术可行性，但是如前所述，塑料热解的应用还不太多，目前对塑料热解油的利用多集中在实验室研究，而缺乏进一步的中试或工业应用，相关报道较少。

B　橡胶热解油

　　橡胶的分子组成中大分子化合物占比高，因此油分是橡胶热解最主要的产物。废轮胎橡胶热解油热值较高，可达 41~45 MJ/kg；闪点较低，一般不高于 32 ℃；常温下黏度较低，具有较好的流动性；密度为 0.95~0.97 g/m^3。由于橡胶的硫化作用，橡胶中含有一定的硫、氮元素，分别为 1.1%~1.5% 和 0.42%~0.84%，铁、锌、铜、镍、钠、钒等微量金属元素含量均很低。化学组成方面，热解油是非常复杂的混合物，分子量大大小小的有机物有成百上千种，主要包括脂肪烃、芳香烃及极性物，含有苯环的芳香烃含量很高；化学键种类也非常丰富，主要包含链烷烃中的 C—H 键、烯烃和芳烃中的—C≡C—等，也含有

—O—H，—S—O，—CN—，C—S 和羧基等杂原子基团。

由于热解油热值高、灰分低（<0.05%）、含硫低，作为燃料使用是最为直接、经济的处理方式，可以单独或者与其他燃料混匀之后作为重柴油使用，由于热解油的黏度较低，有利于通过喷嘴将其雾化，从而达到促进燃尽的效果，目前已有将其在电站锅炉或工业锅炉辅助喷烧热解油的应用。

C　生物质热解油

生物油来源于生物质热解，其产率占生物质重量的 20%~40%，由于生物质是一种可再生的能源，因此生物油是一种清洁能源，具有绿色、低碳、环保的特点。但生物油成分复杂，包含上百种有机化合物，而且含氧高，大多数有机组分中含有一种或多种含氧基团，含氧官能团以酚类为主，还含有糖、醛、酮、酸类物质，这些物质都是来自生物质中木质素、纤维素、半纤维素中含氧的基团裂解形成的自由基，二次反应生成。在这些组分中，醛类和酮类物质稳定性较差，在酸性环境下容易与羰基化合物发生聚合反应，从而使生物质油的组分发生变化，影响油的品质，而酸类物质的存在也会提高生物油的酸性，造成焚烧设备的腐蚀。

虽然生物油组分复杂、不同类型生物质油之间也存在很大的差异，但是它们的共性是存在酸度高、含水率大、热值低、易变质等缺点，限制了生物质油的高价值利用。目前研究者已经开展了生物质油提质改性方面的研究，如催化裂解、加氢脱氧、水蒸气重整等方法，以提高生物质油的稳定性，提高油的品质。

应当指出的是，不管是废塑料、废橡胶还是生物质的热解油，通过改性后制成液态燃料或者其他化工用品，是当前重要的研究课题和方向。但是钢铁厂中废橡胶、废塑料、生物质等有机固废产量较少，热解产油在钢铁厂内难以形成规模化经济效益。在钢铁厂内对上述有机固废进行热解后，主要是对热解气及固态的热解渣进行循环利用，热解油一般不作为利用的主要方向。相反，由于热解油的存在可能会造成管道腐蚀，也会在热解气的运输通道和燃烧器上造成堵塞，热解油如果挥发到空气中，其含有的多环芳烃物质也具有剧毒，危害人体健康，因此，在钢铁企业对有机固废进行热解处理时，要尽量避开热解油的生成区间，多生产热解气和热解渣。对于已经生成、无法避免产生的热解油，要做好防腐蚀、防堵塞、防泄漏措施。对不能形成规模效应的热解气、热解油就近燃烧作为热解热源，也是一个因地制宜简化工艺流程的使用技术思路。

2.1.3　冶金流程固废毒害物质属性分析

2.1.3.1　重金属的赋存形态、危害及脱除机制

A　锌

钢铁厂粉尘含有大量的 Fe 和 Zn 元素，其中 Zn 主要以氧化锌（ZnO）、硫化

锌（ZnS）、硫酸锌（$ZnSO_4$）和铁酸锌（$ZnO \cdot Fe_2O_3$）物相存在。高炉灰中锌主要是氧化锌，转炉灰中锌主要是铁酸锌和氧化锌。其中，铁酸锌是一种尖晶石形结构，稳定性很强，常温常压下不溶于水、稀酸溶液、碱和氨盐溶液，采用常规的方法很难将铁和锌有效分离，是造成钢铁厂含锌粉尘难以处置的原因之一。

含锌尘泥中的 Zn 元素直接返回冶金流程，会对高炉等设备造成严重危害。主要表现在以下几个方面：

（1）在高炉的炉身中上部及炉喉钢砖等位置形成炉瘤，这些炉瘤的存在会扰乱高炉上部煤气的气流，造成气流紊乱，发生悬料崩料现象，增大了高炉的操作难度，影响正常生产。

（2）含锌物质在高炉的高温和还原条件下锌会被还原、蒸发，如果冷凝在高炉炉皮上的焊缝或接口处，容易生成低熔点的铁锌合金，使炉皮强度降低，造成炉皮开裂，而且不易焊补。

（3）锌随着煤气在管道内上升、冷凝、积聚，沉积在高炉风口处，渗入、侵蚀炉内耐材缝隙，使砖体疏松，并逐步形成瘤状，导致上升管堵塞、风口破损。

（4）高炉下部的锌蒸气会在除铁时随着铁水逸出，在空气中迅速被氧化呈白色的氧化锌粉末，造成出铁口环境恶化、能见度变差。锌蒸气的循环也会引起渣铁物理热不足、炉缸易凉等问题，还会缩小间接还原区，扩大直接还原区，进而引起焦比上升，降低料柱透气性，尤其导致软熔带焦床透气性降低。

锌的脱除方法取决于锌在粉尘中的赋存形态和数量，主要有湿法和火法两种工艺。湿法工艺的原理是利用氧化锌是两性氧化物，可以溶于酸或碱溶液，不易溶于水和乙醇，可以采用多种浸出液，使锌分离出来，但是湿法工艺对原料中锌品位要求较高，国内一般采用火法工艺，将锌在高温下、还原环境下还原成锌蒸气，从物料中分离，再将锌蒸气重新氧化成氧化锌后，通过布袋对氧化锌进行捕集，有关锌脱除工艺的详细介绍，可参见本书第 1.3.1.1 节和第 5.1 节。

B　铊

铊是动植物体非必需微量元素。同时，铊也是强烈的神经毒物，因其独特的理化性质，易导致急性慢性中毒。铊的化合物对生物体具有诱变性、致癌性和致畸性。铊可以通过呼吸道、消化道和皮肤接触等途径进入人体并富集起来，蓄积在骨骼、肾脏、肝脏和中枢神经系统等多个器官，而且能穿过胎盘屏障、血脑屏障。铊的毒性远超铅、镉、砷，毒性作用能延续很长时间。据报道，浓度为 2.0 mg/L 的铊就会使植物中毒，狗皮下注射铊或者静脉注射铊的致死量为 12 ~ 15 mg/kg。食物中人对铊的允许摄入量为 0.0015 mg/d，致死量为 600 mg/d 或 10 ~ 15 mg/kg。根据《生活饮用水卫生标准》（GB 5749—2006）要求，饮用水中铊的浓度限值仅为 0.1 μg/L，是要求最为严格的金属元素。

钢铁冶炼的铊主要来源于铁矿（含量 5~20 g/t），通过烧结的高温处理后，40%~60%会进入到烧结矿中，50%~60%的铊以粉尘的形式进入到烧结烟气中。其中，进入到烧结矿的铊最终会在高炉炼铁环节析出，进入到干法除尘灰或煤气洗涤废水中，而进入烧结烟气的铊最终会以粉尘形式析出，进入到烧结机头灰和后续的脱硫系统中。如表 2-7 所示，烧结机头灰中的铊含量达到 0.01%~0.1%，烧结机头灰铊富集率达到 75%以上。进入到后续脱硫装置中的铊的去向根据所用方法而不同，若采用湿法脱硫，铊最终会进入到湿法脱硫废水和石膏中，废水中的铊含量最高会达到 3~10 mg/L；若采用半干法脱硫，铊最终会进入到半干法脱硫灰中。

表 2-7　烧结机头灰中铊元素含量

序　号	名　　　称	Tl/mg·kg^{-1}
1	烧结一次电场灰	64.9
2	烧结二次电场灰	170
3	烧结三次电场灰	227
4	烧结四次电场灰	231

目前，固废中铊的处理通常是将不稳定态的铊转移到废水中，将含铊固废的问题转化为含铊废水进行处理。含铊废水处理的研究主要包括化学沉淀法、电化学法、吸附法和离子交换法。化学沉淀法的基本原理是通过添加剂使废水中呈离子态的重金属转变为沉淀态，从而通过物理过滤达到去除的目的。吸附法的原理是采用孔隙结构发达、高比表面积或具有特殊吸附功能基团的吸附材料，在化学键、库仑力或范德华力的作用下，直接将废水中的重金属离子进行吸附，实现重金属的去除。离子交换法的原理是利用离子交换剂中能自由移动的离子或者基团与重金属离子发生离子交换反应，从而实现分离水中重金属的目的，其推动力是交换剂功能基团对离子亲和能力和离子之间的浓度差。

实际应用时，一般采用多种工艺进行耦合以提高对铊的去除能力，尤其是对含铊在毫克级的工业废水，一般先利用氧化-沉淀进行预处理，然后再耦合吸附、离子交换或者电絮凝工艺，实现对铊元素的深度脱除。

C　铬

铬在污泥中有多种存在价态，其中六价铬具有剧毒，三价铬次之，二价铬和零价铬本身无毒或毒性很小。钢铁冶金行业的含铬污泥一般以三价为主，总铬含量为 3%~12%。含铬废渣、废水如果直接外排到环境中，重金属会通过土壤、地下水转移，并通过食物链富集，最终对人类和动植物造成危害。铬的剧毒化合物可以通过呼吸道、消化道、皮肤和黏膜入侵人体，造成皮炎、湿疹、呕吐、恶心等症状，长期暴露在含铬的环境下，可能会引起肺气肿、支气管扩张、贫血等疾病，严重危害人类健康。

对铬泥处置的基本思路是把高价铬还原成低价无毒的铬，因此有研究者提出了烧结-高炉两步高温还原对铬进行解毒的方法。即将铬泥以合适的比例掺混到烧结原料中，在烧结料层的局部还原气氛下，铬泥中的六价铬被还原成微毒的三价铬，同时，铬的氧化物在烧结的高温和物质条件下，与烧结矿中的钙、镁、铁的氧化物发生矿化反应，生成铬铁矿、铬酸钙、尖晶石等矿物，提高了铬的稳定性。大部分铬随烧结矿进入高炉，在高炉的高度还原和高温气氛下，三价铬进一步被还原成无毒的零价铬，零价铬进入铁水和炉渣中，消除了铬泥对社会的危害。

D　铜、砷、铅、汞、镉等重金属

固废中 Cu、As、Pb、Hg、Cd 等重金属的存在，会随着飞灰和烟气进入大气，即使浓度非常低，也可能产生相当大的毒性，对环境破坏严重。重金属在自然界中难以生物降解，可以通过土壤和地下水进入食物链，最终在人体内富集，对人体器官造成严重损害。其中，过量的 Cu 会造成人体蛋白质，刺激肠胃导致呕吐，损害肾功能并造成溶血；Hg 对人体多个器官和系统都会造成影响，Hg 蒸气可以直接入侵皮肤，少量的 Hg 蒸气即可造成人体的死亡；As 的单质无毒，甚至是人体所必需的微量元素之一，但是砷化合物均有剧毒，造成人体肠道、心血管、神经系统危害等；Cd 和 Pb 会导致人体内的酶失活，对人体消化、血液、生殖等系统产生破坏，而且会产生积累，很难排出体外，严重会损害人的大脑神经。

固废中的重金属存在形态比较复杂，不同的重金属赋存形态不一样，其处置方法也不一样。比如，镉（Cd）在固废中存在形态包括离子态 $CdCl_2$、$Cd(NO_3)_2$、$CdCO_3$ 和络合态如 $Cd(OH)_2$，呈水溶性，易迁移，可以通过湿法处置转移到废水中，再结晶脱除；而难溶性镉的化合物如镉沉淀物、胶体吸附态镉等，不易迁移，但两种在一定条件下可相互转化。汞（Hg）的存在形态有离子吸附和共价吸附的汞、可溶性汞（$HgCl_2$），难溶性汞（$HgHPO_4$、$HgCO_3$ 及 HgS）。砷（As）的形态可分为水溶性砷、交换性砷和难溶性砷，大多数以砷酸盐的形态存在于固废中，如砷酸钙、砷酸铝、亚砷酸钠等。砷有三价和五价，而且可在土壤中相互转化。

E　铁

钢铁流程的固废含铁高，大多数铁资源是重新进入生产流程得以回用，具有物质属性，对烧结、高炉、炼钢等流程来说，铁资源没有毒害属性。但是，含铁较高的固废如果进入焦炉协同处置，焦炉硅砖中的 SiO_2 可以与铁的氧化物发生作用，形成低溶性硅酸盐（Fe_2SiO_4），这些低溶性硅酸盐在温度应力与装煤出焦等机械力的作用下，逐渐在硅砖本体中脱落。铁的存在还会催化硅砖中的 SiO_2 被焦炉中 H_2 和 CO 还原成一氧化硅，造成硅砖腐蚀。

目前还没有必要考虑针对焦炉处置高含铁固废采取脱除铁元素的预处理工序，因为从经济性的角度出发，焦炉适宜处置以碳元素为主要成分的固废，如焦油渣、活性炭粉等固废，如果固废中铁元素含量高，则应该直接限制进入焦炉，而考虑通过烧结、高炉、转炉等其他钢铁流程对铁资源进行回用。

2.1.3.2 硫氮的赋存形态、危害及脱除机制

A 硫

钢铁流程固废中的硫元素，主要来源于含硫的亚铁矿 FeS，以及燃料煤中的硫。经过钢铁流程的高温反应后，一部分无机硫以硫酸盐的形式进入反应残渣中，有机硫和亚铁矿中的硫进入烟气中变成 SO_2，又经过脱硫工艺，变成含硫的二次固废，如脱硫石膏；当采用碳基法脱硫工艺时，则不会产生这类固废，SO_2 可以资源化制成硫酸。

固废中硫的存在形态通常有硫酸盐硫、硫化铁硫和有机硫三种形态，其中硫酸盐硫和硫化物硫是无机硫。钢铁厂固废中大部分以硫酸盐硫的形式存在，比如钢铁企业的湿法脱硫石膏中，外在水的占比一般在 10%~20%，其余固体物质的 90% 以上是 $CaSO_4 \cdot 2H_2O$。这类固废通常是进入建材行业，但半干法脱硫石膏中，$CaSO_3$ 含量较高，稳定性差，成为建材有难度。在尘泥类固废中，还有部分以重金属硫酸盐形式存在的含硫固废。钢铁厂固废中的有机硫固废主要来自焦化工序，如焦化除尘粉、焦油渣、焦化污泥等，其含硫量主要取决于焦化所用煤种中的硫，含量一般为 1%~3%，在高温工序进行处置时，有机硫的含量对硫排放影响较大。焦炉煤气湿法脱硫产生的硫渣中有机硫含量高，可以达到 70%~80%，可以作为硫化工原料制备硫磺等副产物。其余的炼铁、炼钢工序的高炉除尘灰、瓦斯灰、轧钢油泥等，有机硫含量更低，一般在 1% 以内。

硫酸渣中的硫元素均为无机硫，包括生石膏、可溶性硫酸盐、金属硫化物，其含量如表 2-8 所示。其中，金属硫化物虽然占比最小，但是去除较难，是制约硫酸渣成为炼铁原料的重要因素。

表 2-8　硫酸渣中硫元素赋存形态

成分	生石膏	可溶性硫酸盐	金属硫化物
含量/%	51.72	34.48	13.8

硫是一种重要的化工原料，热化学反应生成的气态 SO_2 溶于水，会形成亚硫酸，亚硫酸在 $PM_{2.5}$ 存在的条件下进一步氧化，便会迅速生成硫酸，以酸雨的形式对环境和人体健康造成重大危害。固废中硫酸盐一般与重金属形成稳定的硫酸

盐，如果长期堆存，也会对环境造成危害。

在硫污染的控制方面，一般是在高温氧化气氛中直接脱除固废中的硫元素，使有机硫变成 SO_2 或 H_2S，在后续的烟气净化工艺中，采用成熟的方法对硫资源化利用。也有研究者在高硫固废中加入 CaO 通过造渣反应形成 $CaSO_4$ 固化，从而使硫元素在渣中安全化。硫含量过高的固废，也要通过配伍的方式，合理控制入炉固废中的总硫量，避免脱硫系统中的硫负荷波动过大。

　　B　氮

固废中的氮分为有机氮和无机氮，有机氮可分为吡啶、吡咯、季氮等几种形式，在热处理过程中不稳定，是形成氮氧化物的主要来源；无机氮分为硝酸盐、铵盐和氨态氮，由于硝酸盐和铵盐都易溶于水，可以通过湿法脱除后，再结晶利用，因此，氮的主要危害来自氨氮和有机氮形成的氮氧化物。

固废中的有机氮主要来源也是煤中的有机氮，因此，焦化固废中含氮量相对较高，为 0.5%~1.5%，如表 2-9 所示，与原煤中氮含量基本相当。而钢铁流程其他尘泥中氮含量一般都很低（低于 0.5%），这可能是这部分固废中的氮已经在高温氧化条件下充分释放。

表 2-9　典型钢厂有机固废的元素分析

序号	工序	名　称	元素分析 w_d/%				
			C	H	N	S	O
1	焦化	焦化除尘粉	81.16	0.45	0.94	1.23	3.42
2		焦油渣	83.55	2.72	1.32	1.03	6.29
3		干熄焦	73.92	0.13	0.68	1.69	4.16
4		焦化污泥	7.60	2.57	1.34	1.60	33.42
5	炼铁	高炉灰	25.51	0.31	0.21	0.59	22.16
6		炉前除尘灰	4.15	<0.1	<0.1	0.27	4.95
7		瓦斯灰	22.56	<0.1	0.26	0.25	3.90
8	炼钢	除尘一次灰	8.67	<0.1	<0.1	0.26	25.75
9		含铁油泥	3.57	0.26	<0.1	0.12	8.35

注：w_d 表示干基质量分数。

氮的危害主要是在燃烧等氧化条件下生成的氮氧化物，是大气的主要污染物之一，氮氧化物遇到水或水蒸气后形成酸性物质，对大多数金属和有机物均有强烈的腐蚀性，如果被人体吸入，会造成人体的严重缺氧，危害健康。氨氮主要是存在于工业废水中，氨氮排入流动较缓慢的湖泊江湾，易引起水中藻类及其他微生物的大量繁殖，从而形成富营养化污染，会使自来水处理厂运行困难，造成饮用水的异味。氨氮对水生物起危害作用的主要是游离氨。其毒性比铵盐大几十倍，并随碱性的增强而增大。

与硫污染的控制类似，对钢铁厂固废中的氮元素，一般也是采取高温氧化气氛直接脱除，使氮元素成为其他氮氧化物，再通过末端烟气脱硝工艺，如碳基法、选择性非催化还原法（SNCR）、选择性催化还原法（SCR）等工艺脱除烟气中的氮氧化物。

2.1.3.3 碱金属的赋存形态、危害及脱除机制

钢铁流程固废中的碱金属主要来源于矿石中的长石、云母、霞石和闪石等含碱金属组分，在矿石中以氧化物的形式存在，且碱金属氧化物熔点高，不易析出。在烧结过程中，碱金属氧化物与原料中的氯反应生成 KCl 和 NaCl，碱金属氯化物熔点低，易挥发，因此大量碱金属以氯化物的形式进入烟气，并在烧结电除尘中被捕集、富集，所以烧结电除尘灰中碱金属含量很高，并且主要是以氯化物的形式存在。在传统烧结工序中，烧结灰循环使用，碱金属在烧结工序富集，因此，相比于钢铁流程其他工序，烧结机头灰中碱金属含量普遍偏高，一般钾含量达到 10%~40%，钠含量达到 1%~10%，如表 2-10 所示。除此之外，钢铁流程其他固废碱金属含量一般不高。

表 2-10　烧结机头灰中的碱金属含量　　　　　　　　（%）

钢铁厂	采样位置	K	Na
A 钢铁厂	烧结一次电场灰	10.97	1.39
	烧结二次电场灰	29.28	3.88
	烧结三次电场灰	34.04	4.91
	烧结四次电场灰	34.40	4.34
B 钢铁厂	烧结一次电场灰	10.00	5.91
	烧结二次电场灰	24.40	9.92
	烧结三次电场灰	15.05	7.38
	烧结四次电场灰	24.41	9.97
C 钢铁厂	烧结一次电场灰	8.08	1.14
	烧结二次电场灰	7.55	1.63
	烧结三次电场灰	8.78	1.54
	烧结四次电场灰	7.52	5.60

碱金属是高温工业流程中的有害元素，在高温处置过程中容易进入烟气，并在烟气降温时又在管道内冷凝，导致烟气管道的积灰、堵塞和结瘤。如果大量的高含碱金属固废进入钢铁流程协同处置，会对钢铁工艺和设备产生很大的负面影响。碱金属会促使烧结矿和球团矿的低温还原粉化指数升高、焦炭的反应性明显增加、焦炭反应后强度明显降低。碱金属还会降低高炉透气性，使高炉软熔带变宽，还会对耐火材料产生侵蚀，使高炉水温差异常升高。高含碱金属的固废灰熔点会降低，回转窑中的固废焚烧渣易熔融，在低温段再次冷凝，易导致回转窑结圈。因此，必须严格控制协同处置入炉的碱金属含量。

在钢铁流程中，烧结机头灰中的碱金属盐极易溶于水，所以目前普遍采用湿法水洗工艺将碱金属盐溶于水，再利用固液分离的方式将其脱除。除盐后的含铁固废循环回钢铁流程。钒化工提钒尾渣的钠盐主要是锥辉石形式存在，在高温和酸性条件下性质稳定，在碱性条件下才会发生分解反应。

2.1.3.4 氟氯的赋存形态、危害及脱除机制

氟元素和氯元素是固废中最主要的卤族元素，钢铁生产中的氟氯元素主要来自铁矿石、煤粉、焦炭，在工艺流程中又被不断富集。如表 2-11 所示，在烧结机头灰中，氯元素含量可以高达 30% 以上，并且主要是以碱金属氯盐的形式存在。在焦化的硫渣中，氯含量也达到 6%~8%，这部分氯主要来源于焦炉煤气中的 HCl 气体，在焦炉煤气净化采用氨作为吸收剂时，这部分氯被以 NH_4Cl 的形式固定吸收下来。

表 2-11 烧结机头灰中的氟氯元素含量 （%）

钢铁厂	采样位置	Cl	F
D 钢铁厂	烧结一次电场灰	15.54	0.77
	烧结二次电场灰	33.04	0.45
	烧结三次电场灰	21.09	1.00
	烧结四次电场灰	31.03	0.62
E 钢铁厂	烧结一次电场灰	3.92	0.15
	烧结二次电场灰	10.08	0.13
	烧结三次电场灰	11.84	0.71
	烧结四次电场灰	10.18	0.17

高含氟氯固废在高温处置过程中，容易生成二噁英、HCl、HF 等污染气体，其中二噁英属于一级致癌物，是受全球重点管控的持久性有机污染物，可严重威

胁生态环境和人体健康；HCl 和 HF 是强酸性气体，直接排放不仅污染空气，也容易造成工艺设备中耐火材料和金属壁面的腐蚀，影响设备寿命和安全运行。氯元素容易聚集在烧结电场灰、高炉重力灰、布袋灰中，所以应减少其循环使用或者使用前进行脱氯等处理。

由于氯盐普遍溶于水，尤其是钢铁流程固废中的氯盐基本是与碱金属一起形成 KCl 和 NaCl，在高盐固废水洗的过程中，碱金属与氯盐一起进入废水，形成高盐废水，再通过后续的固液分离回收工业级的氯盐。

2.2　冶金固废属性多维度判别指标体系建立

通过前述分析，固废中的成分含量不同，各组分的赋存形态也不同，决定了固废协同处置的机理、方向、方法、工艺路线、工艺参数都不同，因此，有必要对固废建立一套识别指标体系，为固废在钢铁流程协同处置技术方案的制定提供指导。根据固废化学性质及主要特征属性，可以对固废进行分类。其中，含铁量高于20%的固废，铁元素具有回收价值，被称作富铁固废；含碳量大于10%或热值大于 5 MJ/kg 的固废，碳元素可以作为能源和物质回收，被称作富碳固废或有机固废；碱金属氯盐较高的固废，在处置时可能造成炉窑结圈、积灰结渣，被称为高盐固废；锌元素含量较高的固废，在处置过程中容易造成耐材腐蚀，影响炉窑顺行，被称为高锌固废。

综上所述，将固废的多维度识别指标体系总结于表 2-12，从表 2-12 可以看出，钢铁流程大多数固废都是含铁固废，但是含铁量高低差异很大。烧结机头灰中碱金属氯盐含量很高，达到 20%~60%，是钢铁流程最典型的高盐固废，其含铁量虽然不是特别高，但是烧结机头灰经过水洗去除大部分碱金属氯盐之后，铁元素会被富集，有利于铁元素下一步的回收。炼焦固废中的焦油渣和焦化除尘灰是典型的富碳固废，其含碳量均达到80%以上，热值分别为 32.54 MJ/kg 和 27.81 MJ/kg。其中，焦油渣具有很强的黏性，因此一般作为黏结剂可以在焦化工序内部处理，而焦化除尘灰是一种很好的燃料，既可以焦化工序内部处理，也可以作为高炉喷吹或者其他冶金流程的燃料使用。高炉渣和钢渣都是典型的高钙渣类固废，其物理形态和化学特征，都决定了建材化利用是其最经济可行的处置路线。高炉灰和转炉灰具有类似的性质，其含铁量都在 20%~40%，具有铁回收的价值，与其他固废不同的是还含有很高的锌，是钢铁流程主要的富铁含锌固废，铁和锌需要经过分离之后，才能分别被钢铁和有色行业循环利用。

表 2-12　钢铁流程典型固废多维属性特征及指标体系

来源	固废名称	物质属性					能源属性		毒害属性							物理特征	分类
		TFe	Ca	Al	Si	C	热值	挥发分	K	Na	Cl	Pb	Zn	Tl	S		
烧结	一次电场灰	33.4	7.06	0.82	2.00	—	—	—	10.97	1.39	11.59	0.8	0.087	64.9	1.18	干粉态	含铁高盐固废
	二次电场灰	13.57	3.89	0.34	0.85	—	—	—	29.28	3.88	30.62	2.18	0.18	170	1.48	干粉态	含铁高盐固废
	三次电场灰	5.22	0.7	0.15	0.34	—	—	—	34.04	4.91	37.1	2.57	0.21	227	2.02	干粉态	含铁高盐固废
	四次电场灰	9.14	1.32	0.14	0.27	—	—	—	34.4	4.34	31.47	2.58	0.18	231	3.44	干粉态	含铁高盐固废
	机尾除尘灰	49.14	10.86	1.83	3.22	—	—	—	0.33	<0.10	—	0.015	—	—	0.45	干粉态	富铁固废
	环境除尘灰	51.16	10.84	1.95	3.31	—	—	—	0.20	<0.10	—	0.008	—	—	0.11	干粉态	富铁固废
	脱硫灰	2.97	32.8	0.23	0.36	—	—	—	1.6	0.39	2.67	0.12	0.013	—	7.42	干粉态	高硫高钙固废
	脱硫石膏	0.26	27.31	0.12	1.33	—	—	—	0.054	0.008	0.017	0.016	0.0027	—	21.61	固相	高硫高钙固废
焦化	焦油渣	0.25	0.16	3.26	1.72	83.55	32.54	32.76	0.035	0.019	0.016	0.0055	0.026	—	1.03	渣态	富碳固废
	焦化除尘灰	0.83	0.98	1.80	4.88	81.16	27.81	5.09	0.066	0.041	0.056	0.0076	0.015	—	1.23	干粉态	富碳固废
	硫渣	0.08	0.002	0.015	0.01	—	—	—	0.012	0.014	6.29	0.0045	0.0023	—	77.4	渣态	低铁高硫固废
炼铁	高炉渣	0.41	28.12	2.59	15.19	—	—	—	0.35	0.31	0.0075	0.011	0.019	—	1.15	渣态	高钙渣类固废
	重力除尘灰	47.74	2.29	1.09	2.48	19.23	—	—	0.056	0.076	0.012	0.012	0.25	—	—	干粉态	富铁固废
	旋风除尘灰	47.60	2.59	1.22	2.83	17.15	—	—	0.096	0.130	0.016	0.016	0.28	—	—	干粉态	富铁固废
	布袋除尘灰	31.92	3.36	1.67	2.48	25.51	9.08	8.76	1.27	0.35	2.85	0.55	4.32	—	0.59	干粉态	富铁高锌固废
	焦槽除尘灰	12.97	1.70	—	3.18	62.31	—	—	0.170	0.140	—	—	0.0067	—	—	干粉态	富碳固废
	出铁场除尘灰	62.15	2.25	1.14	2.73	2.14	—	—	0.440	0.320	—	0.050	0.210	—	—	干粉态	富铁固废

续表2-12

来源	固废名称	物质属性					能源属性		毒害属性							物理特征	分类
		TFe	Ca	Al	Si	C	热值	挥发分	K	Na	Cl	Pb	Zn	Tl	S		
炼钢	槽下返焦除尘	24.83	2.74	1.50	2.72	—	—	—	0.048	0.029	0.052	0.0057	0.0086	—	0.9	干粉态	富铁固废
	槽下返矿除尘	55.84	6.82	1.04	2.78	—	—	—	0.067	0.038	0.011	0.011	0.022	—	0.051	干粉态	富铁固废
	转炉污泥	29.26	12.56	0.46	3.03	—	—	—	0.14	0.12	0.14	0.34	5.23	—	0.38	污泥态	富铁高锌固废
	转炉钢渣	19.33	28.44	0.28	6.09	—	—	—	0.015	0.022	—	0.011	0.0064	—	—	渣态	高钙渣类固废
	电炉灰	53.78	1.39	0.49	2.45	0.92	—	—	1.45	1.92	—	0.56	8.92	—	—	干粉态	富铁高锌固废
	电炉氧化渣	27.30	13.34	3.92	7.00	—	—	—	—	—	—	—	—	—	0.174	渣态	高钙渣类固废
	电炉还原渣	1.54	36.43	3.65	10.27	—	—	—	—	—	—	—	—	—	0.360	渣态	高钙渣类固废
轧钢	氧化铁皮	73.72	0.048	0.06	0.14	—	—	—	0.0012	0.054	—	0.014	0.0036	—	—	固相	富铁固废
	轧钢油泥	69.45	0.14	0.12	0.38	3.57	2.76	5.14	0.004	0.006	0.004	0.015	0.011	—	0.12	污泥态	富铁有机固废
	冷轧酸泥	65.19	<0.10	0.30	1.35	—	—	—	—	—	0.32	—	—	—	—	污泥态	富铁酸性固废
	冷轧碱泥	39.70	9.90	3.21	16.94	—	—	—	—	—	2.10	—	—	—	—	污泥态	含铁碱性固废
	含铬污泥	1.6	42.14	1.48	1.22	—	—	16.74	0.41	0.29	含铬	5.75%	0.23	—	3.68	污泥态	含铬含铅固废
其他	粉煤灰	1.48	1.49	27.98	17.61	—	—	—	0.38	0.06	0.05	—	—	—	0.53	干粉态	高硅高铝固废
	橡胶皮带	—	—	—	—	85.42	42.01	95.24	—	—	0.02	—	—	—	0.38	固相	有机固废
	废抹布	—	—	—	—	55.77	19.15	83.93	—	—	—	—	—	—	1.01	固相	有机固废
	有机树脂	—	—	—	—	21.3	8.3	—	—	—	0.1	—	—	—	4.5	固相	有机固废

注：表2-12中热值的单位为MJ/kg，Tl的单位为mg/kg，其余单位均为%。

2.3 冶金固废质能循环利用准则

2.3.1 与主流程质能耦合的固废组分定向分离循环利用准则

　　冶金流程的许多固废都含有铁、碳等钢铁流程需要的元素，钢铁流程是在铁元素为主的物质流和碳元素为主的能量流的推动下，不断发生物理、化学反应，制成钢铁产品的过程。目前，钢铁流程铁元素主要来源于铁矿石，碳元素主要来源于煤炭化石燃料。如果能将富铁、碳固废中的毒害物质从固废中分离出去，就有可能被钢铁主流程循环利用。而且，钢铁主流程具备完善的污染治理系统，分离出来的毒害元素可与钢铁主流程协同进行污染物治理，节约固废处置过程中污染物的治理成本。因此，冶金流程固废循环处置时，固废的物质、能源、毒害元素分离要与钢铁主流程质能流耦合起来。

　　如图2-1~图2-3所示，分别以富铁有机固废、低铁有机固废、含锌固废为例，介绍了这几种固废组分定向分离并与钢铁主流程质能耦合循环利用的可行技术路线。

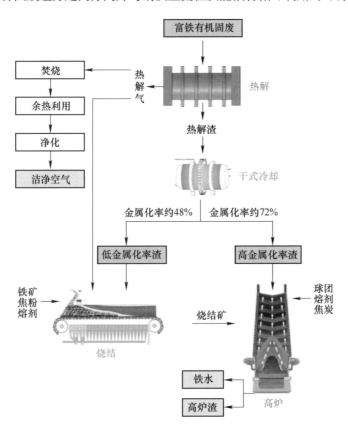

图2-1　富铁有机固废组分定向分离与主流程质能耦合可行技术路线

富铁有机固废经过热解以后，产生热解气和热解渣，热解气是含能物质，可以经过焚烧后回收热能，也可以用于烧结主工序供热，而渣中含有丰富的金属铁，根据工艺的要求调整热解渣的金属化率，低金属化率的热解渣产品可以返回烧结作为原料，高金属化率的热解渣产品则直接进转炉作为炼钢原料，富铁有机固废实现了从能源和资源两个维度与钢铁主流程的深度耦合。

低铁有机固废也是先经过热解，热解气回收余热或作为烧结燃料，其热解渣是富碳渣，其中粒度较细（<75 μm）作为高炉喷吹的燃料，粒度较粗的（1～8 mm）可以作为烧结的燃料，由于低铁有机固废中含铁较低，主要是碳元素的循环回用，从能源上实现与烧结和高炉的耦合循环，如图 2-2 所示。

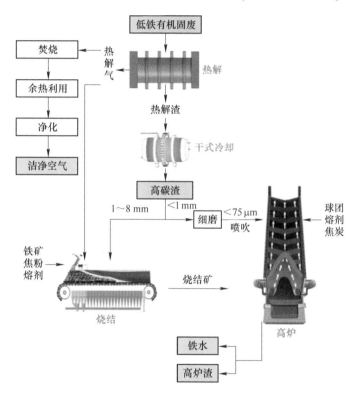

图 2-2 低铁有机固废组分定向分离与主流程质能耦合可行技术路线

含锌固废经过制粒、还原之后，固废中的锌被脱除，铁被还原，低金属化率的脱锌渣可以作为烧结的原料回收铁，高金属化率的脱锌渣则直接作为转炉原料。铁元素作为主要的物质流实现烧结和转炉工序的耦合，如图 2-3 所示。

2.3.2　质能价值优化循环利用准则

在选择固废的处置技术路线时，必须遵循质能价值优化循环利用原则。基于

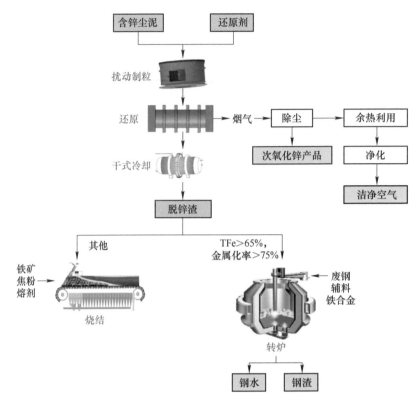

图 2-3 含锌固废组分定向分离与主流程质能耦合可行技术路线

前文所述的固废基础特性和多维度属性识别模型，按照价值极大化原则，固废处置的价值优先级顺序应当为：物质利用>能源利用>无害化处置。要对不同技术路线处置的质能价值进行比较判别，选择性价比最优的技术路线作为优化循环路径。

如图 2-4 所示，对于具有物质属性的固废，必须优先对其进行资源循环利用；对具有能源属性的固废，可以优先将其用作工业生产的燃料，对固废中的能量进行直接重新利用，使其替代原有燃料，其次是通过燃料转化进行余能利用；对既不能物质利用也不能能源利用，而仅具有毒害属性的固废，则优先改变应用场景，尽量把毒害属性转变为物质、能源属性，最后的措施才是对其无害化处置，消除固废对环境的毒害影响后进行安全填埋。

然而，固废往往同时具有多重属性，比如废旧轮胎、废塑料等高含碳的有机固废，具有很高的热值，如果仅仅把其当作一种替代燃料，燃烧发热只能利用其中的能量；由于其含有较多的碳，而碳是炼焦的原料，因此，基于质能价值优化循环利用原则，应当优先将废旧轮胎、废塑料固废采用炼焦炉进行协同资源化处置，对固废中的碳资源进行循环利用，才能实现废旧轮胎、废塑料固废的价值最

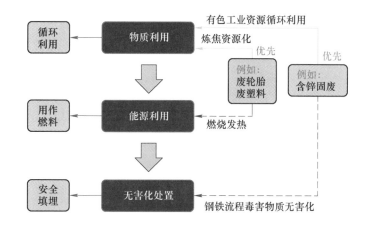

图 2-4　质能价值优化循环利用原则

大化。再比如钢铁生产过程中经常产生的含锌粉尘，含锌粉尘是钢铁生产过程中的伴生固废，对钢铁流程而言，锌是一种有害元素，影响高炉顺行，而对有色工业而言，锌元素又是有价元素，可以进行循环利用，因此，含锌粉尘应优先采用有色工业协同处置的方法对其中的锌资源进行循环利用。

2.3.3　多相梯次处置循环利用准则

钢铁流程产生的废弃物相态可分为气态、固态和液态，但是废弃物的相态不是一成不变的，在治理过程中会发生转化，污染物会在不同相态之间迁移。比如，烧结机头灰中含有较高的碱金属氯盐，如果烧结机头灰不经过预处理而直接返回冶金流程，虽然回收了铁资源，但其中的碱金属氯盐会造成设备的腐蚀和钢铁产品质量下降。通过对烧结机头灰进行水洗预处理，可以去除大部分机头灰中的碱金属，消除机头灰的毒害属性，经水洗后的烧结机头灰滤饼返回冶金流程，可以在回收铁资源的同时，避免设备腐蚀。然而，固体废弃物虽然得到了妥善处置，却产生新的高盐废水的问题，机头灰中的碱金属从固态废弃物迁移到了液态中，成为液态废弃物。再比如有机固废中含有大量的有机物，采用火法焚烧可以回收大量热能，但是有机物中的氮、硫等也会被氧化变成氮氧化物和硫氧化物等污染物，进入烟气，需要对烟气进行净化之后，才能彻底消除有机物的环境影响。因此，冶金流程固废的处置必须特别关注污染物在不同相态之间的迁移，对不同相态的污染物进行协同治理，最终消除二次污染的风险。同时，要对固废组分分离过程产生的多相流与钢铁主流程对口协同，实现固废梯次处置、物"穷"其用。钢铁流程的烧结、炼焦、炼铁、炼钢等主流程质能流都有与固废分离组分相耦合的潜力，比如，从气相上看，烧结工序拥有完善的烟气治理系统，有机固废或含锌固废火法处置产生的烟气具备利用烧结烟气净化系统协同处置的潜力，有助于减少固废烟气净化的一次投资和运行成本；从固相上看，烧结、焦化都需要消耗化石燃料，可以利用有机固废或其衍生燃料替代化石燃料，被冶金流程所利用；从液相上看，碳基法烧结烟气净化系统产生的制酸废水，可以用于烧结机头灰水洗除盐，有利于减少固废水洗的新水消耗。综上所述，利用固废分离产生的三相产物与钢铁主流程衔接，可以进一步提升固废处置价值、降低处置成本。

2.3.4　跨领域协同资源化利用准则

2020 年修订的《固体废物污染环境防治法》第八条规定"省、自治区、直辖市之间可以协商建立跨行政区域固体废物污染环境的联防联控机制，统筹规划制定、设施建设、固体废物转移等工作。"国家鼓励固体废物跨区域的联防联控，在这样的政策背景下，固废跨领域协同资源化处置则能进一步提高固废处置的价值和效率。

基于价值极大化原则，固废的高值资源化处置必须要把矿山与冶金、钢铁与有色、钢铁与化工、钢铁与城市进行生态链接，构建多行业、跨领域之间深度耦合新理念，如图 2-5 所示。把矿山与冶金工业相协同，在冶金工业中找到矿山固废处置的新出口；将有色冶炼与钢铁冶金行业进行生态化链接，有色行业的含铁尘泥处置后作为钢铁行业的原料，钢铁行业的含锌粉尘处置后作为有色行业的原料，有色行业的硫酸渣可以进入钢铁行业制备氧化球团，参与钢铁生产，把钢铁和有色行业进行充分的融合和物质交换，实现固废资源利用的价值最大化；构建城市与钢铁生产之间连接的新纽带，城市固废、危险废物可以利用高温工业生产过程，其赋存的物质和能源得到充分利用，钢铁产生的余能、余热也可为市政供暖提供服务，实现钢铁与城市的相互协同，促进钢铁生产与城市发展共融共生。

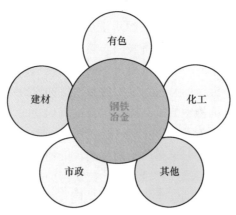

图 2-5　跨领域生态链接示意图

（1）钢铁与有色领域的协同链接。我国有色金属领域生产的锌大约有60%用于钢铁产品的镀锌，这就导致废钢在转炉、电炉中循环利用时，所产生的炼钢粉尘中锌含量很高，可以达到5%~30%。传统的处置方法是将电炉灰直接加入烧结进行处置，这样会导致锌元素在炼铁流程中富集，易导致高炉结瘤，影响高炉顺行。

粗略估算，我国每年消费的约700万吨锌中，有420万吨来自国内矿产锌，有140万吨来自二次物料锌资源的回收，其余缺口的100多万吨来自国外进口。因此，将钢铁工业与有色行业进行生态链接，利用有色锌冶炼行业消纳钢铁中的高含锌粉尘，是将含锌固废变废为宝的有效手段。而有色领域的含铁粉尘，也可以利用钢铁生产中的烧结、球团等工序进行协同处置，实现钢铁与有色领域的深度协同链接。

（2）钢铁与化工领域的协同链接。钢铁原料与燃料中会带入部分碱（土）金属、氯元素及非金属S、N等，这些元素对钢铁流程有害无益，但却是化工领域的原料。随着碳达峰、碳中和战略的实施，钢铁领域的CO_2的捕集利用也会与化工领域开展协同，把CO_2转化为化工合成的原料。同时，化工领域的硫化工、钒化工等，会产生大量的含铁固废，如硫酸渣、提钒弃渣，也应由钢铁工业来消纳，实现资源互补、协同发展。

（3）钢铁生产与城市发展协同链接。城市发展过程中，会产生许多集中度低、产量小、处置难度大的固废，尤其是危险废物，单个企业对这些量小的固废难以实现规模化经济利用。这时，就可以利用城市钢厂的高温工业窑炉对市政难处理固废进行协同处置。比如，城市产生的工业有机危险废物，具有被制备成冶金流程原/燃料的潜力；市政垃圾焚烧飞灰的处理是市政固废中老大难的问题，其中含钙、氯元素高，经适当预处理后，可以进入钢铁烧结工序，为钢铁流程提供有用的钙资源。

城市垃圾焚烧发电厂目前多采用炉排炉，其焚烧温度在850~1000 ℃以上，以保证垃圾焚烧过程中二噁英彻底分解。对于一些固废产生量少的中小钢铁企业，利用距离近的垃圾焚烧厂处置自身产生的工业固废，如含油抹布、废塑料、废油桶等，也能保证固废的无害化处置，选择距离近的市政设施协同处置少量工业难处理固废，也能节约固废的处置成本。

除此之外，钢铁流程余热产生的热水和蒸汽，可以为城市采暖提供服务。

（4）矿山与冶金工业的协同链接。矿山为钢铁和有色冶金源源不断地提供了冶炼的矿石原料，矿山开采会严重破坏周围的植被和生态环境，矿山废弃之后，大量的碎石、松散矿渣裸露于地表，会造成严重的粉尘污染。矿山经过内部开采后会导致内部空旷，经长期雨淋或内部污水侵蚀，到达一定的程度会造成塌方或者滑坡，对周围群众的生命安全有着极大的威胁。现在人们已经采取很多手段进行矿山修复，包括土壤治理改良、植被修复等。从根源上消除矿山坑留下的安全隐患和生态风险，必须对矿山进行基体回填，并配合以生态修复。冶金工业会产生大量的冶炼渣，对其中的铁、锌等资源进行重复利用后，剩下的底渣主要以 CaO、SiO_2、Al_2O_3 为主，其成分与泥土类似，是很好的矿山回填材料。利用冶炼底渣回填矿山，既可以修复矿山坑洞，又能对冶炼产生的大量底渣进行合理处置，矿业产生大量的尾矿，可以采用新的选冶技术，实现资源深度开发利用，有效地将矿山与冶金工业进行了生态协同链接。

本 章 小 结

（1）钢铁冶金流程复杂固废来源于冶金流程中的物质流、能源流，因此，保留了物质流、能源流的部分属性，同时也富集了前述物质流、能源流中的毒害元素，不能直接在冶金主流程中循环利用。通过技术手段，耦合冶金流程质能流，定向分离固废中的有价组分，高效充分循环利用好固废中的质、能组分，促进钢铁冶金资源节约、环境友好的绿色发展，是本书追求的价值。

（2）通过复杂固废中物质、能源、毒害属性组分赋存形态及循环利用机理的分析，建立了复杂固废循环利用多维度判别指标体系，阐述了不同类别固废循环利用技术路线的选择思路。

（3）提出了钢铁冶金流程循环利用复杂固废的几个基本准则，即：1）与主流程质能耦合的固废组分定向分离循环利用准则；2）质能价值优化循环利用准则；3）多相梯次处置循环利用准则；4）跨领域协同资源化利用准则。

（4）要满足钢铁冶金流程循环利用复杂固废的准则，首先要深刻认识冶金流程主要工序的质-能流转化规律，找出多源固废与冶金工序的生态化适配路径。

参 考 文 献

[1] 姜涛. 烧结球团生产技术手册 [M]. 北京：冶金工业出版社，2014

[2] 郭怡君，李军，黄宏宇，等. 有机固体废弃物热解技术及热解气组成综述 [J]. 新能源进展，2023，11（2）：106-122.

[3] 王慧. 废轮胎热解油的资源化利用研究 [D]. 上海：华东理工大学，2011.

[4] 王盛华. 废轮胎热解特性及硫迁移转化实验与机理研究 [D]. 武汉：华中科技大学，2020.

[5] 赵荣洋，杨美玲，李杰，等. 生物质热解油转化为清洁燃料：从催化热解到改性提质 [J]. 洁净煤技术，2023（1）：1-16.

[6] 刘明星，章群丹，刘泽龙，等. 废塑料热解油性质及组成的研究现状 [J]. 石油炼制与化工，2023，54（4）：133-144.

[7] 叶恒棣，李谦，魏进超，等. 钢铁炉窑协同处置冶金及市政难处理固废技术路线 [J]. 钢

铁, 2021, 56 (11): 141-147.

[8] 叶恒棣, 颜旭, 魏进超, 等. 多源含铁固废的元素赋存形态及其对处置技术路线的影响 [J]. 烧结球团, 2022, 47 (5): 59-68.

[9] 甘敏. 生物质能铁矿烧结的基础研究 [D]. 长沙: 中南大学, 2012.

[10] Gan M, Fan X, Chen X, et al. Reduction of pollutant emission in iron ore sintering process by applying biomass fuels [J]. ISIJ International, 2012, 52 (9): 1574-1578.

[11] Sharma B K, Moser B R, Vermillion K E, et al. Production, characterization and fuel properties of alternative diesel fuel from pyrolysis of waste plastic grocery bags [J]. Fuel Processing Technology, 2014, 122: 79-90.

[12] Li S, Xu S, Liu S, et al. Fast pyrolysis of biomass in free-fall reactor for hydrogen-rich gas [J]. Fuel Processing Technology, 2004, 85 (8/9/10): 1201-1211.

[13] Kalinci Y, Hepbasli A, Dincer I. Efficiency assessment of an integrated gasifier/boiler system for hydrogen production with different biomass types [J]. International Journal of Hydrogen Energy, 2010, 35 (10): 4991-5000.

[14] Yin R, Liu R, Wu J, et al. Influence of particle size on performance of a pilot-scale fixed-bed gasification system [J]. Bioresource Technology, 2012, 119: 15-21.

[15] Balat H, Kırtay E. Hydrogen from biomass-present scenario and future prospects [J]. International Journal of Hydrogen Energy, 2010, 35 (14): 7416-7426.

[16] Chintala V, Subramanian K A. A comprehensive review on utilization of hydrogen in a compression ignition engine under dual fuel mode [J]. Renewable and Sustainable Energy Reviews, 2017, 70: 472-491.

[17] Czajczyńska D, Krzyzyńska R, Jouhara H, et al. Use of pyrolytic gas from waste tire as a fuel: A review [J]. Energy, 2017, 134: 1121-1131.

[18] 赵荣洋, 杨美玲, 李杰, 等. 生物质催化热解制油及油品改性提质研究进展 [J]. 洁净煤技术, 2023, 29 (2): 1-13.

[19] 于淑娟, 郭玉华, 王萍, 等. 锌在钢铁厂内的循环及危害 [J]. 鞍钢技术, 2011 (1): 13-15, 59.

[20] 仇少静, 胡凤杰, 李晶. 铅锌冶炼废水铊污染治理技术探讨 [J]. 硫酸工业, 2020 (4): 9-12, 18.

[21] 张垒, 刘尚超, 张道权, 等. 烧结炼铁协同处置含铬污泥的应用研究 [J]. 烧结球团, 2018, 43 (5): 61-64.

3 钢铁冶金流程各工序协同处置固废潜力及路径分析

工业炉窑协同处置冶金或市政固废不是无序、无原则、无组织地盲目添加，必须符合工业炉窑自身的物质流和能流量行进路线，对于不符合条件的固废必须严格限制入炉。本章分析了烧结、球团、高炉、焦炉、电炉等钢铁流程主要炉窑的工艺技术特点，介绍了各工序的主要工艺流程、反应原理、技术装备等基础情况。根据不同冶金炉窑各自的工艺特点，深入阐述了不同炉窑系统处置固废的适配条件、反应机理和约束条件。并在各工序工业炉窑协同处置固废潜力分析的基础上，阐述了冶金固废高价值循环利用的技术途径，为提高冶金固废资源化利用效率指明了方向和路径。

3.1 烧结工艺协同治理固废的潜力及适配路径分析

3.1.1 烧结工艺技术特点

3.1.1.1 烧结工艺流程

烧结工艺是一种重要的铁矿造块工艺，是将细粒物料和粉状料进行高温加热，在不完全熔化的条件下烧结成块并改善原料冶金性能的方法，在我国的高炉炉料准备环节中占据着支配地位。图3-1是现代烧结生产的典型工艺流程，其主要工序可以分为以下四大部分：（1）烧结原料的准备：包括原料接受、贮存以及燃料和熔剂的破碎、筛分；（2）混合料的制备：包括配料、混合、制粒；（3）混合料的烧结：包括布料、点火、烧结；（4）烧结矿的处理：包括破碎、冷却、整粒。

3.1.1.2 烧结过程质能分析

烧结生产涉及的物质品种繁多，但基础物质主要为：原料（含铁原料与辅料）、燃料、空气（俗称风），其构成了烧结生产的三大核心物质要素。原料是烧结的基本材料，主要包括含铁原料和熔剂两类，其质量好坏直接影响烧结矿的质量、燃料的消耗及污染物的产生。燃料为烧结过程提供热源，以保证各种物理化学反应的发生，燃料的品质，热值的高低，不仅影响烧结过程的顺利进行，而

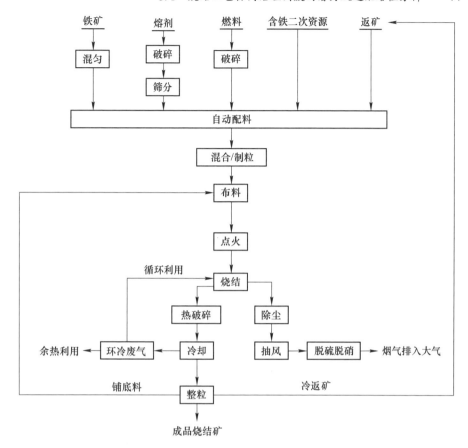

图 3-1 典型烧结生产流程

且对各种污染物的产生至关重要。表 3-1~表 3-3 分别给出了烧结混匀矿、熔剂和燃料的部分典型物理化学性质实例。原料和燃料按一定比例掺混在一起，形成烧结混合料，经制粒后平铺在烧结台车上进行烧结。空气（流动的风）除为燃料燃烧提供助燃氧气外，还承担热载体的功能。大量的风自上而下穿过烧结料层从而保证料层中固体燃料迅速而充分的燃烧，并把热量扩散传递。同时，作为多污染物析出的载体，成为了污染物成分复杂、烟气量大、难以治理的工业废气——烧结烟气。

表 3-1 国内烧结厂使用的混匀矿物理化学性质实例

| 序号 | 化学成分/% | | | | | | | | | 物理性质 | |
	TFe	FeO	SiO$_2$	Al$_2$O$_3$	CaO	MgO	S	P	Ig	水分/%	粒度/mm
1	62.98	—	3.49	1.32	0.96	0.20	0.01	0.049	—	—	<8
2	63.28	5.93	4.51	1.89	0.67	0.12	0.11	0.048	10.10	—	<8

序号	化学成分/%									物理性质	
	TFe	FeO	SiO$_2$	Al$_2$O$_3$	CaO	MgO	S	P	Ig	水分/%	粒度/mm
3	61.39	14.10	4.85	—	4.32	2.48	0.20	—	—	6.30	<8
4	60.00	—	4.25	—	3.12	1.52	0.10	0.059	3.50	—	<8
5	63.95	—	4.53	1.30	0.36	0.36	0.043	0.059	1.00	5.00	<8
6	61.50	—	4.50	—	2.10	1.60	0.135	0.084	5.00	—	<8
7	61.88	—	5.18	—	2.52	2.28	0.27	—	2.50	7.00	<8
8	61.67	—	4.63	—	2.00	1.289	0.171	—	3.28	5.89	<8

表 3-2　国内烧结厂用熔剂物理化学性质实例

名称	序号	化学成分/%						水分/%
		CaO	MgO	SiO$_2$	Al$_2$O$_3$	S	Ig	
石灰石	1	54.43	0.40	0.69	0.26	0.006	—	—
	2	53.07	1.60	3.70	—	—	41.42	—
	3	52.38	1.40	1.27	0.96	—	42.49	—
白云石	1	32.61	19.94	0.16	—	—	42.35	—
	2	31.50	20.42	1.00	—	—	42.66	4.00
	3	29.50	19.30	3.70	—	—	44.80	4.20
蛇纹石	1	1.52	38.40	38.22	0.92	0.028	13.72	—
	2	1.40	36.29	38.19	0.98	—	—	—
生石灰	1	85.69	1.06	1.95	0.21	0.004	13.95	—
	2	85.00	2.85	2.46	—	0.002	4.00	—
	3	84.65	4.90	2.50	—	—	5.00	—
	4	85.00	2.00	—	—	—	—	—
消石灰	1	65.97	1.14	2.17	0.41	—	26.75	—
	2	62.30	2.20	5.18	—	—	28.95	20.00

表 3-3　国内烧结厂所有固体燃料实例

名称	序号	固定碳含量/%	挥发分/%	硫含量/%	灰分/%	水分/%	粒度/mm
焦粉	1	85.0	—	—	13.0	8.57	8~0
	2	85.0	—	—	15.0	6.0	—
	3	86.32	1.2	0.47	12.01	11.0	10~0
无烟煤	1	70.73	6.1	0.35	20.79	11.0	—
	2	85.0	—	—	6.5	6.5	8~0
	3	76.48	2.6	0.47	20.99	9.0	10~0

3.1.1.3 烧结过程反应特征

由于烧结反应过程从料层表面开始逐渐往下进行，因而沿料层高度方向有明显的分层性。根据各层温度水平和物理化学变化的不同，可将正在烧结的料层分五个带，自上而下依次为烧结矿带、燃烧带、干燥预热带、过湿带和原始料带，烧结过程中沿烧结机长度方向料层各带的演变和分布如图 3-2 所示。随着烧结过程的推进，各带的相对厚度不断发生变化，烧结矿带不断扩大，原始料带不断缩小，至烧结终点时燃烧带、干燥预热带、过湿带和原始料带全部消失，整个料层均转变为烧结矿带。烧结料层各带的物理化学特征和温度区间如表 3-4 所示。

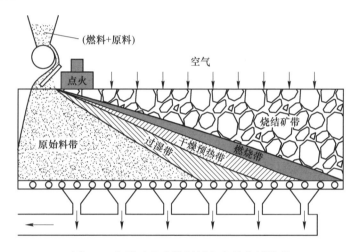

图 3-2 烧结过程中沿料层高度的分层情况

表 3-4 料层各带的特征和温度区间

烧结料层各带	主 要 特 征	温度区间/℃
烧结矿带	冷却固化形成烧结矿区域	<1200
燃烧带	焦炭燃烧，石灰石分解、矿化，固-固反应及熔融区域	700→1400→1200
干燥预热带	低于原始混合料含水量的区域	100~700
过湿带	超过原始混合料含水量的区域	<100
原始料带	与原始混合料含水量相同的区域	原始料温

在烧结过程中烧结原料会发生一系列物理化学反应，包括固体物料分解、化合物的还原及氧化、某些有害元素的脱除等，如表 3-5 所示。这些反应过程的发生，对烧结熔体的形成具有明显关联，进而对烧结矿的质量、烧结烟气的性质产生极大的影响。

表 3-5　烧结过程发生的典型化学反应

反应类型	反 应 式	备　注
结晶水分解反应	$x\mathrm{M} \cdot y\mathrm{H_2O} \rightarrow x\mathrm{M} + y\mathrm{H_2O}$	M 代表化合物，如 $\mathrm{Fe_2O_3}$、$\mathrm{Al_2O_3}$、$\mathrm{CaSO_4}$ 等
碳酸盐分解	$\mathrm{MCO_3} \rightarrow \mathrm{MO} + \mathrm{CO_2}$	如 $\mathrm{FeCO_3}$、$\mathrm{CaCO_3}$、$\mathrm{MgCO_3}$ 等
氧化物分解	$2\mathrm{MO(s)} \rightarrow 2\mathrm{M} + \mathrm{O_2(g)}$	如 $\mathrm{Fe_2O_3}$、$\mathrm{Fe_3O_4}$、$\mathrm{MnO_2}$ 等
铁氧化物的还原	$\mathrm{Fe_3O_4} + \mathrm{SiO_2} + 2\mathrm{CO} \rightarrow 3(2\mathrm{FeO \cdot SiO_2}) + 2\mathrm{CO_2}$，$\mathrm{CaO \cdot Fe_2O_3} + 3\mathrm{CO} = 2\mathrm{Fe} + \mathrm{CaO} + 3\mathrm{CO_2}$ 等	烧结过程局部区域可能发生
铁氧化物的氧化	$2\mathrm{M} + \mathrm{O_2} \rightarrow 2\mathrm{MO}$	如 $\mathrm{Fe_3O_4}$、FeO 氧化为 $\mathrm{Fe_2O_3}$、$\mathrm{Fe_3O_4}$
化合反应	$\mathrm{RO} + \mathrm{R'_2O_3} \rightarrow \mathrm{RO \cdot R'_2O_3}$	如 $\mathrm{SiO_2}$ 与 $\mathrm{Fe_2O_3}$ 生成 $2\mathrm{FeO \cdot SiO_2}$，$\mathrm{CaO}$ 与 $\mathrm{Fe_2O_3}$ 生成 $\mathrm{CaO \cdot Fe_2O_3}$ 等
有害元素脱除	$\mathrm{FeS_2} + \mathrm{O_2} \rightarrow \mathrm{Fe_2O_3}/\mathrm{Fe_3O_4} + \mathrm{SO_2}$ 等	

3.1.1.4　烧结污染物排放规律

由于采取抽风负压烧结，伴随着烧结过程的进行烧结工艺排出大量烟气。烧结烟气由三部分构成，$Q_总 = Q_{有效} + Q_漏 + \Delta Q_{反应}$。有效风 $Q_{有效}$ 是指穿过烧结料面的风量；$Q_漏$ 是指烧结漏风量；$\Delta Q_{反应}$ 是指烧结物理化学反应所消耗（负值）和产生（正值）的气体量，例如燃料燃烧、铁氧化物氧化还原、水分蒸发、碳酸盐分解等反应。烧结烟气的排放量巨大，且含有多种气态污染物，如颗粒物粉尘、CO_x、SO_2、NO_x、二噁英、VOCs 等。表 3-6 所示的是某钢铁厂 550 m² 烧结机烟气量、化学组成和污染物含量。

表 3-6　典型烧结烟气物质的组成

组分	烟气量	O_2	CO	CO_2	H_2O	SO_2	NO_x	二噁英	VOCs	粉尘
单位	m³/h（标态）	%	ppm	%	%	ppm	ppm	ng-TEQ/m³（标态）	—	g/m³（标态）
数值	1700000	13.8	5680	8.3	10	209	190	0.5	—	3

注：1 ppm = 10^{-6}。

烧结烟气中各典型污染物的生成特征各有不同，主要污染物 SO_2、NO_x、颗粒物、碱金属、二噁英及 VOCs 的生成机理和排放规律如下。

A　SO_2

烧结烟气中 SO_2 的来源主要是铁矿石和燃料中的硫与氧反应产生的，还有部分来自硫酸盐的高温分解产生。但由于铁矿在烧结料或球团料中占主导，因此烟气中的 SO_2 主要来源于混匀铁矿中硫的氧化。烧结料层垂直方向上温度和 SO_2 浓度的分布曲线如图 3-3 所示，典型的烧结烟气 SO_2 浓度变化曲线如图 3-4 所示。烧结工序每吨烧结矿 SO_2 产生量为 0.8~2.0 kg，排放浓度一般为 300~10000 mg/m³。

据统计数据，国内烧结机 SO_2 平均排放浓度为 1575 mg/m^3，最大排放浓度为 6000 mg/m^3，最小排放浓度为 450 mg/m^3，绝大多数的烧结厂 SO_2 排放浓度 ≤2000 mg/m^3。

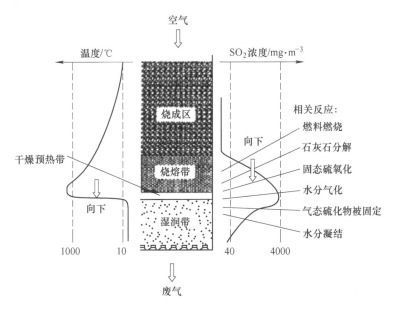

图 3-3 烧结料层高度方向上温度和 SO_2 浓度的分布曲线

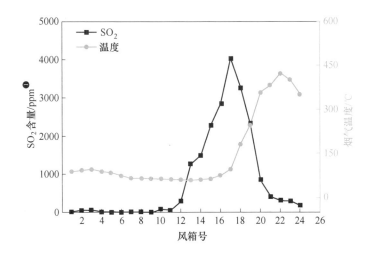

图 3-4 烧结机各风箱烟气中 SO_2 浓度的变化曲线

❶ 1 ppm = 10^{-6}。

B NO$_x$

工业排放的 NO$_x$ 绝大部分源于燃烧过程，根据燃烧条件和生成途径的不同主要分为热力型 NO$_x$、瞬时型 NO$_x$ 和燃料型 NO$_x$，其类型特征如表 3-7 所示。

表 3-7 NO$_x$ 的类型及其产生条件

NO$_x$ 类型	来　源	产生温度	产生条件
热力型 NO$_x$	空气中的 N$_2$ 被氧化	1400 ℃ 以上	在火焰带的高温区生成，需要高温及高氧化性气氛
瞬时型 NO$_x$	碳氢化合物分解产物被活性氧化基（O、O$_2$、OH 等）氧化		碳氢化合物燃料燃烧充足
燃料型 NO$_x$	燃料 N 被氧化	燃料燃烧温度	燃料中的 N 在燃烧过程中从含氮官能团中分解出

烧结过程 NO$_x$ 主要为燃料型 NO$_x$，来自固体燃料燃烧和高温反应过程，燃料中含有的氮化物在高温下热分解，再和氧化合生成 NO$_x$。热力型 NO$_x$ 和快速型 NO$_x$ 生成量很少，生成的 NO$_x$ 以 NO 为主，占 90% 左右，NO$_2$ 占 5%~10%，N$_2$O 占 1% 左右。烧结过程 NO$_x$ 的形成机理较为复杂，在燃料 N 氧化生成 NO 的同时，也会在料层中发生 NO 的还原反应。图 3-5 是不同烧结风箱中 NO$_x$ 的排放浓度随烟气温度变化的规律。烧结工序每吨烧结矿 NO$_x$ 产生量为 0.4~0.7 kg，排放浓度一般为 200~350 mg/m^3。新颁布的超低排放标准，NO$_x$ 的限值降低至 50 mg/m^3。但目前国内各大钢企脱硝后烟气中 NO$_x$ 质量浓度仍为 50~150 mg/m^3，与超低排放标准仍有差距。国内烧结机烟气中 NO$_x$ 平均排放浓度约 220 mg/m^3，绝大多数烧结机烟气中 NO$_x$ 排放浓度 ≤300 mg/m^3。

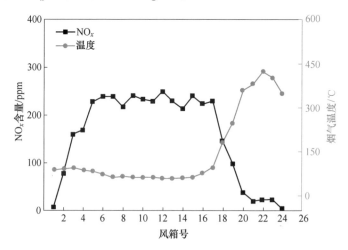

图 3-5 不同烧结风箱中 NO$_x$ 的排放浓度变化规律

C 颗粒物

烧结过程中，铁矿石在高温下会发生机械破损、受热破损和还原破损等结构破坏，形成更微细的颗粒物。烧结烟气中的总颗粒物主要由底部物料经抽风引入、干燥预热带制粒小球的破损、黏附粉脱落，以及燃烧带中焦粉燃烬时导致颗粒流态化而脱落产生。烧结过程除了排放危害性、脱除难度较小的粗颗粒粉尘外，还存在一类危害性大、脱除难度大的超细颗粒污染物（PM_{10} 和 $PM_{2.5}$）。烧结过程 PM_{10} 和 $PM_{2.5}$ 主要经由微细粒级铁矿、熔剂颗粒脱落、矿物熔融及有害元素气化-凝结三种途径形成。有害元素气化后会通过两种形式向 PM_{10} 和 $PM_{2.5}$ 转化：（1）通过异相凝结黏附在微细粒级铁矿、熔剂颗粒及熔融过程形成的铁酸钙（$CaO \cdot Fe_2O_3$）颗粒表面；（2）通过均相凝结形成 KCl 等颗粒。

烧结全过程沿台车运行方向不同风箱中总颗粒物的排放浓度如图 3-6 所示。颗粒物主要在废气温度上升的区域集中释放至烟气中（见图 3-6（a）），烟气中的粉尘浓度在布料时达到最大，随后迅速降低到较低水平，随着台车前移又逐渐增加，并在烧结终点附近时达到最大值（见图 3-6（b））。

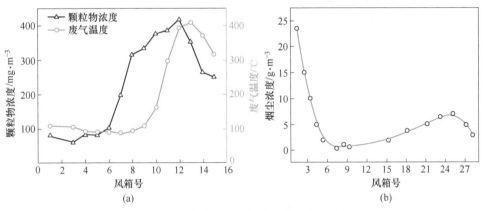

图 3-6 工业现场不同风箱中粉尘排放浓度

（a）颗粒物；（b）粉尘浓度

D 碱金属、二噁英和 VOCs

烧结工序不仅是钢铁冶炼流程中颗粒物最主要的排放源，还是重金属、碱金属、二噁英等的主要排放源，而重金属、二噁英易于负载在超细颗粒物上。对外排烟气中的超细颗粒物进行分析时发现，颗粒物主要由 K^+、Cl^- 组成，此外还含有 Fe、NH_4^+、Ca、Na、Pb 等，相关研究还表明，颗粒物除含有大量 K、Cl 外，还负载有一定比例的 PAH（多环芳烃）、PCDD/Fs（二噁英），在静电除尘器入口，68.8%的 PCDD/Fs 分布于颗粒相，31.2%的 PCDD/Fs 分布于气相，且经过静电除尘后，可脱除 44.3%的颗粒相 PCDD/Fs。烧结工序典型重金属的物质流如图 3-7 所示。

图 3-8 给出了烧结过程碱、重金属对颗粒物外排的浓度。从图 3-8 可知，中

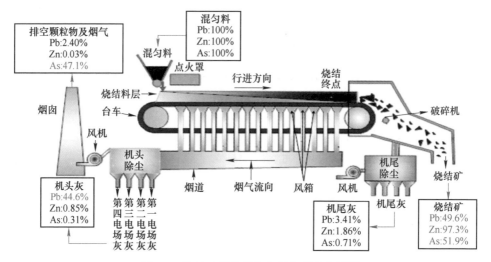

图 3-7　烧结工序典型重金属物质流分析图

间段-1 到中间段-3，碱、重金属排放浓度均较低，到中间段-3，碱、重金属排放浓度明显提高，且在升温段-1 达到最大值。烧结过程脱除的碱、重金属主要进入机头灰、机尾灰及排放颗粒物，其中进入机头灰中的 K、Na、Pb 比例相对较高。对机头烟气排放的颗粒物化学组成分析可知，K 的含量为 22.25%，Cl 的含量为8.10%，经过电除尘之后的烟囱里面的颗粒物则主要是由 K、Cl 组成。

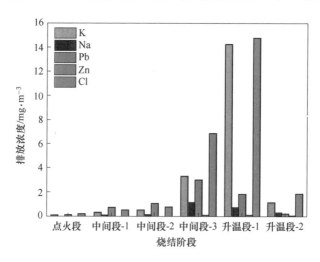

图 3-8　烧结过程碱、重金属对颗粒物的排放浓度

二噁英（包括多氯代二苯并-对-二噁英（简称 PCDDs）、多氯代二苯并呋喃（简称 PCDFs））和多氯联苯（简称 PCBs）是两类重要的持久性有机污染物（简称 POPs）。钢铁行业二噁英主要来源于烧结机、电炉炼钢过程，根据《中国二噁

英类排放清单研究》表明，烧结工序是我国二噁英的主要来源之一，是仅次于城市垃圾焚烧炉的第二大毒性污染物排放源。沿烧结台车运行方向，对不同风箱烟气中的二噁英进行采样和分析发现，二噁英主要产生于烧结床干燥区，并随气流向下移动。当它们向下移动时，二噁英会被吸附在湿区，因此几乎不会从烧结床释放出来。只有当干燥区到达炉篦时，随着烧结的进行，才会释放到烧结废气中。据此可知，二噁英在烧结烟气中存在集中排放的区域，主要在干燥预热带消失过程集中释放至烧结烟气。

挥发性有机化合物（Volatile Organic Compounds，VOCs）为一系列沸点在50~260 ℃之间、容易挥发的有机化合物的总称。大多数 VOCs 具有较强的刺激性和毒性，对人体健康会造成危害，且排放到大气中的 VOCs 可与 SO_x、NO_x、颗粒物等污染物在一定条件下发生化学反应，产生二次污染。烧结过程中，VOCs 是由焦炭、含油氧化铁皮等中的挥发性物质形成的，以气体形式排放，在某些操作条件下同时形成二噁英和呋喃。烧结预热带温度范围基本为 100~900 ℃，厚度为 100~200 mm，持续时间为 10 min 左右。随烧结进行，燃料颗粒温度升高，内部有机挥发物呈气态挥发到气流中，随气流向下运动，下部温度较低，含有机挥发物的气流热交换后温度降低，其中有机挥发物根据沸点高低逐步冷凝（见图 3-9）。燃料中的挥发分与 VOCs 形成密切相关，燃料挥发分越高，形成的 VOCs 量越大。

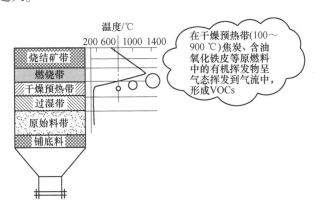

图 3-9　VOCs 在烧结过程中的生成机理

3.1.1.5　烧结烟气多污染物的净化

烧结烟气中典型污染物如粉尘、二氧化硫（SO_2）、氮氧化物（NO_x）和二噁英分别占钢铁工业排放烟气中污染物的 40%、70%、48%、48%，是钢铁企业中大气污染物治理的关键。2018 年《钢铁企业超低排放改造工作方案（征求意见稿）》明确指出：烧结机头烟气、球团焙烧烟气在基准含氧量为 16% 条件下，颗粒物、二氧化硫、氮氧化物小时均值排放浓度分别不高于 10 mg/m³、35 mg/m³、

50 mg/m³。

目前，烧结烟气综合治理存在多污染物组合法治理技术和多污染物协同治理两种方案。典型的烧结烟气多污染物组合法治理技术为半干法脱硫+布袋除尘+SCR 工艺。其中，半干法脱硫比较常见的为 CFB、SDA 两种工艺，而应用最广的CFB 系统主要由吸收塔、脱硫除尘器、脱硫灰循环及排放、吸收剂制备及供应、工艺水等系统组成，经过半干法处理的烧结烟气排放温度约为110 ℃。半干法脱硫除尘后的烟气进入脱硝系统实现 NO_x 的脱除，SCR 脱硝技术应用于烧结烟气的治理已有较多案例。典型半干法生石灰脱硫+选择性催化脱硝（SCR）组合法脱硫脱硝工艺如图 3-10 所示。

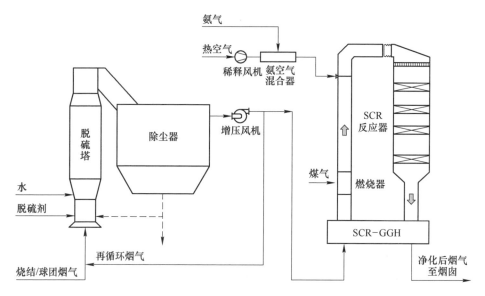

图 3-10　半干法+SCR 工艺流程

多污染物协同治理一般采用碳基法治理技术，该技术能显著提高污染物的去除效率，改善大气环境质量，目前常用的工艺有双级侧向分层错流法与单级侧向分层错流法+SCR 两种解决方案。双级侧向分层错流法烟气净化工艺如图 3-11 所示，烧结烟气先进入一级塔进行脱硫脱氯除尘，在二级塔入口喷入氨气，进行SCR 脱硝反应，净化后的烟气达标排放；解吸塔下料的活性炭直接进入一级塔和二级塔，一级塔和二级塔吸附了污染物的活性炭直接进入解吸塔，在解吸塔内加热再生后恢复活性，解吸塔再生后的 SRG 气体用于制备硫酸或其他高附加值产品。碳基法烟气净化技术虽然一次性投资高，但运行成本低，副产物可以实现完全资源化利用。

碳基单级法+SCR 技术工艺如图 3-12 所示。烟气在碳基净化装置中主要脱除烟气中 SO_2、HCl、二噁英、粉尘及其他有机物，吸附了污染物的活性炭在解吸塔解

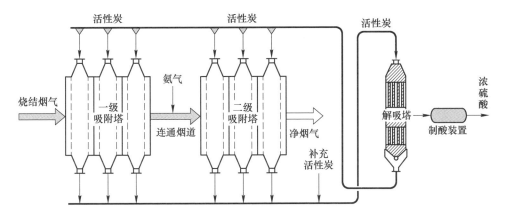

图 3-11 碳基双级侧向分层错流烟气净化工艺

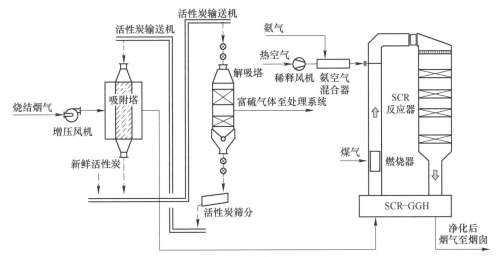

图 3-12 碳基单级侧向分层错流法+SCR 工艺流程

吸后恢复活性，解吸后产生的富硫气体制成硫酸或其他产品；脱硫脱氯除尘后的烟气送入 SCR 反应器进行脱硝，由于烟气温度一般不超过 150 ℃，需在 SCR 反应器的入口，采取 GGH 装置把温度升高至 180 ℃以上（如果是低温 SCR 反应，可以不用 GGH，而用简单的加热升温装置），深度净化后的烟气达到超低排放标准再排入大气。单级碳基法+超低温 SCR 技术具有一次性投资稍低，在超低温 SCR 技术突破之前，运行成本和碳排放比碳基双级法稍高，但低于半干法+SCR 法。

由于碳基单级法+SCR 组合式工艺应用量较少，因此本书对半干法生石灰脱硫+SCR 组合式脱硫脱硝工艺与碳基双级法的性能对比，如表 3-8 所示。结果表明，在全生命周期性价比、副产物资源化利用、对碳排放的影响三方面，碳基双级法具有明显优势。

表 3-8　半干法+SCR 法与碳基法性能对比

比较项目	半干法+SCR 法	碳基双级净化技术
全生命周期性价比	投资较低，但运行成本高(15~17 元/t 矿)	投资高，但运行成本低 (10~12 元/t 矿)
副产物资源化利用	硫副产物不能充分资源化	硫副产物全部资源化
能耗	增加工序能耗约 5 kg(标煤)/t-s	增加工序能耗约 2 kg(标煤)/t-s
脱除效果	SO_2、NO_x、粉尘能高效脱除	SO_2、NO_x、二噁英、粉尘及其他 微量有害元素能高效脱除

　　总之，通过选择不同的烧结烟气多污染物治理技术和措施，烧结烟气中的各种污染物如粉尘、二氧化硫（SO_2）、氮氧化物（NO_x）和二噁英等大都可以得到较好地去除。因此，尽管固废进入烧结工序后可能会对烧结烟气的性质产生影响，但通过完善的烧结烟气净化处理措施，烧结排放的烟气仍可以符合国家和地方排放标准，为烧结协同处置固废创造了条件。

3.1.2　烧结生产协同处置固废的反应机理

　　从协同处置的技术层面来说，无论哪种固废，其所含成分种类与烧结常规混合料差别并不大。固废与常规烧结混合料的区别在于各种成矿元素如 Fe、Si、Ca、Mg、Al 等和 S、P、K、Na 等有害元素及重金属元素的含量差别较大。此外，在部分固废中所含有机物、挥发性成分的含量与常规烧结料相比也可能差别较大。因此，只要掺混比例适当，对烧结成矿及污染物排放的影响是可控的。

　　（1）固废的分解。烧结过程中固废可能会发生物料分解、化合物的还原及氧化、某些有害元素的脱除等气-固相反应，其反应的一般规律与固废的种类和性质密切相关。固废出现的分解反应可能有硫酸盐的分解、碳酸盐的分解、氧化物的分解和有机物的分解等。例如将酸洗污泥或市政污泥进行烧结协同处置时，二者中所含的有机物在受热时温度达到 200 ℃ 以上即开始分解为多环芳烃、热解油、C_xH_y 等有机物，进入烧结烟气；有机物热解后可能剩余残碳，可以继续参与烧结过程，过量的挥发分出现则可能影响除尘系统、风机等烧结单元的顺行，因此要控制挥发分有机物在烧结混合料中的掺混比例；固废中若含有盐类，则在烧结过程中受高温作用进行分解（$MSO_4 \rightarrow MO + SO_2$ 等），部分分解产物如 CaO 可以参与烧结成矿反应，产生的 SO_2 和 CO_2 从烟气中排出，可能增加烟气净化的难度，同时，由于 $CaSO_4$ 的分解温度较高，依靠烧结过程的短时高温尚不足以将其完全分解，从而残留在烧结矿中导致 S 元素升高。此外，烧结过程化合物分解、富集的 K、Na、Cl 等元素也会在烧结过程大部分进入烟气，可能对烧结烟气管道、设备等造成损害。

（2）固废所含铁、碳等有益组分对烧结成矿的影响。固废或经过预处理的固废中 Fe 元素主要以氧化物形式存在，也可能有部分以金属铁形式存在。当 Fe 元素以氧化物形式存在时，与一般烧结所用原料中的铁反应性质相似；当 Fe 元素以金属铁形式存在时，进入烧结混合料在烧结过程中发生氧化反应并放出一定热量。而固废中的固定碳作为燃料时，由于燃烧特性与常规烧结燃料具有差异，对烧结速度、料层温度均有一定影响。

基于以上两点分析，固废可以掺入烧结生产、被冶金流程所消纳，但有一定约束条件和掺混比例要求，宜以试验确定。

3.1.3 烧结生产协同处置固废的适配条件与适配路径分析

在烧结工艺中进行固废的协同处置，首先应以不影响烧结矿的产量和质量为基本前提。各种固废如各工序粉尘、污泥等钢铁工业固废和市政污泥等市政固废种类繁多，各种固废单位物理化学性质也各不相同，进行烧结协同处置前应从烧结制粒性能、烧结成矿性能和污染物释放等方面进行论证。同时，作为烧结主原料的铁矿石本身也种类繁杂、变化频繁，且优质资源逐年减少，如何在有限资源条件下快速、准确、高效地获得烧结协同处置固废的最优方案，将是进行烧结协同处置固废技术的发展关键。因此，烧结协同处置固废的适配条件科学内涵应是依据原料供应条件，在满足烧结矿化学成分要求和供矿条件的基础上，通过优化配矿使烧结混合料具有良好的制粒性能和成矿性能，并且避免出现烧结烟气中污染物排放浓度剧烈波动，从而获得高产、优质、低耗且具有优良冶金性能的烧结矿，并使综合经济、技术、环保指标最优，如图 3-13 所示。

从烧结工艺特点与固废特征出发，烧结协同处置固废应重点考虑的原则包括：

（1）鼓励因素。对烧结工序而言，固废中的 Fe 元素可被烧结过程利用，CaO、MgO 等碱土金属可替代烧结熔剂；对于含有能量的有机固废，则可以节约焦粉等燃料；烧结配料需要一定配水，因此可以处理一定量含水较高的固废。

（2）限制因素。进入烧结机协同处置的固废所含挥发分不能过高，通常应该低于 5%，如果挥发分过高，导致烧结速度过快，影响烧结原料熔融结块；部分热量被挥发分带走而导致烧结原料中热量不足；挥发分进入烧结烟气中，造成烟气成分复杂，增加后续烟气净化的成本，并有可能在烟道和主抽风机中造成黏结。F、Cl 等元素在烧结过程中会生成 HCl 导致烧结篦条腐蚀；固废中的碱金属 K、Na，导致篦条结瘤糊堵；P、Zn、Pb、Cr 等，保留在烧结矿中，最终影响铁水质量；S、N 过多会增加 SO_2 和 NO_x 等污染物排放。

（3）宜处置的固废。钢铁厂的尘泥类固废，包括转炉泥、低挥发分含铁油泥、烧结一二次电场灰、经脱锌预处理后的电炉灰及其他高锌灰等；市政固废包括焚烧底渣，以及城市污水污泥等。固废粒度宜为 1~8 mm 的粗粒级粉尘，粒度

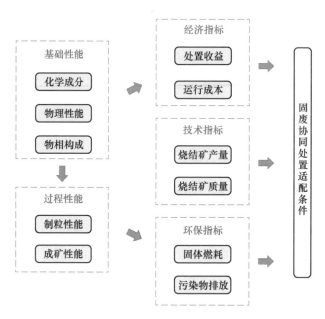

图 3-13　烧结优化配矿内涵

太细则应预先制粒。

（4）不宜处置的固废。未经预处理的废塑料；未经脱锌的电炉灰、高炉灰等高锌固废，未经除盐的烧结三四次电场灰等高盐固废，未经炭化的农林废弃物，高挥发分含铁油泥。

综上所述，烧结协同处置固废在技术上既要考虑固废的化学成分和物理性能，还要考虑其对烧结混合料的制粒和烧结料层成矿反应的影响；在经济上既要考虑固废的处置收益，也要考虑烧结协同处置的运行成本，同时还要考虑固废处置对降碳的可能性；此外，还要考虑烧结烟气污染物排放等环保指标。只有将固废特性、烧结工艺过程和烟气污染物排放联系起来，综合考虑固废处置的技术经济环保指标，建立完整的评价体系，才能真正实现烧结生产协同处置固废技术的整体优势。

3.2　球团工艺协同治理固废的潜力及适配路径分析

3.2.1　球团工艺技术特点

3.2.1.1　球团工艺流程

球团生产主要包括原料准备、生球制备及球团焙烧三个阶段。原料准备包括原料接收、贮存、干燥及其预处理等环节；生球制备包括配料、混合、造球、生球筛分等环节；球团焙烧包括干燥、预热、焙烧、均热、冷却等环节。典型的球团生产工艺流程如图 3-14 所示。

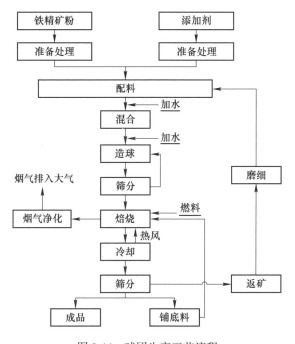

图 3-14 球团生产工艺流程

3.2.1.2 球团固结过程质能分析及反应特征

球团工艺涉及的物质主要为原料、燃料和空气。球团原料主要包括铁精矿、黏结剂和添加剂三类。

铁精矿是生产球团矿最主要的原料，其质量好坏直接影响球团矿的质量、燃料的消耗及污染物的产生。表 3-9 给出了目前国内使用的铁精矿主要物理化学性质。在造球环节，润湿的细粒铁精矿在滚动过程中在机械力、毛细力和黏滞力等的作用下自然形成球形聚集体，必要时需要加入黏结剂。黏结剂主要作用为促进铁精矿颗粒成球、改善生球的强度，一般添加量较小（<1.5%）。此外，在某些生产条件下还会使用部分添加剂，主要有熔剂如石灰石和白云石、内配碳如无烟煤和焦粉等。其中，熔剂性质与烧结工艺中的熔剂性质相同。虽然熔剂的添加量是基于球团矿碱度要求，但是添加过多的熔剂和内配碳会改变球团焙烧行为，影响产品质量，因此要通过试验来确定适宜的配比。

表 3-9 国内使用的铁精矿物理化学性质实例

| 序号 | 化学成分/% | | | | | | | | | 物理性质 | |
	TFe	FeO	SiO_2	Al_2O_3	CaO	MgO	S	P	Ig	水分/%	粒度/mm
1	68.60	—	4.50	0.47	0.69	0.65	0.020	0.035	—	—	—

序号	化学成分/%									物理性质	
	TFe	FeO	SiO$_2$	Al$_2$O$_3$	CaO	MgO	S	P	Ig	水分/%	粒度/mm
2	67.70	—	3.80	—	0.56	0.15	0.31	—	—	—	—
3	67.50	—	3.50	—	0.01	0.45	0.013	—	0.51	9.77	—
4	67.29	28.36	4.79	—	0.27	—	0.066	0.079	0.76	10.20	−200 目 (−75 μm) 71%
5	68.10	—	5.55	0.17	0.93	0.33	0.018	0.017	—	9.00	—
6	66.50	—	5.50	0.85	1.50	0.30	0.011	0.022	—	—	—
7	67.44	—	3.96	0.82	1.40	0.28	0.011	0.022	—	—	—
8	65.73	—	4.64	0.59	1.59	0.79	0.095	0.083	—	—	—

　　球团生产一般所用的燃料包括气体燃料和固体燃料两类，需根据具体生产工艺进行选择，其作用是为球团焙烧提供热量。此外，球团生产中需要空气，除了为燃料燃烧提供助燃氧气外，空气还承担热载体的功能。大量的风穿过球团生产装备和料层，将热量传递给球团本体的同时作为污染物析出的载体，形成球团生产烟气。

　　焙烧固结是球团矿生产过程中最复杂的工序，期间发生一系列物理和化学反应，最终通过铁氧化物再结晶使相邻颗粒彼此相连达到固结效果，从而提高球团矿的强度，并使其冶金性能得到改善。对球团矿强度来说 95% 以上的强度来自焙烧固结。球团生产流程主要有竖炉工艺、链箅机-回转窑工艺和带式焙烧机工艺。三种球团焙烧工艺在设备类型、原料适应性、过程特点、操作特性、生产能力等方面都有各自的特点。不论采用哪一种设备，焙烧球团矿应包括干燥、预热、焙烧、均热和冷却五个过程，如图 3-15 所示。

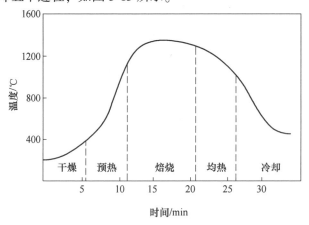

图 3-15　球团矿固结过程

与烧结矿的固结方式不同，球团矿的固结主要靠固相固结，通过固体质点扩散形成连接桥（或称连接颈）、化合物或固溶体把颗粒黏结起来。但是当球团原料中 SiO_2 含量高，或在球团中添加了某些添加物时，在球团焙烧过程中会形成部分液相，这部分液相对球团固结起着辅助作用。球团固结过程中发生的物理化学反应相对简单，主要铁氧化物的氧化、分解，铁氧化物与脉石成分的化合反应，以及有害元素脱除等反应，如表 3-10 所示。

表 3-10 球团固结过程发生的典型化学反应

反应类型	反应式	备注
铁氧化物的氧化	$Fe_3O_4 + O_2 \rightarrow Fe_2O_3$	磁铁矿球团主要反应
铁氧化物的分解	$Fe_2O_3 \rightarrow Fe_3O_4 + O_2$	赤铁矿球团焙烧温度超过 1350 ℃时
化合反应	$2FeO + SiO_2 \rightarrow 2FeO \cdot SiO_2$	磁铁矿原料中含有一定数量 SiO_2 时
	$Fe_2O_3 + xCaO \rightarrow Fe_2O_3 \cdot xCaO$	熔剂性球团
	$xCaO + SiO_2 \rightarrow xCaO \cdot SiO_2$	自熔性球团
有害元素脱除	$FeS_2 + O_2 \rightarrow Fe_2O_3/Fe_3O_4 + SO_2$ 等	原料含有硫化物时

3.2.1.3 球团工艺污染物排放规律

在球团生产过程中，燃料在焙烧装置上燃烧，烟道排出大量的含尘废气。卸矿端的破碎、筛分、转运过程中也产生大量的粉尘。与烧结工艺类似，球团工艺烟气的排放量大，含有多种空气污染物，如颗粒物粉尘、SO_2、NO_x 等。表 3-11 所示的是某钢铁厂 120 万吨/年规模链箅机-回转窑球团生产线烟气中的主要污染物含量。

表 3-11 典型球团烟气部分成分

成分	O_2	SO_2	NO_x	粉尘
含量	18.0%	589 ppm	155 ppm	82 g/m³（标态）

球团烟气中的 SO_2 来源主要是铁矿石和燃料中的硫与氧反应产生的，其生成机理与烧结烟气中 SO_2 基本类似。球团生产过程，SO_2 主要在链箅机 TPH 段、PH 段和回转窑焙烧过程释放。需要注意的是，球团烟气中硫氧化物的浓度随所用原燃料的产地、品质变化而波动，如首钢京唐球团投产初期采用巴西 Caraias 矿烟气中 SO_2 浓度不到 200 mg/m³（标态），而后大量采用秘鲁高硫矿时烟气中 SO_2 浓度达到 3000 mg/m³（标态）。与烧结烟气不同，球团烟气中的 NO_x 主要为热力型 NO_x，产生于燃料在焙烧装置的燃烧过程。此外，球团工艺生产过程颗粒物产生量及排放量明显少于烧结工艺。

3.2.1.4 球团烟气多污染物的净化

随着钢铁行业大气污染物排放标准的不断提高，球团排放烟气中的二氧化硫、氮氧化物粉尘的排放浓度都要达到超低排放的要求。超低排放要求二氧化硫 35 mg/m³、氮氧化物 50 mg/m³、粉尘 10 mg/m³。现有的球团生产条件下，链篦机-回转窑系统产生的烟气中含有的氮氧化物含量一般在 160~400 mg/m³ 之间，远高于超低排放的要求，需实施节能减排升级改造，以满足国家达标排放要求。

对于球团烟气中的粉尘颗粒物，一般采用袋式除尘器、电袋复合除尘器、塑烧板除尘器、湿式电除尘器等。球团烟气脱硫方面早期主要采用的是石灰石膏湿法脱硫技术，这种技术能够有效地进行脱硫，但对烟气中的氮氧化物的去除基本没有效果，需要使用组合式脱硫脱硝技术，如半干法脱硫+布袋除尘+SCR 工艺、碳基吸附法等。通常情况下，球团烟气中的污染物浓度、总量均比烧结烟气低，因此实现球团烟气污染物的净化技术难度较小，更多考虑净化工艺的经济性。

中冶长天国际工程有限责任公司近年开发了球团烟气多污染物净化技术，该技术采用低温焙烧技术、低氮烧嘴技术和煤气净化技术等源头控制技术，从根本上减少污染物的产生；采用先进再燃技术、烟气循环技术等，从过程中降低污染物的排放；采用嵌入式 SCR 技术、组合式除尘脱硫技术等，实现污染物的超低排放，具有投资省、运行成本低、环境友好的特点，可实现出口烟气中 SO_2 浓度低于 35 mg/m³（标态），粉尘低于 6 mg/m³（标态），NO_x 低于 35 mg/m³（标态）的排放指标。

3.2.2 球团工艺协同处置固废的反应机理

由于球团矿生产过程包括干燥、预热、焙烧、均热和冷却五个过程，球团工艺协同处置固废时添加进铁精矿的固废物料也将一次经历上述五个阶段。

在温度为 200~400 ℃ 的干燥阶段，固废中的反应主要是水分的蒸发、结晶水的脱除；在温度为 400~1100 ℃ 的生球预热阶段，固废可能发生的反应包括尚未脱除的少量水分在此进一步排除、磁铁矿的氧化、碳酸盐矿物的分解、硫化物的分解和氧化及其他一些固相反应；在温度为 1100~1300 ℃ 的焙烧阶段，固废可能发生的反应包括预热过程中尚未完成的分解、氧化、脱硫固相反应等，而主要反应为铁氧化物的结晶和再结晶使晶粒长大，固相反应及由之而产生的低熔点化合物的熔化形成部分液相，球团矿体积收缩及结构致密化；在均热阶段，球团矿内部晶体长大，尽可能使之发育完整，使矿物组成均匀化，消除一部分内部应力；冷却阶段则是球团矿内部尚有未被氧化的磁铁矿进一步充分氧化。

在球团焙烧过程中，由于温度和气氛的影响，金属氧化物将会发生还原和氧化反应，这些过程的发生，与常规球团中铁精矿同时进行。由于球团与烧结矿的固结方式不同、主要依靠固相固结，进行协同处置时各类固废的加入对铁氧化物固体质点扩散形成连接桥的过程可能存在不同程度的影响，从而影响球团的高温固结质量，最终影响球团矿的强度。

3.2.3　球团工艺协同处置固废的适配条件及适配路径分析

在球团工艺中进行固废的协同处置，首先应以不影响球团矿的产量和质量为基本前提。由于各种固废物料物理化学性质与常规铁精矿不同，特别是球团工艺对原料的要求本身就比烧结工艺较高，在球团生产中进行协同处置固废时应从生球制备、球团焙烧和污染物释放等方面进行论证，在确定固废原料性质、满足球团矿化学成分要求和供矿条件的基础上，优化球团原料结构、保证生球和成品球的质量，获得综合经济、技术、环保指标最优的协同处置方案，如图3-16所示。

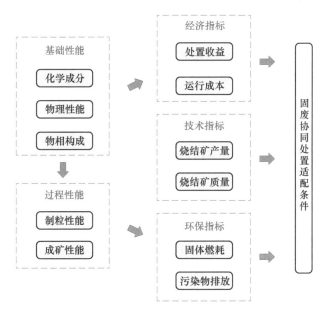

图 3-16　球团优化配矿内涵

球团生产协同处置固废时，首先要满足的是高炉炼铁对球团矿的质量要求，在铁品位、成分稳定性、有害杂质含量等方面均有与烧结矿类似的质量要求。尤其是在"精料方针"的高炉冶炼原则下，对炉料的铁品位有更高的要求，因此，球团协同处置固废时，首要条件是不能降低球团矿的铁品位。此外，球团矿中有害元素如硫、磷、铜、铅、锡、砷、氟及碱金属（K、Na）等的含量也应满足高炉冶炼的要求。

其次，球团生产协同处置固废时不能对球团矿的产量和质量指标产生明显不利影响。具体来说，当固废进入球团混合料后，球团混合料的成球、干燥、焙烧等过程可能变化。因此，球团处置固废适配的关键科学问题是查明固废在球团成球、干燥、预热、焙烧等环节的具体行为，揭示影响球团性能的机理和污染物释放特性，获取性价比最优的球团协同处置固废的技术方案。

从球团工艺特点与固废特征出发，球团工艺协同处置固废应重点考虑的原则包括：

（1）鼓励因素。对球团工序而言，固废中的 Fe 元素可被球团过程利用；对于含有能量的有机固废，则可以节约焙烧过程需要的燃料；球团配料需要一定配水和黏结剂，因此可以处理一定量含水较高或者具有黏性的固废。

（2）限制因素。进入球团协同处置的固废所含杂质不能过高，要保证球团品位不出现下降；作为添加剂进行协同处置的固废，有害元素含量不能过高，如 F、Cl 等元素在焙烧过程中会生成 HCl 影响设备寿命；固废中的碱金属 K、Na，残留在球团矿中的部分会导致高炉结瘤；P、Zn、Pb、Cr 等，保留在球团矿中，最终影响铁水质量；S、N 过多会增加 SO_2 和 NO_x 等污染物排放。

（3）宜处置的固废。铁品位较高、有害杂质较少的含铁细粉固废，如硫酸渣等；有害杂质含量低、灼烧残渣少、热值高的有机固废，如糖浆等；含铁高硅铝固废。

（4）不宜处置的固废。粒度较粗的、有害元素太高又未经预处理的固废。

3.3 高炉炼铁工艺协同治理固废的潜力分析

3.3.1 高炉炼铁技术特点

3.3.1.1 高炉炼铁工艺流程

未来相当长时期内，以铁矿石为起点的长流程冶炼工艺仍将是我国钢铁制造的主流，高炉仍是我国炼铁生产的主要设备。高炉炼铁是将含铁原料（烧结矿、球团矿或块矿）、燃料（焦炭、煤粉等）及其他辅助原料（石灰石、白云石等）按一定比例自高炉炉顶装入，并由热风炉在高炉下部的风口向高炉内鼓入热风，使燃料燃烧产生煤气。下降的炉料和上升的煤气相遇，先后发生传热、还原、融化等物理化学作用而生成液态生铁，同时产生高炉煤气和炉渣两种副产品。渣铁被定期从高炉排出，产生的煤气从炉顶导出。其生产工艺流程如图 3-17 所示。

高炉炼铁系统主要包括：原料系统、上料系统、炉顶系统、炉体系统、粗煤气及煤气清洗系统、风口平台及出铁场系统、渣处理系统、热风炉系统、煤粉制备及喷吹系统、辅助系统。高炉炼铁生产中，各个系统互相配合、互相制约，形成一个连续的、大规模的高温生产过程。高炉开炉之后，整个系统必须连续生产，除了计划检修和特殊事故暂时休风外，一般要到一代寿命终了时才停炉。高炉炼铁系统的主要设备包括高炉本体、高炉鼓风机、高炉热风炉、高炉除尘器等。

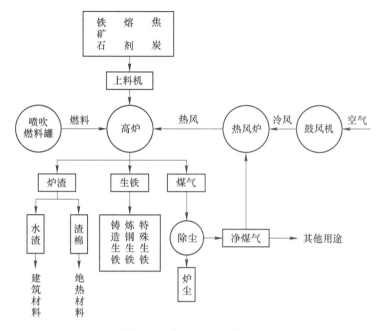

图 3-17　高炉生产工艺流程

3.3.1.2　高炉炼铁对原燃料的要求

A　对原料的要求

精料是高炉生产顺行的基础,对高炉炼铁技术经济指标的影响率在 70%,且高炉炉容越大,对原燃料的质量要求越高。炼铁精料技术的内容有:"高、熟、稳、均、小、净、少、好"八个方面。

高:入炉矿含铁品位高是精料技术的核心,在入炉品位为 57% 条件下时,入炉矿品位升高 1%,焦比下降 1.0%~1.5%,产量增加 1.5%~2.0%,吨铁渣量减少 30 kg,允许多喷煤粉 15 kg。而入炉铁品位在 50% 左右时,品位下降 1%,燃料比会上升 2.0% 以上。说明用低品位矿炼铁,对高炉指标的副作用较大,铁原料的采购不能一味追求低成本,应以追求高炉最佳生产指标和低成本为目标。

熟:相比天然块矿而言,烧结矿、球团矿称为熟料。高炉使用熟料后,由于矿石还原性和造渣过程得到改善,促使热工制度稳定,炉况顺行;同时,由于熟料中大部分为高碱度或自熔性烧结矿,高炉内可以少加或不加石灰石等熔剂,不仅降低了热量消耗,而且又可改善高炉上部的煤气热能和化学能的利用,有利于降低燃料比和增产。通常熟料比下降 1%,燃料比会升高 2~3 kg/t,但前提是烧结矿和球团矿必须具有高品位、高强度和良好的冶金性能。目前,企业已不再追求高熟料比,但建议熟料比不低于 80%,使用高品位块矿是提高入炉矿含铁品位的有效措施之一，又可以减少造块过程中对环境的污染，以及降低炼铁系统的能耗。

稳：原燃料化学成分和物理性能要稳，波动范围要小，原燃料供应量也要稳定。铁原料成分和冶金性能的波动会导致高炉炉温波动，而燃料质量的不稳定，对高炉透气性、顺行和高效生产影响更大。实现入炉原燃料质量稳定，必须有长期稳定的供应来源，同时要有大型料场，进行贮存、混匀、堆积处理，减小原燃料的成分波动。通常高炉炉料品位波动 1%，产量影响 3.9%~9.7%，焦比影响 2.5%~4.6%；碱度波动 0.1，产量影响 2%~4%，焦比影响 1.2%~2.0%。

均：入炉原燃料粒度均匀会提高炉料透气性（不同粒度的原燃料同时装入高炉炉料会有填充作用，使炉料的空间减少，透气性差），提高矿石间接还原度。优化的粒级组成是粗细粒级的粒度差别越小越好，烧结和焦炭均要进行整粒，目的就是要实现粒度均匀，如烧结矿粒度 >50 mm 粒级要小于 10%，焦炭要保证 60 mm 左右粒度占比 >80%，大于 80 mm 的要小于 10%，<5 mm 的比例要小于 5%，5~10 mm 比例要小于 30%。

小：指原燃料粒度应相对小一些，小粒度的入炉矿对提高矿石还原性、提高炉身效率、降低焦比具有明显的促进作用。但是并非炉料粒度越小越好，应该是小而匀。一般烧结粒度为 25~40 mm，焦炭 25~45 mm，球团 8~15 mm，块矿 8~30 mm，小高炉可取下限值。

净：炉料中小于 5 mm 的粉末含量要少，粉末会降低炉料的透气性，使高炉难以操作，通常要求 <5 mm 的比例小于 5%，最好在 3% 左右，5~10 mm 的比例小于 30%，最多不超过 35%。据统计，入炉料 <5 mm 含量从 4% 升到 11%，煤气阻力由 1.6 升到 2.9，焦比升高 1.6 kg/t。

少：炉料含有害杂质要少，原燃料中带入的杂质和有害元素不仅影响铁水成分，增加熔剂消耗和渣量，而且影响高炉燃料比、煤比和高产，炉料有害杂质含量增加 1%，会使炼铁成本升高 30~50 元/t。有害元素严重影响高炉顺行和长寿，炉料有害杂质含量高，会造成高炉易结瘤，炉缸耐材破坏，水温差升高，危害安全生产，降低高炉寿命。原燃料带入高炉的有害元素总量要求为：S 含量 ≤4 kg/t，P 含量 ≤0.2 kg/t，Cu 含量 ≤0.2 kg/t，Pb 含量 ≤0.15 kg/t，Cl^- 含量 ≤0.6 kg/t，Zn 含量 ≤0.15 kg/t，As 含量 ≤0.1 kg/t，（K_2O+Na_2O）含量 ≤3.0 kg/t。煤灰分中（K_2O+Na_2O）含量要小于 2.0%。

好：原燃料的质量要好。入炉矿石的强度高，还原性、低温还原粉化性能、荷重软化性能及热爆裂性能等冶金性能要好，其标准是：

（1）还原度要大于 60%，应提高间接还原度，降低直接还原度，间接还原性改善 10%，焦比降低 5%~8%。从矿物特性来说 Fe_2O_3 易还原，而 Fe_3O_4 难还原，$2FeO \cdot SiO_2$ 就更难还原，所以天然矿中褐铁矿还原性最好，其次是赤铁矿，而磁铁矿最难还原。铁矿石进行造块可提高还原度，如烧结可提高还原度约20%，高碱度烧结矿中的铁酸钙的还原性要优于自熔性烧结矿中的铁橄榄石和钙铁橄榄石，烧结矿中 FeO 高还原性就差，我国主要企业生产的高碱度烧结矿中 FeO 含量一般在 6%~10%。

（2）球团矿低温还原粉化率 $RDI_{+3.15} \geq 65\% \sim 89\%$，合格率大于90%，意大利冶金公司试验表明含铁炉料 $RDI_{-3.15}$ 每增加10%，产量降低3%，高炉的煤气利用率也随之下降，燃料比上升1.5。造成烧结产生低温还原粉化的原因是多方面的，有矿种、配碳、MgO 和 TiO_2 含量等因素，使用 Fe_2O_3 富矿粉和含 TiO_2 高的精矿粉生产的烧结矿 $RDI_{-3.15}$ 较高，适当提高 FeO、碱度和 MgO 含量有助于改善烧结矿的 RDI 指标。

（3）荷重软化温度要大于1250~1300℃，铁矿石软熔温度区间窄，在100~150℃，熔滴性能总特性 S 值≤40 kPa·℃适宜。通常品位高、SiO_2 和 FeO 含量低、渣相黏度小（Al_2O_3 含量低），烧结矿熔滴性能优良。

（4）球团矿还原膨胀率≤20%，还原后强度≥450 N/个球。研究表明，适量的 MgO 可明显改善球团矿的还原粉化、膨胀和冶金性能。原料中 K、Na、F 较高，会导致球团发生灾难性膨胀。

（5）天然块矿的爆裂指数要≤5%，要求矿石含水和结晶水少。一般碳酸盐矿石在400~500℃时爆裂严重，国产矿石爆裂指数一般在1%以下，印度和澳大利亚等进口矿石爆裂指数在6%~7%，高的达15%，个别达30%。

《高炉炼铁工程设计规范》（GB 50427—2015）对入炉原料的质量要求如表3-12~表3-16所示。

表 3-12　入炉原料含铁品位及入料率

炉容级别/m^3	1000	2000	3000	4000	5000
平均含铁/%	≥56	≥57	≥58	≥58	≥58
熟料率/%	≥85	≥85	≥85	≥85	≥85

注：平均含铁的要求不包括特殊矿。

表 3-13　入炉烧结矿质量要求

炉容级别/m^3	1000	2000	3000	4000	5000
铁分波动/%	≤±0.5	≤±0.5	≤±0.5	≤±0.5	≤±0.5
碱度（CaO/SiO_2）	1.8~2.25	1.8~2.25	1.8~2.25	1.8~2.25	1.8~2.25
碱度波动	≤±0.08	≤±0.08	≤±0.08	≤±0.08	≤±0.08
铁分和碱度波动达标率/%	≥80	≥85	≥90	≥95	≥98
含 FeO/%	≤9.0	≤8.8	≤8.5	≤8.0	≤8.0

炉容级别/m³	1000	2000	3000	4000	5000
FeO 波动/%	≤±1.0	≤±1.0	≤±1.0	≤±1.0	≤±1.0
转鼓指数(+6.3 mm)/%	≥71	≥74	≥77	≥78	≥78
还原度/%	≥70	≥72	≥73	≥75	≥75

表 3-14 入炉球团矿质量要求

炉容级别/m³	1000	2000	3000	4000	5000
含铁量/%	≥63	≥63	≥64	≥64	≥64
铁分波动/%	≤±0.5	≤±0.5	≤±0.5	≤±0.5	≤±0.5
转鼓指数(+6.3 mm)/%	≥86	≥89	≥92	≥92	≥92
耐磨指数(-0.5 mm)/%	≤5	≤5	≤4	≤4	≤4
单球常温耐压强度/N	≥2000	≥2000	≥2200	≥2300	≥2500
低温还原粉化率 (+3.15 mm)/%	≥65	≥65	≥65	≥65	≥65
膨胀率/%	≤15	≤15	≤15	≤15	≤15
还原度/%	≥70	≥72	≥73	≥75	≥75

注：1. 不包括特殊矿石。
　　2. 球团矿碱度应根据高炉的炉料结构合理选择，并在设计文件中做明确的规定，为保证球团矿的
　　　理化性能，宜采用酸性球团矿与高碱度烧结矿搭配的炉料结构。
　　3. 球团矿碱度宜避开 0.3~0.8 的区间。

表 3-15 入炉块矿质量要求

炉容级别/m³	1000	2000	3000	4000	5000
含铁量/%	≥62	≥62	≥63	≥63	≥63
铁分波动/%	≤±0.5	≤±0.5	≤±0.5	≤±0.5	≤±0.5
抗爆裂性能/%	—	—	≤1.0	≤1.0	≤1.0

表 3-16 对含铁原料粒度要求

烧 结 矿		球 团 矿		块 矿	
粒度范围/mm	5~50	粒度范围/mm	6~18	粒度范围/mm	5~30
>50 mm	≤8%	9~18 mm	≥85%	>30 mm	≤10%
<5 mm	≤5%	<6 mm	≤5%	<5 mm	≤5%

注：石灰石、白云石、萤石、锰矿、硅石的粒度要求应与块矿相同。

　　B 对燃料的要求

　　焦炭是高炉冶炼不可或缺的基本原料之一，具体要求包括：

（1）固定碳含量高，灰分低。固定碳减少，发热量降低；灰分升高（SiO_2、Al_2O_3 等），需增加熔剂消耗量，使渣量增加，据统计灰分降低 1%，相当于固定碳升高 1%，则焦比降低 2%，产量提高 3%。

（2）硫分和碱金属要少。高炉中的硫约 80% 来自燃料，降低焦炭含硫量对提高生铁质量、降低焦比、提高产量有很大影响。焦炭每增加 0.1% 的硫，焦比增加 1%~3%，产量减少 2%~5%。碱金属对焦炭气化和劣化反应有强烈催化作用，所以焦炭中碱金属的含量也要低。

（3）挥发分含量适合。挥发分过高说明焦炭成熟程度不够，夹生焦多，在高炉内易产生粉末；挥发分过低说明焦炭可能过烧，易产生裂纹多、极脆的大块焦。合适的挥发分在 0.7%~1.4% 之间。

（4）水分要稳定。焦炭水分波动会引起称量不准，影响炉况稳定。水分过高时，大量焦粉附在焦块表面上，影响筛分和高炉透气性。水分每增加 1% 将增加高炉焦炭用量 1.1%~1.3%。焦炭含水量超过 4%，则炉尘量明显上升，高炉顺行变差。

（5）粒度要合适、均匀、稳定。焦炭粒度均匀对高炉的透气性、炉腹煤气量指数和利用系数有重大影响。中型高炉入炉焦的平均粒度一般为 25~60 mm，大型高炉应为 40~80 mm，但这并不是一成不变的标准，焦炭粒度的选择应以焦炭强度为基础，强度高，平均粒度可适当小些。

（6）机械强度要高。焦炭强度是最重要的质量指标，冷强度用 M_{40}、M_{10} 评价，热强度用反应性指数 CRI 和反应后强度 CSR 评价。实践表明，M_{40} 每提高 1%，焦比降低 0.75%，产量增加 1.5%；CSR 提高 1%，产量增加 1%，焦比降低 0.3%。

高炉喷煤是节约焦煤资源、降低焦比和生产成本的最重要措施。随着喷煤操作的普及和喷煤量的不断提高，对煤粉的质量也越来越重视，要求也越来越高。由于喷吹煤的质量影响喷煤系统的制粉和输送能力，影响煤粉在高炉风口前的燃烧率、炉内利用效果和高炉煤焦置换比，其灰分含量影响高炉渣量，灰分的成分和杂质影响高炉铁水质量，因此，对喷吹煤质量的总体要求是：硫、磷、钾、钠有害元素少，灰分低，碳含量高，流动性、输送性好，反应性和燃烧性高。具体要求包括：

（1）煤的灰分 ≤12%；

（2）煤的硫含量应低于焦炭硫含量，高煤比操作的高炉，应 ≤0.45%。

（3）煤的结焦性小，胶质层指数 Y 应小于 10 mm，避免煤粉在喷吹过程中喷枪和风口小套头部结焦。

（4）煤的发热值高，高挥发分烟煤的低位热值应大于 26000 kJ/kg，无烟煤的低位发热值应大于 29000 kJ/kg，混合煤的低位热值不低于 27500 kJ/kg。

（5）反应性和燃烧性要好，煤的挥发分含量与煤的反应性和燃烧性成正比，燃烧性和反应性好的煤在气化和燃烧过程中，反应速度快、效率高，可使喷入高炉的煤粉能在有限的空间和时间内尽可能多地被气化和燃烧。

（6）煤的灰分熔点应高于 1500 ℃，灰分熔点低，容易造成风口结渣堵塞，而影响风口进风和正常喷煤。

（7）煤的可磨性指数 HGI 应控制在 50~90，HGI 高的煤好磨，制粉出力大；但过高，流动性变差，影响输送性能。

（8）流动性和输送性能高。煤粉的流动性差，易导致管路堵塞、空喷等现象。

由于单一煤种很难满足高炉喷吹煤的综合指标的要求，而且也对生产用煤的采购、使用管理、成本和高炉使用效果带来不利影响。目前，除部分高炉因缺少喷煤系统安全设施仍使用无烟煤外，大部分高炉采用混合煤喷吹，兼顾煤的燃烧性和置换比。通常通过配煤控制煤的挥发分在 18%~25% 的中等水平，灰分应低于焦炭灰分，控制在 12% 以下，硫含量低于 0.5%。《高炉炼铁工程设计规范》（GB 50427—2015）对入炉原料的质量要求如表 3-17 和表 3-18 所示，高炉对入炉原料和燃料中有害杂质的控制要求见表 3-19。

表 3-17　对顶装焦炭质量要求

炉容级别/m³	1000	2000	3000	4000	5000
M_{40}/%	≥78	≥82	≥84	≥85	≥86
M_{10}/%	≤7.5	≤7.0	≤6.5	≤6.0	≤6.0
反应后强度 CSR/%	≥58	≥60	≥62	≥64	≥65
反应性指数 CRI/%	≤28	≤26	≤25	≤25	≤25
焦炭灰分/%	≤13	≤13	≤12.5	≤12	≤12
焦炭含硫/%	≤0.85	≤0.85	≤0.7	≤0.6	≤0.6
焦炭粒度范围/%	75~25	75~25	75~25	75~25	75~30
粒度大于上限/%	≤10	≤10	≤10	≤10	≤10
粒度小于下限/%	≤8	≤8	≤8	≤8	≤8

注：捣固焦配煤种类差异较大，捣固焦密度差异也较大，热工制度不完善，生产出捣固焦的指标不能完全适应高炉生产的需求，故暂时未列入捣固焦的质量要求。

表 3-18　对喷吹煤质量要求

炉容级别/m³	1000	2000	3000	4000	5000
灰分/%	≤12	≤11	≤10	≤9	≤9
含硫/%	≤0.7	≤0.7	≤0.7	≤0.6	≤0.6

表 3-19　入炉原料和燃料有害杂质量控制值　　　　　　　　（kg/t）

K_2O+Na_2O	Zn	Pb	As	S	Cl⁻
≤3.0	≤0.15	≤0.15	≤0.1	≤4.0	≤0.3

C 对熔剂和辅料的要求

高炉冶炼时，脉石和焦炭灰分不能融化，必须加入熔剂，使其与脉石和灰分作用形成低熔点化合物，形成流动性好的炉渣，实现渣铁分离并自炉内顺畅排出。此外，通过加入熔剂形成一定碱度的炉渣，还可去除生铁中有害杂质硫，提高生铁质量。目前高炉常用的熔剂有碱性的石灰石、白云石和酸性的硅石三种。由于绝大多数高炉使用高碱度烧结矿配加酸性球团矿和块矿，熔剂已加入烧结矿种，因此，高炉日常生产中熔剂只作为临时调整渣成分和控制铁水质量用。锰矿和萤石能显著降低炉渣熔点，提高炉渣流动性，常作为高炉开炉料和洗炉料。含钛炉料在高炉内还原生成高熔点的 TiC、TiN、Ti（CN），沉积于炉缸侧壁和炉底被侵蚀的炭砖表面，对炉缸内衬起保护作用，常作为护炉用原料。高炉对碱性熔剂的质量要求有：

（1）有效成分（CaO+MgO）含量高，酸性氧化物（$SO_2+Al_2O_3$）含量≤3%。

（2）有害元素含量低，一般磷含量≤0.03%，硫含量0.01%~0.08%，从而减少入炉磷负荷和铁水含磷量。

（3）强度大，粒度均匀，一般大高炉的石灰石粒度为 25~55 mm，小高炉的石灰石粒度为 10~30 mm，最好是与矿石粒度一致。

（4）使用钛矿护炉时，应根据高炉的侵蚀情况因地制宜地加入 TiO_2，入炉 TiO_2 的量宜在 8 kg/t 左右，最高不宜超过 15 kg/t，过少起不到护炉作用，过多则炉渣变稠，影响操作，通常控制铁中［Ti］含量达 0.08%~0.15%，渣中 TiO_2 含量小于 1.5%。

根据高炉生产使用实践，对各种熔剂和辅料质量标准如表 3-20 和表 3-21 所示。

表 3-20 石灰石和白云石化学成分标准

种类	品级	（CaO+MgO）含量/%	MgO含量/%	SiO_2含量/%	P 含量/%	S 含量/%	酸不溶物含量/%	耐火度/℃
石灰石	特级品	≥54	≤3	≤1.0	0.005	0.02		
	一级	≥53		≤1.5	0.01	0.08		
	二级	≥52		≤2.2	0.02	0.10		
	三级	≥51		≤3.0	0.03	0.12		
	四级	≥50		≤4.0	0.04	0.15		
白云石	特级品		≥19	≤2			≤4	1770
	一级		≥19	≤4			≤7	1770
	二级		≥17	≤6			≤10	1770
	三级		≥16	≤7			≤12	1770

注：大中型高炉用石灰石、白云石的粒度要求用 20~25 mm。

表 3-21   硅石化学成分标准

SiO_2 含量/%	Al_2O_3 含量/%	S 含量/%	烧损含量/%
>90	<1.5	0.02	0.06

注：对硅石的粒度要求为 10~30 mm。

3.3.1.3   高炉炼铁反应特征

高炉冶炼是连续生产过程，整个过程是从风口前燃料燃烧开始的。燃烧产生向上流动的高温煤气与下降的炉料相向运动。高炉内的一切反应均发生于煤气和炉料的相向运行和互相作用之中。它们包括炉料的加热、蒸发、挥发和分解、氧化物的还原、炉料的软熔和造渣、生铁的脱硫和渗碳、燃料的燃烧等，并涉及气、固、液多相的流动，发生传热和传质等复杂现象。

A   炉料的蒸发、分解与气化

炉料从炉顶装入高炉后，在下降过程中受到上升煤气流加热，当温度达 100 ℃以上，首先吸附水分蒸发，蒸发消耗的热量是高炉上部不能再利用的余热，所以对焦比和炉矿均没什么影响，相反，给高炉生产带来一定好处。如吸附水蒸发时吸收热量，使煤气温度降低，体积缩小，煤气流速减小，使炉尘吹出量减少，炉顶设备的磨损相应减少。

炉料中除了吸附水外，还存在结晶水，如褐铁矿（$nFe_2O_3 \cdot mH_2O$）和高岭土（$Al_2O_3 \cdot 2SiO_2 \cdot 2H_2O$）。褐铁矿中的结晶水在 200 ℃左右便开始分解，400~500 ℃分解速度激增；高岭土在 400 ℃开始分解，到 500~600 ℃时才迅速分解。由于结晶水分解，使得矿石产生粉末，影响料柱透气性。部分在较高温度下分解出的水汽会与焦炭发生如下反应：

在 500~1000 ℃时 $2H_2O + C =\!=\!= CO_2 + 2H_2$

在 1000 ℃以上时 $H_2O + C =\!=\!= CO + H_2$

B   挥发物的挥发

焦炭中一般含挥发物 0.7%~1.3%（按质量计），焦炭在到达风口前，挥发物全部挥发，由于量少，对煤气成分和冶炼过程影响不大。但在高炉喷吹煤粉的条件下，特别是大量喷吹含挥发物较高的煤粉时，将引起炉缸煤气成分的明显变化。除焦炭挥发物外，炉内还有许多可被还原的元素及还原的中间产物会少量挥发，如 S、P、As、K、Na、Zn、Pb、Mn、SiO、PbO、K_2O、Na_2O 等。这些挥发物在高炉下部还原后气化，随气流上升到高炉上部又冷凝，然后再随炉料下降到高温区又气化而形成循环。它们中只有部分气化物质凝结成粉尘被煤气带出炉外或溶入渣铁后被带到炉外，而剩余部分则在炉内循环富集，有的积累常常妨碍高炉正常冶炼。

C   碳酸盐的分解

炉料中的碳酸盐常以 $CaCO_3$、$MgCO_3$、$FeCO_3$、$MnCO_3$ 等形态存在，大部分

来自熔剂，后两者来自块矿。这些碳酸盐受热时分解，大多分解温度较低，一般在高炉上部已分解完毕，对高炉冶炼影响不大。但 $CaCO_3$ 的分解温度较高，对高炉冶炼有较大影响。大气中 $CaCO_3$ 开始分解温度为 530 ℃，化学沸腾温度为 900~925 ℃，高炉内的实际分解温度和化学沸腾温度还与炉压、二氧化碳分压、本身粒度有关。高温区分解出的 CO_2 还会与焦炭发生碳的歧化反应。

$$CaCO_3 = CaO + CO_2$$
$$CO_2 + C = 2CO$$

以上两个反应均为吸热反应，不仅吸收热量，而且还消耗碳素并使这部分碳不能到达风口前燃烧放热。$CaCO_3$ 分解出的 CO_2 还会降低高炉煤气中的还原势，影响还原效果。据统计每吨铁少加 100 kg 石灰石，可降低焦比 30~40 kg。

D 铁矿石的还原及铁水渗碳

金属氧化物还原是高炉内最主要的、最基本的和数量最多的反应，还原反应的一般公式为：

$$MeO + B = Me + BO$$

式中　　MeO——被还原元素的氧化物；

　　　　B——还原剂；

　　　　Me——被还原元素；

　　　　BO——还原剂的氧化物。

金属氧化物能否被还原，取决于还原剂对氧的亲和力是否大于被还原元素对氧的亲和力。各种元素对氧的亲和力大小，又通过标准生成自由能或分解压来体现，氧化物生成自由能负值越大或分解压力越小越难还原。在高炉冶炼中常遇到的各种元素还原难易顺序为（由易到难排列）：Cu、Pb、Ni、Co、Fe、P、K、Zn、Na、Cr、Mn、V、Si、Ti、Al、Mg、Ca，其中 K、Na、Zn 由于沸点低，当温度高于沸点后受分压的影响还原能力将得到改善，以上顺序会发生改变。在高炉冶炼条件下，Cu、Pb、Ni、Co、Fe、P、K、Zn、Na 可以全部被还原；Cr、Mn、V、Si、Ti 部分被还原；Al、Mg、Ca 则不能被还原。

已还原出来的金属铁还会发生渗碳反应，最后得到含碳较高的生铁，高炉内渗碳分为三个阶段：

（1）固体金属铁的渗碳，约渗碳 1.5%；

（2）炉腹处液态铁的渗碳，基本完成整个渗碳过程，约渗碳 4%；

（3）炉缸内液态铁的渗碳，一般只有 0.1%~0.5%。

E 炉渣与脱硫

一般的高炉渣主要由 SiO_2、Al_2O_3、CaO、MgO 四种氧化物组成，还有少量其他氧化物和硫化物。表 3-22 为某高炉炉渣成分。要炼好铁，必须造好渣。高炉渣应具有熔点低、密度小和不溶于铁水的特点，渣与铁能有效分离获得纯净的铁水，这是高炉造渣的基本作用。炉渣成分直接影响造渣的好坏，炉渣应保持良好的流动性和脱硫能力，要有利于一些元素的还原，抑制另一些元素的还原，即称之为选择性还原，具有调整生铁成分的作用。

表 3-22   某高炉炉渣成分

成分	SiO_2	Al_2O_3	CaO	MgO	MnO	FeO	CaS	K_2O+Na_2O
质量分数/%	30~40	8~18	35~50	<10	<3	<1	<2.5	<1.5

硫在生铁中是有害元素，炼钢过程脱硫困难，保证获得含硫合格的铁水是高炉冶炼中的重要任务。高炉的硫主要来自矿石、焦炭和喷吹煤，分为有机硫、硫化物（FeS_2）和硫酸盐（$CaSO_4$）三种形态。随着炉料的下降，一部分硫逐渐挥发进入煤气，当炉料达到风口时，剩下的硫一般为总量的 50%~75%，这部分硫在风口前燃烧生成 SO_2 进入煤气。但接着在炉子下部的还原气氛下，又被固体碳还原生成 CO 和硫蒸气。

$$SO_2 + 2C = 2CO + S$$

FeS_2 在下降过程中，温度达到 565 ℃ 以上时开始发生分解反应，生成硫蒸气。

$$FeS_2 = FeS + S$$

$CaSO_4$ 在高炉中会发生如下反应：

$$CaSO_4 + SiO_2 = CaSiO_3 + SO_3$$

$$CaSO_4 + 4C = CaS + 4CO$$

由于 $CaSO_4$ 较难分解，高炉中更多的可能是 CaS 直接进入炉渣。

挥发上升的 S、H_2S 等气体，一部分随煤气逸出，通常只占总硫量的 10%，另一部分在途中被 CaO、Fe 和铁的氧化物等吸收，随着炉料下降，形成循环富集现象，最终分配于铁水和炉渣中。硫负荷对生铁质量好坏有直接关系，炉料中带入的硫量越少生铁含硫越低，生铁质量越有保证。同时由于硫负荷减少，可减轻炉渣的脱硫负担，从而减少熔剂用量并降低渣量，这对降低燃料消耗和改善炉况都是有利的。

F   燃料的燃烧

风口前部分焦炭和喷入的煤粉将发生碳素燃烧反应。高炉的燃烧反应与一般的燃烧过程不同，它是在充满焦炭的环境中进行，即在空气量一定而焦炭过剩的条件下进行的。

在氧气充足的区域，完全燃烧反应和不完全燃烧反应同时存在：

$$C + O_2 = CO_2$$

$$2C + O_2 = 2CO$$

在离风口较远的贫氧区域，由富氧区域产生的 CO_2 也会与碳进行歧化反应

$$CO_2 + C == 2CO$$

鼓风中还有一定量的水分，水分在高温下与碳发生以下反应：

$$H_2O + C == H_2 + CO$$

综上，高炉风口前由于没有过剩的氧，燃烧反应的最终产物是 CO、H_2 及空气带入的 N_2，没有 CO_2。

3.3.2 高炉炼铁协同处置固废的适配条件及反应机理

高炉炼铁过程是一个高温还原过程，冶炼温度可以达到 1400~1500 ℃，为固废处理提供有利条件。在原料下行的过程中，部分易挥发物质可以随着高炉煤气排出炉外，部分杂质元素可以熔融在炉渣中，随炉渣的冷却凝固，形成稳定的化合物。风口区的高温燃烧环境可以将可燃物转变为 CO_2 和 H_2O，与炽热的焦发生布多尔反应和水煤气反应产生还原气体 CO 和 H_2 用于铁的还原。但是对于高炉生产来说："七分原料、三分操作"，精料对高炉生产起基础性作用，抛弃资源化的思路而单纯利用高炉高温环境来实现固废的安全化处置是得不偿失的。高炉炼铁过程原燃料主要包括含铁原料、焦炭和喷吹煤粉三类。焦炭主要起发热剂、还原剂、渗碳剂及料柱骨架的作用，焦炭质量不仅影响高炉透气性和顺行稳定，而且对高炉下部透液性、炉缸工作都有重要影响。高炉对焦炭的质量有着严格的要求，固废一般难以满足。因此，适合高炉处置的固废主要分含铁类固废用于替代含铁原料和含碳类固废用于替代喷吹煤。

高炉含铁原料处理量大，对于部分有害元素较低的含铁固废，通过与烧结矿、球团矿和块矿的合理搭配，少量添加不会超过高炉对原料组分的要求，例如破碎后的废钢，压块后的高品位含铁除尘灰。对于钢铁厂大部分含铁尘泥，因有害元素超标，则需通过湿法、火法或物理选矿等其他工艺预先脱除后，才能返回烧结或者高炉冶炼过程，进行利用。

可燃固废的主要成分是 C、H、O 等，从理论上来说，可燃固废可以作为高炉炼铁的还原剂和发热剂，适合作为高炉的喷吹燃料。与煤粉相比，可燃固废的碳质量分数都较低，氢质量分数较高，氧质量分数除废橡胶外，都明显高于煤粉。除此之外，多种可燃固废的氯和硫质量分数比煤粉要高，因此，高炉处理城市可燃固废时，要考虑氯和硫元素给高炉生产带来的问题。与煤粉相比，废塑料和废橡胶的高发热值较高，而其余高发热值较低，这种现象是由它们各自的成分决定的。高炉喷吹可燃固废时，可以根据各自的高发热值将其进行混合，得到与煤粉高发热值相同的混合燃料，这样可减轻喷吹对高炉操作的不利影响。

高炉炼铁在钢铁厂处于关键环节的中心地位，高炉冶炼水平直接决定着整个钢铁生产的好坏。一是由于高炉炼铁是连续的不可中断生产工序，调节难度极大，其产量高低直接关系到整个生产流程的产量高低；二是高炉生产所需要的焦炭、烧结矿、球团矿、喷吹煤、动力等的好坏，与高炉操作水平和管理水平紧密相关，可以说，钢铁厂的采购原燃料很大程度上是由炼铁工序决定的；三是铁前的成本占钢材成本的 60%～70%，高炉炼铁工序是钢铁厂竞争力的重要决定因素；四是铁水的质量好坏，尤其是铁水中 S、P、Si 的含量直接影响到钢铁厂最终钢材的质量。利用高炉处理城市可燃固废的消纳量取决于高炉自身工艺条件、城市固废的供应量及高炉的用途形式。若利用废弃的小高炉作为专门的固废处理反应器，固废的喷吹比理论上可以接近煤比，生产 1 t 铁水可消纳 150 kg 左右固废，经过改进后会更高。若高炉仍为炼铁反应器，单座高炉的处理量将不会太高。城市固废处置主要成本来源于对固废的处理、制粉和运输，运输宜采用就近原则，如宝钢高炉处理上海周边产生的城市固废，这样将会节省运输成本。另外，在高炉处理城市固废前需要先对固废进行分类。

（1）含铁固废在高炉炼铁过程的反应机理。含铁尘泥、硫酸渣、铜渣等含铁固废中除了铁元素外，还含有部分 Zn、Pb、K、Na、S、P 等有害元素，不能直接进入高炉冶炼。目前含铁固废主要以返回烧结为主要处理途径，在烧结过程中能脱除一部分的有害元素，但其脱除效率有限，且如果配入烧结原料中的有害元素含量过高，会造成烧结过程有害元素负荷过大，会严重影响烧结矿的质量，且未完全脱除的部分有害元素，如锌元素，会随着烧结矿进入高炉后造成锌循环，导致高炉锌负荷过重，锌蒸气凝结在高炉上部侵蚀高炉炉衬，恶化料柱透气性，同时会增加焦比，影响高炉生产。因此，很多大型钢铁厂建设了高锌固废回转窑或转底炉处置线和高盐固废水洗处置线，对高炉瓦斯灰、转炉灰、电炉灰、烧结三四电场机头灰等进行预处理。脱除有害元素后的含铁固废经烧结或冷压作为高炉原料，在高炉冶炼中的反应机理与普通含铁原料基本相同。

（2）可燃固废在高炉炼铁过程的反应机理。不同可燃固废的化学成分、工业成分和热值不同，即不同可燃固废对焦炭的置换比不同。燃料的工艺性能也非常重要，具体包括着火点、灰熔融性、流动性、粒度、爆炸性及反应性。对于可燃固废而言，着火点较低，在仓储时应注意防火防高温，以免发生自燃；可燃固废的灰分比煤粉要低很多，其灰熔融性对高炉影响较低；可燃固废的挥发分非常高，这增大了其爆炸性，应当采取相应措施，降低混合固废的挥发分；可燃固废的燃烧温度都低于煤粉，挥发分高于煤粉，其反应性优于煤粉。例如，废橡胶和烟煤在风口前燃烧过程类似，只是废橡胶中碳氢化合物含量更高，脱气吸热过程更加剧烈，结焦和残焦燃烧过程相对较弱。废塑料不含固定碳，在风口长链碳氢化合物脱气裂解成小分子碳氢化合物，小分子碳氢化合物继续分解和氧化，最终产物主要为 CO 和 H_2。

3.3.3 高炉炼铁协同处置固废的约束条件

3.3.3.1 有害元素含量的约束

高炉入炉硫负荷增加不仅会导致熔剂加入量增多，渣量增大，增加高炉热量消耗，焦比上升；而且部分硫会进入铁水，影响铁水质量。

目前的火法和湿法固废预处理工艺脱 P 效率都较低，P 相比 Fe 属难还原元素，但在高炉条件下由于大量的碳和 SiO_2 的存在，一般能全部还原又溶于生铁，因此要控制固废中的含 P 量。

铅在高炉炼铁中很容易还原，密度大，不溶于铁水，易沉积于炉底，渗入砖缝中，破坏炉底。锌在 400～500 ℃ 就开始还原，还原出的锌易于挥发，在炉内循环部分渗入炉尘的锌蒸气在炉衬中冷凝下来，氧化为 ZnO，其体积膨胀，破坏炉衬，凝附在内壁的 ZnO 积聚形成炉瘤。当锌的富集严重时，炉墙严重结厚，炉内煤气通道变小，炉料下降不畅，对高炉生产和长寿带来严重危害。

K、Na 等碱金属大多以各种硅酸盐的形态进入高炉，进入高温区后被 C 直接还原为金属单质，由于沸点低，还原气化后在上升过程中与其他物质反应形成氰化物、氟化物、硅酸盐、碳酸盐、氧化物及少量硫酸盐，并分别以固态或液态沉积在炉料的表面或孔隙及炉尘的缝隙中，也能被软熔炉料吸收进入初成渣中。正常情况下炉料中的 K、Na 大部分可随炉渣排除，少部分形成"循环富集"，还有少量混入煤气中逸出炉外。碱金属在高炉内的危害主要表现为降低了矿石的软化温度，使矿石尚未充分还原就已经熔化滴落，增加了高炉下部的直接还原热量的消耗。另外，还会引起球团矿的异常膨胀而严重粉化。破坏焦炭强度，炉况顺行度下降。碱金属的吸附首先从焦炭的气孔开始，而后逐步向焦炭内部扩散。随着焦炭在碱金属蒸气内暴露的时间延长，碱金属的吸附量逐渐增多，焦炭基质部分扩散的碱金属会侵蚀到石墨晶体内部，破坏原有的结构，使焦炭产生较大的体积膨胀，导致焦炭破碎，焦炭反应性增加，反应后强度降低。液态或固态的碱金属黏附在炉衬上，既导致炉墙的严重结瘤，又破坏炉衬。钾对炉料和耐火材料的破坏作用要比钠大十倍，要特别注意固废中的钾含量不要超标。

锰是冶金固废中常遇到的金属，部分锰氧化物在高炉中会被还原，还原出的 Mn 部分挥发随煤气上升至低温区，被氧化成极细的 Mn_3O_4，随煤气逸出，增加了煤气清洗的困难。有部分沉积在炉料的孔隙中，堵塞了煤气的上升通道，导致炉子难行甚至造成悬料和结瘤。

冶金固废中还含有氟，氟是高炉炼铁的有害元素，含氟较高时，会使炉料粉化，并降低其软熔温度、降低熔融物的熔点，使高炉易结瘤。含氟炉渣熔化温度比普通炉渣低 100～200 ℃，属易熔易凝的"短渣"，流动性很强，对硅铝质耐火材料有强烈的侵蚀作用。普通矿含氟量一般界限为 0.05%。

　　固废中往往伴随较多的氯，氯对高炉生产和耐材都有害，对煤气净化装置、余压发电装置及伸缩波纹管有极强的腐蚀。燃烧含氯的煤气，其燃烧产物中形成的二噁英也是应该关注的。氯元素易造成高炉炉墙结瘤，耐材破损。焦炭在高炉内吸附氯化物后反应性增强，热强度下降。

　　铜在高炉中易被还原，全部进入生铁中，铜是钢的有益元素。但钢含铜多会使钢热脆，不易焊接和轧制。因此，高炉处置固废时应考虑铜含量的影响。

3.3.3.2 可燃固废喷吹量及成分的约束

　　风口前喷吹燃料的燃烧速率是目前限制喷吹量的薄弱环节，喷吹燃料最好能在燃烧带内停留的短暂时间内全部气化成 CO 和 H_2，否则燃料形成的炭烟和未完全气化的煤粉颗粒将影响高炉冶炼。

　　生产实践表明，喷吹的燃料在风口燃烧带内的燃烧率保持在 85% 以上时，剩余的未气化燃料不会给高炉带来明显的影响，因为它们随煤气流上升过程中能继续气化。研究表明，煤粉与废旧轮胎混合喷吹可以显著改善燃料在风口内的燃烧性能。只喷吹纯煤粉时，燃烬率为 30.38%；只喷吹废旧轮胎时，风口内的燃烬率为 89%；废旧轮胎与煤粉比为 1∶1 时，燃烬率为 50%。喷吹燃料中废轮胎的比例越高，燃料燃烬率越高，但废轮胎硫元素质量分数也比较高，因此，将废轮胎与煤粉混合喷入时应合理控制废轮胎的使用量。喷吹燃料将降低理论燃烧温度，当喷吹量增加，使理论燃烧温度降低至允许的最低水平时，就要采取措施维持理论燃烧温度不再下降，以进一步扩大喷吹量。产量和置换比降低是限制喷吹量的又一因素。实践表明，随着喷吹量的增加，喷吹燃料的置换比下降。置换比降低可能导致燃料比过高，经济效益不合理。

　　可燃固废种类繁多，回收体系还不健全，分选较为困难，且部分可燃固废中含有硫元素和氯元素等有害元素，从可燃固废中脱除有害元素技术难度较大，也会增加处理成本，可燃固废喷吹前还需经造粒和煤粉混合等预处理。因此，在高炉喷吹可燃固废时应综合考虑热量、效率、有害元素含量、经济性等因素，将可燃固废和煤粉按照一定性能要求合理配比后进行喷吹，在不影响高炉正常生产的条件下，尽可能多地消化和利用可燃固废。

3.3.3.3 可燃固废制粒与输送的约束

　　城市可燃固废的粒度是高炉喷吹的关键，由于城市可燃固废多以有机物为主，传统的磨煤制粒法并不适用，应采取其他制粒方法进行制粒，城市可燃固废按照物理性质可分为两类，一种是热塑性固废，另一种是非热塑性固废。热塑性固废可采用热熔水淬造粒法、软融挤压造粒法、微热塑化造粒法进行制粒，这种制粒一般通过造粒机实现。废旧轮胎的制粉回收技术已经非常成熟，通过处理可获得 1~10 mm 的颗粒。废塑料和废布料的物理性质和废旧轮胎相似，也可采用类似的工艺进行混合造粒。对于非热塑性固废，主要以木质生物质为主，可采用机械粉碎进行制粉。由于其纤维质量分数较高，具有一定的韧性，物料间经碰撞而破碎的概率较小，因此不宜采用压碎的粉碎方法，可采用锯切粉碎、击碎和磨碎进行制粉，中国在此方面已开展了多年的研究，可制得粒度为 0.074 ~ 1.000 mm 不等的颗粒，因此，废纸张、废家具及餐厨固废的处理可直接引用或者借鉴生物质制粉技术。此外，城市可燃固废的制粉工艺流程较长，占用大量用地，高炉炉前空间内基本无法布置相关的工艺设备，因此可采用厂外制粉，然后运输到高炉喷吹料仓。

3.4 焦炉工艺协同治理固废的潜力分析

3.4.1 配煤炼焦的工艺技术特点

3.4.1.1 配煤炼焦的工艺流程

所谓配煤炼焦就是将两种及以上的单种煤料，按照适当的比例均匀混合，经机械压制成型煤，然后按照一定的比例与原来的配合煤混合装入焦炉进行炼焦，来制取符合各种用途的焦炭。传统的炼焦工艺是炼焦用煤在隔绝空气的条件下，加热到950~1050 ℃，经过干燥、热解、熔融、黏结、固化、收缩阶段，最终形成焦炭的过程。在生产焦炭的同时还可以获得煤气、煤焦油（简称焦油）等，并可以通过回收工艺回收其他化工产品。此工艺的优点在于可以增大弱粘煤甚至是不粘煤的用量，能节约优质炼焦煤。目前，工业上应用比较多的配煤炼焦工艺流程有两种，分别是新日铁配型煤炼焦工艺流程和住友配型煤炼焦工艺流程。

A 新日铁配型煤炼焦工艺流程

取 30%经过配合、粉碎的煤料，经过加入黏结剂、搅拌、成型及冷却制得型煤，送至煤塔单独储存。另外 70%经过配合、粉碎的配合煤送至煤塔，装炉时与成品型煤按比例放入装煤车，然后装炉，达到型煤和散煤混合均匀的效果，避免出现偏析。生产工艺流程如图 3-18 所示。

B 住友配型煤炼焦工艺流程

常规炼焦煤经过配合、粉碎之后，其中总煤量的 70%直接送去储煤塔，约占总煤量的 8%与非黏结性煤配合。约占总煤量 20%的非黏结性煤在另外的粉碎系统粉碎处理后，与上述小部分常规炼焦煤共同进入混捏机，加入约为总煤量 2%的黏结剂。煤料在混捏机中加热并充分混捏后，然后进入成型机成型。型煤与粉煤同步输送到储煤塔。住友工艺流程的优点是工艺简单、投资小，缺点是型煤与粉煤在同步输送和储存过程中易产生偏析。其工艺流程如图 3-19 所示。

3.4.1.2 配煤炼焦的基本原理

到目前为止配煤炼焦的成焦机理一般总结为三类。第一类是以烟煤热解过程

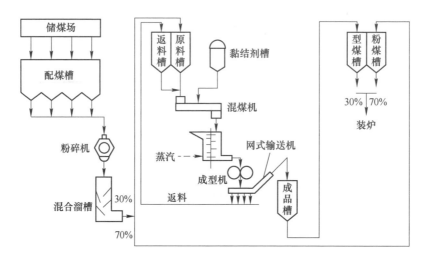

图 3-18 新日铁配型煤工艺流程图

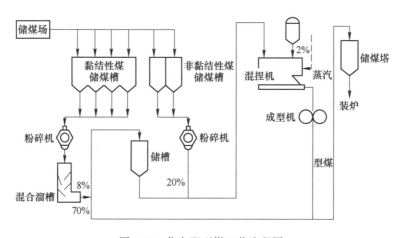

图 3-19 住友配型煤工艺流程图

中产生的气、液、固三相共存的胶质体具有黏结性，能够与周围固体煤粒黏附，黏结在一起，这种机理称为塑性成焦机理。第二类是表面结合成焦理论，即煤粒之间的黏结是在各自的接触面上进行的。依据煤岩学理论，煤的岩相组成可以划分为活性组分和惰性组分。活性组分主要决定煤黏结能力的大小，惰性组分主要起到骨架支撑作用，从而决定焦炭质量。第三类是中间相成焦理论，该理论认为，烟煤的热解过程中产生的胶质体，随着热解的不断进行，还会进一步产生新的各向异性流动相态，我们把它称作中间相。中间相是胶质体长大和固化的一个过程，这种过程就是成焦过程。不同烟煤的中间相是各不同的，因此不同烟煤所生成的焦炭也是不同的。

3.4.1.3 焦炉的基本结构

现代焦炉是指以生产冶金焦为主要目的，可以回收炼焦化学产品的水平式焦炉，由炉体、附属设备和焦炉机械组成。现代焦炉炉体由炉顶、炭化室和燃烧室、斜道区、蓄热室及烟道和烟囱组成，并用混凝土作焦炉炉体的基础。其最上部是炉顶，炉顶之下为相间配置的燃烧室和炭化室。斜道区位于燃烧室和蓄热室之间，它是连接燃烧室和蓄热室的通道。每个蓄热室下部的小烟道通过废气开闭器与烟道相连。烟道设在焦炉基础内或基础两侧，烟道末端通向烟囱。其炉体结构如图 3-20 所示。

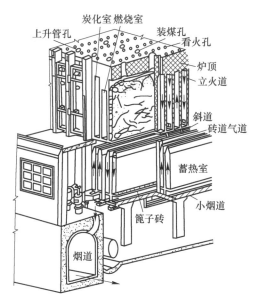

图 3-20   焦炉炉体结构图

3.4.2 焦炉协同处置固废的适配条件及反应机理

3.4.2.1 焦炉协同处置固废的适配条件

为了降低生产成本，节约优质炼焦煤，同时解决在焦化生产过程中的废物再利用，添加石油系和煤系的黏结剂、改质剂等部分替代焦煤和肥煤的炼焦新工艺、新方法发展迅速。再者，将焦化生产过程中产生的废物如低温煤焦油、沥青加到配煤中进行炼焦的方法取得一定的效果。而且结合煤成焦机理，具有热解性质好、含有芳香结构的其他废弃物在配煤炼焦中也可能存在改善焦炭质量的效果。以焦炭质量满足要求的前提下，寻找合适的添加物替代部分炼焦煤，可以有效地缓解炼焦煤资源紧缺的状况；同时选择合理的预处理手段，利用添加物配煤炼焦技术有效地改善焦炭质量，满足现代高炉发展对焦炭质量的要求，对改变当前传统的配煤炼焦技术的发展困境有很大的现实意义。

随着焦油渣、废塑料、废橡胶等高分子废弃聚合物对环境压力的加大和优质炼焦煤资源对焦化行业发展限制的加剧，对高分子废弃聚合物的资源化利用和合理利用炼焦煤资源的研究越来越受到重视，把高分子废弃聚合物通过合适的预处理，添加到配煤中参与炼焦是一个新的研究方向。通过添加废弃聚合物如焦油渣、废塑料、低温焦油沥青等进行配煤炼焦，一方面解决了现有优质炼焦煤资源的短缺问题，另一方面对解决焦化行业的废弃物再利用问题有很深刻的研究意义，为我国焦化行业向更合理、更经济、更环保的方向发展提供一个新的思路。

3.4.2.2　固体废弃物配煤炼焦反应机理

根据配煤炼焦的三种机理派生出胶质层重叠原理、互换性原理和共炭化原理三种配煤原理，从这三种配煤原理分别产生焦油渣和废弃聚合物配煤炼焦的成焦机理。

A　焦油渣配煤炼焦的机理分析

胶质层重叠原理认为，为了保证焦炭的结构均匀，改善煤料黏结、结焦过程，提出炼焦原料各单种在热解过程中产生的气、液、固三相共存的胶质体转化温度区间的间隔要能够互相有重叠，要延长煤在热解过程中的塑性区间的时间。一般焦油渣在加热时软化熔融的开始温度低于炼焦煤，所以在配合煤中添加焦油渣时，可以有效地拓宽配合煤的塑性温度区间，而且它的塑性温度区间和炼焦煤的塑性温度区间有较大的重叠，可以有效地增加胶质体的产量，使分解的煤粒表面更充分的润湿并充满颗粒的间隙，保证焦炭质量。同时，由于焦油渣来源于炼焦生产，其基本成分为焦粉和焦油，因此会在一定程度上提高炼焦副产物的产量，如煤气等煤化工下游产品。

根据煤岩学原理及塑性成焦机理，结焦过程是煤的有机质中活性物质与惰性物质之间的作用。烟煤热解过程中的煤的黏结性能力大小由活性物质的形态和数量多少决定，而焦炭的强度由惰性物质形成和数量多少决定。所以，在配煤中为保证焦炭质量活性物质与惰性物质的形成和数量有一定的配比组合而成。焦油渣在软化熔融状态下黏结性强，所以在配合煤中添加焦油渣时，可以有效地增强活性组分的作用，而惰性组分的强度相对降低。这种情况下，就可以通过加入弱粘煤、不粘煤或者瘦煤来有效地增强惰性组分的骨架作用，保证焦炭的质量。因此，在配合煤中添加焦油渣进行配煤炼焦，一方面拓宽了配合煤的塑性区间，使胶质体提前出现，胶质体和惰性物质之间有更充分的时间浸润、包裹，最终改善焦炭的质量；另一方面，焦油渣和煤具有很大的相似性，在煤的塑性温度区间内也可以产生胶质体，即相同条件下可以产生更多量的胶质体，这样在配煤时就可以加入适量的弱粘煤、不粘煤和纯惰性物质，在保证焦炭质量的前提下扩大炼焦煤资源。

中间相理论认为，烟煤的结焦过程既为中间相的形成过程。按照中间相理论，添加焦油渣配煤炼焦可以在前期产生更多量各向同性的胶质体，然后形成更多的聚合液晶，从而使他们在相同空间内，有更多的碰撞机会，更容易相互融并，使周围母相基质黏度提前增大到小球体不能承受的程度，从而形成光学各向异性程度更高的焦炭。这也为在配合煤中添加焦油渣，配煤炼焦提供可行性的理论支持。

B 废弃聚合物配煤炼焦的机理分析

煤软化熔融形成胶质体的温度和固化温度随煤阶变化呈现较好的规律性，胶质层重叠原理要求单种煤的塑性温度区间具有较大的重叠度，且温度范围宽，使胶质体在较大的温度范围内连续保持塑性状态，保证其对固体物质黏结过程的充分进行，形成结构均匀的焦炭。塑料和橡胶加热时软化熔融的开始温度低于炼焦煤，所以在配合煤中单独添加塑料或者橡胶时，可以有效地拓宽配合煤的塑性温度区间，而且它们的塑性温度区间和炼焦煤的塑性温度区间有较大的重叠，可以有效地增加胶质体的产量，使分解的煤粒表面更充分的润湿并充满颗粒的间隙，保证焦炭质量。

根据煤岩学原理，煤的有机质可分为活性组分和惰性组分两大类。活性组分标志着煤黏结能力的大小，惰性组分起到骨架作用，它决定焦炭的强度。互换性原理指出，要得到强度高的焦炭，配合煤的活性组分和惰性组分应有适当的比例，而且惰性组分应有足够的强度。塑料和橡胶在软化熔融状态下黏结性强，所以在配合煤中单独添加塑料或者橡胶时，可以有效地增强活性组分的作用，而惰性组分的强度相对降低。这种情况下，就可以通过加入弱粘煤、不粘煤或者瘦煤来有效地增强惰性组分的骨架作用，保证焦炭的质量。

按照塑性成焦机理，煤干馏时，一般当温度高于 350 ℃，煤开始发生分解和解聚反应，形成大量的挥发物质，同时大量的胶质体开始形成；温度继续升高至大于 450 ℃时，胶质体的生成速率逐渐降低，而分解速率逐渐升高，并开始超过生成速率，少部分胶质体转化为气态析出，大部分胶质体与固态物质黏结、缩聚反应形成半焦。常用炼焦煤的塑性温度区间一般在 300~550 ℃之间，废弃聚合物的失重区间和煤的塑性温度区间重叠度很高。如果添加废弃聚合物配煤炼焦，一方面拓宽了配合煤的塑性区间，使胶质体提前出现，胶质体和惰性物质之间有更充分的时间浸润、包裹，最终改善焦炭的质量，它们在煤的塑性温度区间内可以产生胶质体，即相同条件下可以产生更多量的胶质体，这样在配煤时就可以加入适量的弱粘煤、不粘煤和纯惰性物质，在保证焦炭质量的前提下扩大炼焦煤资源。

共炭化原理的核心是传氢理论，干馏过程中炼焦煤自身既有供氢能力，也有受氢能力，胶质体阶段主要是供氢、传氢和受氢过程的进行，其外在表现为胶质体的形成、流动和黏结，所以具有供氢或者受氢能力的物质参与配煤都可以改变胶质体的性质，改变各向同性和各向异性基质的含量，从而促进或者阻碍中间相小球体的发展，最终提高焦炭质量或者使其质量劣化；废塑料和废橡胶等聚合物受热时的供氢能力明显大于一般炼焦煤的供氢能力，将它们配入煤中炼焦，可以在前期产生更多各向同性的胶质体，然后形成更多的聚合液晶，从而使它们在相同空间内，有更多的碰撞机会，更容易相互融并，使周围母相基质黏度提前增大到小球体不能承受的程度，从而形成光学各向异性程度更高的焦炭。

3.4.3　焦炉协同处置固废的约束条件

3.4.3.1　与其他配煤原理结合问题

胶质层重叠原理要求配合煤中各单种煤胶质体的软化区间和温度间隔能较好地搭接，以使配合煤在炼焦过程中能在较大的温度范围内处于塑性状态，从而改善黏结过程，并保证焦炭的结构均匀。焦化固废的加入要辨明添加物是"添加剂煤"还是"填充剂煤"，用简易"优选法"确定配煤比，定出配入方案。如在焦化固废除尘树脂的回配中，就要充分考虑此问题，选择替代煤化度较高的炼焦煤种（如瘦煤），并与之充分混匀，发挥好填充作用。

3.4.3.2　影响焦炭质量的约束条件

焦炭质量取决于炼焦煤中的活性组分、惰性组分含量及炼焦操作条件。单种煤的变质程度决定其活性组分的质量，镜质组平均组最大反射率是反映单种煤的变质程度的最佳指标。同样焦化固废的加入必须考虑互换性配煤原理，当配煤有较强黏结性时，加入一定量焦化固废除尘焦粉有利于焦炭质量提高，回配 3% ~ 5% 的焦化固废除尘焦粉代替瘦煤炼焦，技术上是可行的，但在同样煤质情况下，如果不添加黏结剂，为保证焦炭质量，焦化固废焦粉的细度至关重要。

3.4.3.3　利用过程无害化约束

在焦化污染防治原则层面，明确"无害化"是"资源化"的前提，提高相应的焦化固废综合利用过程和产品的污染防治要求，防止二次污染，确保"资源化"过程和产品的"无害化"。如焦化固废焦油渣的配入就要考虑与原料煤一定比例结合，经过混合、搅拌、压制成球，提高混配过程中的环保等级。

3.4.3.4　减少对焦炉有害元素的加入

焦炉中铁元素、碱金属、重金属的加入存在对焦炉腐蚀、破坏焦炭强度的问题。焦炉的炉体多采用硅砖砌成，而硅砖中的二氧化硅，在高温下可与煤料中的金属氧化物（Na_2O、FeO）发生作用，在硅砖表面形成低溶性硅酸盐（Na_2SiO_3、Fe_2SiO_4），这些低溶性硅酸盐在温度应力与装煤出焦等机械力的作用下，逐渐在硅砖本体中脱落。在炼焦过程中，煤干馏分解产生大量的氢和一氧化碳等气体，处于这种还原气体中的硅砖体内的二氧化硅，在 1300 ℃ 的温度下会被碳还原成一氧化硅，呈气态逸出。但在有金属铁存在的情况下，在较低温度（1050 ℃）时，也会发生这种反应。这种反应会使墙面砖表面的二氧化硅含量减少，使结构变得多孔疏松，形成麻面。除此之外，S、N 过多会增加 SO_2 和 NO_x 等污染物排放；P、Zn、Pb、Cr 过高会留在焦炭中，最终影响铁水质量。因此，必须严格控制进入焦炉的有害元素以降低焦炉腐蚀的风险。

3.4.3.5 处理过程经济化问题

从环保产业市场来看，我国"三废"治理行业治理投资占环保产业整体投入比重不足，焦化固废的利用不能"只循环，不经济，再生资源贵过原生资源"，要适度考虑利用成本。如焦化固废剩余活性污泥的配入就是考虑原有处理过程的成本因素，在不影响产品品质的情况下，适当配入原料煤中较为经济合理。

3.5 电炉工艺协同治理固废的潜力分析

3.5.1 电炉的工艺技术特点

3.5.1.1 电炉炼钢工艺流程

电炉炼钢是一种利用电能为主要热源进行冶炼的一种炼钢过程，炼钢用原材料包括含铁原料（废钢、铁水、生铁、直接还原铁、碳化铁等）、合金材料、造渣材料（生石灰、萤石等）、氧化剂（主要为氧气）、脱氧剂、增碳剂等。炼钢原料在电弧炉的加热下熔化、在熔池内反应到成分与温度达到要求后即可出钢，钢水从炉内倒出至钢包后进入后续冶炼流程。

现代电炉炼钢的典型工艺流程如图 3-21 所示。电炉炼钢过程是间歇性操作，冶炼周期为 30~60 min，基本工艺操作流程包括装料、冶炼、出钢、补炉。装料主要是将废钢、铁水等以料篮、溜槽等方式将冶炼原料装入炉内，对于常规电炉，装料时需将电极提升以防止物料的物理冲击导致电极折断；冶炼过程是电炉炼钢的关键工序，电极被下放至一定位置，配电系统送电并击穿空气形成电弧，电弧逐步加热并熔化炉内物料，在此过程中同步进行吹氧助熔、埋弧造渣等工作。在熔池基本形成后根据钢中磷含量的要求及时进行倾炉放渣操作，确保脱磷效果，待炉内温度达到 1560 ℃、炉料基本全部熔清后，取样分析钢水的化学成分，并依据分析结果和钢水中的碳、氧含量按工艺要求添加脱氧剂、合金及辅料等；在钢液成分和温度符合工艺需求后即可准备出钢，此时供电设备停电、电极抬升至出钢位，倾动炉体至一定角度将钢液倒出，当出钢量约占总出钢量的 1/5 时加入脱氧剂、合金和辅料，出钢量接近要求时迅速回倾炉体至水平位置；炉体回倾至水平位置后，为准备下一炉冶炼需进行相关准备操作，包括出钢口冷钢残渣清理、关闭出钢口、检查炉体、修补炉衬等。

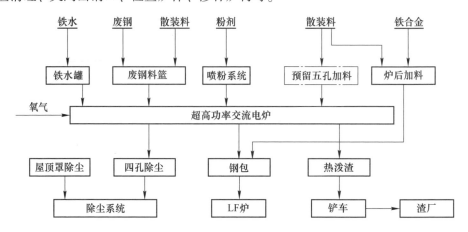

图 3-21   现代电炉炼钢的典型工艺流程

3.5.1.2   电炉炼钢的主要技术原理

传统电炉冶炼过程一般分为熔化期、氧化期、还原期，每一个阶段都承担着不同的冶炼任务，并为下一阶段做准备。

A   熔化期

熔化期的主要任务是在保证炉体寿命的前提下，以最小的电耗将固体物料以最快速度熔化为液态，在此期间伴随着一系列的物理化学反应，包括钢液脱磷、除杂等，并有目的地升高熔池温度，为氧化期的顺利进行创造条件。熔化期占整个冶炼过程的 50% 以上时间，电能消耗占整炉钢的 60%~70%，废钢快速熔化对电弧炉提高生产效率和降低能耗有着重要的作用，缩短熔化时间、实现物料的均匀熔化对提高电炉炼钢的经济技术指标具有重要意义。

熔化期的首要任务是将物料快速熔化，以废钢为例，废钢在电弧的加热下逐步熔化，在配备了吹氧助熔烧嘴的电炉中，废钢同时也吸收烧嘴火焰释放的热量。由于电弧温度高达 4000~6000 ℃，在此温度下绝大多数元素都易直接挥发，或者出现元素先被氧化再在高温下挥发逸出的间接挥发。由于铁在炉料中占比最大，且液态铁的饱和蒸汽压也较大，因此熔化期从炉门或者电极孔逸出的烟尘中含有最多的金属氧化物为 Fe_2O_3，逸出的烟尘多为棕红色。在高温和氧（来源于废钢表面铁锈、炉气、为脱磷加入的矿石或为助熔加入的氧）同时存在的条件下，炉料中的 Fe、C、Mn 会出现不同程度的氧化而进入炉渣或炉气，Al、Ti、Si 等在氧化法冶炼时会全部氧化，这在炼钢过程的物质平衡和能量平衡中是不可忽略的。

熔化期的另一重要任务是脱磷，正确操作下熔化期可将钢中 50%~70% 的磷去除。一般认为磷是钢中的有害元素，磷在钢中主要以溶体、磷化铁和其他合金元素形成的磷化物及磷酸盐夹杂物等状态存在。磷化铁质硬，影响钢材的塑性和韧性，易发生冷脆，在冷加工时塑性和韧性显著下降导致出现裂纹。磷也会降低钢的冲击韧性，对铬镍钢和铬锰钛钢的影响最为明显。磷在钢液的凝结时偏析严重，且扩散速度较慢，导致钢难以获得均匀的组织。因此，冶炼过程中需尽量降低钢中磷含量，一般优质钢要求 P 含量<0.030%，高级优质钢要求 P 含量<0.015%，极特殊钢要求 P 含量<0.005%。

目前钢液的脱磷分为常规脱磷和喷粉脱磷，主要脱磷机理是相同的：磷可溶解在钢液中，但磷的某些化合物（如 P_2O_5、$3FeO \cdot P_2O_5$、Ca_3P_2 等）溶解度小且极易上浮到渣中，保持磷的这些化合物以稳定状态并将其排除即可实现钢液脱磷。常规脱磷的化学反应在熔池的渣-钢界面进行，喷粉脱磷反应则在石灰粉/矿石粉与钢液界面之间发生化学反应，主要反应式如下：

$$2[P] + 5(FeO) + 4(CaO) =\!=\!= (4CaO \cdot P_2O_5) + 5[Fe]$$

上式及后文的电炉反应中，小括号表示渣中的物质、中括号表示钢液中的物质、大括号表示气相中的物质。

脱磷反应是放热反应，生成中间产物的 P_2O_5 为酸性氧化物，要求炉内具备高碱度和高氧化性（造高碱度和高氧化性的渣）、中等偏低的温度（抓紧在熔化期进行）、大渣量。

B　氧化期

氧化期的主要任务是完成钢液的脱磷并将其控制至允许范围内、脱碳并将其控制至允许范围内、去除钢液中的气体、去除钢液中的非金属夹杂物、加热并均匀工艺温度，使温度达到或高于出钢温度，为后续精炼创造条件。

氧化期脱磷反应机理与熔化期脱磷反应机理相同，在此不再重复介绍。氧化期脱碳的实质是碳的氧化反应，反应式如下：

$$[C] + 1/2\{O_2\} =\!=\!= \{CO\}$$
$$[C] + [O] =\!=\!= \{CO\}$$
$$[C] + [FeO] =\!=\!= [Fe] + \{CO\}$$

同时还会伴随下述反应：

$$\{CO\} + [O] =\!=\!= \{CO_2\}$$
$$[C] + 2[O] =\!=\!= \{CO_2\}$$
$$[C] + \{CO_2\} =\!=\!= 2\{CO\}$$

碳氧反应生成物 CO 和 CO_2 的比例与反应温度、钢液含碳量和含氧量有关，一般情况下碳氧反应主要生成物是 CO。脱碳过程中可造成熔池处于激烈沸腾状态，进而完成氧化期除气、除杂等任务，也有利于熔池的加热和升温并使钢液的成分和温度均匀，因此脱碳反应进行的程度与快慢，对成品钢的质量和生产率有极大的影响，是电炉炼钢操作的关键环节之一。

氧化期的除气是通过脱碳过程产生的 CO 或 CO+CO$_2$ 气泡、未参加反应的 O$_2$ 气泡和往熔池中吹入的惰性气体进行的，主要去除对象是在熔化期被高温电弧分解后被吸入钢液的 H 和 N。在上述气泡在钢液内出现时，气泡内部对钢中 H 和 N 的分压力为 0，H 和 N 向这些气泡中扩散、转移，并跟随气泡的上升和逸出被打出钢液，因此脱碳过程中制造的良好沸腾装填有利于钢液除气。

在脱碳的过程中，密度小于钢液的炉料原始夹杂物、元素氧化形成的夹杂物（如 2FeO·SiO$_2$、2FeO·Al$_2$O$_3$ 及 2FeO·TiO$_2$ 等氧化物）、被冲刷腐蚀的耐火材料等会慢慢上浮到渣中，当夹杂物互相碰撞并聚结形成较大颗粒时更容易上浮，而氧化期的高温激烈沸腾状态能使这些夹杂物的碰撞、聚合概率增大，同时加快夹杂物的上浮速度，钢液内气泡上升时也能黏附夹杂物上浮并被炉渣吸收。

C　还原期

还原期的主要任务为脱氧并将其控制至要求范围、脱硫并将其控制至要求范围、调整钢液化学成分和调整钢液温度，为后续浇注创造条件。现代电炉出于提高设备与能量利用率的目的，取消了传统电炉炼钢的还原期，还原期的任务移至炉外精炼完成。

钢液中的氧主要是以 [FeO] 的形式存在，在钢液冷却结晶的过程中会与钢中未凝固的碳生成 CO，破坏钢的致密性或连续性，导致钢锭产生气孔、疏松。另外，氧在钢液冷却结晶过程与钢中的 Si、Mn、Al 等元素反应形成金属夹杂物，造成高级优质钢产生发纹缺陷，降低钢的性能指标。氧还会降低硫在钢中的溶解度，加剧了硫的有害作用与影响。钢液中脱氧的反应机理是采用与氧亲和力比铁大的元素把 [FeO] 抢夺过来，并生成稳定的脱氧产物及时去除。电炉炼钢常用的脱氧剂有 Fe-Mn 合金、Fe-Si 合金、Al、V 和复合脱氧剂 Mn-Si 合金、Ca-Si 合金等。

硫对钢的危害主要体现在降低钢的塑性，使钢产生热脆，影响轧制或锻造。降低钢的横向力学性能和高级优质钢的淬透性。硫在钢中偏析严重，导致钢的宏观组织极不均匀。钢液中硫的存在形式目前仍存在较大争议，有人认为是以 FeS 或 S 原子的形式存在，有人认为是 S^{2-} 或不稳定的 FeS，但业内都承认硫是一种活泼的非金属元素，且在纯铁液及钢液中又是表面活性物质。利用硫化学性质活泼的特性，在炼钢过程中脱硫的基本原理是把溶解于钢液中的硫转变为在钢液中不溶解的相，并使之进入渣中或经熔渣再向气相逸出。

脱硫时会发生如下化学反应：

$$[S] + [Fe] + (CaO) = (CaS) + (FeO)$$
$$[S] + (CaO) + [C] = (CaS) + \{CO\}$$
$$3[S] + 2(CaO) + (CaC_2) = 3(CaS) + 2\{CO\}$$
$$2[S] + 4(CaO) + [Si] = 2(CaS) + (2CaO·SiO_2)$$

炉内保持高碱度、强还原性气氛/低氧化性气氛、高温和大渣量有利于脱硫反应的快速彻底进行。

还原期对钢液成分的调整主要是指向钢液中加入一定量的合金添加剂使钢铁成为预期性能的合金钢，合金元素一般有 Mn、Cr、Ni、W、Mo、V、Al、Ti、Cu、Nb、稀土元素等。加入合金元素过程中需保证合金元素在钢液中快速熔化、均匀分布，少带入杂质或带入的杂质易被去除，对熔池温度不能产生过大波动，同时合金元素收得率高、成本低。

3.5.1.3 电炉炼钢的主要工艺设备

电炉炼钢的工艺装备可分为机械装备、电气装备。炼钢电炉机械装备包括炉体、炉盖、倾炉机构、炉盖提升旋转机构、电极升降机构、水冷系统、气动系统、液压系统、润滑系统等结构单元。

A 电炉炉体

电炉炉体由金属构件和耐火材料炉衬两部分组成，炉衬一般为碱性炉衬，炼钢过程中炉体需承受炉衬和金属的重量，抵抗部分炉衬砖热膨胀时产生的膨胀力、装料时产生的强大冲击力。一般分为上炉体与下炉体，上炉体一般为圆筒形，采用水冷进行保护；下炉体主要用于盛钢液，冶炼，物料的熔化；炉底一般设计为球形或锥形。电炉上炉体设置炉门，用于观察炉内情况、扒渣、吹氧、测温、取样、加料等操作。炉体的侧面或底部设置出钢机构，根据工艺要求有槽出钢（设置在炉门对侧）、偏心底出钢、虹吸出钢和底出钢等。根据实际冶炼工艺需要，炉体侧面和底部也会布置侧吹碳氧枪和底吹组件。

B 炉盖

炉盖是由耐火砖砌成或预制的拱顶，用来隔绝电炉内部与外部环境，防止大量空气进入炉内和电炉烟气、烟尘外逸，也起到降低散热、减少能量损失的作用。电炉炉盖留有电极孔供电极插入炉内放电，有的还有加料孔、烟气逸出孔等。出于保护炉衬结构和延长炉盖寿命的目的，一般都会对炉盖部分区域（如电极孔水冷圈）或全部区域进行水冷。

C 倾炉机构

倾炉机构用于扒渣、出钢用，需要承载倾动平台上的系统重量，包括炉体、炉盖提升旋转机构、电极升降机构等，因此倾炉机构工作时需要承载较大的负荷，为了保证倾炉时的安全可靠，要求倾炉速度低且平稳、有足够的倾动角度、倾动最大角度时炉体不会倾翻、摇架耐用不变形。倾动机构的驱动方式可分为液压驱动和电动机械驱动，随着出钢方式的发展及出于安全、维修等方面的考虑，液压驱动被广泛采用。

D 炉盖提升旋转机构

炉盖提升旋转机构主要用于顶装料电炉，利用炉盖提升旋转机构将炉膛露出后利用天车将装满废钢的料筐吊至电炉正上方，以顶装料的方式加入炉内。炉盖提升旋转机构也可由液压驱动或电动机械驱动，机械驱动式由于结构复杂、维修量大，现在很少被采用。

E　电极升降机构

电极升降机构是电炉系统的重要环节，承担着改变电极插入深度、向炉内输送电弧功率、熔化炉料、维持钢液温度的任务。一般来说，一根电极对应一套电极升降机构，要求机构具备较高的强度和刚度，易于安装、调整和维修，电极升降灵活，升降速度合适等。电极升降机构由电极夹持器、电极夹紧松放装置、横臂（或导电横臂）与导电管、升降立柱、驱动机构、绝缘件、限位装置等组成，常见的电极升降形式有小车升降式和立柱升降式，小车升降式在电极直径小于350 mm 以下的炉子上使用较多，立柱升降式采用液压或机械方式驱动立柱沿立柱导向轮做上下垂直运动，现在液压驱动方式采用较为广泛。

F　水冷系统、气动系统、液压系统、润滑系统等

水冷系统主要用于为在高温环境下工作的炉体、炉盖、导电横臂、电极等通水冷却，保护设备安全，延长设备寿命；气动系统一般指压缩空气系统，应用在需要用气体进行喷吹或不便于用液压缸而采用气缸作为动力源的高温区；液压系统主要是为炉盖提升和旋转机构、电极升降机构提供动力；润滑系统用于为各运动部件提供润滑介质，一般采用周期性对润滑点持续供油的方式。

G　电气设备

电炉电气设备主要分为主电路设备和电气控制/自动控制系统设备两大部分。

高压电缆至电极的电路称为主电路，由隔离开关、高压断路器、电抗器、电炉变压器和低压短网组成，其任务是将外部输入的高压电转变为低电压大电流后输送至电极，实现主电路功能的主要设备从高压线缆至电极端依次有高压柜电抗器、变压器、短网（大电流线路）。

电气控制布局在车间低压配电室，主要给液压泵站的电极及加热器、高压分合闸电源、变压器调压控制器，油水冷却器、电弧炉辅助设备（炉前氧枪装置、钢水测温仪等）、仪器仪表等供电。自动控制系统主要用于生产设备和单元操作的监测及控制，对提高产品的质量和产量、缩短冶炼时间、降低冶炼成本等起重要作用，包括配料加料控制、电极升降控制、炉体动作控制、液压系统控制、冷却水系统监控、钢水测温和定氧定碳、出钢车控制、高压控制、变压器/电抗器监控与控制、氧-燃助熔与吹氧喷碳控制、排烟与除尘控制等。

3.5.2　电炉协同处置固废的适配条件及反应机理

截至目前，电炉炼钢的主要铁源材料是废钢铁，然而，废钢铁在供应过程中会经常出现周期性难题，废钢铁的供应量已无法满足电炉炼钢的需求。近年来，

随着科学技术的快速发展，一些富铁固废逐渐成为电炉炼钢的铁源材料，其可部分成为废钢铁的替代品，实现资源循环利用的同时改善废钢铁资源不足的现状。

此外，当前温室气体过度排放，导致全球变暖问题日益严重。我国钢铁行业高度依赖煤炭，导致成为 CO_2 排放大户。在"双碳"背景下，我国钢铁行业面临碳减排的巨大压力。与高炉—转炉长流程炼钢相比，以废钢铁为原料的电炉短流程炼钢能源密集程度较低，整个生产流程的吨钢碳排放量约为 0.9 t，远远低于传统长流程炼钢。但是，电炉短流程炼钢中使用的渗碳剂或发泡剂高度依赖煤炭资源，其碳减排仍具有较大空间。在"低碳/零碳"炼钢背景下，寻找煤炭资源的替代碳源（如富碳固废）已成为当前短流程炼钢碳减排面临的重要问题。

因此，在电炉短流程炼钢过程中，利用电炉内部的高温条件，熔化处置富铁固废或燃烧处置富碳固废，在冶炼过程中回收固废中的铁元素或热能，在满足正常冶炼生产、保证产品质量与环境安全的同时，实现固废的无害化处置和资源化利用。

3.5.2.1 适合电炉处置的固废特征

A 富铁固废

工业生产中可用电炉处置的固废主要有赤泥等含铁/富铁固废，回收其中的铁元素是最主要的目的。赤泥主要成分由铝土矿提取氧化铝后的残渣及冶炼过程中添加的辅料（如碱、石灰）等构成。目前，赤泥选铁是赤泥规模化应用的重要领域。随着国内铝土矿资源储量减少、品位下降，以国内一水硬铝石矿为主的铝产能逐渐减少，以进口铁含量高的三水铝石矿为原料的铝产能不断增加。据估算，当前国内约一半以上新增赤泥为富铁赤泥（TFe≥30%）。尽管赤泥中铁品位相对较低，但考虑到赤泥排放量巨大，经还原处理后的富铁赤泥被认为是电炉废钢铁原料的替代原料之一。赤泥中铁主要以赤铁矿（Fe_2O_3）、针铁矿（α-FeOOH）、铝针铁矿和铝磁铁矿等复合矿相形式赋存，回收铁是实现赤泥减量化的重要途径之一。国内外学者对赤泥选铁开展了大量研究工作，主要的选铁技术有物理分选、火法冶金、湿法冶金，不同选铁技术的优缺点如表 3-23 所示。

表 3-23 不同选铁技术优缺点

技术	优 点	缺 点
物理法	工艺简单、投资成本低、污染小	铁精矿铁品位相对较低
火法	回收率及铁精矿品位高	投资及维护成本较高，能耗较大
湿法	浸出率高，可实现多金属同时浸出	赤泥碱度高，酸耗量大，并且涉及多金属同时浸出后的分离净化问题

B 富碳固废

工业生产中还可用电炉处置的固废主要有生物质炭等富碳固废。这主要是由于电炉内需额外补充化石燃料来升温熔化废钢及造泡沫渣埋弧，因此适合部分具有高热值及富碳含量的生物质炭进入炉内处置，其可满足熔池升温和造泡沫渣埋弧的要求，还可替代部分焦炭作为电炉炼钢的碳源。

生物质资源作为一种可再生清洁能源，其主要包括农作物及其废弃物（玉米秸秆、水稻秸秆和稻壳等）、林业废弃物（林地生长剩余物和林地生产剩余物等）、动物粪便的产品及工业和城市垃圾中的可生物降解部分。橡胶的生产原料主要为天然橡胶或合成橡胶，且部分合成橡胶通过生物质合成，故橡胶也可认定为生物质资源。当前在我国有着大量的玉米、水稻等秸秆资源，林业废弃物及废旧轮胎资源，现有生物质资源的能源利用潜力相当于 4.6 亿吨的标准煤，能够为电弧炉炼钢提供充足的替代碳源，因此生物质资源在成为电弧炉炼钢的替代碳源上有着极大的潜力。由于未经加工处理的生物质含水量较高、能量密度较低且可磨性差，因此在应用生物质作为电弧炉炼钢碳源时，需将生物质经热化学转化（热化学转化技术包括烘焙、热解、气化和液化工艺）为生物质炭，使其接近于煤炭的物化性质，这样就可以将生物质作为电弧炉炼钢的渗碳剂和发泡剂使用。

3.5.2.2 电炉协同处置固废反应机理

A 富铁固废熔化机理

富铁固废经处理后以球团状进入炉内，在炉内主要是升温及熔化。在富铁固废（以下"球团"代替）熔化过程中有两个重要的传输现象。第一个是传热现象，尤其在非等温系统中，会导致球团表面形成凝结层；第二个是传质现象，尤其是碳传质，碳浓度的变化可改变局部球团的固液相线温度，从而影响球团熔化速率。

在考虑球团—钢液界面移动的情况下，界面处的热平衡和碳质量平衡方程可描述为：

$$h_{ls}(T_1 - T_L) = -\rho_s \Delta H_f v_{interface} + k_{scrap} \frac{\partial T}{\partial x}\bigg|_{x=0} \tag{3-1}$$

$$\beta[w(C_1) - w(C_1^*)] = v_{interface}[w(C_1^*) - w(C_s^*)] \tag{3-2}$$

式中，h_{ls} 为球团与钢液间的传热系数；k_{scrap} 为球团的热导率；T_1 和 T_L 分别为钢液温度和球团-钢液界面温度；ρ_s 为球团密度；ΔH_f 为熔化潜热；$v_{interface}$ 为界面移动速度；$\frac{\partial T}{\partial x}\bigg|_{x=0}$ 为界面球团侧的温度梯度；β 为钢液中碳的传质系数；C_1 为钢液碳含量；C_1^* 和 C_s^* 分别为界面钢液侧和球团侧的碳含量。

球团进入电炉后其熔化过程可分为三个阶段，即凝结层形成阶段、凝结层重熔阶段和球团本体熔化阶段。

（1）凝结层形成阶段：当球团浸入钢液的第一时刻，球团表面的温度梯度达到最大值，使钢液提供的热流密度小于进入球团的热流密度。根据界面处热平

衡方程式（3-1）可知，当球团所耗散的热流密度 $\left(H_1 = k_{scrap} \dfrac{\partial T}{\partial x}\bigg|_{x=0}\right)$ 大于钢液所提供的热流密度（$H_3 = h_{ls}(T_1 - T_L)$）时，潜热值为正（$H_2 = \rho_s \Delta H_f v_{interface}$），导致球团表面形成凝结层。

（2）凝结层重熔阶段：当钢液提供的热量（H_3）大于球团耗散的热量（H_1）时，球团表面的凝结层开始熔化，球团本体暴露。

（3）球团本体熔化阶段：当球团本体暴露并与钢液接触后，钢液热量和碳元素分别通过温度边界层和浓度边界层传递到废钢表面。随着球团—钢液界面碳含量的增加，液相线温度逐渐降低，直至达到熔化温度。一般情况下，球团的熔化温度可认为是液相线温度，液相线温度降低也意味着球团熔化温度的降低。因此，通过钢液对球团表面连续渗碳，球团本体液相线温度逐步降低而迅速熔化。

B 富碳固废炉渣发泡原理

富碳固废进入炉内作为发泡剂影响炉渣的发泡效果，其在炉渣中发生如下反应：

$$(FeO) + C = [Fe] + CO$$

在喷吹富碳固废粉剂时，向钢液强化吹氧，保证上述反应所需渣中的高 FeO 含量，使反应能持续进行，产生大量气泡，并在渣中呈弥散分布，是炉渣发泡的理想气源。

3.5.3 电炉协同处置固废的约束条件

3.5.3.1 富铁固废

富铁固废进电炉前需要进行一系列的处理，具体约束性条件如下：

（1）粒度：入炉原料需保证适宜的粒度（5~30 mm），小于 5 mm 的粉料必须进行压块，粒度过小易浮在渣中，同时也易被除尘系统带走；粒度过大，导致熔化时间延长。

（2）金属化率：入炉原料的金属化率对电炉电耗影响明显。在 100 t 电弧炉中，每降低 1% 的金属化率会增加电耗 9 kW·h/t，同时还会相对延长冶炼时间，因此，进入电炉处置的固废通常要经过预处理，使其具有较高的金属化率。

（3）酸性脉石：根据电炉造渣制度，电炉出渣一般为碱性渣，炉内需要加入碱性熔剂调整炉渣酸碱度。如果入炉固废中酸性脉石（Al_2O_3/SiO_2 等）含量升高，电炉炼钢要多加 15~30 kg/t 的石灰等碱性溶剂，这样会导致渣量增大，电炉电耗增加，因此需要约束入炉的固废中酸性脉石含量。

（4）碳含量：适量碳进入电炉方便电炉快速造泡沫渣，但碳含量过高易导致局部熔池大沸腾、大喷溅，因此，碳含量必须控制在合适范围。

（5）硫元素：硫含量应低于 0.03%，磷含量应低于 0.08%。脱磷需要造氧化渣，磷含量过高必须加入更多的生石灰来造渣；脱硫需要造还原渣，而电炉是典型的碱性氧化渣。

（6）低熔点元素：Cu、Zn、Sn 等元素尽可能低（<0.001%）；锌在熔化期易挥发，在炉气中氧化成氧化锌使炉盖易损坏；铜、锡等元素在冶炼中难以去除，使钢产生热脆。

（7）碱性氧化物：一般认为（Na_2O+K_2O）<0.1%不会影响钢液质量。但碱金属（Na、K）在炉内易形成低熔点物质，与耐材的基质发生化学反应，引起耐材强度下降和异常膨胀。

3.5.3.2 富碳固废

富碳含量固废入炉造泡沫渣需注意两大问题：一是过高的反应性导致其入炉瞬间燃烧，从而影响炉渣发泡；二是生物质或生物炭的表面光滑，导致其与炉渣的润湿性较差，从而影响其与氧化铁还原反应的进行。因此，富碳固废进电炉的约束性条件如下：降低反应性，避免入炉瞬间燃烧；改善与炉渣的润湿性，加快与氧化铁还原反应的进行。

本 章 小 结

（1）钢铁冶金各工序有特定的工艺流程、工艺装备、热工制度、特定的副产物排放规律及环保措施，并完成钢铁冶金流程中一项特定的功能任务。必须清醒地认识各工序物理化学反应的科学规律，分析其协同处置固废的潜力。

（2）冶金流程协同处置固废生态化适配原则的基本原理为：通过研究固废在协同处置工艺路线上的质能转化规律、对原有热工制度和二次污染排放的影响规律等，查明固废与协同处置工艺之间的推荐型、准入型和限制型生态化适配路径。对于特定的生产工艺和协同处置设施，协同处置某种固废具有极高的经济、环境和社会效益，这种固废对于这种工艺流程即为推荐型协同处置的固废；某种固废加入协同处置本身虽然经济价值不高，但是也不会对原有热工制度和污染物排放产生太大影响，这种固废对于这种工艺流程即为准入型协同处置的固废；还有一类固废加入协同处置会极大影响原有热工制度或污染物排放，造成生产异常，这类固废应当被限制加入协同处置工艺，或者进行适当的预处理，达到冶金工序的入炉要求才能加入。复杂固废大部分属于这类固废，研究开发预处理技术使其能返回冶金流程意义重大。

（3）根据本书第 2 章的阐述，冶金固废通常都同时具有物质属性、能源属性和毒害属性，这三种属性混合在一起，导致冶金复杂固废不能直接返回钢铁主流程循环利用。预处理技术的目标就是实现固废与冶金流程某工序的质能流相耦合协同循环利用，把固废中的不同属性的组分高效定向分离。固废中复杂组分的赋存形态有化合物状态，也有混合物状态。根据其物化性质，可以采取热解法、高温氧化法、高温还原法等，其共同的特征是通过调控复杂多介质反应场、反应物界面特征（颗粒度、表面特征、氧位、温度、pH 值等）强化组分高效分离，实现固废充分资源化。

参 考 文 献

[1] 叶恒棣，范晓慧．烧结球团节能减排先进技术 [M]．北京：冶金工业出版社，2020．

[2] 叶恒棣，李谦，魏进超，等．钢铁炉窑协同处置冶金及市政难处理固废技术路线 [J]．钢铁，2021，56（11）：141-147．

[3] 叶恒棣，李谦，魏进超，等．高温工业窑炉协同处置多源固废的适配性探讨 [C]//中国环境科学学会环境工程分会．中国环境科学学会 2022 年科学技术年会——环境工程技术创新与应用分会场论文集（三），2022：413-417，423．

[4] 叶恒棣，王兆才，刘前，等．烧结烟气及污染物减量化技术研究 [J]．烧结球团，2019，44（6）：60-67．

[5] 高晋生．煤的热解、炼焦和煤焦油加工 [M]．北京：化学工业出版社，2010．

[6] 申峻，李小燕，邹纲明，等．焦炭显微强度的测定及其与煤性质的关联 [J]．煤炭学报，2003，28（3）：303-306．

[7] Domínguez A，Blanco C G，Barriocanal C，et al. Gas chromatographic study of the volatile products from co-pyrolysis of coal and polyethylene wastes [J]．Journal of Chromatography A，2001，918（1）：135-144．

[8] Collin G，Bujnowska B，Polaczek J. Co-coking of coal with pitches and waste plastics [J]．Fuel Processing Technology，1997，50（2）：179-184．

[9] 朱思坤，吴贤熙．利用焦化废弃物制型煤黏结剂的研究 [J]．广州化工，2011（15）：106-108．

[10] 凡立辉．添加废弃聚合物配煤炼焦的研究 [D]．唐山：河北联合大学，2014．

[11] 甘秀石，王旭，高薇，等．焦化固废配煤炼焦中共炭化理论的应用及需关注问题 [J]．鞍钢技术，2019（4）：11-16．

[12] 周师庸，赵俊国．炼焦煤性质与高炉焦质量 [M]．北京：冶金工业出版社，2005．

[13] 刘文秋．焦油渣在配煤炼焦中的应用研究 [D]．北京：北京化工大学，2014．

[14] 师德谦，王明登，徐静，等．炼焦过程协同处置聚乙烯塑料的实验研究 [J]．塑料科技，2023，51（1）：25-30．

[15] 黄峰，王明登，刘洋，等．聚丙烯废塑料与配合煤共炭化的焦炭微观结构及热态性能研究 [J]．煤质技术，2022，37（6）：18-25．

[16] Mochida I，Itoh K，Korai Y，et al. Carbonization of coals into anisotropic cokes 8. Carbonization of a canadian weathered coal into anisotropic coke [J]．Fuel，1986，65（3）：429-432．

[17] 王维兴．2018 年我国炼铁生产技术述评 [N]．世界金属导报，2019-03-19．

[18] 王维兴．大中型高炉技术经济指标改善的条件和途径 [J]．中国钢铁业，2011（10）：

24-27.

[19] 龙红明，魏汝飞，李宁，等．高炉炼铁协同处理城市可燃固废 [J]．钢铁，2018，53
    （3）：1-9.

[20] 许满兴，冯根生，张天启，等．高炉炉料进步与球团矿发展 [M]．北京：冶金工业出版
    社，2019.

[21] 姜涛．铁矿造块学 [M]．长沙：中南大学出版社，2016.

[22] 林磊．炼铁生产操作与控制 [M]．北京：冶金工业出版社，2017.

[23] 项钟庸，王筱留．高炉设计——炼铁工业设计理论与实践 [M]．北京：冶金工业出版
    社，2014.

[24] 韩成金，朱荣，魏光升．电弧炉炼钢应用生物质的研究进展 [J]．过程工程学报，2022，
    22（10）：1368-1378.

[25] 李帅，周斌，刘万超，等．赤泥综合利用产业化现状、存在问题及解决方略探讨 [J]．
    中国有色冶金，2022，51（5）：32-36.

4 钢铁冶金流程有机固废资源化循环利用技术

本章基于钢铁冶金流程有机固废资源化循环利用的目标，阐述了有机固废有价元素高效定向分离机制，探讨了富铁类、富碳类有机固废在热解条件下的转化历程，提出了有机固废控温控氧热解焚烧处置的原理及新工艺，介绍了热解焚烧工艺的关键工艺参数和核心装备；针对有机固废热处理存在的二噁英风险，探讨了二噁英在控温控氧热解焚烧条件下的生成与抑制机理及消除二噁英环境风险的技术措施；最后，介绍了有机含铁固废资源化循环利用技术的工业应用示范与技术应用效果。

4.1 有机固废理化特征及处置技术路线分析

钢铁流程产生的有机固废组分比较复杂，包含各种有机物和重金属污染物。钢铁流程中的有机固废按主要成分可以分成两类，一类是富含铁的含油尘泥，主要来自于轧钢工序中轧辊修理打磨时产生的含油乳化液，其含有大量的 Fe、Cr 及有机油分。含铁量普遍超过 50%，具有很高的回收价值。另一类是富含碳的有机杂物，如抹布、手套、橡胶、废活性炭等日常固废，在沾染了汽油、油漆、重金属等毒性物质后，成为了有机危险废物，其特点是挥发分高、热值高，主要成分以碳元素为主，含铁量相对较低。

4.1.1 有机固废理化特征

4.1.1.1 富铁有机固废理化特征

A 化学成分

以某钢铁生产企业轧钢工序产生的磨辊污泥为例，其主要化学成分如表 4-1 和表 4-2 所示。从表 4-1 中可以看出，含铁油泥中水分含量比较低，仅有 0.43%，S 和 Cl 的含量都比较低，均在 0.1% 以下。含碳量为 11.64%，挥发分为 17.31%，属于中等挥发分含量的固废，发热量达到 9.11 MJ/kg。金属组分方面，含铁油泥中含有大量的铁，铁元素含量达到 65.44%，其中相当一部分是以金属铁的形式存在，金属铁含量 43.61%，金属化率为 66.64%。亚铁含量 13.29%，铁品位和金属化率都比较高。K/Na/Pb/Zn 等有害金属含量都比较低，均不超过 0.3%。

表 4-1 油泥非金属组分含量 (%)

组分、发热量	H$_2$O	C	V	S	Cl	发热量/MJ·kg^{-1}
含铁油泥	0.43	11.64	17.31	0.078	0.079	9.11

表 4-2 油泥主要金属组分含量 (%)

组分	Fe	MFe	FeO	Fe$_2$O$_3$	K	Na	Pb	Zn
含铁油泥	65.44	43.61	13.29	17.87	0.0082	0.033	0.026	0.016

B 微观形貌

含铁油泥微观形貌特性和元素分布特性分别如图 4-1 和图 4-2 所示。由图 4-1 (a) 可知，含铁油泥多呈切削碎屑状，这是由于油泥是来自于钢铁企业热轧、冷轧等工序轧辊修理打磨时产生乳化液废液，用纸袋过滤机过滤产生的污泥，碎屑主要来自于磨具、钢材摩擦。由图 4-1 (b) 和 (c) 可知，油泥的颗粒形状并不规则，呈现薄而细长的片状，颗粒之间堆积在一起，蓬松多孔。

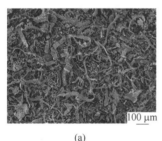
(a)

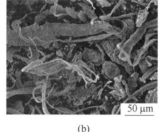
(b)

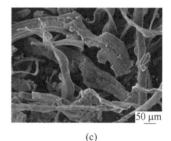
(c)

图 4-1 含铁油泥的颗粒形貌特征
(a) 100×；(b) 500×；(c) 1000×

由图 4-2 可知，油泥中的元素以 Fe 为主，还含有一定量的 Al、Si、Cr、O 和 C 元素。其他元素（K、Ca、Mn、Cl 等）含量并不高。有一部分铁是以氧化物的形式存在，但是大部分仍然是以单质形式存在。

C 粒度分布

油泥的粒度组成特性如图 4-3 所示。由图 4-3 可知，油泥形态以粉态为主。其粒度主要分布在 5.2~185.8 μm，在这个区间的颗粒占比达到 84%，小于 5.2 μm 的颗粒占比约为 8%，大于 185.8 μm 的颗粒占比为 8%，平均粒度为 78.33 μm，接近 200 目（75 μm）。小于 45 μm 的颗粒数占比 48.13%，小于 74 μm 的颗粒数占比 62.84%。作为对比，某垃圾焚烧飞灰的粒度分布如图 4-4 所示，小于 45 μm 的颗粒数占比 54%，小于 74 μm 的颗粒数占比 66.83%，平均粒度为 138 μm。因此，油泥的粒度与垃圾焚烧飞灰的粒度基本接近。

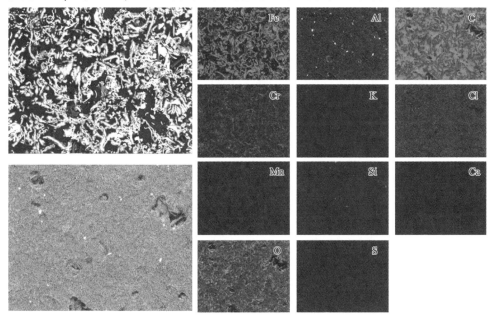

图 4-2　含铁油泥的元素分布特性

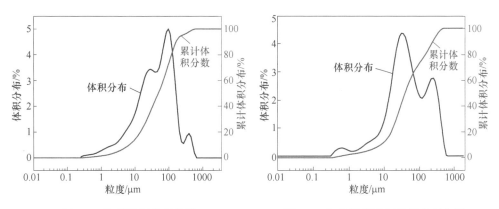

图 4-3　油泥粒度分布曲线　　　　　图 4-4　垃圾焚烧飞灰粒度分布曲线

4.1.1.2　富碳有机固废理化特征

钢铁流程的富碳有机固废主要来自工业生产过程产生的工业垃圾，如定期更换的输送皮带、滤尘滤渣的滤布、设备维修及工人劳保产生的废抹布、手套等。这些工业有机垃圾主要是碳基成分，含铁量相对较低。橡胶、滤布和废布的照片如图 4-5 所示，其中，橡胶质硬、形状规则、不易变形，滤布和废布质软、形态不规则、易揉搓变形。

(a)　　　　　　　　　　　(b)　　　　　　　　　　　(c)

图 4-5　3 种典型的钢铁流程富碳有机固废

(a) 橡胶；(b) 滤布；(c) 废布

　　3 种有机固废原料的元素和工业分析如表 4-3 所示。由表 4-3 可知，3 种原料都含有较高的碳元素，其中橡胶的碳质量分数最高，为 85.42%，废布的 C 质量分数最低，为 55.77%。在原料的富碳程度上，三者都有成为供热燃料的成分基础。3 种原料的 Cl 质量分数均较低，都小于 0.1%。3 种原料的挥发分质量分数都较高，其中橡胶达到 95.24%，废布最低也接近 84%。从挥发分角度而言，通过热解固碳及释放挥发分，将 3 种固废掺混进入烧结工序都意义深远。废布的灰分质量分数为 0.22%，远低于橡胶和滤布；除此之外，废布的固定碳质量分数最高，为 13.21%，明显高于橡胶和滤布，后两者几乎不含固定碳。

表 4-3　3 种固废元素和工业分析　　　　　　　　（质量分数，%）

原料名称	C	H	O	N	S	Cl	挥发分	灰分	水分	固定碳
橡胶	85.42	12.36	0.94	—	0.38	0.05	95.24	4.63	0.13	—
滤布	84.87	13.54	1.59	—		0.03	89.55	7.97	1.49	0.99
废布	55.77	5.55	37.00	0.66	1.01	0.02	83.93	0.22	2.64	13.21

4.1.2　处置技术路线分析

　　两类有机固废在循环利用时，因为其主要成分不同，对其资源循环利用的目标和技术路线也不同，其中，含铁油泥的主要成分是金属铁，对富铁的含铁油泥资源化处置是以铁元素回收为主要目标，技术路线以热解去除有机物、提升铁价值为主；而富碳低铁的有机杂物碳元素含量和热值高，是以碳元素、能量回收为主要目标，技术路线以去除挥发分、利用有机固定碳为主。后文将根据两类有机固废处置的不同思路，介绍其有价组分分离及循环利用的机理、工艺及技术装备。

4.2 基于冶金流程循环利用的有机固废
有价组分分离热力学机理

4.2.1 富铁有机固废碳、氢、氧、铁组分分离热力学机理

4.2.1.1 含铁油泥热解过程反应历程

A 热失重曲线分析

含铁油泥在不同升温速率下的热解动力学曲线如图 4-6 所示，从图中可知含铁油泥在不同升温速率下热解的失重曲线是十分相似的。DTG 曲线含有多个台阶或峰值，这可能是因为这一过程中包含有多个反应，分别对应于油分的不同组分。从 100 ℃ 左右开始，含铁油泥开始失重，大部分轻质组分在此刻开始释放。在 100~380 ℃ 温度区间内，挥发分呈现驼峰释放的趋势，这应归结为轻质组分与中质组分释放温度区间的重叠。温度进一步从 380 ℃ 升高至 500 ℃，含铁油泥的失重开始放缓，并且 DTG 曲线出现了一个肩峰，含铁油泥中的重质有机组分在该区间内释放。润滑油主要由烷烃、芳香烃和少量胶质和沥青质组成，随着使用过程中的氧化变质会产生一些羧酸、酮或醛等物质，部分氧化产物会进一步缩合形成胶质（沥青质）。在油分的热解过程中，随着温度的升高，饱和烃组分首先开始挥发，基本不发生热分解反应，产生的残碳量很少。相比于原油，润滑油（脂）中重组分含量更高，因此起始挥发温度（174 ℃）较原油（<100 ℃）更高；接着，芳香烃与胶质组分开始挥发，重组分进一步发生分解反应，胶质较芳香烃能产生更多的残碳。

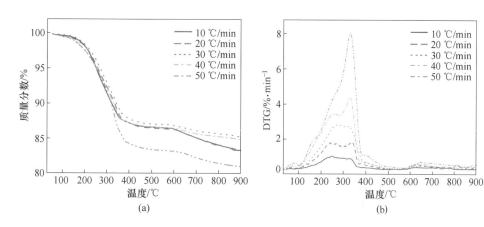

图 4-6 不同升温速率下含铁油泥热解失重曲线

（a）TG 曲线；（b）DTG 曲线

温度达到 600 ℃后，含铁油泥进一步失重，与油泥中矿物以乳化形式紧密结合在一起的重质组分开始释放，同时矿物组分也发生转变，油分热分解产生的炭与油泥渣中金属氧化物——主要是 Fe 的氧化物发生还原反应。残渣中主要的矿物组成为单质 Fe 和 Fe_2O_3。由热力学计算可知反应 $3C + Fe_2O_3 \rightarrow 2Fe + 3CO$ 需在温度高于 646 ℃的条件下进行，这一温度与大于 600 ℃阶段失重过程的起始温度吻合。

保持热解终温恒定，改变升温速率，发现热解曲线发生上下移动。通过观察 DTG 曲线发现，含铁油泥的失重速率随着升温速率的升高而增大。升温速率的升高，使得含铁油泥中的有机组分达到相应释放温度的时间缩短，一定程度上促进了有机组分的释放。另外，在 100~380 ℃温度区间内，低升温速率下所展现的驼峰，随着升温速率的升高趋于消失，这也是由于有机组分达到相应释放温度时间缩短而导致的。

　　B　热解过程动力学参数

有机固废的种类繁杂，因此有机固废的热解动力学参数是参照煤粉热解的实验方法。煤粉热解实验研究中通常用来求取反应动力学的方法有 Coats-Redfern 法、Ozawa-Flynn-Wall（OFW）法、最大速率法和分布活化能模型法（DAEM）等。最大速率法只采用了一个点，即最大失重速率时的温度点来求取活化能，因而结果求取虽然比较方便但精度不高，可用于粗略估算 E 值。积分法中的 Coats-Redfern 法是一种较常用的方法，只采用一条升温速率曲线即可求解出活化能和指前因子，操作简单方便，缺陷就是需要假定机理函数；OFW 与活化能模型法都采用多条升温速率曲线，根据不同升温速率下的相关参数利用作图方法求取活化能，其出发点是以煤在不同升温速率下的活化能值 E 不变为基础。本书采用 OFW 法求解有机固废热解过程的动力学参数。

假设热解过程中的各种反应为同时且独立进行，根据质量作用定律，固废热解反应动力学方程详见式（4-1）：

$$\frac{d\alpha}{dt} = k(T)f(\alpha) \tag{4-1}$$

式中，$\frac{d\alpha}{dt}$ 为表观反应速率；T 为反应温度；α 为转化率，表达式见式（4-2）：

$$\alpha = \frac{m_0 - m_t}{m_0 - m_f} \tag{4-2}$$

式中，m_0、m_t、m_f 分别为固体起始时候、在 t 时刻和反应最终时候的质量。

根据 Arrhenius 方程，反应速率常数 k 可表示为式（4-3）的形式：

$$k = Ae^{-E_a/(RT)} \tag{4-3}$$

式中，A 为指前因子（frequency factor）；E_a 为反应活化能；R 为普遍化气体常数；T 为温度。根据式 (4-1) 和式 (4-3)，可得到：

$$\frac{d\alpha}{dt} = Af(\alpha)e^{-E_a/(RT)} \tag{4-4}$$

其中，$f(\alpha)$ 是转化率的函数，其表达式见式 (4-5)：

$$f(\alpha) = (1 - \alpha)^n \tag{4-5}$$

在非等温条件下，温度 T 与时间 t 关系式见式 (4-6)：

$$T = T_0 + \beta t \tag{4-6}$$

由此反应速率可以表达成式 (4-7)，即采用转化率对温度求导。

$$\frac{d\alpha}{dT} = \frac{d\alpha}{dt}\frac{dt}{dT} \tag{4-7}$$

由式 (4-6) 可以得到式 (4-8)：

$$\frac{dt}{dT} = \frac{1}{\beta} \tag{4-8}$$

式中，$d\alpha/dT$ 为非等温过程反应速率；$d\alpha/dt$ 为等温过程反应速率。

将式 (4-4) 和式 (4-8) 代入式 (4-7)，可得式 (4-9) 的反应速率表达式：

$$\frac{d\alpha}{dT} = \frac{A}{\beta}e^{-E_a/(RT)}f(\alpha) \tag{4-9}$$

对式 (4-9) 分离变量，并积分可得式 (4-10)：

$$\int_0^\alpha \frac{d\alpha}{f(\alpha)} = \int_{T_0}^T \frac{A}{\beta}e^{-E_a/(RT)}dT \tag{4-10}$$

一般情况下，在低温条件的反应速率较低，因此式 (4-10) 可以近似为式 (4-11)：

$$g(\alpha) = \int_{T_0}^T \frac{A}{\beta}e^{-E_a/(RT)}dT = \int_0^T \frac{A}{\beta}e^{-E_a/(RT)}dT \tag{4-11}$$

在式 (4-11) 右侧可根据 Doyle 近似而引入式 $p(u)$，可得式 (4-12)：

$$\frac{E_a}{R}p(u) = \int_0^T e^{-E_a/(RT)}dT \tag{4-12}$$

其中 $u = \dfrac{E_a}{RT}$，假如 $u>20$ 时，式 (4-12) 可以变为式 (4-13)：

$$\lg p\frac{E_a}{RT} = -2.315 - 0.4567\frac{E_a}{RT} \tag{4-13}$$

将式 (4-12) 代入式 (4-11)，可得：

$$g(\alpha) = \frac{AE_a}{R\beta}p\frac{E_a}{RT} \tag{4-14}$$

对式 (4-14) 求对数形式，可得式 (4-15)：

$$\lg[g(\alpha)] = \lg\frac{AE_a}{R} - \lg\beta + \lg\left(p\frac{E_a}{RT}\right) \tag{4-15}$$

将式 (4-13) 代入式 (4-15)，可得 Ozawa-Flynn-Wall（OFW）模型，其表达式为式 (4-16) 或式 (4-17)：

$$\lg\beta = \lg\frac{AE_a}{Rg(\alpha)} - 2.315 - 0.4567\frac{E_a}{RT} \tag{4-16}$$

$$\ln\beta = \ln\frac{AE_a}{Rg(\alpha)} - 5.331 - 1.052\frac{E_a}{RT} \tag{4-17}$$

由此可知，根据 OFW 模型，通过 $\ln\beta$ 或 $\lg\beta$ 对 $1/T$ 作图，根据斜率可以求出活化能 E_a，再利用活化能 E_a 和截距即可求出指前因子 A。由此利用 OFW 模型，对含铁油泥在图 4-6 中的热重曲线进行拟合计算，线性拟合结果如图 4-7 所示，拟合动力学参数列于表 4-4。结合图 4-7 和表 4-4 的数据可知，OFW 模型拟合结果中活化能 E_a 为 46.57~153.13 kJ/mol，且随着转化率的增加，整体呈逐渐增加的趋势，平均活化能为 87.55 kJ/mol。指前因子 A 在 1.93×10^{13}~9.97×10^{18} 范围内，相关系数为 0.984~0.997，相关性较好。

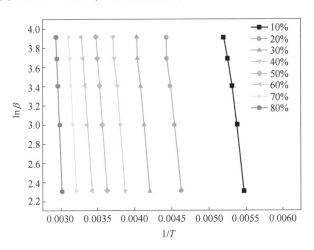

图 4-7　OFW 模型的拟合动力学曲线

通过表 4-4 可见，随转化率增加，活化能呈不断增加趋势，说明随转化率增加，生成的固体产物反应活性对温度越敏感，而初始活化能较低，主要是由于含铁油泥热解初始时，油泥中的一些轻质饱和组分中存在大量的弱键，如支链羰基和羧基，容易发生断裂；随转化率增加，主要是油分中大分子重质组分裂解和半焦的碳化，其中强键的断裂，需要消耗更多的能量，表现为更高的活化能。

在阿仑尼乌斯方程中，固相反应的指前因子 A 的取值范围很广，对于典型的准一级反应指前因子，其值在 $10^4 \sim 10^{18}$ s^{-1}。当指前因子在 $10^2 \sim 10^4$ s^{-1} 之间时为吸附过程控制，在 $10^7 \sim 10^{11}$ s^{-1} 时为扩散过程控制，在 $10^{10} \sim 10^{13}$ s^{-1} 时为表面反应控制，$10^{13} \sim 10^{16}$ s^{-1} 之间为脱附过程控制。由表 4-4 中的结果计算所得的指前因子在 $10^{13} \sim 10^{18}$ s^{-1} 之间，随转化率增加，在此范围内需经历表面反应和脱附过程等控制步骤。

表 4-4   OFW 模型拟合动力学参数结果

α	OFW 模型		
	E_a/kJ · mol^{-1}	A/min^{-1}	R^2
0.1	46.57	1.93×10^{13}	0.9842
0.2	58.65	1.52×10^{14}	0.9938
0.3	68.50	1.26×10^{15}	0.9936
0.4	76.13	2.99×10^{15}	0.9872
0.5	84.99	1.67×10^{16}	0.9969
0.6	91.84	3.55×10^{16}	0.9932
0.7	120.61	3.02×10^{18}	0.9971
0.8	153.13	9.97×10^{24}	0.9928

C   热解过程热力学

根据 OFW 模型等转化率法，利用活化能 E_a 计算焓变 ΔH、吉布斯自由能变 ΔG 和熵变 ΔS 等热力学参数。焓变 ΔH、吉布斯自由能变 ΔG 和熵变 ΔS 的数学表达式分别见式（4-18）~式（4-20），计算结果列于表 4-5。

表 4-5   OFW 模型对应不同升温速率下含铁油泥热解过程热力学状态函数

α	升温速率：10 ℃/min			升温速率：20 ℃/min			升温速率：30 ℃/min		
	ΔH /kJ · mol^{-1}	ΔG /kJ · mol^{-1}	ΔS /J · (mol · K)$^{-1}$	ΔH /kJ · mol^{-1}	ΔG /kJ · mol^{-1}	ΔS /J · (mol · K)$^{-1}$	ΔH /kJ · mol^{-1}	ΔG /kJ · mol^{-1}	ΔS /J · (mol · K)$^{-1}$
0.1	44.93	61.63	-66.26	45.06	84.27	-155.59	44.98	79.38	-136.49
0.2	56.73	61.15	-17.51	56.82	83.62	-106.35	56.77	79.85	-91.61
0.3	66.4	60.82	22.16	66.5	83.18	-66.16	66.43	79.43	-51.59
0.4	73.85	60.6	52.58	73.96	82.88	-35.36	73.89	79.14	-20.8
0.5	82.52	60.37	87.91	82.67	82.56	0.43	82.61	78.84	14.97
0.6	89.15	60.21	114.86	89.34	82.34	27.78	89.31	78.63	42.38
0.7	117.7	59.63	230.43	117.96	81.57	144.42	117.93	77.89	158.92
0.8	148.35	59.13	354.02	150.32	80.89	275.52	150.30	77.24	289.95

α	升温速率：40 ℃/min			升温速率：50 ℃/min		
	ΔH /kJ·mol^{-1}	ΔG /kJ·mol^{-1}	ΔS /J·(mol·K)$^{-1}$	ΔH /kJ·mol^{-1}	ΔG /kJ·mol^{-1}	ΔS /J·(mol·K)$^{-1}$
0.1	45.06	81.25	−143.58	45.12	80.98	−142.29
0.2	56.77	80.6	−94.56	56.82	80.34	−93.31
0.3	66.35	80.17	−54.83	66.42	79.91	−53.52
0.4	73.78	79.88	−24.19	73.86	79.61	−22.85
0.5	82.43	79.57	11.35	82.523	79.31	12.78
0.6	89.08	79.35	38.58	89.23	79.09	40.21
0.7	117.68	78.60	155.08	117.89	78.34	156.97
0.8	148.11	77.93	278.48	150.29	77.67	288.18

$$\Delta H = E_a - RT_a \tag{4-18}$$

$$\Delta G = E_a + RT_m \ln \frac{K_B T_m}{hA} \tag{4-19}$$

$$\Delta S = \frac{\Delta H - \Delta G}{T_m} \tag{4-20}$$

　　焓变 ΔH 是反应产物和反应物间的能量差，其变化趋势与表观活化能相一致。从表 4-5 可见，ΔH 值随着转化率的增加而不断增加，可升至 44~148 kJ/mol。ΔH 为正值，说明热解过程为吸热反应，随着反应的进行则需消耗更多的热量。在等转化率的情况下，随着升温速率的增加则其焓变值稍有波动，但变化不明显，因此，在升温速率 10~50 ℃/min 的条件下，不会明显改变热解过程的热效应。

　　吉布斯自由能变 ΔG 显示了反应物消耗和产物生成过程中体系总能量增加。在含铁油泥热解过程中，ΔG 变化并不明显，随反应的进行稍有降低。在等转化率的情况下，升温速率的增加，ΔG 在波动中略有增加，说明反应总体更难进行，需要升高温度使反应发生；等转化率时，升温速率越快，所需温度越高，主要是由于升温速率升高，易在颗粒表面和内部形成温度梯度，颗粒内部反应需要更高的温度。

　　熵变 ΔS 是体系微观状态混乱程度的度量，低熵值意味着原料经过某种物理或化学处理过程后，使其达到接近自身热力学平衡的状态，该情况下的原料反应活性较低，需增加反应时间；而高熵值表明原料远离其自身热力学平衡的状态，反应活性较高，反应速率较快。从表4-5中可知，ΔS 随着转化率的增加，由负值逐渐增加变成正值。ΔS 为负值说明与反应物相比，化学键解离生成的产物微观结构混乱度降低；ΔS 为正值，说明产物微观结构的混乱程度增加。从结果分析，含铁油泥热解过程熵变随转化率的增加，热解体系逐渐从有序度增加向混乱程度增加方向转变，使产物向熵增方向进行，体系达到更加稳定的状态，与热解半焦的无定型石墨化结构相一致。在升温速率为 10 ℃/min 时，转化率为 0.3 时，变为正值；升温速率为 20~50 ℃/min 时，对应的 ΔS 变化趋势相同，转化率为 0.5 时，变为正值。在等转化率下，熵变随加热速率增加呈不断降低趋势，说明产物的混乱程度降低，可能是由于转化率相同的条件下，加热速率增加对应的处理温度升高，使产物的碳原子微晶结构更加有序。

4.2.1.2 铁相变化规律

富铁有机固废热解过程铁转化及 CO 生成热力学曲线如图4-8所示。CO 在还原铁氧化物过程中起主要作用，其在 550~750 ℃ 区间快速生成。CO 浓度过低，达不到还原铁的浓度则无法还原氧化铁。当温度逐渐上升，CO 浓度迅速上升，当温度达到 647 ℃ 时，Fe_3O_4 被还原成 FeO；当温度进一步上升到 685 ℃，FeO 则进一步会还原成单质铁，因此，在温度上升和 CO 浓度增加的过程中，铁是从 Fe_3O_4 先被还原成 FeO，再被还原成金属 Fe，647~685 ℃ 是 FeO 的生成区间。而 FeO 在回转窑中易与其他金属或非金属氧化物形成低温共熔体，在炉内形成易熔液相，是回转窑结圈的主要原因之一，因此，富铁油泥在控温热解过程中，应尽量控制温度避开 FeO 产生的温度区间（647~685 ℃），以缓解结窑的情况。

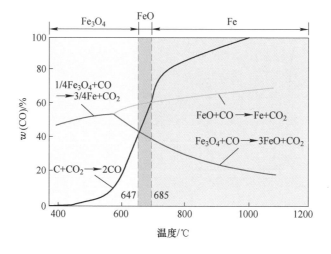

图 4-8 热解过程铁转化热力学

4.2.2 富碳有机固废基于冶金流程循环利用的固定碳制备热力学机理

4.2.2.1 橡胶热解过程反应机理

A 热解反应历程

废橡胶主要成分为天然橡胶（NR）、聚丁二烯橡胶（BR）、丁苯橡胶（SBR）等三种，这三种橡胶的分子式如图4-9所示。

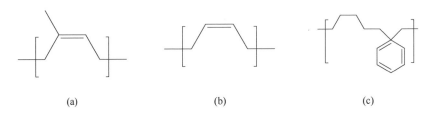

(a)　　　　　　　　(b)　　　　　　　　(c)

图 4-9　三种橡胶的分子式

（a）NR；（b）BR；（c）SBR

图4-10是某钢铁厂皮带橡胶在不同升温速率下热解时的 TG 和 DTG 曲线，图中显示，该皮带橡胶从大约200℃开始缓慢分解，从350℃开始剧烈分解。通常，NR、BR 和 SBR 的热分解起始温度分别为300℃、350℃、200℃，皮带橡胶的热分解与 BR 橡胶分解曲线最接近，表明皮带橡胶是以 BR 为主，同时含有少量的 NR 和 SBR。200~400℃橡胶开始分解但是速度比较缓慢，400~480℃橡胶剧烈分解，并迅速达到平衡。不同升温速率下橡胶的失重曲线比较相似，升温速率越大，橡胶的失重速率也越大，但是不影响最终的失重量。

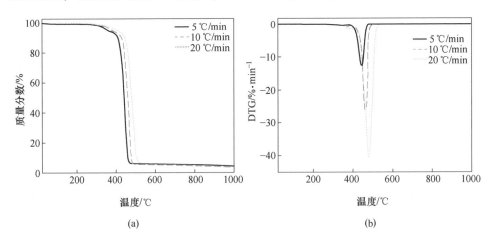

(a)　　　　　　　　　　　　　(b)

图 4-10　不同升温速率下橡胶热解动力学曲线

（a）TG 曲线；（b）DTG 曲线

废橡胶在450℃和650℃温度下主要热解产物如表4-6和表4-7所示。

表4-6 废轮胎在450℃下主要热解产物分布

序号	物 质	停留时间 /min	面积比 /%	分子式	摩尔质量 /g·mol^{-1}	可能的分子结构
1	异戊二烯	4.31	17.84	C_5H_8	68	
2	甲苯	7.57	4.12	C_7H_8	92	
3	邻二甲苯	10.48	3.98	C_8H_{10}	106	
4	1-甲基-4-(1-甲基亚乙基)环己烯	13.85	2.59	$C_{10}H_{16}$	136	
5	1-甲基-4-(1-甲基亚乙基)环己烯	15.92	1.92	$C_{10}H_{16}$	136	
6	D-柠檬烯	16.57	28.83	$C_{10}H_{16}$	136	
7	1-丙烯基-苯	18.44	1.27	C_9H_{10}	118	
8	邻异丙基甲苯	19.39	1.54	$C_{10}H_{14}$	134	
9	苯并噻唑	22.76	4.18	C_7H_5NS	135	
10	视黄醛	28.42	0.67	$C_{20}H_{28}O$	284	
11	视黄醛	29.50	0.75	$C_{20}H_{28}O$	284	
12	视黄醛	30.88	0.92	$C_{20}H_{28}O$	284	
13	视黄醛	31.58	1.91	$C_{20}H_{28}O$	284	

序号	物　质	停留时间 /min	面积比 /%	分子式	摩尔质量 /g·mol^{-1}	可能的分子结构
14	视黄醛	33.23	0.8	$C_{20}H_{28}O$	284	
15	Cibberellic 酸	34.83	0.82	$C_{19}H_{22}O_6$	346	
16	正十六烷酸	45.18	21.54	$C_{16}H_{32}O_2$	256	
17	十八烷酸	49.59	3.67	$C_{18}H_{36}O_2$	284	

表 4-7　废轮胎在 650 ℃下主要热解产物分布

序号	物　质	停留时间 /min	面积比 /%	分子式	摩尔质量 /g·mol^{-1}	可能的分子结构
1	1,3-丁二烯	3.91	4.69	C_4H_6	54	
2	1,1-二甲基环丙烷	4.05	0.34	C_5H_{10}	70	
3	异戊二烯	4.23	24.26	C_5H_8	68	
4	1,3-环戊二烯	4.39	1.17	C_5H_6	66	
5	环已烷	4.99	0.95	C_6H_{10}	82	
6	2,4-已二烯	5.29	6.65	C_6H_{10}	82	
7	苯	5.52	0.96	C_6H_6	78	
8	甲苯	7.51	10.06	C_7H_8	92	
9	邻二甲苯	10.51	9.24	C_8H_{10}	106	

序号	物　质	停留时间 /min	面积比 /%	分子式	摩尔质量 /g·mol^{-1}	可能的分子结构
10	乙苯	10.70	0.87	C_8H_{10}	106	
11	1-甲基-4 (1-甲基亚乙基) 环己烯	13.88	3.73	$C_{10}H_{16}$	136	
12	1-甲基- 4 (1-甲基亚乙基) 环己烯	15.94	2.33	$C_{10}H_{16}$	136	
13	D-柠檬烯	16.55	18.19	$C_{10}H_{16}$	136	
14	苯乙烯	18.46	2.25	C_8H_8	104	
15	苯并噻唑	22.75	3.93	$C_7H_5N_5$	135	
16	1-(1-甲基乙基-) 萘	29.83	0.56	$C_{13}H_{14}$	170	
17	2,3,5-三甲基-萘	33.22	1.01	$C_{13}H_{14}$	170	
18	棕榈酸	44.87	4.76	$C_{16}H_{32}O_2$	256	
19	1-萘胺, 正丙基	48.31	1.22	$C_{16}H_{13}N$	219	
20	十八烷酸	49.42	0.56	$C_{18}H_{36}O_2$	284	
21	Cibberellic 酸	50.45	0.44	$C_{19}H_{22}O_6$	346	

橡胶的热解产物丰富，包括烯烃、烷烃、芳烃、酸类和硫化物，还存在微量氮化物。热解温度为 650 ℃时，热解产物包括 1,3-丁二烯（4.69%）、异戊二烯（24.26%）、2,4-己二烯（6.65%）等链状烯烃，以及 1,3-环戊二烯（1.17%）、D-柠檬烯（18.19%）、1-甲基-4-(1-甲基亚乙基) 环己烯（6.06%）等环烯烃。橡胶热解的主要反应是聚合物的解聚。烯烃的形成主要基于自由基链反应裂解聚合物的机理。BR 存在于合成橡胶中，其单体为丁二烯。BR 也通过 β 键的裂解生成自由基碎片，而 1,3-丁二烯则通过脱氢生成。自由基碎片通过环化反应最终生成 1,3-环戊二烯。橡胶热解的主要产物为异戊二烯和 D-柠檬烯。由于异戊二烯是天然橡胶的一种单体，其在样品中的存在主要是由于天然橡胶中聚异戊二烯的 β 键裂解而产生的单体自由基碎片，是通过 C ＝ C 键的裂解脱氢而产生的。

废橡胶中几种橡胶组分的热解机理如图 4-11 所示。天然橡胶在断裂和分子内环化过程中产生了 D-柠檬烯。D-柠檬烯结构不稳定，在热解过程中进行了一系列反应，并容易转化为其他异构体，如 1-甲基-4-(1-甲基亚乙基) 环己烯。随着热解温度从 450 ℃增加到 650 ℃。D-柠檬烯的比例下降了约 10%，而 1-甲基-4-(1-甲基亚乙基) 环己烯的含量仅上升了 1.55%。有研究者研究表明，在 400~500 ℃时，D-柠檬烯的转化反应主要发生在同分异构体之间。随着温度的升高，D-柠檬烯由于烯丙基的裂解形成了异戊二烯、二甲苯、甲苯、苯等小分子物质。

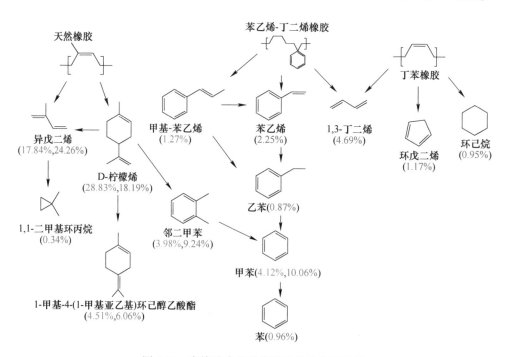

图 4-11 废橡胶中几种橡胶组分的热解机理

当热解终温从 450 ℃ 升高到 650 ℃ 时，异戊二烯的比例从 17.84% 增加到 24.26%。天然橡胶在 450 ℃ 基本分解，高温下异戊二烯比例的增加最有可能是由于柠檬烯的转化。有研究者认为 D-柠檬烯破坏 C—C 键形成异戊二烯。芳香烃的产率仅次于烯烃，主要为苯、甲苯、邻二甲苯、乙苯、苯乙烯和萘。

形成芳烃的三个来源是：（1）D-柠檬烯的转化；（2）SBR 热解；（3）大分子芳烃向小分子芳烃的转化。以 1,3-丁二烯和苯乙烯为单体的合成橡胶中也存在 SBR。SBR 的链断裂生成 2-丁烯基和苯基异丙基自由基，经裂解脱氢生成 1,3-丁二烯、1-丙烯-苯和苯乙烯。1-丙烯-苯和苯乙烯通过加氢和脱氢进一步转化为乙苯、甲苯、邻二甲苯和苯等其他芳烃。样品中酸、硫化物和氮化物的存在主要是由于废橡胶样品中使用的添加剂的热解。

B　热解动力学参数

利用 OFW 模型，对橡胶的热重曲线进行拟合计算，线性拟合结果如图 4-12 所示，拟合动力学参数列于表 4-8。结合图 4-12 和表 4-8 数据可知，OFW 模型拟合结果中，橡胶热解的活化能 E_a 为 62.00~71.90 kJ/mol，且随着转化率的增加，整体呈现逐渐增加的趋势，平均活化能为 68.28 kJ/mol。说明随着转化率的增加，橡胶中初始先裂解饱和弱键，随着反应的进行，逐渐开始裂解不饱和的略强键，但是活化能增加幅度不大，这也证明了皮带橡胶是以 BR 为主，苯环结构较少，未引起活化能的大幅增加。指前因子 A 在 $3.11×10^6$~$8.72×10^7$，在整个反应区间内，主要是经历扩散过程控制；拟合的相关系数均大于 0.996，相关性较好。

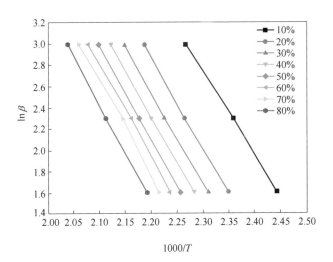

图 4-12　OFW 模型

表 4-8　OFW 模型拟合动力学参数结果

α	OFW 模型		
	$E_a/\text{kJ} \cdot \text{mol}^{-1}$	A/min^{-1}	R^2
0.1	62.00	3.11×10^6	0.9993
0.2	66.93	1.25×10^7	0.9990
0.3	67.68	1.76×10^7	0.9992
0.4	68.11	2.25×10^7	0.9998
0.5	69.14	3.24×10^7	0.9999
0.6	69.85	4.36×10^7	0.9985
0.7	70.64	5.96×10^7	0.9963
0.8	71.90	8.72×10^7	0.9992

C　热解热力学参数

利用 OFW 模型对不同升温速率下热解过程热力学状态函数进行分析，结合热解动力学所得表观活化能 E_a，分别计算热力学状态函数 ΔH、ΔG 和 ΔS，计算结果列于表 4-9。

表 4-9　OFW 模型对应不同升温速率下橡胶热解过程热力学状态参数

α	升温速率：5 ℃/min			升温速率：10 ℃/min			升温速率：20 ℃/min		
	ΔH /kJ· mol^{-1}	ΔG /kJ· mol^{-1}	ΔS /J·(mol· K)$^{-1}$	ΔH /kJ· mol^{-1}	ΔG /kJ· mol^{-1}	ΔS /J·(mol· K)$^{-1}$	ΔH /kJ· mol^{-1}	ΔG /kJ· mol^{-1}	ΔS /J·(mol· K)$^{-1}$
0.1	58.60	117.22	−170.39	58.48	119.44	−177.20	58.35	121.19	−182.70
0.2	63.39	116.94	−155.64	63.26	119.14	−162.44	63.13	120.89	−167.91
0.3	64.09	116.90	−153.51	63.94	119.1	−160.33	63.81	120.84	−165.79
0.4	64.47	116.87	−152.34	64.33	119.07	−159.13	64.19	120.82	−164.62
0.5	65.46	116.81	−149.28	65.32	119.02	−156.08	65.18	120.76	−161.56
0.6	66.14	116.78	−147.20	66.01	118.98	−153.97	65.85	120.72	−159.50
0.7	66.90	116.73	−144.86	66.77	118.93	−151.64	66.60	120.67	−157.18
0.8	68.13	116.67	−141.11	67.99	118.86	−147.88	67.82	120.60	−153.44

焓变 ΔH 值随着转化率的增加而不断增加，可升至 58.35~68.13 kJ/mol。ΔH 为正值，说明橡胶的热解过程为吸热反应，随着反应的进行则需要消耗更多的热

量。在等转化率的情况下，随着升温速率的增加则其焓变值稍有降低，但变化不明显，因此，在升温速率 5~20 ℃/min 的条件下，不会明显改变橡胶热解反应的热效应。

在热解过程中，ΔG 变化并不明显，随反应的进行稍有降低，对应于升温速率 5 ℃/min、10 ℃/min 和 20 ℃/min 时，ΔG 分别由 117.22 kJ/mol 降至 116.67 kJ/mol、119.44 kJ/mol 降至 118.86 kJ/mol、121.19 kJ/mol 降至 120.60 kJ/mol，降低幅度较小。在等转化率的情况下，升温速率的增加，ΔG 不断增加，说明反应更难进行，需要升高温度使反应发生，与热重曲线结果相一致；等转化率时，升温速率越快，所需温度越高，主要是由于升温速率升高，易在颗粒表面和内部形成温度梯度，颗粒内部反应需要更高的温度。

从表 4-9 可以看出不同转化率下，熵增 ΔS 始终为负值，但是随着转化率的增加，熵增逐渐增加。ΔS 为负值说明与反应物相比，键解离生成的产物微观结构混乱度降低；ΔS 为正值，说明产物微观结构的混乱程度增加。从结果分析，橡胶热解过程熵变随转化率的增加，热解体系逐渐从有序度增加，但是增加幅度随着温度上升减弱。在等转化率下，熵变随加热速率增加呈不断降低趋势，说明产物的混乱程度降低，可能是由于转化率相同的条件下，加热速率增加对应的处理温度升高，使产物的碳序列结构更加有序。

4.2.2.2 织物热解过程反应机理

A 热解反应历程

织物主要是指生产生活中的衣物、手套、抹布等纺织品，具体组成有化纤、纯毛、纯棉等几类。化纤类的织物热解过程和热解气成分与塑料产品热解相似，纯棉制品的热解特性与生物质类似。某废布织物的热解如图 4-13 所示，其热分解的起始温度约为 260 ℃，刚开始是缓慢的热分解，织物中的纤维发生理化性质改变，质量损失较少；当温度范围在 300~450 ℃ 的范围内，该阶段反应剧烈，失重比较明显，在 DTG 曲线上有两个明显的失重峰，主要是织物中不同类型纤维的热分解，包括脱羧基、脱羰基等反应，随着温度的升高，焦炭的生成反应完成。

废布织物中的棉纤维通常由 88%~96% 的纤维素组成，织物热解过程中除了生成 CH_4、脂肪族和芳香族的—C—H 键、—C =C—键以外，还存在 CO_2、CO 和 H_2O 等气体，以及—O—H 键的伸缩振动和弯曲振动、—C =O 键和—C—O 键的伸缩振动。热解刚开始到结束的整个过程都有二氧化碳的存在。织物在热解过程的产物主要有芳香族化合物、脂肪族化合物、羟基化合物（醇、酚）、羰基化合物（醛、酮、羧酸）及其他一些含氧化合物等。

织物热解释放 CH_4 的温度在 260~540 ℃ 之间，甲烷的形成是生物质族组分大分子中—C—R 键裂解并重组，当热解温度高于 400 ℃ 时，甲氧基（—O—CH_3）

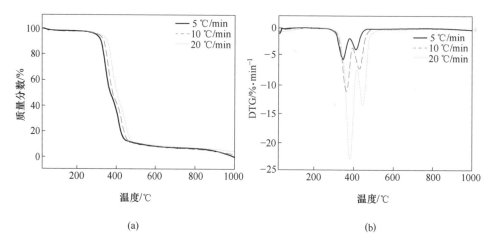

图 4-13 不同升温速率下废布热解动力学曲线
(a) TG 曲线；(b) DTG 曲线

的去甲基化反应也可导致 CH_4 的形成。CO_2 和 CO 是织物热解过程中的主要气体产物，也是合成气中的主要组成。织物热解中 CO_2 的释放温度区间范围为 270~600 ℃，且分成两个阶段，第一阶段温度区间在 270~430 ℃ 之间为主要释放阶段。CO_2 主要是由热解过程在大分子纤维解聚后经过断链形成的—C ＝O 键、—COOH 键和 R—O—R 键的破坏与重整反应产生。CO 释放的温度区间在 270~560 ℃ 之间，这是由于含—C ＝O 键官能团的羰基化合物或者含—C—O—C—键化合物的热分解产生的。H_2O 也是织物热解的重要气体产物之一，这是因为原料干燥是在 110 ℃ 温度下进行，少部分结合水未能干燥完全，在 180 ℃ 左右开始释放。织物纤维大分子中含氧或含羟基的官能团在高温下会裂解并重组，导致在 260~560 ℃ 之间会有 H_2O 的生成。

  B 热解动力学参数

  利用 OFW 模型，对废布织物的热重曲线进行拟合计算，线性拟合结果如图 4-14 所示，拟合动力学参数列于表 4-10。结合图 4-14 和表 4-10 数据可知，OFW 模型拟合结果中，织物热解的活化能 E_a 为 42.05~80.57 kJ/mol，且随着转化率的增加，整体呈现逐渐增加的趋势，且增加的幅度较大，转化率从 0.1 到 0.8 时活化能增加了 91.6%，平均活化能为 59.90 kJ/mol。该废布织物含棉量较高，其热解过程与生物质类似，低转化率时，废布中先裂解键能较弱的羰基和甲基等基团，随着转化率提高，逐渐开始强键的断裂，活化能大幅提高。指前因子 A 在 $3.49×10^5$ ~ $5.48×10^9$，在此区间内，主要是经历吸附过渡态、扩散过程控制；拟合的相关系数均大于 0.995，相关性较好。

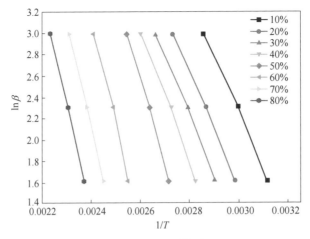

图 4-14　OFW 模型

表 4-10　OFW 模型拟合动力学参数结果

α	OFW 模型		
	$E_a/kJ \cdot mol^{-1}$	A/min^{-1}	R^2
0.1	42.05	3.49×10^5	0.9975
0.2	43.24	5.63×10^5	0.9976
0.3	45.34	1.18×10^6	0.9966
0.4	49.35	4.20×10^6	0.9951
0.5	63.74	3.13×10^8	0.9967
0.6	76.73	6.11×10^9	0.9908
0.7	78.20	4.58×10^9	0.9997
0.8	80.57	5.48×10^9	0.9984

C　热解热力学参数

利用 OFW 模型对织物不同升温速率下热解过程热力学状态函数进行分析，结合热解动力学所得表观活化能 E_a，分别计算热力学状态函数 ΔH、ΔG 和 ΔS，计算结果列于表 4-11。

表 4-11　织物热解热力学参数

α	升温速率：5 ℃/min			升温速率：10 ℃/min			升温速率：20 ℃/min		
	ΔH /kJ · mol^{-1}	ΔG /kJ · mol^{-1}	ΔS /J · (mol · K)$^{-1}$	ΔH /kJ · mol^{-1}	ΔG /kJ · mol^{-1}	ΔS /J · (mol · K)$^{-1}$	ΔH /kJ · mol^{-1}	ΔG /kJ · mol^{-1}	ΔS /J · (mol · K)$^{-1}$
0.1	39.38	89.07	-144.45	39.28	91.55	-145.19	39.14	94.96	-146.89
0.2	40.47	88.99	-141.07	40.35	91.47	-141.99	40.21	94.87	-143.85

α	升温速率：5 ℃/min			升温速率：10 ℃/min			升温速率：20 ℃/min		
	ΔH /kJ· mol^{-1}	ΔG /kJ· mol^{-1}	ΔS /J·(mol· K)$^{-1}$	ΔH /kJ· mol^{-1}	ΔG /kJ· mol^{-1}	ΔS /J·(mol· K)$^{-1}$	ΔH /kJ· mol^{-1}	ΔG /kJ· mol^{-1}	ΔS /J·(mol· K)$^{-1}$
0.3	42.48	88.86	-134.83	42.37	91.32	-135.99	42.22	94.72	-138.16
0.4	46.41	88.61	-122.68	46.3	91.07	-124.35	46.15	94.45	-127.10
0.5	60.68	87.88	-79.09	60.6	90.31	-82.51	60.47	93.64	-87.30
0.6	73.47	87.35	-40.34	73.41	89.75	-45.39	73.32	93.06	-51.93
0.7	74.82	87.30	-36.28	74.72	89.69	-41.60	74.61	92.99	-48.39
0.8	77.07	87.21	-29.49	76.97	89.60	-35.09	76.85	92.91	-42.24

焓变 ΔH 值随着转化率的增加而不断增加，可升至 39.14~77.07 kJ/mol。ΔH 为正值，说明织物的热解过程为吸热反应，随着反应的进行则需要消耗更多的热量，且焓变增加幅度较大，转化率为 0.1~0.8 时，焓变增加了 95.7%（升温速率 5 ℃/min）。在等转化率的情况下，随着升温速率的增加则其焓变值稍有降低，但变化不明显，因此，在升温速率 5~20 ℃/min 的条件下，不会明显改变织物热解反应的热效应。

在热解过程中，ΔG 变化并不明显，随反应的进行稍有降低，对应于升温速率 5 ℃/min、10 ℃/min 和 20 ℃/min 时，ΔG 分别由 89.07 kJ/mol 降至 87.21 kJ/mol、91.55 kJ/mol 降至 89.60 kJ/mol、94.96 kJ/mol 降至 92.91 kJ/mol，降低幅度较小。在等转化率的情况下，升温速率的增加，ΔG 不断增加，说明反应更难进行，需要升高温度使反应发生，与热重曲线结果相一致；等转化率时，升温速率越快，所需温度越高，主要是由于升温速率升高，易在颗粒表面和内部形成温度梯度，颗粒内部反应需要更高的温度。

从表 4-11 可以看出不同转化率下，熵增 ΔS 始终为负值，但是随着转化率的增加，熵增大幅增加。从结果分析，织物热解过程熵变随转化率的增加，热解体系逐渐从有序度增加，且增加幅度随着温度上升显著增加。在等转化率下，熵变随加热速率增加呈不断降低趋势，说明产物的混乱程度降低，可能是由于转化率相同的条件下，加热速率增加对应的处理温度升高，使产物的碳序列结构更加有序。

4.3　有机固废控温控氧热解-焚烧工艺技术及装备

4.3.1　热解-焚烧技术原理

有机固废控温控氧热解焚烧技术原理示意如图 4-15 所示。传统的有机固废以焚烧处置为主，为了保证有机固废的充分焚烧，需要在焚烧炉中鼓入大量的空气，焚烧温度一般高于 850 ℃，以保证有机物的充分焚烧，发生的主要反应如式（4-21）~式（4-24）所示。在氧气充足的条件下，固废中的有机组分燃烧生成 CO_2 和 H_2O，氮硫污染物以 SO_2 和 NO_x 为主。焚烧烟气经过余热锅炉、急冷塔、干式脱酸、布袋除尘的处理后达标排放；焚烧残渣的灼减率达到小于 5% 的要求，主要成分为不含碳的灰分，经过固化后进行安全填埋。

$$—C + O_2 \longrightarrow CO_2 \tag{4-21}$$

$$—H + O_2 \longrightarrow H_2O \tag{4-22}$$

$$—S + O_2 \longrightarrow SO_2 \tag{4-23}$$

$$—N + O_2 \longrightarrow NO_x \tag{4-24}$$

传统焚烧技术的优势是较好地实现了有机固废的减容问题，固废中的部分热能可以通过余热锅炉回收发电。但是为了减少烟气中二噁英的生成，高温烟气余热仅能利用 600 ℃ 以上的部分，在 600 ℃ 以下必须采用急冷的方式迅速冷却，这导致有机固废中的热能利用率不高；钢铁流程产生的有机固废含有一定的铁组分，在传统焚烧工艺中容易导致窑体结圈，影响生产顺行；焚烧残渣仍需采用填埋方式，占用了宝贵的土地资源，并存在二次污染地下水的环境风险。

传统的热解工艺是使废弃物在高温且隔离氧气的条件下发生热分解，由于物料与氧气隔绝，热解气中主要成分是 CH_4、H_2、CO 及烃类高热值气体，CO_2 和 N_2 含量相对较低，热解气利用价值高；热解残碳中碳含量高，是较好的冶金燃料和还原剂。气体污染物以 HCl、H_2S、NH_3 等还原性气体为主。采用传统的绝氧热解工艺，获得的热解产品附加值更高、品质更纯，但是这种热解方式一般采用间壁式外供热源换热，需要从其他工序获取热能，能耗较高，因此，这种工艺适用于以轮胎、塑料等为原料，生产重油、沥青、炭黑等高价值化工产品的化学过程。对于以固废处置为目标的传统热解工艺，其经济性不高。

有机固废控温控氧热解焚烧技术原理是基于冶金流程铁、碳组分循环利用过程，即有机固废中的铁和碳资源主要在冶金流程循环利用，但有机固废在进入冶金流程之前，必须先去除对冶金流程有害的组分，如挥发分、重金属、Cl 元素等。因此，把有机固废的处置分成热解预处理和冶金流程终端消纳两个工序。在热解预处理阶段，通过合理的氧温控制，去除挥发分以满足冶金炉窑的入炉要求，并最大程度保留固定碳在热解渣中。从图 4-15 中可以看出，降低氧气浓度之后，有机固废进入热解焚烧的状态，除了发生式（4-21）~式（4-24）的完全氧化反应之外，还发生如式（4-25）~式(4-31) 所示的部分氧化或还原反应，以及大分子有机物的高温裂解、解聚、重构反应，生成 CO、H_2、CH_4 等小分子可燃气体，氮硫污染物有一部分以 H_2S、COS、HCN 和 NH_3 等形式存在。底渣中除了灰分还保留了有机组分，在后续的冶金流程中可以充当还原剂或者燃料而被资源化利用。

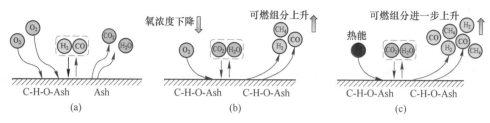

图 4-15   控温控氧热解焚烧反应原理

（a）焚烧工艺；（b）热解-焚烧工艺；（c）热解工艺

$$—C + CO_2 \longrightarrow CO \tag{4-25}$$

$$—C + O_2 \longrightarrow CO \tag{4-26}$$

$$—C + H_2O \longrightarrow CO + H_2 \tag{4-27}$$

$$—S + —H \longrightarrow H_2S \tag{4-28}$$

$$—S + —COOH \longrightarrow COS + H_2O \tag{4-29}$$

$$—N + —H \longrightarrow NH_3 \tag{4-30}$$

$$—N + —CH_3 \longrightarrow HCN + H_2 \tag{4-31}$$

传统焚烧工艺、热解-焚烧工艺、传统热解工艺之间的对比如表 4-12 所示。总体而言，热解-焚烧工艺与传统的焚烧工艺和热解工艺相比，能耗较低，处置有机固废的性价比更高，经济性更好，有机固废能源回收率高，是适合大规模推广的有机固废处置新技术。

表 4-12   焚烧工艺、热解-焚烧工艺与热解工艺的对比

比较项目	焚烧工艺	热解-焚烧工艺	热解工艺
气氛	充足氧气	适量氧气	绝氧
温度	800~900 ℃	按工艺需要	按工艺需要
热源	无需外界热源	无需外界热源	需外界热源
残渣状态	灼减率<5%，无残碳	渣中含碳量中等	热解渣中含碳量丰富
残渣处置方式	经简单固化后填埋处理	经粒度重整后返冶金流程利用	根据需要制成目标产品
产气状态	组分以 N_2、CO_2 和 H_2O 为主，几乎无可燃组分	组分以 N_2 为主，含有 CO、CH_4、H_2 等可燃组分及 CO_2 和 H_2O 等不可燃组分，热值较低	绝氧热解以 H_2、CH_4、CO、烃类为主，热解气热值高
气体污染物	NO_x、SO_2、颗粒物、二噁英、重金属等为主	少量 NO_x 和 SO_2，部分含有 H_2S、NH_3 和焦油	H_2S、NH_3、HCN、HCl、焦油、重金属等为主

比较项目	焚烧工艺	热解-焚烧工艺	热解工艺
综合比较	能耗较高,有机固废的能源回收率较低	能耗较低,有机固废能源回收率较高,经济性好	用于处置固废时经济性较差,适合以轮胎、塑料为原料生产高价值热解产品的化工行业

4.3.2 热解工艺参数

4.3.2.1 含油尘泥

A 热解气析出规律

不同热解温度条件下的热解气成分如图 4-16 所示,含铁油泥热解气的主要成分为 CH_4、H_2、CO、CO_2、C_2H_4,这几种气体在热解气中占比达到 95% 以上,其他含有一些分子量偏大的有机气体组分,如乙烷、丙烷、丙烯、丁烯、丁烷等,含量较低,总量在 5% 以内。

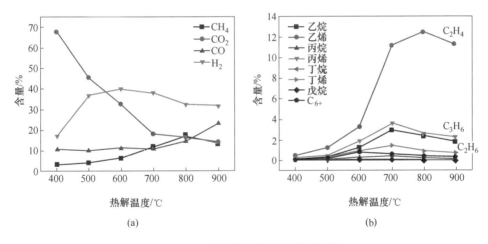

图 4-16 温度对热解气组分影响规律
(a) 主要气体组分; (b) 有机气体组分

当热解温度较低时,热解气中含有大量的 CO_2,比如 400 ℃ 热解条件下,CO_2 组分占比达到了 67.75%,随着热解温度的上升,CO_2 的含量大幅度下降,当热解温度在 700 ℃ 以上时,基本达到平衡,CO_2 含量在 14%~18%。可燃组分在低温时含量都较少,400 ℃ 时,H_2 含量为 17.10%,CO 含量为 10.71%,甲烷含量为 3.39%,碳原子数量在 2 以上的有机气体组分均在 0.5% 以下。随着温度上升,可燃组分大幅增加,但是 H_2 在 500~900 ℃ 区间波动不大,基本在 30%~

40%的范围内；CO、CH_4 和 C_2H_4 随着温度缓慢增长到 10% ~ 20%；乙烷和丙烯则缓慢增长到 2% ~ 4%；其余组分（丙烷、丁烷、丁烯、戊烷、C_{6+}）含量一直都较低，基本低于 1%。在热解气中，H_2 和 CO 是最主要的还原剂，H_2 含量（30% ~ 40%）又大大高于 CO 含量（10% ~ 20%），因此温度达到 500 ℃以后，H_2 将在还原铁过程中起主要作用。

热解气中的 CO 和 CO_2 主要来自油泥中含氧官能团的裂解。含氧官能团的热稳定性顺序为—OH>羰基>羧基>—OCH_3。其中，CO 是来自于油泥中的酚羟基、羰基和其他的含氧基团，而 CO_2 主要来自于羧基，羧基的热稳定性比羰基、酚羟基等低，在较低的温度下就会受热分解产生 CO_2；另外，在高温下，产生的 CO_2 也更容易与裂解焦炭发生气化反应生成 CO（即布多尔反应），并且这个气化反应随着温度的升高，反应速率越快，当温度达到 700 ℃以后，布多尔反应明显增强。这些因素综合在一起，导致了裂解温度升高后，CO_2 减少，CO 增加。

热解气低位热值变化规律如图 4-17 所示，低温热解气中由于 CO_2 含量高，可燃组分含量低，400 ℃时热解气热值仅为 4.90 MJ/m^3，与高炉煤气热值相当。随着温度的上升热解气热值持续快速增加，700 ℃时热值增加到 22.70 MJ/m^3，属于中热值气，甚至高于焦炉煤气热值(16747.2 kJ/m^3,16.7 MJ/m^3)。这主要得益于热解气中可燃组分的大幅度增加，尤其是高热值的 C_2H_4、CH_4、C_3H_6 增长幅度较大；但是温度进一步上升时，热值波动不大，基本维持在 22 MJ/m^3 左右，这主要是因为高热值气体在 700 ℃以后，成分开始稳定。

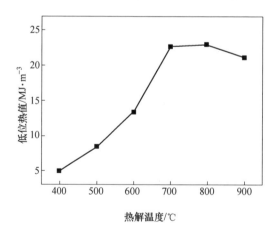

图 4-17　温度对热解气低位热值影响规律

温度对气体产率和密度的影响如图 4-18 所示，油泥低温热解产生的气量很少，相对而言焦油量比较多。400 ℃热解气的产气率仅为 20.18 mL/g（即每克油泥产生 21.18 mL 热解气），随着温度的上升，热解气产率几乎呈线性急剧上升，

900 ℃时，气体产率达到 222.43 mL/g，大约是 400 ℃时的 10 倍。气体密度变化规律与产率相反，热解温度越高，热解气密度越低，400 ℃密度达到 1.50 g/L，到 700 ℃时密度降低到 0.83 g/L，随后基本保持稳定。气体密度与热解气的成分密切相关，低温时高密度的 CO_2 含量高，高温时低密度的烃类气体含量高，700~900 ℃时，由于烃类组分含量比较稳定，所以密度也保持稳定，这与气体热值的变化呈现了类似的规律。

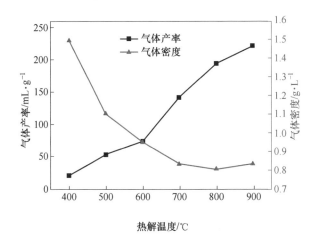

图 4-18　温度对气体产率和密度的影响

B　热解残渣变化规律

油泥中含碳量为 11.64%，挥发分含量为 17.31%。热解反应会使油泥中的碳元素和挥发分进入热解气，导致残渣中有机组分降低。热解温度对有机组分的影响如图 4-19 所示。当 400 ℃热解时，碳元素含量降低到 4.43%，以后进一步升高温度，碳含量虽然略有降低，但是总体维持在 3%~4% 的含量保持稳定；挥发分含量在 400 ℃时降低到 4.69%，并随着温度的上升持续降低，当温度升高到 800 ℃时挥发分含量降低到 0.3%，并且在 900 ℃时保持在 0.3% 的水平，这表明当热解温度达到 800 ℃时，油泥中挥发分已经基本挥发殆尽。但是考虑到升高温度对促进挥发分挥发作用并不太明显，应考虑提高温度的能量付出与收益，综合考虑热解温度。

油泥中本身含铁较高，达到 65.44%，金属铁含量为 43.61%，金属化率达到 66.64%。从图 4-20 可以看出，由于热解时有机组分的质量损失，导致油泥中其他组分相对"浓缩"，所以铁元素含量不断上升，400 ℃时含铁量提升到 73.85%，随着温度进一步上升，到 900 ℃时含铁量已经达到 82.36%。

由于含铁油泥中含碳量较高，在热解时会形成还原气氛，对油泥中的铁元素有还原作用。低温热解时，油泥中 FeO 首先增高，从油泥样品中的 13.29%，大

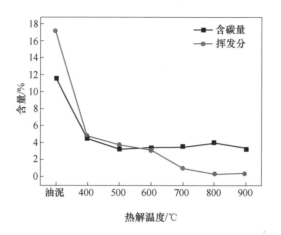

图 4-19　热解温度对有机组分的影响

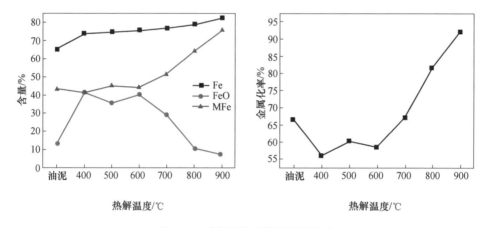

图 4-20　热解温度对铁还原的影响

幅度增加到 400 ℃时的 41.57%，而金属铁的含量基本不变，甚至略有降低，这主要是因为油泥中的氧化铁首先被还原成 FeO；随着热解温度的上升，FeO 进一步被还原为金属铁，所以 FeO 含量持续降低，并在温度超过 600 ℃以后开始迅速大幅降低，同时金属铁含量持续增加，这表明超过 600 ℃以后时，开始大量发生 FeO 被还原生成金属铁的反应。到 900 ℃时，金属铁含量达到 76.03%，金属化率为 92.31%。

　　油泥中的钾、钠、铅、锌、硫、氯这几种有害元素迁移规律如图 4-21 和表 4-13 所示。这几种有害元素总体含量都比较低，一般均在 0.1%以下。氯元素在热解时，随着温度上升有一定量的挥发，其余元素波动不大。

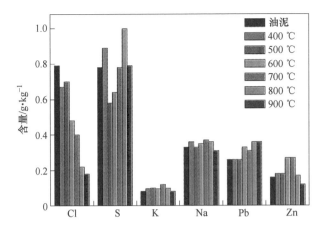

图 4-21　油泥中有害元素在热解条件下的迁移规律

表 4-13　热解时有害元素的迁移转化　　　　　　　　　　　（％）

热解温度/℃	Cl	S	K	Na	Pb	Zn
油泥	0.079	0.078	0.0082	0.033	0.026	0.016
400	0.067	0.089	0.0098	0.036	0.026	0.018
500	0.07	0.058	0.01	0.033	0.026	0.018
600	0.048	0.064	0.0096	0.035	0.033	0.027
700	0.04	0.078	0.012	0.037	0.031	0.027
800	0.022	0.1	0.0099	0.036	0.036	0.017
900	0.018	0.079	0.0082	0.031	0.036	0.012

利用 XRD 分析了油泥及其热解渣的物相组成，结果如图 4-22 所示。由图可知，油泥及其热解渣中的铁，主要以单质铁和磁铁矿的形式存在，在刚开始热解的时候，会形成一部分磁铁矿，随着热解温度上升，油泥中的碳进一步把磁铁矿还原，磁铁矿逐渐减少，单质铁迅速增加。

　　C　工业运行参数

含铁油泥中铁组分较高，采用传统市政危险废物焚烧工艺处置含铁油泥时，炉内处于空气过剩的气氛，铁组分与其他金属氧化物组成了低温共熔体，容易在窑内产生焦糖状结渣，如图 4-23 所示。因此，对于含铁油泥的处置必须采用新的工艺制度，以缓解其结窑。

在某钢铁企业废险废物处置工程中开展的含铁油泥热解试验研究中，根据对含铁油泥热解目标产品不同分为低金属化率工况和高金属化率工况。从表 4-14 可以看出，当控制过量空气系数（α）为 0.5 左右时，窑头温度为 550~600 ℃，此时烟气量为 15746 m^3/h，含铁油泥中的部分金属化铁组分被氧化，金属化率为

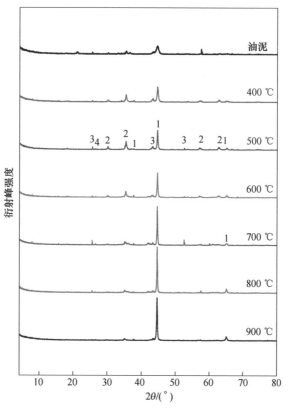

图 4-22 油泥及其热解渣的 XRD 图谱

1—Fe；2—磁铁矿；3—刚玉；4—C

38.8%；进一步提高过量空气系数到 0.6 ~ 0.7，气氛中含氧量提升，更多的金属化铁组分被氧化，金属化率下降到 24.4%，同时烟气量也增加到 16374 m³/h。说明在热解条件下，气氛中给氧量增加，一方面有利于炉膛升温，另一方面也会导致油泥中原有的金属铁组分被氧化，致使金属化率降低。在低金属化率工况下，挥发分均为 2% ~ 3%。通常，进入烧结的固废预处理要求入炉固废挥发分降低到 5% 以下，在挥发分预处理满足要求的前提下，可以进来保留油泥中的碳和金属铁组分，在后续的冶金流程中继续放热，以提高能源利用效率。

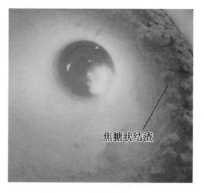

图 4-23 含铁油泥处置产生的结渣现象

表 4-14 含铁油泥热解工业运行参数

项 目	低金属化率工况		高金属化率工况
	工况 1	工况 2	
窑头温度/℃	550~600	680~720	780~820
过量空气系数	0.5 左右	0.6~0.7	0.6~0.7
焚烧量/t·h⁻¹	3	3	3
窑头天然气量/m³·h⁻¹	181	257	282
一次风/m³·h⁻¹	4258	5188	6012
二燃室天然气量/m³·h⁻¹	382	357	425
烟气量/m³·h⁻¹	15746	16374	17851
底渣残碳量/%	4.83	3.25	2.11
底渣挥发分/%	2.65	2.55	0.71
底渣金属化率/%	38.8	24.4	71.8

在高金属化率工况中，为了得到高金属化率的窑渣热解产品，需要进一步提高炉温和窑内的还原气氛。在实际生产运行中，往窑内配入一定的焦炭，在这种情况下，窑头温度达到 780 ℃以上，烟气量较低金属化率工况提高了 10%~13%，得到了金属化率为 71.8%的高金属化窑渣。

按照含铁油泥的目标产品质量不同，分别制定差异化的热解工艺制度，其中，对于低金属化率目标产品的热解制度为：热解控温热最佳温度区间为 550~650 ℃，最优控氧区间为 0.4~0.6，在这个运行条件下，窑渣的金属化率大约为 38%，挥发分小于 5%，产品满足烧结进料的要求，可以进烧结循环回用，且避开了回转窑中 FeO 大量生成的区间，缓解了回转窑结圈的现象；对于高金属化率目标产品的热解制度为：热解温度 700~900 ℃，最优控氧区间 0.5~0.7，需外配一定的煤，在这个运行条件下，窑渣金属化率约为 72%，满足转炉对窑渣金属化率的要求，可以直接进转炉循环回用，同时这个温度区间高于回转窑内亚铁的生成温度区间，避免 FeO 大量生成，缓解了回转窑结圈的现象。含铁油泥在回转窑内的理想升温曲线如图 4-24 所示，应当尽量避开 FeO 生成的易结圈区间，在高温段应尽可能保持温度均匀、稳定。钢铁企业在实际运行时，还要根据自身固废的资源禀赋和理化特征，探寻适合自身的最优热解工艺制度，以达到目标产品价值最大化的目的。

4.3.2.2 有机杂物

A 热解质量及形态变化

350~600 ℃热解温度对橡胶、滤布、废布三种工业有机固废热解过程质量损失的影响如图 4-25 所示。由图 4-25 可以看出，随着热解温度的升高，三种原料的质量损失均有增大的趋势。橡胶和滤布的质量损失波动较为明显，尤其是在

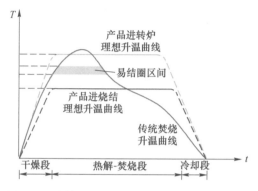

图 4-24 含铁油泥热解-焚烧理想温度曲线

400~450 ℃区间质量损失剧烈增加，随后继续升温对质量损失影响不明显。600 ℃热解时，橡胶和滤布的质量损失分别最高达到 93.89% 和 85.83%，而废布随着热解温度的升高其质量损失波动较小；当热解温度为 450 ℃时，质量损失为 70.1%，低于橡胶和废布。这其中，橡胶在热解温度低于 550 ℃时，热解产物几乎都是热解油，如图 4-26 所示，冷却后也呈油状胶质态。热解油产量高的有机固废在热解时极易产生结窑现象，热解时油分析出，像胶水一样黏附固体颗粒，并在热解冷却段凝结，造成物料板结和热解炉结窑。因此必须控制好热解的温度，尽量避开热解油大量生成的温度区间，缓解结窑现象。

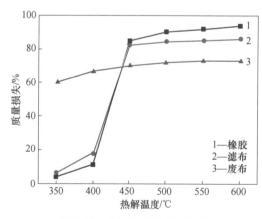

图 4-25 热解温度对有机固废
热解过程质量损失的影响

图 4-26 热解产生的热解油

B 热解气体成分分析

在热解温度为 600 ℃的条件下，三种有机固废热解过程的气相产物 CH_4、CO、CO_2 和 H_2 的排放情况如图 4-27 所示。其中，橡胶在热解温度为 600 ℃时，

CH_4、CO 和 CO_2的最高体积分数分别为22.60%、11.39%和3.99%，平均体积分数分别为3.24%、3.32%和0.74%；热解滤布时，CH_4、CO 和 CO_2的最高体积分数分别为 27.92%、3.77% 和 0.85%，平均质量分数分别为 4.17%、1.34% 和 0.26%；而热解废布时，CH_4、CO 和 CO_2 的最高质量分数分别为 3.63%、92.13%和6.32%，平均质量分数分别为 1.22%、34.21%和1.14%，废布在热解过程中气相产物主要为CO。

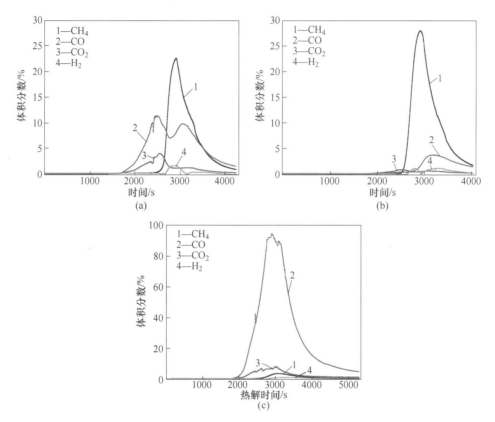

图 4-27　三种固废在 600 ℃热解过程中的气体排放情况
（a）橡胶；（b）滤布；（c）废布

从图 4-27 可以看出，废布热解气中可燃组分的体积分数高于橡胶和滤布，这主要是因为橡胶和滤布是高分子聚合物，其主要组分是多环芳烃或者长链烃结构，在热解时首先以大分子结构析出，然后继续断键生成大量 CH_4 分子。此外，低温热解气中存在大量油分，容易在管道内冷凝。而废布是棉纤维结构，存在羧基、甲基、氢基等容易分解的基团，其热解时容易形成轻质小分子气体，因此可燃组分相对较高，尤其是 CO 组分较高。

C   热解固相产物分析

（1）热解固相产物元素和工业分析。三种原料的热解固相产物元素和工业分析结果如表 4-15 所示。由表 4-15 可知：橡胶在 350 ℃ 热解时，其热解固相产物中 C 元素质量分数最高，为 86.55%，高于原料中 C 元素质量分数，在 500 ℃ 热解时其热解固相产物中 C 元素质量分数最低，仅为 15.29%；滤布在 350 ℃ 热解时，其热解固相产物中 C 元素质量分数最高，为 80.21%，在 600 ℃ 热解时其热解固相产物中 C 元素质量分数最低，仅为 13.38%；废布在 600 ℃ 热解时，其热解固相产物中 C 元素质量分数最高，为 90.03%，在 350 ℃ 热解时其热解固相产物中 C 元素质量分数最低，为 84.00%，均高于原料中 C 元素的质量分数。随着热解温度的升高，橡胶和滤布热解的固相产物中 C 元素总体呈不断降低的趋势，废布热解产物中 C 元素质量分数呈不断增加的趋势。

表 4-15   热解固相产物的元素和工业分析

原料名称	温度/℃	化学元素（质量分数）/%					工业分析（质量分数）/%			
		C	H	O	N	S	挥发分	灰分	水分	固定碳
橡胶	350	86.55	13.32	0.13	—	—	94.93	4.82	0.25	0.00
	400	85.76	13.49	0.76	—	—	93.55	6.13	0.32	0.00
	450	58.96	10.05	30.20	0.74	0.05	57.37	36.48	2.14	4.01
	500	15.29	1.82	8265	0.25	0.24	14.74	20.21	5.00	60.05
	600	19.39	1.08	79.17	0.20	0.36	8.41	19.16	2.18	70.25
滤布	350	80.21	12.59	7.20	—	—	80.52	13.36	0.51	5.61
	400	74.72	11.70	13.59	—	—	81.42	12.00	0.72	5.86
	450	26.61	3.22	69.55	0.27	0.34	25.40	65.88	1.68	7.04
	500	15.45	1.30	82.90	0.25	0.36	18.41	19.40	2.89	59.30
	600	13.38	0.95	85.23	0.24	0.44	11.97	12.46	2.31	73.26
废布	350	84.00	2.46	4.66	1.55	7.33	41.54	1.07	1.60	55.79
	400	88.30	3.28	4.85	1.78	1.78	16.79	1.43	3.05	78.73
	450	89.05	3.84	4.82	2.30	0	16.17	1.33	2.52	79.98
	500	89.33	3.54	4.30	1.80	1.03	15.79	1.68	2.32	80.71
	550	89.98	3.66	4.08	1.65	0.63	15.34	1.22	2.40	81.04
	600	90.03	3.63	—	—	—	14.98	1.43	1.77	81.82

分析热解后固相产物中挥发分的质量分数变化，发现橡胶、滤布和废布中该值均随着热解温度的升高而降低，其中橡胶与滤布中该值的变化波动较大，而废布中该值的变化波动较为平缓。相对来说，废布的热解产物比橡胶和滤布对烧结

的影响更小。

总体而言，橡胶和滤布中碳大多以挥发分碳的形式存在，热解温度太低，残碳中的挥发分高，对烧结有不利影响；热解温度太高，则质量损失太大，而且残碳中 C 元素的质量分数也很低。而废布中存在一定量的固定碳，采用 400 ℃热解，可以去除大量挥发分，且热解底渣中 C 元素质量分数高达80%以上，是较合适的烧结燃料。

（2）热解固相产物 TFe 质量分数分析。三种原料热解固相产物 TFe 质量分数分析结果如图 4-28 所示。由图 4-28 可知，滤布热解固相产物中 TFe 质量分数整体较高，当热解温度为 450 ℃时，TFe 质量分数达到 6.38%，而橡胶热解固相产物中 TFe 质量分数次之。滤布和橡胶在钢铁企业中常用于粉尘过滤、矿物运输，其使用过程中更容易沾染含铁物料，而废布通常用于清洁、包装等用途，相对而言与铁原料接触更少一些，故其热解固相产物中 TFe 质量分数最低。

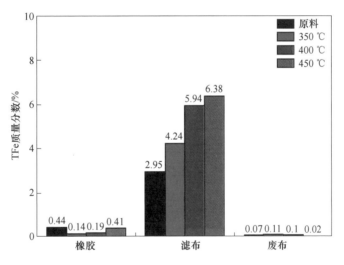

图 4-28 热解固相产物 TFe 质量分数

（3）热解固相产物热值分析。橡胶和滤布热解产物中含碳量高，但固定碳质量分数极低。根据热值计算经验公式，废布热解固相产物的热值分析结果如表 4-16 所示。由表 4-16 可知，废布原料的热值为 19.15 MJ/kg，热解后热值大幅提升，在热解温度为 350 ℃时，其热解固相产物热值已达到 29.92 MJ/kg；当热解温度为 400 ℃时，热值增加到 32.30 MJ/kg；随后继续增加热解温度，产物热值缓慢增加，变化不大。废布热解固相产物的热值随热解温度的升高而升高，而通常烧结焦粉热值约为 30 MJ/kg，即废布热解固相产物的热值与焦粉相当而略高于焦粉。

表 4-16　热解固相产物热值分析

项目	原料	350 ℃	400 ℃	450 ℃	500 ℃	550 ℃	600 ℃
热值/MJ·kg^{-1}	19.15	29.92	32.30	33.22	33.04	33.43	33.42

D　工业热解条件

在某钢铁企业危险废物处置工程开展热解处置工业试验研究，试验原料为含铁油泥、废活性炭、有机树脂的混合物。试验过程中，原料经混匀后，由上料抓斗送进回转窑进行处置。在传统焚烧工艺中，焚烧过量空气系数（α）一般为 1.05~1.20，以保证物料充分焚烧。给风量过低会导致炉温太低，热反应无法持续进行，甚至导致回转窑熄火或结圈。因此，在热解处置过程中，控制进风量，使 α 处于 0.4~0.7，具体运行参数如表 4-17 所示。

表 4-17　工业试验运行参数

项目	窑头温度/℃	过量空气系数	焚烧量/t·h^{-1}	窑尾温度/℃	窑头天然气量/m³·h^{-1}	窑头助燃风量/m³·h^{-1}	一次风/m³·h^{-1}	二燃室天然气量/m³·h^{-1}
工况 1	550~650	0.4~0.7	3.25	约 700	115	1081	3821	453
工况 2	820	0.81	3.25	815	285	1680	6127	405

项目	二燃室助燃风量/m³·h^{-1}	烟囱烟气含氧量/%	二燃室出口温度/℃	烟气量/m³·h^{-1}	底渣残碳量/%	底渣烧失量/%	底渣挥发分/%	综合处置能耗/kg·t^{-1}
工况 1	5124	11.2	1108	18225	47.32	52.25	2.98	144.8
工况 2	3587	11.6	1118	19648	8.23	9.23	5.19	282.1

由表 4-17 可以看出：当控制 α 在 0.4~0.7 时，窑头温度为 550~650 ℃，窑尾温度约为 700 ℃，总烟气量为 18225 m³/h，所获得的热解渣的残碳量达到 47.32%，挥发分为 2.98%。而烧结工序对焦炭燃料的挥发分要求一般为挥发分小于 5%，由此可知，该热解渣可以作为燃料加入烧结进行协同处置。进一步提高给氧量为 0.81 时，窑头温度上升至 820 ℃，窑尾温度上升至 815 ℃，与工况 1 相比，由于二燃室入口烟气温度上升，所以二燃室消耗的天然气量减少，但总烟气量略有上升，达到 19648 m³/h。由于供氧增加、温度升高，残渣中含碳量仅为 8.23%，挥发分质量分数为 5.19%，与工况 1 相比，热解残碳大幅降低。计算表明，工况 1 的固废综合处置能耗（折标煤）为 144.8 kg/t，比工况 2，能耗下降 48.7%。作为工业热解来讲，工况 1 显然是更合适的热解工艺制度，总体而言，富碳有机固废最佳热解温度 600~800 ℃，最优控氧区间 0.3~0.6，在该运行条件下，避开了焦油大量生成的区间，缓解了回转窑结圈的现象，可以使挥发分降低至 5% 以内以满足烧结进料的要求，并且最大程度地保留固定碳为烧结所利用，

能源回收效率达到最佳。

富碳固废进入回转窑的理想升温曲线如图 4-29 所示，有机固废进入回转窑后，应尽快升温至最佳热解的温度区间，避开热解油大量生成的温度区间，以提高热解气热值、降低回转窑结圈风险。在高温区尽可能保持窑内温度均匀，传统的回转窑采用窑头一次进风，在回转窑入窑段是空气和燃料集中的区域，容易形成高温区。要实现窑内的均匀，更优选的方案是对回转窑采取分级进风的方式，具体内容介绍详见本书第 7 章中关于多场可控回转窑装备的介绍。

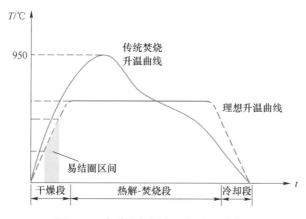

图 4-29　富碳有机固废理想升温曲线

有机物中不可避免会含有一些 Cl 元素，这些 Cl 在热反应过程中容易与含碳基团形成二噁英等有毒物质。二噁英从头合成或前驱体合成需要温度为 $200 \sim 500\ ℃$，且在有氧或重金属催化的条件下进行。在工况 1 的条件下，系统内供氧不足，温度达到 $550\ ℃$，理论上不利于二噁英的合成。二噁英的熔点为 $303 \sim 306\ ℃$，沸点为 $421 \sim 465\ ℃$，即使有少部分二噁英存在，也会以气相形式进入二燃室，在 $1100\ ℃$ 条件下停留时间超过 $2\ s$，随后充分分解。综上所述，工况 1 是有利于二噁英控制和富碳热解渣生成的较优工业热解条件。对于二噁英在热解−焚烧过程中的生成机理和控制工艺的详细介绍，参见本书第 4.5 节。

4.3.3　热解-焚烧主要装备

热解反应器是热解-焚烧工艺最关键、最核心的装备。目前，市场上热解工艺所依赖的基本炉型主要包括：流化床、回转窑、移动床、固定床等，这几种炉型的主要特征和优缺点对比如表 4-18 所示。热解技术最早起源于煤炭行业，通过将煤炭热解可以制备焦炭、煤气、煤焦油等高价值产品。热解技术应用在固废处置行业是从生物质废物、废塑料和废轮胎的处理开始，其中，对于生物质废物，采用快速热解制取生物油的研究逐渐受到重视，快速的热解速率使得这种工艺普遍采用流化床热解炉，但是与高分子废物热解油相比，生物油的热值低、含氧高，因此必须经过改性处理提高其品质，这大大降低了系统的经济性；对于废塑料的处理，形成了熔浴和热解两段槽（釜）式催化热解工艺，热解产物主要是汽油和柴油，因热解中炭产物收率可以忽略，因此热解炉型采用简单的槽（管）式固定床反应器即可；对于废轮胎处理，形成了燃油和炭黑同时回收的热解工艺思想，流化床、移动床及回转窑均有应用。

表 4-18　主流的热解反应器对比

炉型	主要特征	优　点	缺　点
固定床	固体物料通常呈颗粒状，堆积成一定高度或厚度的床层，床层静止不动，流体通过床层进行反应	结构和操作简单，机械磨损小，停留时间好控制，可以在高温高压下操作	传热较差，产品质量不均匀，生产不连续，不适用细颗粒物料
移动床	是用以实现气固相反应的反应器，颗粒状或块状物料自炉顶加入，随着反应进行物料下移，自底部排出，流体则自下而上穿过床层	可以连续进出料，停留时间好控制	控制物料均匀下移比较困难，不使用细颗粒物料
流化床	利用气体通过料层，使固体颗粒处于悬浮不规则运动状态，并进行气固反应	可以连续生产，反应物接触面积大，物料混合充分，传热传质效率高，床层温度均匀，时空产率高	动力消耗大，气流含尘较大，物料、反应容器磨损严重，反应器体积大
外热式回转窑	物料在旋转式反应器中翻滚、热解，热解热源来自于物料外部，即通过间壁式换热器，热量间接传给物料进行热解反应	可以连续生产，热解产物纯净、品质高，可以利用其他工序余热	反应速度受物料尺寸影响大，传热效率低，单炉处理能力低
内热式回转窑	物料在旋转式反应器中翻滚、热解，热解热源来自于物料内部，空气与物料直接接触，通过调节空气输送量控制热解或气化程度	原料适应性广，生产成本低，物料受热均匀，传热传质速度快，单炉处理能力大，可以连续生产	热解气中杂质含量高，热值低，存在结圈的问题

与上述几种固废相比，钢铁流程的有机固废最大的特征是来源广泛、组分繁杂。钢铁流程有大量的污泥类有机固废，这类污泥粒度较细，不适宜采用固定床或移动床进行料层堆积，透气性较差将极大地限制物料的传热传质；流化床中气

流速度受物料尺寸、密度影响较大，钢铁流程有机固废通常是多种固废混合进料，每种物料理化特征各异，难以控制合适的气流速度使所有物料都处于较好悬浮状态，流化床的整体控制将变得异常困难；传统的外热式回转窑还需要消耗额外的能源提供热解所需要的热量，这对固废处置工程而言将增加额外的运行成本，并且过低的单炉处置能力也难以满足钢铁企业固废处置的需求。综合比较目前几种典型的热解炉来看，采用内热式回转窑将较好地解决有机固废来源广泛、成分复杂、尺寸各异的问题，物料在回转窑内翻滚实现均匀受热，回转窑内通过控制合理的空气输入氧化部分废弃物，提供自身热解所需要的热量，实现了自身的能量平衡，无需额外消耗能源，降低了固废处置的成本。

按气、固体在回转窑内流动的方向，回转窑分为顺流式和逆流式两种。逆流式回转窑适宜于湿度大、可燃性低的固废。逆流式的设计可提供较佳的气、固混合及解除，传热效率高，可提高反应速度，但由于气固相对速度大，烟气带走的粉尘量相对较高。目前，钢铁企业有机固废大多作为社会工业危险废物焚烧处置，而绝大多数回转窑焚烧炉为顺流式，主要原因是进料、进风及辅助燃烧器的布置简便，操作维护方便，有利于废物的进料及前置处理，在顺流模式下，有机固废热解气组分在窑内的停留时间相对较长，有利于有机物的分解，因此，本文的有机固废热解焚烧窑采用顺流运行模式。

图 4-30 所示为有机固废在内热式顺流回转窑（如无特殊说明，本章后文中所述"回转窑"均指"内热式顺流回转窑"）中的热解反应机理。回转窑有机固废与空气从窑头进入，其中空气的输入量在传统焚烧的基础上大幅降低，在回转窑内形成了热解反应区和焚烧放热区。其中，在物料堆积的回转窑底部，形成了局部缺氧区，在这个区域有机固废受热分解，生成 CH_4、CO、H_2 等轻质小分子可燃气体，以及多环芳烃、蒽、萘、联苯等重质大分子焦油组分。焦油组分挥发至上部窑体，部分进一步裂解成小分子气体。这些小分子可燃气在回转窑腔体中处于贫氧状态，一部分与氧气发生燃烧反应，生成 CO_2 和 H_2O，同时向环境释放热量，这部分热量通过对流或辐射的方式传递给底部固体物料，进一步促进物料的热解反应。而多余的小分子可燃气则与部分燃烧反应生成 CO_2 和 H_2O 一起形成热解烟气，排出回转窑，在后续设置的二燃室中充分焚烧，余热回收发电，或为其他的冶金流程提供低热值气体燃料。底部的有机固废热解渣中保留了固定碳，可以作为冶金流程的还原剂或燃料而被资源化循环利用。

回转窑一般分窑头、本体、窑尾、传动机构等几个部分，如图 4-31 所示。窑头的主要作用是完成物料的顺畅进料，需配置一套燃烧器，配套燃烧器风机、助燃风机、窑尾冷却风机，回转窑与窑头的密封需采用复合石墨块用牵引绳密封系统密封，密封效果良好。废物通过窑头处的伸长节直接进入到窑内，避免窑头进料口形成死角。回转窑驱动装置包括主、辅传电动机、变速箱和开式齿轮。在

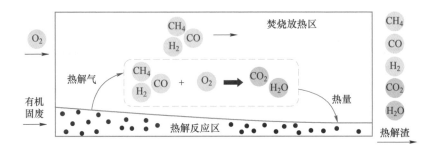

图 4-30　有机固废在回转窑中的热解反应机理

本体上面还有两个带轮和一个齿圈，传动机构通过小齿轮带动本体上的大齿圈，然后通过大齿圈带动回转窑本体转动。回转窑主传动采用齿轮传动，设置变频调速，调整废物在窑内的停留时间，一般控制废物在窑内的停留时间为 30～120 min。窑尾是连接回转窑本体及二燃室的过渡体，它的主要作用是保证窑尾的密封以及烟气和热解残渣的输送通道。回转窑内废物燃烧所需空气由燃烧器风机和助燃风机提供。入窑风量通过变频电机及阀门自动调节控制，具体风量按照热解工艺的要求进行实时调节。

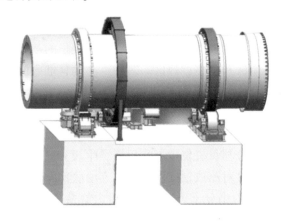

图 4-31　典型的热解回转窑装置图

为了实现回转窑内温度、气氛的可控和精准测量，中冶长天国际工程有限责任公司开发了多场可控多点分布式进风的回转窑装置（专利号：ZL202021455411.7、ZL202021457689.8 等），可以实现窑内气氛的精准可控和温度的均匀分布，关于该装置的详细介绍可参见本书第 7 章。

4.4 热解渣控氧冷却技术及装备

4.4.1 控氧冷却工艺

从回转窑出来的热渣，温度达到 400~800 ℃，必须经过冷却之后，方可以经由皮带或者运输车转运至其他工序。在市政危险废物焚烧系统中，回转窑燃烬的灰渣直接落入水封式出渣机，经过水冷却之后，采用捞渣机捞出，由皮带或者运输车外运。传统冷却工艺设备结构简单，运行方便，但是高热炉渣携带的热能没有有效利用，热渣落入水中的瞬间激起一层水雾，造成窑渣冷却池附近水雾弥漫，工作环境极差，传统的水冷工艺会造成热解渣含水量过高，水对高温热解渣中的固定碳和金属铁也有一定的氧化作用，从而影响后续利用价值，因此需要开发更合理的热解渣冷却工艺，适应冶金流程协同消纳热解渣的工艺需求。

4.4.1.1 含碳组分冷却过程转化热力学

热渣冷却可能采取的介质主要有空气、水或氮气，热解渣中碳组分在三种介质下的碳转化热力学如图 4-32 所示，其中吉布斯自由能为负值则表示反应可以自发进行，为正值则表示反应向逆反应方向进行，为零则表示反应不能进行。从热力学计算曲线可以看出，碳组分与氧气的反应在任何温度下均可以迅速、自发地进行，碳、氧在不同温度下反应的吉布斯自由能变 ΔG 一般都小于 −300 kJ/mol，反应较容易进行。碳元素与水蒸气反应需要在限定的温度下进行，当温度在 600 ℃ 以下时，$\Delta G>0$，碳元素无法被水蒸气氧化，当温度大于 600 ℃ 时，碳元素开始被水蒸气氧化，且温度越高，碳与水的反应越容易进行。从图 4-32（c）可以看出，碳与氮元素反应的吉布斯自由能变 ΔG 在任何温度下均为正值，因此，在氮气气氛下，碳元素能够被有效保护下来。综上所述，这三种介质对碳元素的氧化效果为：

空气 > 水 > 氮气

冷却环境中氧气含量越高，则对碳元素的氧化效果越明显，因此，由热力学研究可知，热解渣的冷却应采用低氧或者氮气氛围，以最大程度保留热解渣中碳组分。

4.4.1.2 含铁油泥热解冷却机制

在实验室开展含铁油泥冷却试验，将含铁油泥装在石英舟中，在相同条件下热解并分别在空气、水、氮气的环境下进行冷却。不同冷却条件下，铁元素赋存形态、金属化率及有机组分的变化规律如图 4-33 所示。氮气冷却下产品中的金属铁含量和金属化率最高，分别为 31.5% 和 60.2%，在水冷和空气冷却条件下，金属铁被氧化，其中空气冷却的金属化率最低，为 44.6%。物料中的有机组分含

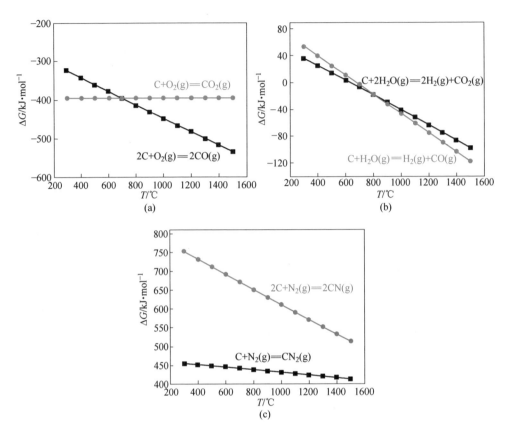

图 4-32 富碳渣冷却过程碳转化热力学
（a）空冷；（b）水冷；（c）氮冷

量比较低，不同冷却条件下碳元素含量为 2.0%~3.5%，这是由于油泥中含铁量较高，碳元素含量相对较低。与铁元素情况也类似，碳元素在空气冷却条件下含量最低，其次是水冷条件，在氮气冷却条件下含量最高。这与前文中热力学研究结论一致，即物料在不同介质中冷却的氧化效果是空气最强，其次是水，氮气最弱。

需要指出的是，在实验室条件下，物料堆叠在石英舟中，冷却过程中仅物料表层与空气直接接触，物料内部是靠空气渗透逐渐氧化，这在一定程度上延缓了物料在空气中的氧化。在工业条件中，物料在回转窑中翻转，从回转窑中排出的时候，一般呈破碎状态，与空气有更好的接触条件，会进一步加剧物料的氧化。

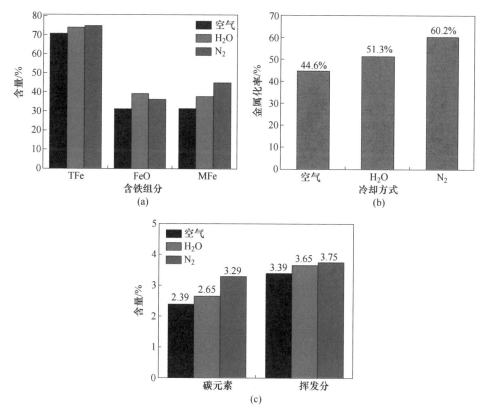

图 4-33 冷却方式对含铁油泥热解渣铁和碳组分的影响

(a) 含铁组分；(b) 金属化率；(c) 有机组分

4.4.1.3 有机杂物热解冷却机制

富碳有机杂物类固废主要分为织物类和橡塑类，织物类包括废布、抹布等，橡塑类是以高分子聚合结构为主，如橡胶、滤布等。在不同冷却方式下有机杂物类固废的含碳量如图 4-34 所示，橡塑类有机固废成分以挥发分为主，热解后碳元素含量降低，即使在氮气保护下冷却，含碳量只有 19.39%，同样条件下，织物类有机固废含碳量高达 89.13%。由于有机杂物类固废热解渣呈多孔结构，比表面积大，反应活性好，高温热解渣在空气中冷却会直接着火。以织物类固废为例，其热解渣燃烧特性曲线如图 4-35 所示，经过分析发现织物热解渣的着火点仅为 384 ℃，而有机杂物的热解温度通常都在 400 ℃以上，在这个热解温度下获得的热解渣如果直接暴露在空气中，就会迅速着火，最终热解渣中含碳量仅为 3%左右，基本燃烧殆尽。在水中冷却的含碳量介于空气和氮气中间，一方面高热渣在入水冷却之前，不可避免会有一段时间暴露在空气中，这个时间足够高温热解渣迅速着火。着火后的热解渣被水迅速扑灭的过程中，又受到水的氧化，所以水冷过程碳元素的含量也相对较低。从上述研究结果来看，有机杂物固废的热解渣在空气和水中冷却几乎无法保留碳元素，必须采用氮气或者低氧冷却抑制碳元素氧化。

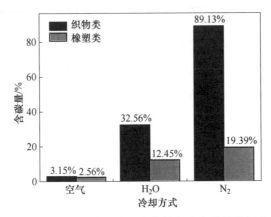

图 4-34 冷却方式对有机杂物热解渣含碳量的影响

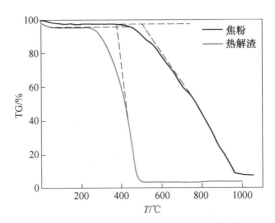

图 4-35 织物类热解渣的燃烧特性曲线

4.4.2 热解渣干式冷却装备

根据钢铁流程消纳有机固废预处理残渣的特点和要求，湿法冷却会增加窑渣干燥的成本，因此应当采用干法冷却方式；根据有机固废热解渣主要组分在不同冷却介质下的变化规律，确定了采用氮气或低氧环境保护的冷却方式。在实际工业运行时，采用氮气冷却效果最好，但是相应的氮气成本也会增加，因此，采用热解烟气作为低氧气源冷却热窑渣，是最经济可行的干式冷却方式。

基于前述工艺研究，中冶长天国际工程有限责任公司（以下简称中冶长天）

和湖南中冶长天节能环保技术有限公司开发了采用水作为间接冷却介质、热处理烟气作为低氧气源的干式冷却装置（专利号：ZL 202220995424.6），如图4-36所示。高热物料进入落料斗，通过下料溜槽进入冷却圆筒，冷却圆筒中布置了螺旋管换热器，冷却水走管内，物料走管外，物料和冷却水之间通过螺旋管管壁进行间接换热。最后，物料冷却至80℃左右排出冷却筒，冷却水获得热解渣的热量后可以作为余热锅炉给水。既实现了热解渣的干式冷却，保留固定碳，又回收了热解渣的余热。

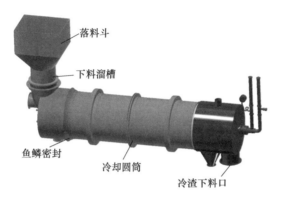

落料斗
下料溜槽
鱼鳞密封
冷却圆筒
冷渣下料口

图 4-36　热解渣干式冷却装置

对于该装置的详细介绍可参见本书第7.4.3节。

4.5 热解渣冶金流程循环利用工艺及参数

4.5.1 总体工艺

有机固废有价组分主要包括固定碳和铁等，在铁、碳资源循环回用过程中，必须要先经过组分分离，把有机固废中的挥发分、二噁英去除至满足冶金炉窑入炉的要求，其整体技术路线如图4-37所示。钢铁流程的有机固废经过控温热解以后，部分挥发分进入热解气。具有一定热值的热解气可以作为低热值的冶金副产煤气向烧结、热风炉等冶金炉窑供能，也可以配备专门的二燃室，在二燃室中充分燃烧，再通过余热锅炉回收热量。控温热解产生的高温渣在低氧或氮气保护气氛下采用水冷间接冷却，以保留渣中固定碳和金属铁组分。热解渣中保留的固定碳组分可作为钢铁流程的还原剂或燃料进行回收利用；铁则以金属铁或氧化铁形式作为铁原料返回钢铁流程回收利用。按照冶金炉窑对原料成分、粒度的要求，以"价值最大化"为原则，高金属化富铁热解渣推荐进入转炉处置，低金属化率但具有一定强度的富铁热解渣推荐进入高炉处置，金属化率和强度都较低的则进入烧结处置；对于颗粒状富碳热解渣可以作为烧结的燃料替代部分烧结所需的焦粉，也可以作为直接还原的还原剂，用于回转窑还原含锌尘泥或直接还原铁，而粉态的富碳热解渣则推荐进入高炉进行喷吹。

钢铁流程中的有机杂物类固废碳元素和挥发分含量高、含铁相对较低，其成分与市政有机危险废物类似，因此，图 4-37 所示的技术路线也同样适用于市政有机危险废物的消纳处置，即把市政有机危险废物作为富碳低铁有机杂物类固废，制备高值的富碳热解渣进入冶金流程循环回用，为冶金流程消纳市政有机危险废物打通了科学路径。

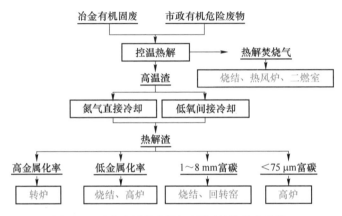

图 4-37　有机固废资源循环利用整体技术路线

热解渣进入转炉、高炉工序须严格满足相关炉窑的入炉条件。由于烧结入炉条件相对宽松，对不能满足相关入炉条件的热解渣可进入烧结循环利用。在后文中，本书以烧结工序作为冶金炉窑的典型代表，重点阐述热解渣的掺烧对烧结工序生产质量的影响，探究烧结工序消纳有机固废预处理渣的再平衡工艺参数。

4.5.2　含铁尘泥富铁热解渣

4.5.2.1　对烧结原料制粒的影响

由表 4-19 可知，在基准条件（不掺混）下，烧结混合料粒级在 +3 mm 分布较多，其占比超过 72%。对 1%、2% 掺混后混合料粒级分布进行分析，发现随着掺混比例的增加对混合料 +3 mm 粒级有降低趋势，从基准方案的 72.30% 减少到 2% 掺混的 71.05%；对混合料平均粒度有下降趋势，从基准方案的 4.94 mm 减少到 2% 掺混的 4.82 mm。1%、2% 掺混后混合料的透气性稍有降低，从基准方案的 12.6 J.P.U. 减少到 2% 掺混的 11.9 J.P.U.。这与含铁尘泥热解渣残渣较差的表面性质有关，致使混合料中 0.5~1 mm、-0.5 mm 的细颗粒未能有效制粒，细颗粒增多一定程度上影响了料层透气性，混合料中 -1 mm 粒级组成由基准的

6.02%增加到2%掺混的7.18%。然而，透气性适当降低可延长烧结时间，对烧结成矿过程反而有益。

表4-19 不同焚烧残渣掺混条件下烧结混合料粒级分布 （质量分数，%）

比例/%	>8	5~8	3~5	1~3	0.5~1	<0.5	平均粒级/mm	透气性/J. P. U.
0	20.77	25.68	25.85	21.68	4.64	1.38	4.94	12.6
1	20.28	26.84	23.94	21.79	5.08	2.07	4.85	12.2
2	20.42	25.48	25.15	21.77	5.05	2.13	4.82	11.9

4.5.2.2 对烧结矿质量指标和冶金性能的影响

A 质量指标

在固定烧结燃料配比为4.3%、混合料水分为7.0%条件下，研究焚烧渣不同掺混比例对烧结矿产质量指标的影响。由表4-20可以看出，随着掺混比例的增加，烧结速度有所减慢，由22.19 mm/min降低为19.84 mm/min，烧结速度变慢，可以使烧结成矿反应更加充分，尤其对铁酸钙生成具有促进作用，可改善生产质量指标。掺混焚烧渣后，烧结矿的成品率和转鼓指数呈先上升后降低的趋势，并在掺混比例为1.0%时达到最佳，分别由基准值67.40%和65.40%提高至69.78%和68.27%；随着掺混比例继续提升到2.0%时，成品率和转鼓指数有所降低，但依旧高于基准值，表明掺混适量的焚烧渣有利于烧结矿成品率和转鼓指数提高。

表4-20 焚烧残渣掺混比例对烧结矿产质量指标的影响

比例 /%	烧结速度 /mm·min^{-1}	成品率 /%	转鼓指数 /%	利用系数 /t·(m^2·h)$^{-1}$	固体燃耗 /kg·t^{-1}	烧结终点温度 /℃
0	22.19	67.40	65.40	1.44	74.44	482
1	20.74	69.78	68.27	1.35	72.81	512
2	19.84	68.44	66.60	1.28	75.33	514

烧结利用系数随着掺混比例的增加呈现降低趋势，在掺混比例为1.0%时，利用系数由基准值1.44 t/(m^2·h)降低为1.35 t/(m^2·h)，当掺混比例继续增加至2.0%时，利用系数降低至1.28 t/(m^2·h)；固体燃料消耗随着掺混比例的增加出现先降低后上升的趋势，在掺混比例为1.0%时达到最小值，由基准值74.44 kg/t降低为72.81 kg/t，这是由于成品率提高后，吨矿固体燃料消耗有所下降；但当掺混比例继续增加至2.0%时，成品率等指标降低，故吨矿固体燃料消耗提高至75.33 kg/t；同时对比分析了不同条件下烧结终点温度，发现较基准而言，掺混1.0%和2.0%的焚烧残渣后，终点温度由482℃提高到512℃和514℃，结合焚烧残渣理化特性分析，其主要成分为Fe$_3$O$_4$，在烧结过程中其氧化

反应会显著增加烧结显热，因而有助于提高烧结终点温度。

综合来看，焚烧残渣在烧结工序的掺混比例应当控制在 1.0% 左右，此时成品率、转鼓指数改善效果最佳，且固体燃耗降低，这主要由于焚烧残渣掺混，其中二价铁氧化放热增加了烧结过程热源，强化了烧结成矿反应。而继续增加掺混比例，烧结生产质量指标开始下降，这主要由于焚烧残渣较差的表面性质，导致其放热过程易局部集中，不利于热效应的整体均匀释放，制约了烧结成矿反应的充分进行。

B　冶金性能

烧结杯试验中基准条件和 1% 掺混条件对烧结矿还原度影响的结果如表 4-21 所示，结果表明：在基准条件下，还原度为 72.68%，焚烧残渣 1% 掺混后，其还原度增加为 77.32%。结合后续烧结矿物相组成研究，烧结掺混 1% 焚烧残渣后，烧结矿优质黏结相铁酸钙含量上升，这是促进还原性提高的重要原因，其次，烧结矿孔隙度的提高也改善了还原动力学条件。

表 4-21　不同焚烧残渣掺混比例对烧结矿还原度影响

样品	入炉质量/g	出炉质量/g	还原度/%
基准	500.98	415.79	72.68
1%掺混	501.05	411.57	77.32

烧结杯试验中基准条件和 1% 掺混条件对烧结矿低温还原粉化性影响的结果如表 4-22 所示，结果表明：在基准条件下，烧结矿 $RDI_{+6.3}$、$RDI_{+3.15}$、$RDI_{+0.5}$ 分别为 54.28%、74.65%、94.81%，掺混 1% 焚烧残渣后，烧结矿 $RDI_{+6.3}$、$RDI_{+3.15}$、$RDI_{+0.5}$ 分别为 57.58%、78.54%、95.05%，较基准分别提高 3.30%、3.89%、0.24%，表明掺混焚烧残渣后对烧结矿的低温还原粉化性能有一定程度改善。这主要是因为焚烧残渣掺杂后烧结矿中二价铁含量增加，即降低了烧结矿中 Fe_2O_3 含量，因此改善了烧结矿的低温还原粉化性能。

表 4-22　不同焚烧残渣掺混比例对烧结矿低温还原粉化性影响　　　（%）

样品	$RDI_{+6.3}$	$RDI_{+3.15}$	$RDI_{+0.5}$
基准	54.28	74.65	94.81
1%掺混	57.58	78.54	95.05

4.5.2.3　对烧结烟气排放的影响

A　对烟气 CO 浓度的影响

不同掺混比例条件下，烧结烟气中 CO 的排放变化如图 4-38 所示。烧结杯试

验过程中，在烧结点火阶段，CO 在烧结前 3~5 min 呈现峰值，高达 20000~
65000 ppm，如图 4-38 中第一阶段；随着烧结过程的进行，CO 的排放较为稳定，
降低至一个相对稳定的区间，且波动较小，如图 4-38 中第二阶段；CO 排放值迅
速降低，直至烧结过程结束，如图 4-38 中第三阶段。

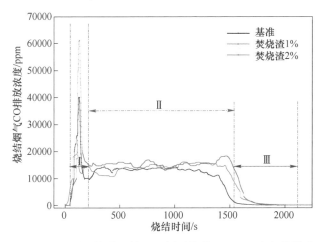

图 4-38　不同焚烧残渣掺混比例对烧结过程 CO 浓度的影响

对图 4-38 的各 CO 浓度曲线进行积分，可得到烧结过程不同掺混比例条件下
CO 的平均浓度，如表 4-23 所示。在基准条件下，烧结过程 CO 平均排放浓度为
11844.28 ppm，当掺混 1% 焚烧残渣后烧结过程 CO 平均排放浓度为
12534.52 ppm，较基准条件提高 5.83%，表明掺混焚烧残渣对烧结过程 CO 排放
有增加效果。结合图 4-38 分析，随着焚烧残渣掺混比例的增加，烧结过程 CO 的
平均排放浓度呈现增加的趋势，当掺混比例为 2% 时，CO 的平均排放浓度高达
13458.70 ppm，其浓度增加 13.63%。

表 4-23　不同掺混比例条件下烧结过程 CO 平均浓度

比例/%	峰值/ppm	平均值/ppm	浓度变化值/%
0	14390	11844.28	—
1	16100	12534.52	+5.83
2	18200	13458.70	+13.63

烧结点火开始后，由于固体燃料和点火煤气的不充分燃烧使烧结烟气中 CO
质量浓度迅速升高。随着烧结反应的进行，烧结料层温度升高至 1200 ℃以上时，
烧结过程从烧结矿带进入燃烧带进行物化反应，从燃烧热力学角度可知，在烧结
反应的高温态 CO 稳定、低温态 CO_2 稳定，影响烧结烟气中 CO 质量浓度的主要
因素是温度。随着原料中掺混焚烧残渣逐渐增多，烧结体系总体温度上升，根据

烧结体系布多尔反应原理，这为 CO 的稳定生成创造了条件。

B　对烟气 NO_x 浓度的影响

不同掺混比例条件下，烧结烟气中 NO_x 的排放变化如图 4-39 所示。试验过程中，在烧结点火阶段，NO_x 在烧结前 3~5 min 呈现峰值，高达 200~500 ppm，如图 4-39 中第一阶段；随着烧结过程的进行，NO_x 的排放较为稳定，维持在一个相对稳定的区间，且波动较小，如图 4-39 中第二阶段；NO_x 排放值迅速降低，直至烧结过程结束，如图 4-39 中第三阶段。烧结过程中 NO_x 浓度呈现中间高两端低的现象，大部分时间 NO_x 浓度均在 200 ppm 以上，这是由于烧结过程生成的基本是燃料型的 NO_x。随着烧结进程的推进，燃料中的氮不断释放，在烧结快结束时，NO_x 急剧降低。

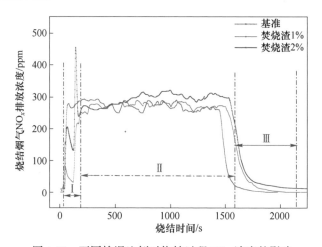

图 4-39　不同掺混比例对烧结过程 NO_x 浓度的影响

对图 4-39 的各 NO_x 浓度曲线进行积分，可得到烧结过程不同掺混比例条件下 NO_x 的平均浓度，如表 4-24 所示。在基准条件下，烧结过程 NO_x 平均排放浓度为 258.90 ppm，当掺混 1% 焚烧残渣后烧结过程 NO_x 平均排放浓度为 271.26 ppm，较基准条件提高 4.77%；随着焚烧残渣掺混比例继续增加到 2%，NO_x 的平均排放浓度提高为 291.75 ppm，较基准条件提高 12.69%，表明掺混焚烧残渣对烧结过程 NO_x 排放有促进效果。这是由于掺混焚烧残渣后，烧结温度提高促进了固体燃料燃烧，加剧了 NO_x 排放。

表 4-24　不同掺混比例条件下烧结过程 NO_x 平均浓度

比例 /%	积分总量 /ppm	峰值 /ppm	平均值 /ppm	浓度变化值 /%
0	326208	291	258.90	—

比例 /%	积分总量 /ppm	峰值 /ppm	平均值 /ppm	浓度变化值 /%
1	341789	287	271.26	+4.77
2	367605	319	291.75	+12.69

烧结过程 NO_x 从点火开始阶段便开始产生，研究表明，通过优化烧结制度参数，可以减少 NO_x 排放，主要包括：优化烧结点火工艺，可以有效减少点火阶段快速型 NO_x 的产生；优化烧结机速度，获得合适的废气温度上升点，可以缩小 NO_x 的生成区间，从而降低主烟道内 NO_x 排放浓度；以及提高烧结料层高度，降低固体燃料消耗，均可以实现 NO_x 减排。

C　对烟气 SO_2 浓度的影响

不同掺混比例的条件下，烧结烟气中 SO_2 的排放变化如图 4-40 所示。在烧结杯试验过程中，SO_2 在烧结后期烟气温度迅速上升时集中排放，形成 1 个波峰，烧结中段的 SO_2 浓度较稳定，主要是因为 SO_2 在迁移过程中遇冷在过湿带聚集，并随着过湿带的迁移而逐渐下移，在烧结后期过湿带消失时，SO_2 得到集中释放，从而出现一个较高的峰值。

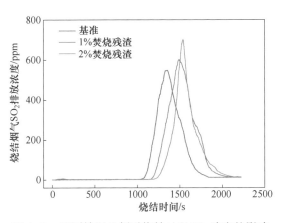

图 4-40　不同掺混比例对烧结过程 SO_2 浓度的影响

对图 4-40 的各 SO_2 浓度曲线进行积分，可得到 SO_2 的平均浓度，如表 4-25 所示。在基准条件下，烧结过程 SO_2 平均排放浓度为 96.64 ppm，当掺混 1% 焚烧残渣后烧结过程 SO_2 平均排放浓度为 106.45 ppm，较基准条件提高 10.15%，表明掺混焚烧残渣对烧结过程 SO_2 排放有增加效果。结合图 4-40 分析，随着焚烧残渣掺混比例的增加，烧结过程 SO_2 的平均排放浓度呈现增加的趋势，当掺混比例为

2%时，SO$_2$的平均排放浓度高达 110.21 ppm，其浓度增加 14.04%。

表 4-25　不同掺混比例条件下烧结过程 SO$_2$平均浓度

比例 /%	积分总量 /ppm	峰值 /ppm	平均值 /ppm	浓度变化值 /%
0	173956.81	548	96.64	—
1	212908.95	601	106.45	+10.15
2	220410.48	787	110.21	+14.04

烧结工艺过程产生的 SO$_2$ 排放量约占钢铁企业年排放量 40%～60%，控制烧结机生产过程 SO$_2$ 的排放，是钢铁企业 SO$_2$ 污染控制的重点。随着烧结矿产量大幅度增加和烧结机的大型化发展，单机废气量和 SO$_2$ 排放量随之增大，控制烧结机烟气 SO$_2$ 污染势在必行。烧结烟气中 SO$_2$ 的来源主要是铁矿石中的 FeS$_2$ 或 FeS、燃料中的 S（有机硫、FeS$_2$ 或 FeS）与氧反应产生的，一般认为 S 生成 SO$_2$ 的比率可以达到 85%～95%。除了源头控硫以外，过程控硫也是重要减排措施。硫元素在烧结过程中无论从有机硫、FeS$_2$ 或 FeS 转化为 SO$_2$ 的化学反应均为吸热效应，提高烧结温度有利于脱硫反应进行，即增加烟气中 SO$_2$ 排放量。

综上所述，随着烧结过程中掺混焚烧残渣比例逐渐增加，烟气成分中 CO、NO$_x$ 和 SO$_2$ 含量都呈增加趋势。

4.5.3　有机杂物富碳热解渣

4.5.3.1　对烧结原料制粒的影响

由于热解渣粒度组成及表面性质等原因，易黏附于原料表面加强混合料的制粒效果。添加 5%、10%、15% 热解渣后烧结混合料的粒度组成如表 4-26 所示，较基准而言，添加热解渣后烧结混合料中 >8 mm、5～8 mm、3～5 mm 粒度的原料比例逐渐增加，有利于料层透气性的提升。结果表明，添加不同比例的热解渣均有利于提升原料的制粒效果。同时，在添加 10% 热解渣的基础上，焦炭量由 90% 分别增加到 93% 和 95%，由于焦炭添加量变化较小，且自身对混合料制粒效果没有造成影响，因此混合料的粒度组成和透气性指数基本没变。添加 5%、10%、15% 热解渣后烧结料层的透气性指数如图 4-41 所示，可以看出，随着热解渣添加比例不断提高，烧结料层的透气性指数也逐渐提高，烧结混合料的透气性是烧结过程中重要工艺参数，对烧结矿产质量指标有着重要影响，适宜的透气性是提高烧结矿产质量指标的重要保障。

表 4-26 热解渣添加量对烧结混合料的粒度分布影响（质量分数,%）

实验组别	混合料粒度分布					
	>8 mm	5~8 mm	3~5 mm	1~3 mm	0.5~1 mm	<0.5 mm
基准（100%焦）	10.00	9.89	20.81	42.52	13.74	3.03
95%焦+5%渣	11.17	10.57	26.25	41.53	10.20	0.29
90%焦+10%渣	16.13	13.39	28.97	38.96	2.55	0.01
85%焦+15%渣	17.46	16.85	32.64	31.85	1.17	0.02
实验组别	混合料粒度分布					
	>8 mm	5~8 mm	3~5mm	1~3 mm	0.5~1 mm	<0.5 mm
基准（100%焦）	10.00	9.89	20.81	42.52	13.74	3.03
90%焦+10%渣	16.13	13.39	28.97	38.96	2.55	0.01
93%焦+10%渣	16.03	14.25	28.52	39.53	1.22	0.45
95%焦+10%渣	15.69	15.88	27.19	37.52	3.02	0.70

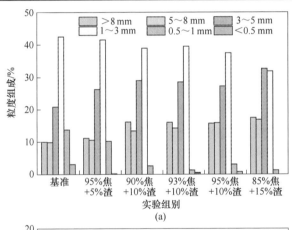

(a)

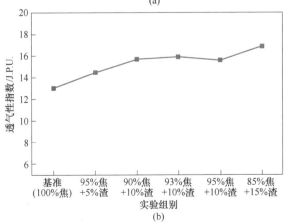

(b)

图 4-41 热解渣添加量对烧结原料的粒度分布及透气性指数的影响

（a）对烧结原料的粒度分布的影响；（b）对透气性指数的影响

4.5.3.2　热解渣对烧结矿产质量指标的影响

如表 4-27 所示，把废布 450 ℃热解条件下的热解渣加入烧结杯中，以等热量替代和非等热量替代两种方式，开展了热解渣掺烧对烧结矿质量的影响研究。在等热量替代实验中，保持烧结料层中的总热量不变，分别以 5%、10%、15%的比例，用热解渣的热量等量替代焦粉的热量；在非等热量替代使用中，则是以10%的热解渣的热量分别替代 10%、7%、5%焦粉的热量。

表 4-27　不同热解渣替代条件下的烧结燃料结构　　　　　　（%）

实验组别	燃料	热解渣	合计燃料
基准（100%焦）	3.80	0	3.80
95%焦+5%渣	3.61	0.19	3.80
90%焦+10%渣	3.42	0.38	3.80
93%焦+10%渣	3.53	0.38	3.91
95%焦+10%渣	3.61	0.38	3.99
85%焦+15%渣	3.23	0.57	3.80

在等热量替代实验中，在固定烧结燃料配比为 3.8%、混合料水分为 7.0%条件下，研究了热解渣不同掺混比例对烧结矿产质量指标的影响。由表 4-28 可知，随着掺混比例的增加，烧结速度逐渐加快，由 20.22 mm/min 提升为 21.54 mm/min，这是由于热解渣的添加提升了烧结混合料的制粒效果，改善了料层透气性，导致烧结速度加快；掺混热解渣后，烧结矿的成品率、转鼓指数和利用系数均呈下降趋势，分别由基准值 73.07%、68.00% 和 1.437 t/（m² · h）降至 69.74%、64.05% 和 1.391 t/（m² · h）。这是由于烧结速度加快，料层中高温反应不能充分反应，导致烧结质量有所降低，同时发现随着热解渣添加量不断提高，烧结的终点温度逐渐下降，由基准值 431 ℃降至 388 ℃，这是由于热解渣的粒度与焦炭相比较细，在烧结过程中热量快速释放，透气性变好导致料层无法持续蓄热，这也是烧结矿产质量下降的重要原因；固体燃料消耗随着热解渣掺混比例的增加明显降低，由基准值 63.04 kg/t 降低为 54.92 kg/t。

表 4-28　热解渣添加量对烧结矿产质量指标的影响（等热量替代）

序　号	烧结速度 /mm · min⁻¹	成品率 /%	转鼓指数 /%	利用系数 /t · (m² · h)⁻¹	固体燃耗 /kg · t⁻¹	终点温度 /℃
基准（100%焦）	20.22	73.07	68.00	1.437	63.04	431
95%焦+5%渣	20.63	72.68	66.67	1.426	59.61	416
90%焦+10%渣	21.34	71.06	65.46	·1.418	56.64	403
85%焦+15%渣	21.54	69.74	64.05	1.391	54.92	388

在非等热量替代的条件下，在添加10%热解渣的基础上，考察了焦炭量增加对烧结矿产质量指标的影响。随着焦炭量由90%分别增加到93%和95%时，由于焦炭量的增加促进了燃料热量的释放以及改善了料层蓄热效果，提高了烧结料层温度，从而对烧结矿产质量指标造成影响。研究表明，适当提高料层温度有助于铁酸钙的生成，如表4-29所示，当焦炭量为93%时，终点温度由403 ℃升至419 ℃，同时成品率和转鼓指数分别由71.06%、65.46%提升至73.01%、66.83%，由于焦炭量增加，固体燃耗有所提高，由56.64 kg/t增至57.96 kg/t；继续提高焦炭量到95%时，铁酸钙生成温度为1200 ℃以下，过高的料层温度抑制了铁酸钙的生成，因此，烧结矿产质量有所下降，但依旧高于90%时的指标，由此可知，适当提高烧结料层温度有利于改善烧结矿产质量指标。

表4-29　热解渣添加量对烧结矿产质量指标的影响（非等热量替代）

序　号	烧结速度 /mm·min^{-1}	成品率 /%	转鼓指数 /%	利用系数 /t·(m^2·h)$^{-1}$	固体燃耗 /kg·t^{-1}	终点温度 /℃
基准(100%焦)	20.22	73.07	68.00	1.437	63.04	431
90%焦+10%渣	21.34	71.06	65.46	1.418	56.64	403
93%焦+10%渣	21.00	73.01	66.83	1.433	57.96	419
95%焦+10%渣	20.86	72.43	66.75	1.425	60.21	428

综合而言，烧结过程中添加热解渣工艺对城市固废在烧结过程中资源化再利用和烧结过程中降碳目标是有利的，对烧结矿产质量产生了一定不利影响，但也在可控范围之内，尤其（93%焦+10%渣）燃料结构是较为合理的配比方案。

4.5.3.3　热解渣对烧结烟气排放的影响

A　对烟气CO浓度的影响

CO主要来自于燃烧带含碳燃料的燃烧反应，但烧结气氛中C、CO和CO$_2$除参与燃烧反应之外，亦满足布多尔反应（$C+CO_2 \rightarrow CO$，$\Delta H>0$，吸热）的可逆体系，从燃烧热力学角度可知，烧结料层的高温区CO稳定、低温区CO$_2$稳定，影响烧结烟气中CO质量浓度的主要因素是温度。由前文所述，如表4-30所示在等热量替代中，随着烧结混合料中热解渣逐渐增多，烧结终点温度逐渐下降，这抑制了CO的稳定生成；如表4-31所示在非等热量替代中，热解渣的质量不变的情况下，焦粉量越多，终点温度越高，这又促进了CO的生产。因此，在等热量替代时，烟气成分中CO浓度从基准组的8657.79 mg/m^{3}下降至10%热解渣和15%热解渣的7821.49 mg/m^{3}和8013 mg/m^3；非等热量替代时，随着焦粉量从90%增加到95%，CO浓度从7821.49 mg/m^{3}增加到8558.98 mg/m^3。前文所述的最优方案（93%焦+10%渣）下，CO减排3.23%，总体而言，热解渣掺混进入烧结工序有利于CO减排。

表 4-30 不同燃料结构对烧结烟气 CO 排放影响（等热量替代）

组　　别	CO 浓度/mg·m⁻³	变化率(相对基准)/%
基准(100%焦)	8657.79	0.00
95%焦+5%渣	8304.96	-4.08
90%焦+10%渣	7821.49	-9.66
85%焦+15%渣	8013.47	-7.44

表 4-31 不同燃料结构对烧结烟气 CO 排放影响（非等热量替代）

组　　别	CO 浓度/mg·m⁻³	变化率(相对基准)/%
基准(100%焦)	8657.79	0.00%
90%焦+10%渣	7821.49	-9.66
93%焦+10%渣	8378.53	-3.23
95%焦+10%渣	8558.98	-1.14

B　对烟气 SO$_2$ 浓度的影响

烧结烟气中 SO$_2$ 主要来自于燃料燃烧。在烧结过湿层消失前，烟气中大量的水蒸气达到露点以下而析出，由于水和 SO$_2$ 的反应，绝大部分 SO$_2$ 在这里转变为亚硫酸盐和亚硫酸而留存下来，被吸收的 SO$_2$ 随过湿层的下移而下移，当过湿层到达烧结料层底部时，温度升高，水蒸气逐渐释放，在过湿层中富集的亚硫酸盐、亚硫酸高温分解，SO$_2$ 质量浓度快速上升。随着整个烧结体系温度下降，总体燃烧效率下降，释放的 SO$_2$ 含量逐渐下降。如表 4-32 所示，在等热量替代工况中，烟气成分中 SO$_2$ 浓度从基准组的 340.63 mg/m³ 逐渐降至 15% 热解渣组的 321.02 mg/m³；如表 4-33 所示，在非等热量替代中，SO$_2$ 浓度也是随着焦粉掺量增加而逐渐增加，但是，在前文所述的最优方案（93%焦+10%渣）下，SO$_2$ 减排 6.09%。

表 4-32 不同燃料结构对烧结烟气 SO$_2$ 排放影响（等热量替代）

组　　别	SO$_2$浓度/mg·m⁻³	变化率(相对基准)/%
基准(100%焦)	340.63	0.00
95%焦+5%渣	323.56	-5.01
90%焦+10%渣	311.52	-8.55
85%焦+15%渣	321.02	-5.76

表 4-33　不同燃料结构对烧结烟气 **SO₂** 排放影响（非等热量替代）

组　　别	SO₂浓度/mg·m⁻³	变化率(相对基准)/%
基准（100%焦）/%	340.63	0.00
90%焦+10%渣	311.52	-8.55
93%焦+10%渣	319.88	-6.09
95%焦+10%渣	335.66	-1.46

C　对烟气 NO_x 浓度的影响

如表 4-34 和表 4-35 所示烧结烟气中 NO_x 主要产生于燃烧带和预热带中燃料燃烧，NO_x 质量浓度的变化趋势往往与 CO 类似，随着热解渣掺混增多，整个烧结体系温度下降，总体燃烧效率下降，释放的 NO_x 含量逐渐下降。"93%焦+10%渣"条件下 NO_x 减排 6.41%。

表 4-34　不同燃料结构对烧结烟气 **NO_x** 排放影响（等热量替代）

组　　别	NO_x浓度/mg·m⁻³	变化率（相对基准)/%
基准（100%焦）	341.55	0.00
95%焦+5%渣	321.89	-5.76
90%焦+10%渣	322.13	-5.69
85%焦+15%渣	309.11	-9.50

表 4-35　不同燃料结构对烧结烟气 **NO_x** 排放影响（非等热量替代）

组　　别	NO_x浓度/mg·m⁻³	变化率（相对基准)/%
基准（100%焦）	341.55	0.00
90%焦+10%渣	322.13	-5.69
93%焦+10%渣	319.66	-6.41
95%焦+10%渣	324.17	-5.09

4.5.4　热解焚烧气与烧结生产协同利用与净化

传统的有机固废焚烧烟气需要配套二燃室、余热锅炉、急冷塔、脱酸塔、布袋除尘等较长流程的烟气处理系统。但是热解焚烧气中由于存在一定的可燃气体，为了降低烟气处置成本、提高能量回收水平，本书推荐了两种热解焚烧气的综合处置工艺。

4.5.4.1　热解焚烧气与富氢烧结耦合利用工艺

富氢烧结技术是中冶长天研发的"以氢代碳"的低碳烧结技术，用富氢燃料（如天然气、焦炉煤气等）在烧结料面上喷吹，缓解由烧结料层下抽风带来的蓄热效应。富氢燃料烧结料层供热的新模式：表层依靠固体燃料+点火煤气供热，中上层依靠气体燃料+固体燃料供热，下层依靠固体燃料+抽风蓄热供热，如图 4-42 所示。在富氢燃料烧结技术中，气-固燃料复合供热对延长上层液相冷凝结晶时间有利，可拓宽其熔体结晶区间（1200~1400 ℃），降低其冷却速度，有利于优质铁酸钙的形成；液相结晶析出的晶型发展比较大而完整，相变热应力小，可提高烧结矿的强度和还原性。而且气体燃料从烧结机前半段喷入，其燃烧放热很快向下传导并叠加至固体燃料燃烧带，有效解决了传统烧结上部料层热量不足、下部料层热量过剩的问题，可实现热量的精准供给。另外，气体燃料与烧结气流介质混为一体，只要达到燃烧条件，其在气流通过的区域均会提供热源，有助于实现均质烧结。

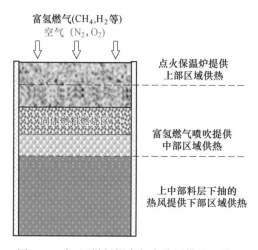

图 4-42 气-固燃料耦合复合分层供热新模式

热解焚烧气是含有碳、氢的气体能源，通过对回转窑内的温度和气氛进行控制，有机固废中挥发分在回转窑内部分燃烧，留存的另一部分仍然具有一定的能源利用价值。

如图 4-43 所示，是以烧结为中心对有机固废热解多相产物综合利用的技术

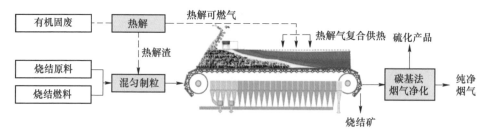

图 4-43 有机固废热解利用整体技术路线

路线图。有机固废经过热解后，热解渣与烧结原料、燃料一起混合制粒，为烧结提供铁和碳原料，而热解气则送入烧结料面进行复合喷吹，实现对烧结料层的气固两相复合供热。有机固废中的污染物在烧结过程析出，并由烧结的碳基法烟气净化系统统一净化，最终达标排放。

该技术路线的优点是有机固废的能源、资源综合利用率高，且在有机固废热解处理线中，无需再单独建设热解气焚烧系统及烟气净化系统，极大降低了设备投资和运行成本。但是，由于热解焚烧气在回转窑内部分焚烧后热值偏低，且其中含有一定量的焦油、粉尘，会对设备管道、烧结料层带来不利影响，因此，喷入烧结料层之前，必须对热解气净化除尘、除焦油。另外，由于热解焚烧气产量小，热值随物料来源波动大，不利于烧结系统的稳定顺行，所以烧结业主对将热解气喷入烧结料层的意向还有待提高。

4.5.4.2 热解焚烧烟气与烧结烟气耦合净化工艺

与热解焚烧气进入烧结喷吹相比，将其在二燃室或其他冶金炉窑焚烧余热利用后并入冶金流程烟气协同净化，则是风险更小的技术路线。与烧结烟气协同净化的技术路线如图 4-44 所示。热解焚烧气经过二燃室充分焚烧，可燃物、二噁英充分燃烧分解，经余热利用之后，并入烧结烟气协同净化。也可以将热解焚烧气通入其他冶金炉窑，如氧化球团回转窑、高炉热风炉等，利用冶金炉窑高温氧化环境充分分解，在炉内直接利用气体热能，产生的烟气通过自身烟气净化系统或并入烧结烟气协同净化。利用碳基法烟气净化技术，还可以将烟气中的硫资源化，用于制备硫酸。该技术路线同样可以节省热解焚烧气净化带来的设备投资，技术成熟，风险较小。

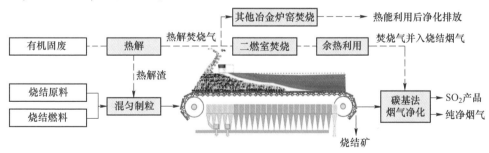

图 4-44 热解焚烧气与烧结烟气协同净化技术路线

A 热解焚烧烟气与烧结烟气特征比较

某工程热解焚烧烟气二燃室后污染物组分如表 4-36 所示。钢铁冶金领域中烧结烟气成分复杂，排放量大，每小时排放的烟气量达到了百万级别，其污染物组成如表 4-37 所示。由表 4-36 和表 4-37 可知，热解焚烧烟气与烧结烟气污染物种类保持一致，均含有 SO_2、NO_x、HCl、粉尘及微量二噁英，但烟气总量显著低于冶金流程主工艺烟气量。

表 4-36　热解焚烧烟气组成

名　称	单　位	含　量
标态流率	m^3/h（干，标态）	45689
SO_x 浓度	mg/m^3（标态）	794
NO_x 浓度	mg/m^3（标态）	133
HCl 浓度	mg/m^3（标态）	125
温度	℃	200

表 4-37　钢铁烧结烟气组成

名　称	单　位	含　量
烟气量	m^3/h（标态）	1000000~20000
烟气量变化	%	60~140
烟气温度	℃	120~180
SO_2 浓度	mg/m^3	300~3000
NO_x 浓度	mg/m^3	200~500
粉尘浓度	mg/m^3	30~100
HCl 浓度	mg/m^3	20~80
其他污染物	—	HF 重金属及二噁英等

B　热解焚烧与冶金烟气协同深度净化技术研究

基于以上分析可知，热解焚烧烟气与冶金烧结烟气混合后，基本不影响冶金烟气组分，当热解焚烧工序与冶金主流程工序距离较近时，可直接利用冶金流程烟气治理技术完成烟气治理过程，实现污染物达标排放目标。有关有机固废热解焚烧烟气治理方法的具体研究与介绍详见 4.6.3 节。

4.6　有机固废处置二噁英防控技术

4.6.1　有机固废控氧控温热解-焚烧过程二噁英形成及迁移规律

4.6.1.1　二噁英形成机制及必要组分和条件

二噁英形成机理主要有直接释放、高温气相生成、从头合成和前驱体合成 4 种路径，对二噁英形成机理及必要组分和条件进行总结，如表 4-38 所示。

表 4-38 二噁英形成机理及必要组分和条件

机 理	必要组元成分	必要条件
直接释放	含有二噁英类物质	焚烧不完全，挥发出来
高温气相生成	氯苯、多氯联苯、脂肪族化合物、氯酸	500~800 ℃， 局部缺氧状态下不完全燃烧
从头合成	C、H、O 和 Cl 等元素	250~450 ℃， 存在无定形碳或石墨退化层 存在必需的氧气或者氧元素 存在 $CuCl_2$ 催化剂或其他过渡金属化合物
前驱体合成	多氯酚、多氯苯、多氯联苯等	200~500 ℃， 大量的金属氯化物和金属氧化物 （$CuCl_2$、$FeCl_3$、CuO 和 Fe_2O_3）

4.6.1.2 有机控温控氧热解-焚烧过程中二噁英形成途径

根据有机固废热解/焚烧反应历程研究可知，当热解终点温度控制在 450~600 ℃之间时，富铁有机固废热解气主要成分为 CH_4、H_2、CO、CO_2、C_2H_4，其余大分子物质包括如乙烷、丙烷、丙烯、丁烯、丁烷等，含量较低，总量在 5% 以内，但总量偏低，热解过程中 Cl 元素迁移量较少；低铁有机固废热解气组分主要有 CH_4、CO、CO_2、H_2，但不同特征的低铁有机固废热解气含量有差距。由此可知，在有机固废热解/焚烧过程中无氯苯、多氯联苯、脂肪族化合物、氯酸、多氯酚等形成二噁英前驱体产生，因此不具备高温气相生成和前驱体合成的必要组元成分条件。

有机固废在形成过程中有可能会含有极少量的二噁英类物质，而二噁英具有超强稳定性，在热解/焚烧过程中未完全分解，会在挥发组分中随烟气排除，理论上这部分二噁英类物质含量非常有限，因此产生量也极低。

从头合成机理是控温热解-焚烧过程形成二噁英的主要途径，从头合成反应生成二噁英的必要条件为：存在无定形碳或石墨退化层；存在必需的氧气或者氧元素；存在 $CuCl_2$ 催化剂或其他过渡金属化合物；合成温度控制在 250~450 ℃。结合有机固废热解气体组成含有 C、H、O 和 Cl 等元素，热解/焚烧的升温过程中物料必将经过 250~450 ℃的温度区间，且热解过程中会产生无定形碳，以及钢铁流程有机固废中会含有一定量的金属氧化物，这为二噁英从头反应合成提供了必要条件。综上，控温热解-焚烧回转窑内满足从头合成二噁英的所有条件，因此，理论上从头合成的反应机理是回转窑有机固废热解/焚烧过程中二噁英形成机制。

4.6.1.3 有机控温控氧热解-焚烧过程中二噁英迁移规律

二噁英化学性质稳定，其沸点、熔点温度与置换氯数的关系如图 4-45 所示。

　　从图4-45中可知，600 ℃温度所有二噁英类物质均会挥发。而在控温热解反应过程中，即便在热解残渣中生成的二噁英，也会随着回转窑内物料向高温区域运行，挥发到气相中。

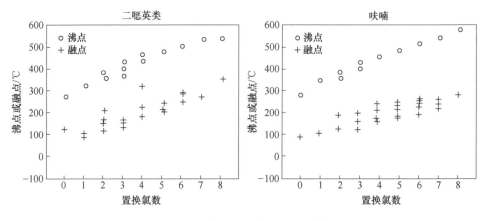

图 4-45　二噁英熔点、沸点与置换氯数关系

　　一般而言，二噁英类化合物由于浓度太低，相互之间无法凝缩成为液体或者固体形态存在，因此大约有90%二噁英会附着在烟气中的粉尘颗粒上，剩余的10%会存在气体中。这些二噁英将会在二燃室内经过1100 ℃高温燃烧，且停留时间大于2 s，确保二噁英会完全分解，二噁英在控温热解-焚烧过程中迁移规律如图4-46所示。

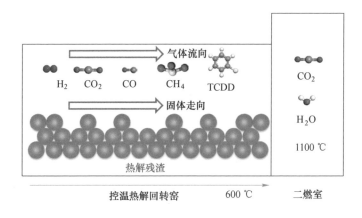

图 4-46　二噁英在控温热解-焚烧过程中迁移规律

　　热解残渣排除回转窑后采取干式氮气冷却方式，在冷却过程中没有氧气，不满足二噁英合成条件。焚烧后尾气经过余热锅炉、急冷器，并加入活性炭粉末后除去二噁英。

为验证回转窑热解气化过程中二噁英的含量，对原料与热解渣分别进行了二噁英检测，结果如表 4-39 所示，由表可知原料、热解渣中二噁英含量极低，远低于国家危险废物鉴别标准中的 15 μg-TEQ/kg，说明采取热解工艺处置钢铁厂有机危险废物的热解渣中无二噁英二次污染的风险。

表 4-39　二噁英检测值

来　源	单　位	测试值	国家标准
原料	μg-TEQ/kg	0.55	< 15 μgTEQ/kg
热解渣	μg-TEQ/kg	0.00033	（GB 5085.6）

4.6.2　煤质颗粒活性炭吸附二噁英研究

4.6.2.1　活性炭吸附二噁英

焚烧烟气中二噁英物质分别以气态、固体形式存在，气态二噁英会被活性炭床层物理吸附；固态类二噁英是极细小的颗粒，吸附性能强，通过扩散碰撞被捕集。日本学者 TSUBOI 等详细介绍了活性炭移动床吸附系统去除垃圾焚烧炉烟气中多氯二苯并二噁英、多氯二苯并呋喃和重金属的优点，即便在较高空速 1000 h^{-1} 下，活性炭移动床也能将 150 ℃ 的固废焚烧烟气的二噁英浓度降低到 0.1 ng-TEQ/m^3（标态）以下。Karademir 等人介绍了活性炭固定床在危险废物焚烧烟气治理的应用，固定床放置在脱酸除尘之后，运行温度为 55~60 ℃ 之间，停留时间 4~5 s，该工艺可保证出口二噁英出口浓度远低于 0.1 ng-TEQ/m^3（标态）。Everaert 等人研究了碳基材料固定床/移动床对二噁英等去除规律，认为温度、吸附容量、比表面积等参数影响活性炭对二噁英的吸附能力，并基于此建立了吸附模型。立本英机等详细介绍了移动床活性炭吸附对垃圾焚烧尾气中二噁英的吸附能力，结果表明在入口二噁英含量最高为 30 ng-TEQ/m^3（标态）时，活性炭移动床对二噁英吸附能力接近 100%。

4.6.2.2　活性炭热解吸二噁英

活性炭解吸塔由加热段、冷却段、SRG 段三部分组成，其中管内通入氮气，解吸塔内加热段温度最高控制在 430 ℃ 左右，冷却段出口温度控制在 120 ℃ 以内，加热段、冷却段、SRG 段均通入氮气，活性炭在解吸塔内绝氧受热过程中，利用自身的催化作用彻底分解二噁英，降解反应主要包括苯环脱氯和氧桥破坏两个部分，反应流程如图 4-47 和图 4-48 所示。

其中 C···Red 为活性炭表面碱性官能团，如联氨基、重氮基、偶氮基、氨基、亚氨基等，碱性官能团与活性炭吸附的 NH$_3$ 影响较大；C···O 为活性炭表面的酸性氧化物，如羧基、酚羟基、醌型羰基。由图 4-47 和图 4-48 可知，二噁英的脱氯反应是指苯环周围的氯从 8 个减少到 4 个，最后全部脱除。随后二噁英连

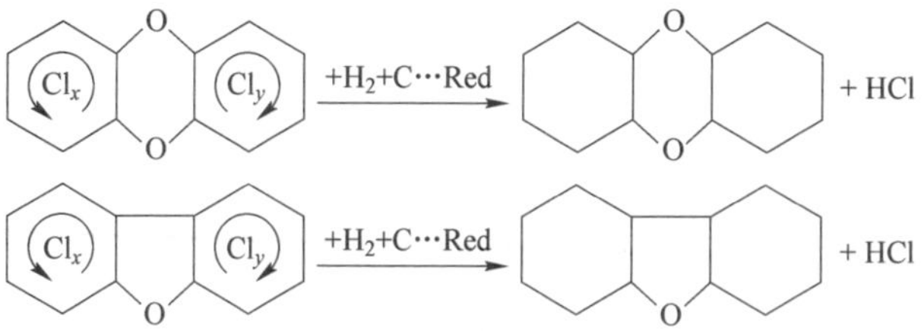

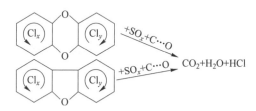

图 4-47　二噁英苯环脱氯反应

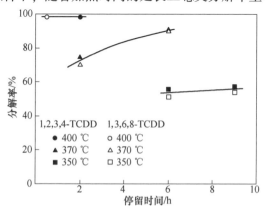

图 4-48　二噁英氧桥破坏反应

接苯环的氧也被破坏、苯环便分散开来，最终与 SO_2 和酸性官能团发生反应，裂解为 CO_2、H_2O 及 HCl。

4.6.2.3　解吸过程中二噁英的分解率

在实验室条件下模拟了活性炭吸附 1,2,3,4-TCDD 与 1,3,6,8-TCDD，考察热分解率与加热温度、时间关系，如图 4-49 所示，从图 4-49 中可知在相同处理条件下，1,2,3,4-TCDD 和 1,3,6,8-TCDD 的分解率差异较小。加热温度 350 ℃时，加热 6 h 分解率为 54%，370 ℃时热处理时间 2 h 分解率为 72%，加热时间 6 h 分解率为 91%，400 ℃时解热时间 0.5 h 分解率达到 99%，针对同一种二噁英物质，在相同加热温度条件下，随着加热时间的延长二噁英分解率呈增高趋势。

图 4-49　二噁英分解率与加热温度、时间的关系

图 4-50 为在 400 ℃、不同氮气空速条件下，不同反应时间的分解率，从图中可知氮气量对二噁英分解影响不大，分解率均在98%以上。

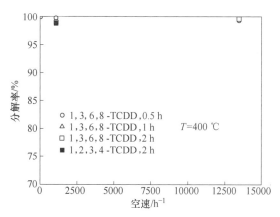

图 4-50 氮气流量对二噁英分解率影响

中冶长天对自主设计的某活性炭烟气净化工程的解吸塔进出口活性炭中二噁英含量进行检测，解吸塔运行工况为温度为 430 ℃、加热段高温停留时间为 2 h，解吸塔入口活性炭中二噁英含量为 0.061 ng-TEQ/g，解吸塔出口活性炭二噁英当量浓度 0.003 ng-TEQ/g，二噁英分解率达到95%。

4.6.2.4　活性炭循环吸附-再生性能研究

为研究活性炭吸附与解吸二噁英的循环性能，采用实际焚烧烟气组分，反复进行吸附/热再生，结果如图 4-51 所示，表明在多次重复再生过程中，对二噁英的吸附去除性能均保持极高的效率，活性炭中没有二噁英的积累。

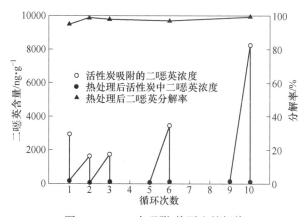

图 4-51 TEQ 在吸附-热再生的规律

4.6.3　碳基法烟气治理工艺技术

危险废物焚烧烟气成分复杂，含有 HCl、HF、SO_2、NO_x、粉尘、二噁英、Hg、As、Pb 等多种重金属，且污染物浓度波动范围广。现有焚烧烟气处理工艺如图 4-52 所示，烟气依次经过急冷塔、脱酸塔、除尘器、湿式除酸塔、烟气加热器、SCR 加热器等工序后排除，该工艺可以满足较低的环保标准，但存在如下问题：

（1）流程长、运行维护难、二噁英脱除效率有限，且二噁英没有消除，只是转移到外排灰中。

（2）能耗大，投资高，运行费用高、焚烧热量没有有效利用，水耗大，外排烟气中含湿高，同时还有废水产生。

（3）垃圾焚烧烟气中的 HCl 浓度高，采用湿法脱酸时为了控制循环液中的 Cl^- 浓度，需要排放大量的废水，增加了废水处理的工作量。

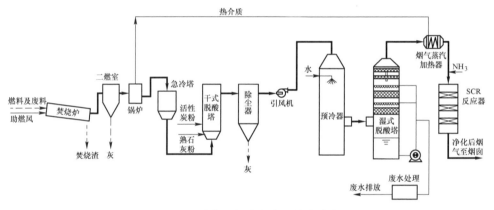

图 4-52　焚烧烟气净化常规技术路线

前文针对活性炭脱除二噁英进行了详细论述，表明活性炭具有良好的二噁英吸附、催化裂解效果。同时活性炭移动床工艺对 SO_2、NO_x、粉尘及重金属均具有好的协同脱除效果，因此，可采取图 4-53 所示脱酸与活性炭协同净化新工艺，主要包括干式脱酸塔、除尘器、活性炭吸附塔、再生塔。即焚烧烟气经过余热锅炉后温度降至 200 ℃，然后进入干式脱酸塔初步完成 HCl、SO_2 的脱除，干式脱酸塔可采取 CFB 循环流化床或者 SDS 工艺，再进入布袋完成除尘处理，保证进入碳基烟气净化系统中的尾气中粉尘<50 mg/m³（标态）入口烟气温度在 120～150 ℃之间。为确保脱硝功能，需在活性炭前通入氨气。解吸塔热再生热源引自余热锅炉之后的高温蒸汽，低浓度 SRG 气体返回至脱酸塔，因此不需要制酸系统。解吸之后的活性炭经过筛分处理，细颗粒活性炭返回到焚烧炉燃烧。总之，该工艺系统不产生废水，可同步实现脱硫除尘脱二噁英及重金属功能。

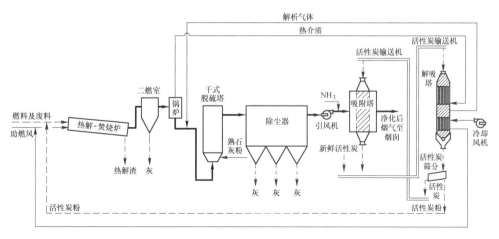

图 4-53 全干法焚烧烟气净化工艺路线

根据焚烧烟气组分特征，也可直接采用碳基法烟气净化技术，即烟气直接进入碳基吸附塔完成多污染物的脱除，达标排放的尾气外排至烟囱。当热解焚烧系统与烧结烟气碳基净化装置距离较近时，可充分利用烧结碳基净化工艺中解吸塔规模大的特点，将热解焚烧工艺中吸附了污染物的活性炭直接送往烧结主工艺碳基法的再生系统，完成活性炭热再生，工艺流程如图 4-54 所示。热解焚烧烟气与烧结主工艺之间的耦合，可减少焚烧烟气净化工艺中投资与运行成本。

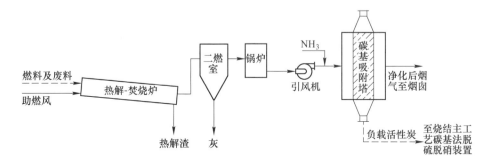

图 4-54 热解-焚烧烟气净化工艺

4.7 工业化示范工程

4.7.1 工程简介

4.7.1.1 项目概述

2020 年 7 月，中冶长天国际工程有限责任公司与宝山钢铁股份有限公司

（以下简称宝钢股份）签订了"宝山基地焚烧炉大修改造危废焚烧处理线 EP 合同"，建立了 4 万吨/年控温热解/焚烧+烧结协同处置有机固废的示范工程。2021 年 4 月 15 日项目投运，开始进行投料试生产；2021 年 8 月 16 日，宝钢股份取得上海市危险废物经营许可证，正式生产运营，同时开始处理上海市的市政有机危险废物。

宝钢股份宝山基地原有一套含油泥渣焚烧系统，投产于 1985 年，用于宝钢内部生产循环利用，由于运行时间久，故障率高，2019 年计划通过对现有焚烧线处置能力的提升改造。新焚烧线处置设计能力最大为 4 万吨/年，包含处理宝钢厂内自产危险废物约 2 万吨/年，并协同处置宝山区社会危险废物量约 2 万吨/年。其中，宝钢厂内主要危险废物包括：HW08 浮渣污泥，HW09 含油废物、废乳化液、热 CC，HW11 废脱硫剂、废焦油渣，HW12 染料、涂料废物，HW13 有机树脂类废物，HW49 清洗杂物等。社会危险废物来源主要包括：HW02 医药废物，HW03 废药物、药品，HW04 农药废物，HW05 木材防腐剂废物，HW06 废有机溶剂与含有机溶剂废物，HW08 废矿物油与含矿物油废物，HW09 油/水、烃/水混合物或乳化液，HW11 精（蒸）馏残渣，HW12 染料、涂料废物，HW13 有机树脂类废物，HW16 感光材料废物，HW37 有机磷化合物废物，HW39 含酚废物，HW40 含醚废物，HW49 其他废物。

宝钢股份"回转窑+烧结机工艺"有机固废资源化工程如图 4-55 所示。

图 4-55　宝钢股份"回转窑+烧结机工艺"有机固废资源化工程

4.7.1.2 工艺流程

宝钢有机固废处置项目工艺流程如图4-56所示，主要采用了中冶长天研发的"热解-焚烧+干式冷却+烧结协同"的新型有机固废资源化处置工艺。宝钢厂内的冶金有机固废和上海市的市政有机危险废物经过预处理和配伍后，由抓斗机送入回转窑，在回转窑内先后经过干燥、预热、热解，然后残渣进入回转式间壁冷却器干式冷却，热解气进入二燃室充分燃烧，燃烧条件为1100℃，停留时间2 s，以保证二噁英充分分解，二燃室出来的烟气经过余热利用后，进行烟气净化。本项目烟气净化采用了"烟气急冷+干式脱酸（消石灰与活性炭喷射）+除尘器+引风机+预洗塔+湿式洗涤塔+烟气再热+烟囱"的长流程烟气净化工艺。对于在钢铁厂内建设的有机固废处置工程，如果烧结工序烟气净化负荷有一定富余，且有机固废处置工程与烧结厂在地理位置上相近，则可以考虑将二燃室出来的高温烟气送入烧结工序并入烧结烟气协同净化，可以降低烟气净化的一次投资和运行成本。

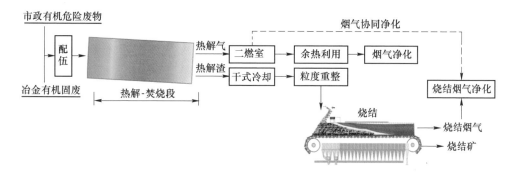

图4-56 宝钢有机固废处置项目工艺流程图

4.7.1.3 关键技术

（1）有机固废充氮预处理技术。破碎机采用双轴剪切破碎机（含氮气保护、液压系统）设计能力5~8 t/h，能满足在氮气保护条件下至少破碎8 t/h物料的能力，破碎机出口危险废物粒度90%以上≤200 mm。设有防撞和压桶机构，本身具有耐磨耐腐蚀特性。针对有机固废破碎过程中与刀片挤压容易着火的特点，物料进入刀箱空间后，对破碎料仓进行充氮保护，可有效避免着火风险。同时，为了防止氮气泄漏对周围人员造成窒息风险，在充氮保护仓周边区域设置氧含量检测仪发现氮气泄漏立即报警，确保操作人员的安全。在破碎仓内部设置火焰探测仪，连锁蒸汽灭火装置，一旦发现明火自动报警并进行灭火。

充氮双轴剪切破碎机如图4-57所示。

（2）多相物料连续进料技术。多种进料方式相结合的进料系统对系统连续

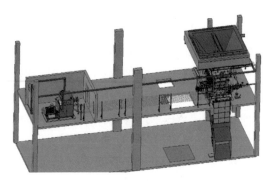

图 4-57 充氮双轴剪切破碎机

运行具有重要的意义，破碎机和回转窑的进料除了设置行车抓斗进料外，均设置了垂直提升机进料，以便于在抓斗系统检修期间，可采用叉车人工上料，维持系统正常运行。针对废液进料，设置了罐区+喷枪和直接喂料两套系统，在回转窑和二燃室合计设置 5 把喷枪，高热值废液可以作为辅助燃料从二燃室喷入，可节约能源介质的消耗。

（3）有机固废热解-焚烧技术。宝钢有机固废处置工程改变了传统"回转窑+二燃室"的二次焚烧工艺，开发了以回转窑作为热解-焚烧工序、二燃室作为热解-焚烧气焚烧室的分段处置工艺。回转窑对有机固废进行重整、调质、脱挥发分、初步焚烧，二燃室对热解-焚烧气充分燃烧，使有机物、二噁英等毒害物质充分分解，并可节约二燃室辅助燃料。流程的创新是实现有机固废高值化利用的工艺基础。

针对传统市政危险废物焚烧工艺在焚烧钢铁厂高含铁有机固废时极易结圈的难题，开发了回转窑低温控氧热处理技术，通过对回转窑中的含氧量和温度进行控制（适当降低），使危险废物在低于低温共熔点下热解焚烧，有效缓解回转窑焚烧含铁有机固废时的结圈结渣现象。

（4）热解渣干式出渣技术。因宝钢厂内的自产污泥原料的含铁率高达 70%，焚烧炉渣含铁率更高，可直接送往烧结利用。传统的焚烧工艺均采用湿式捞渣机，炉渣直接落进水中，通过捞渣机捞上来，湿渣含水率 30% 以上。

为了满足烧结原料的要求，宝钢工程采用干式出渣工艺，炉渣经冷渣机冷却后通过刮板机和斗式提升机送入渣筒仓，提高了窑渣中固定碳含量和金属化率，降低了窑渣含水率，直接用于烧结，节约了窑渣烘干的额外投资和能源消耗。冷渣机的冷却水采用除氧器的补水，可将炉渣的热量通过冷却水被除氧器利用，可节约部分蒸汽。干式出渣系统是窑渣烧结协同处置的重要保证，宝钢项目采用的间接水冷滚筒式冷渣机应用于危险废物处置属于行业内首创。

宝钢有机固废干式冷渣装备如图 4-58 所示。

图 4-58 宝钢有机固废干式冷渣装备

（5）热解渣与烧结原料共矿化技术。宝钢工程应用了回转窑热解渣与烧结原料共矿化技术，将有机固废在回转窑内控温热解焚烧产生的残渣掺入烧结工序进行协同处置，实现了钢铁和市政有机固废中碳和铁资源的高效循环利用。

（6）余热高效利用技术。本着节能降耗的原则，本工程尽可能为能源的节约创造条件。热解-焚烧系统全流程设置保温，采用余热锅炉回收高温烟气的热量，产生的蒸汽除了供系统自用外，富余约 10 t/h 的蒸汽可以并入低压蒸汽管网，系统自用蒸汽冷凝产生的冷凝水全部回收至除氧器循环利用，干式冷渣系统设置间接式水冷回收高温窑渣的热量，用于预加热除盐水，可节约除氧器的蒸汽消耗。

（7）双塔脱酸工艺。本项目采用预冷塔+脱酸塔的双塔脱酸工艺，从布袋除尘器处理的烟气，首先进入预冷塔，预冷塔采用湿式洗涤塔循环碱液，降低烟气温度同时去除烟气中酸性介质进行一级脱酸，随后烟气再次通过后续湿式洗涤塔继续脱除残留的酸性污染物，在湿式洗涤塔上部设置两层丝网除雾器，去除99%以上颗粒 2 μm 雾滴，湿烟气进入 SGH 中升温后排放。

预冷塔材质为耐温 FRP，预冷塔设置在湿式洗涤塔之前，其作用是将烟气通过喷碱液的方式降温到水的饱和湿度下的温度（正常在 65~75 ℃ 之间，具体因烟气的含水量而定），达到酸碱反应的最佳温度段后，进入湿式洗涤塔。预冷塔内可以脱除一部分酸性气体，减少了后续湿式洗涤塔负荷，减少湿式洗涤塔内盐水浓度，缓解湿式洗涤塔结盐现象，延长湿式洗涤塔连续运行时间。预冷塔为夹套式，循环液为浆液池循环碱液。

湿式洗涤塔为填料塔，填料均采用散装填料，材质 PP。湿式洗涤塔本身的材质为乙烯基树脂玻璃钢（FRP），含所有法兰及塔内件。经预冷塔降温后的烟气进入湿式洗涤塔，二次降温及脱酸，脱除 SO_2 和大部分 HCl、HF。洗涤塔浆液设置板式换热器，用于将浆液池的多余热量带走。共设置三层填料三层喷枪，使烟气与碱液充分接触，脱酸效果好。

整个湿法系统通过控制系统，可实现全自动运行，自动调温、自动加碱、自动排污、自动补水、自动除沫、超温时自动启动紧急喷枪，自动化程度高。

（8）去工业化与景观绿化设计。去工业化设计需要从厂区的总图规划、建筑单体的造型设计、厂区的绿化景观空间营造三个层面入手，从宏观到微观多角度地去打破工厂的旧有面貌。

因为工业厂房往往被排斥在具有艺术内涵的建筑概念之外，给人的印象呆板、单调，有时刻意地装饰又过于做作。本项目设计方案从增加工业建筑的艺术附加价值出发，对建筑的立面造型进行了推敲。利用防腐外墙板的墙面与灵活的立面造型，既有利于厂房通风换气又可以节约能源，同时自然形成了焚烧厂房立面造型。为使建筑进一步强化艺术感染力，结合焚烧车间主厂房主立面处凸面造型，通过屋面采光带取代了高侧窗采光，焚烧主厂房辅助用房设计了小尺度带形窗，整个立面简约大方、极富个性、突出了现代化工业建筑美，如图4-59所示。

图 4-59　宝钢项目去工业化设计示意图

厂区的绿化景观空间营造，在绿化植物的选择上，因为钢铁厂以及有机固废处置厂会产生较多废气。SO_2 被植物吸收后，在叶内形成亚硫酸和亚硫酸根离子，并被植物转变为毒性较小的硫酸根离子，从而达到解毒作用，尽量减小危害。因此，本工程尽可能选择吸收 SO_2 能力较强的植物，这些植物主要有忍冬、臭椿、美青杨、卫矛、刺槐、山桃等。

4.7.2　工程参数

2022 年 11 月 3 日，中冶长天邀请了具备国家计量认证资质（CMA）的第三方检测机构，对宝钢有机固废处置工程进行了节能测试，通过了国家节能技术认证（报告编号：湘节能监［2022］7 号），测试期间内，每处置 1 t 有机固废消耗天然气 170~200 m³。如表 4-40 所示有机固废中残碳为 47.32%（入炉原料为废活性炭和有机树脂混合物），加入烧结后，替代烧结固体燃料降低烧结能耗约 0.8 kg/t-s（标煤）。

表 4-40　宝钢项目主要工程参数

项　目	单　位	数　值
固废最大处置能力	t/d	120
年运行时间	d	>330
物料热值	kJ/kg	（3000~4500）×4.1868
回转窑规格	m	φ4.2×16
斜度	%	2
转速	r/min	0.2~1.2
回转窑运行温度	℃	400~600
物料停留时间	min	30~120
二燃室温度	℃	约 1150
二燃室停留时间	s	>2
燃料种类	—	天然气
天然气耗量	m³/h	300~400
热解渣残碳	%	47.32
烧结机规模	m²	600
台时成品矿产量	t/h	770
台时上料量	t/h	996
掺烧热解渣后烧结能耗下降	kg/t-s（标煤）	0.8

4.7.3　与传统焚烧技术比较

如表 4-41 所示，传统焚烧技术危险废物处置规模普遍在 1 万~3 万吨/年，焚烧底渣灼减率必须达到小于 5%的要求，危险废物要在 800~900 ℃的高温下，给入足够的氧气充分焚烧，因此处置能耗相对较高，每吨固废处置消耗天然气约 250 m³/t（折标煤 303.5 kg/t），残渣中几乎不含碳，因此残渣会经过简单固化以后，通过安全填埋的方式处置，如果用来处置含铁的钢厂有机固废，对铁的回收几乎为 0。有机固废中的能量仅通过烟气余热回收，有机固废能源回收率约为 51.3%。

表 4-41　本技术与传统焚烧技术比较

序号	指标	传统焚烧	本技术
1	处置规模	1 万~3 万吨/年	4 万吨/年
2	反应温度	800~900 ℃	400~600 ℃
3	过量空气系数	0.8~1.2	0.4~0.6
4	烟气量	19410 m^3/h	18640 m^3/h
5	处置能耗	282.1 kg/t（标煤）	144.83 kg/t（标煤）
6	残渣含碳量	8.95%	47.32%
7	烧结燃料替代量	—	0.8 kg/t-s
8	有机固废能源回收率	余热利用 53.1%	余热利用+ 固定碳回用 68.3%
9	铁元素回收率	0（安全填埋）	>98%

　　宝钢股份固废处置工程是国内首套有机固废控温控氧热解焚烧处置工程，规模达到 4 万吨/年。与传统固废焚烧技术相比，不追求残渣灼减率，通过控温控氧将回转窑内温度下降到 400~600 ℃，过量空气系数为 0.4~0.6，在以废弃活性炭、废树脂的混合物作为原料的条件下，每吨固废处置消耗天然气下降约 71.3 m^3/t，折标煤为 94.8 kg/t，残渣中残碳量达到 47.32%。与传统的安全填埋相比，本工程将热解残渣加入到烧结机中处置，可替代烧结固定碳约 1.5%，烧结固体能耗下降 0.8 kg/t-s。有机固废中的能源通过烟气余热+有机残碳进烧结两种方式回收，综合回收率达到 68.3%。对于钢铁有机固废中的铁元素，几乎全量化回收进烧结，铁回收率达到 98% 以上。由于减少残渣全部进烧结而不需要填埋，节约了残渣填埋的费用和占用的土地资源，有机固废处置的运行成本大幅降低。

　　相比目前国内外其他固废处置工程，该工程的能耗指标优异，有机固废中的能源回收率大幅提高，大大降低了固废处置的生产成本，提高了处置价值，技术水平处于国内外领先地位。

本 章 小 结

　　（1）钢铁冶金流程有机固废可分为两大类：富铁含油尘泥和有机杂物类，均属于工业有机危险废物。传统工艺采用直接焚烧法处置，资源化利用率低，邻避现象严重。基于冶金流程协同资源化处置的目标，提出了热解-焚烧法处置有机危险废物的原理及新工艺，颠覆了传统焚烧法处置工艺，为冶金流程消纳自产有机固废及消纳社会有机危险废物奠定了技术理论基础。

（2）研发了控温控氧回转窑热解-焚烧工艺及装备技术，综合考虑能耗、排放控制及减少结圈等因素，确定了热解工艺参数。对于富铁含油尘泥，当热解渣拟进入转炉工序时，热解温度宜取 700～900 ℃；当热解渣拟进入烧结工序时，热解温度宜约 600 ℃。对于有机杂物类固废，热解温度约 650 ℃为宜，并开发了二噁英控制技术。

（3）在宝钢本部，建立了首条 4 万吨/年冶金流程规模化消纳有机危险废物的热解-焚烧法工业级处置线，其中 2 万吨产能消纳宝钢本部冶金流程自产的有机固废，2 万吨产能消纳宝钢周围上海市工业有机危险废物。运行多年来，热解渣循环回到烧结工序消纳利用，处置能耗、运行成本较传统方法大幅下降，创造了良好的经济、社会和环境效益。

（4）推荐热解渣与含锌固废协同处置（第 5 章和第 9 章详述），利用热解渣部分替代化石碳，作为锌还原的还原剂和能量来源，组成多源固废协同资源化技术路线。

参 考 文 献

［1］ Ye H D, Li Q, Yu H D, et al. Pyrolysis behaviors and residue properties of iron-rich rolling sludge from steel smelting ［J］. International Journal of Environmental Research and Public Health, 2022, 19: 2152.

［2］ 叶恒棣，蔡飞翔，丁成义，等. 热解与烧结协同处置富碳有机固废的新工艺 ［J］. 烧结球团，2022，47（6）：49-56.

［3］ 李谦，周浩宇，叶恒棣，等. 一种危险废物热解焚烧系统及危险废物热解焚烧的方法：中国，ZL202010709504.6 ［P］. 2023-06-23.

［4］ 刘唐猛，苏俊杰，杨成寰，等. 宝钢危废破碎料焚烧工艺研究 ［J］. 工业炉，2023，45（5）：33-37.

［5］ 鲁文涛，何品晶，邵立明，等. 轧钢含油污泥的热解与动力学分析 ［J］. 中国环境科学，2017，37（3）：1024-1030.

［6］ 周园芳，欧阳少波，熊道陵，等. 油茶壳热解反应动力学和热力学研究 ［J］. 煤质技术，2021，36（6）：84-92.

［7］ 葛立超. 我国典型低品质煤提质利用及分级分质多联产的基础研究 ［D］. 杭州：浙江大学，2014.

［8］ 李谦. 煤粉高温裂解特性试验及裂解气化中试系统设计与试验 ［D］. 杭州：浙江大学，2018.

［9］ Qin L, Han J, He X, et al. Recovery of energy and iron from oily sludge pyrolysis in a fluidized bed reactor ［J］. Journal of Environmental Management, 2015, 154: 177-182.

［10］ Ozgen O, Kok M V. Pyrolysis analysis of crude oils and their fractions ［J］. Energy & Fuels, 1997, 11（2）：385-391.

［11］ 唐晓洁. 共享自行车两类废轮胎与印染污泥共热解/焚烧热处置特性研究 ［D］. 广州：

广东工业大学，2022.

[12] 钟浩文. 丁苯橡胶与天然橡胶共热解气相产物生成机理研究 [D]. 青岛：青岛大学，2020.

[13] 王盛华. 废轮胎热解特性及硫迁移转化实验与机理研究 [D]. 武汉：华中科技大学，2020.

[14] 徐帆帆. 城市生活垃圾典型组分分级热解气化研究 [D]. 青岛：中国石油大学（华东），2019.

[15] Anon. Removal of dioxins and heavy metals by a moving bed adsorber utilizing activated coke [J]. NKK Technical Review, 1996 (74)：53-55.

[16] Karademir A, Bakoglu M, Taspinar F, et al. Removal of PCDD/Fs from Flue Gas by a Fixed-Bed Activated Carbon Filter in a Hazardous Waste Incinerator [J]. Environmental Science & Technology, 2004, 38 (4)：1201-1207.

[17] Everaert K, Baeyens J. Removal of PCDD/F from flue gases in fixed or moving bed adsorbers [J]. Waste Management, 2004, 24 (1)：37-42.

[18] Michitaka, Furubayashi, Syuji, et al. Regeneration of Activated Carbon Used for Removal of Dioxins Removal from Flue Gas [J]. Kagaku Kogaku Ronbunshu, 2002, 28 (6)：718-725.

[19] 许鹏，周品，柏寄荣，等. 二噁英形成机理研究进展 [J]. 中国资源综合利用，2022，40 (6)：100-111.

[20] 李俊杰，魏进超，刘昌齐. 活性炭法多污染物控制技术的工业应用 [J]. 烧结球团，2017 (3)：79-85.

[21] 周茂军，张代华. 宝钢烧结烟气超低排放技术集成与实践 [J]. 钢铁，2020, 55 (2)：144-151.

[22] 杨文滨. 钢厂协同处置城市危险废物焚烧工艺路线的选择 [J]. 中国环保产业，2022 (8)：22-24.

5　钢铁冶金重金属固废资源化循环利用技术

钢铁生产流程中，重金属随废气或其他杂质富集至含铁尘泥中，形成含重金属固废，与钢铁流程的其他固废相比，重金属固废处置难度大、成本高，是钢铁企业能否实现"固废不出厂"的关键。含锌固废和含铬固废是钢铁厂两种重要的重金属固废，我国锌、铬资源储量不足，但需求量大，对含锌、含铬固废的资源化利用是钢铁流程重金属固废处置的重点。本章分析了回转窑法和转底炉法处置含锌固废的优势与不足，确定回转窑法低耗高效的含锌固废处置技术为重点研究方向。通过对含锌含铁固废铁、锌组分还原分离热力学、动力学研究，提出了调控固废中多组分反应场界面特征（粒度、温度、气氛、反应时间）强化铁、锌分离的方法。开发了复合球团-多场可控回转窑法低温快速还原工艺路线，确定了还原-冷却的关键参数及流程，并研发了关键装备，阐述了脱锌固废加入烧结而被冶金流程消纳的工艺及实践，建造了示范工程。同时，全面叙述了烧结法资源化处置含铬固废工艺及流程。

5.1　钢铁流程含锌含铁固废资源化循环利用技术

5.1.1　含锌含铁固废处置技术分析

目前主要的含锌含铁固废处置技术有转底炉法和回转窑法两种。两种工艺均为在高温还原气氛下，实现铁和锌的还原分离。转底炉工艺是将含锌尘泥与煤粉按一定配比混合制成球团（滚球或压球），然后加到转底炉中，料层均匀铺在炉底上，随炉底旋转一周后出炉，其间经历预热（干燥）、加热并还原、均热并深度还原、最后降温。锌等元素还原挥发进入烟气，收集得到次氧化锌产品，块体经转底炉还原后生成 DRI 球。回转窑工艺是对物料进行干燥、焙烧和煅烧的工艺。物料在回转窑中依次经过预热、干燥、升温、高温煅烧等几个工序，在还原气氛下，含锌物质被还原并挥发形成锌蒸气随烟气排出收集得到次氧化锌产品，含铁物料经窑头排出形成铁渣。以 20 万吨/年的处理能力为例，两种工艺的技术经济指标对比如表 5-1 所示。

表 5-1　常规回转窑方案与转底炉方案对比

	对比项目	转底炉	常规回转窑
工艺技术指标	原料适应性	适用于低锌高铁原料	适用于低铁原料，锌无特殊要求
	加热方式	顶部煤气辐射加热	物料自身含碳或外供煤气补热
	物料粒度	压块/造球，粒径 8～16 mm	粉料
	黏结剂	需要	不需要
	反应温度	约 1300 ℃	1000～1200 ℃
	物料停留时间	1～1.5 h（含干燥）	3～5 h
	产品	DRI 球/粉（金属化率约 85%）、次氧化锌粉、蒸汽	含铁渣（金属化率约 50%）、次氧化锌粉、蒸汽
	窑渣冷却方式	干式冷却	水淬冷却
	年作业率	约 92%	约 85%
经济技术指标	综合能耗	282.10 kg/t（炉渣）（标煤）	294 kg/t（窑渣）（标煤）
	投资分析	EPC 总投资约 2.6 亿元	EPC 总投资约 1.5 亿元
	占地面积	约 25000 m²	约 15000 m²

　　转底炉处置含锌含铁固废虽然成熟，但投资及运行成本较高。常规回转窑技术虽然投资及运行成本较低，但存在产品品质低和窑内易结圈的问题。常规脱锌回转窑采用粉料入窑，粉状物料从窑尾至窑头运行过程中，在窑内翻滚和脱水及还原气体推动作用下，极易被窑内气流裹挟至烟尘中，与挥发出的氧化锌一并进入除尘系统，导致次氧化锌产品品质低。粉状物料逐渐升温至高温段时，高压风送入窑内的氧气在此处集中分布，料层中的碳集中剧烈燃烧，产生局部高温，导致料层中形成的低熔点化合物产生液相，黏结物料和窑衬，造成窑内结圈。物料经过还原后，铁氧化物转变为金属铁，锌组分挥发至烟尘中进入除尘系统，待还原物料运行至窑头排料口附近时，由于高压风和窑头漏风等原因，导致窑头氧浓度高，还原物料极易再氧化，形成低熔点物质，造成窑头结圈。还原物料在排料口再氧化和水淬过程再氧化的共同作用下，导致最终脱锌渣金属化率低，产品品质差。因此，回转窑存在问题的关键因素为：

　　（1）窑内粉末量过多，且物料还原过程易形成低熔点物质。

　　（2）窑内氧气集中供给导致局部高温明显、窑头再氧化明显。

　　（3）水淬冷却造成还原料再氧化。

　　本节将从锌铁还原分离的热力学、动力学出发，通过分析含锌含铁固废还原过程锌铁分离的机制，明确合理高效的工艺制度，阐述回转窑法高效处置含锌含铁固废工艺及装备要求。

5.1.2 含锌含铁固废铁、锌组分还原分离热力学行为

含锌含铁固废中关键组分的热力学行为分析是判断锌铁组分能否还原分离的理论基础，是指导试验及生产过程工艺制度的理论依据。通过锌铁组分的反应吉布斯自由能变和热力学平衡相图分析，可确定有利于锌铁组分还原的温度与气氛关系，为回转窑还原锌铁过程提供温度和气氛控制的理论依据。通过含锌含铁固废关键组分还原过程的相图分析，可确定还原过程锌高效脱除的渣相组成、避免液相形成的渣系组成和温度范围，为回转窑还原脱锌提供渣系组成的理论依据。通过脱锌渣冷却过程金属铁转化热力学分析，可确定防止金属铁再氧化的理论气氛及温度条件，为提高冷却后脱锌渣的产品品质提供理论依据。

5.1.2.1 含锌含铁固废还原反应吉布斯自由能变

含锌含铁固废中的 Zn、Fe 元素主要以 $ZnFe_2O_4$、Fe_2O_3、Fe_3O_4 和 ZnO 的形式存在。目前含锌含铁固废处置以碳热还原为主，本节主要分析锌、铁组分与 C 和 CO 的还原反应热力学。另外，钢铁流程含锌含铁固废中一般含有较多的 CaO，因此本节同时分析了还原过程 CaO 可能参与的化学反应。含锌含铁固废还原过程可能发生的化学反应标准吉布斯自由能变（$\Delta G^{\ominus}$）随温度的变化关系如表 5-2 和图 5-1 所示。

表 5-2 含锌含铁固废还原反应及其吉布斯自由能变

化学反应方程式	标准吉布斯自由能变 $\Delta G^{\ominus}$ /J·mol^{-1}
$Fe_2O_3(s) + ZnO(s) = ZnFe_2O_4(s)$	$-13327 - 16.254T$
$ZnFe_2O_4(s) + 2CaO(s) = ZnO(s) + Ca_2Fe_2O_5(s)$	$-28767 - 12.943T$
$Fe_2O_3(s) + 3CO(g) = 2Fe(s) + 3CO_2(g)$	$-31531 + 0.5433T$
$FeO(s) + CO(g) = Fe(s) + CO_2(g)$	$-12363 + 21.956T$
$3ZnFe_2O_4(s) + C(s) = 2Fe_3O_4(s) + 3ZnO(s) + CO(g)$	$112543 - 179.49T$
$Fe_3O_4(s) + 4CO(g) = 3Fe(s) + 4CO_2(g)$	$-18836 + 25.795T$
$ZnFe_2O_4(s) + C(s) = 2FeO(s) + ZnO(s) + CO(g)$	$136035 - 212.57T$
$Fe_3O_4(s) + C(s) = 3FeO(s) + CO(g)$	$147781 - 229.11T$
$C(s) + CO_2(g) = 2CO(g)$	$124777 - 180.4T$
$FeO(s) + C(s) = Fe(s) + CO(g)$	$111396 - 155.99T$
$3Fe(s) + C(s) = Fe_3C(s)$	$22845 - 35.275T$
$Ca_2Fe_2O_5(s) + C(s) = 2CaO(s) + 2FeO(s) + CO(g)$	$164803 - 199.63T$
$ZnO(s) + C(s) = Zn(g) + CO(g)$	$285912 - 310.19T$
$ZnO(s) + CO(g) = Zn(g) + CO_2(g)$	$161134 - 129.79T$

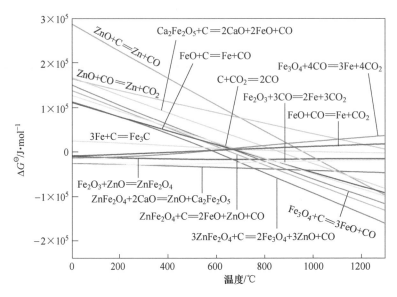

图 5-1 含锌含铁固废还原反应吉布斯自由能变（$\Delta G^{\ominus}$）随温度变化的关系

在含锌含铁固废碳热还原过程中，温度和配碳量对锌、铁的回收率都有较大的影响。在标准状态下，当温度高于 672 ℃时，$ZnFe_2O_4$ 分解成为铁氧化物和氧化锌，随着温度升高，铁氧化物逐步还原为金属铁，在 813.9 ℃时开始与碳生成碳化三铁。氧化锌则随着温度升至 951.1 ℃时还原成为金属锌。

5.1.2.2 含锌含铁固废高温还原热力学平衡相图

根据直接还原理论，直接还原过程中发生碳气化反应，C 与 CO_2 反应生成 CO，物料的还原过程以 CO 作为还原气体的还原反应为主，含锌含铁固废中 $ZnFe_2O_4$、ZnO、Fe_xO_y 在还原气氛下会发生还原反应，反应方程式如下所示：

$$ZnFe_2O_4 \Longrightarrow ZnO + Fe_2O_3$$
$$ZnO + CO(g) \Longrightarrow Zn(g) + CO_2(g)$$
$$3Fe_2O_3 + CO(g) \Longrightarrow 2Fe_3O_4 + CO_2(g)$$
$$Fe_3O_4 + CO(g) \Longrightarrow 3FeO + CO_2(g)$$
$$FeO + CO(g) \Longrightarrow Fe + CO_2$$

根据反应式平衡常数 K 与气态反应物、生成物间的关系，假定固态反应物及生成物活度为 1，还原平衡优势区图如图 5-2 所示。

当气相内 $p(Zn(g))$ 为 101325 Pa 时，含锌含铁固废内高价铁氧化物 Fe_2O_3 优先还原生成 Fe_3O_4，此时 ZnO 未还原；随着还原气氛和温度的逐渐增强，Fe_3O_4 被还原为 FeO，当还原气氛进一步增强时，FeO 被还原为金属铁，ZnO 被还原为金属锌的还原气氛要求最高。当气相内 $p(Zn(g))$ 为 30397.5 Pa 时，出

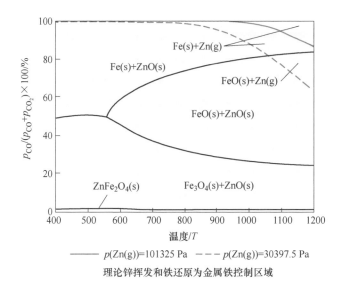

$$p(Zn(g))=101325\ Pa \quad --- \quad p(Zn(g))=30397.5\ Pa$$

理论锌挥发和铁还原为金属铁控制区域

图 5-2　含锌含铁固废内锌铁氧化物还原平衡图

现 FeO(s)+Zn(g)的稳定区，锌组分转变为气态金属锌的还原温度降低，还原气氛中 CO 分压降低。

5.1.2.3　锌挥发 ZnO-FeO-SiO$_2$-CaO 四元相图

含锌含铁固废还原过程中，锌组分会与 FeO、SiO$_2$、CaO 发生反应，要实现锌的高效还原和挥发，需先分析 ZnO-FeO-SiO$_2$-CaO 四元渣系组成，明确适宜的渣系组成范围，为原料配伍提供理论依据。在 1250 ℃、$p(O_2)=10^{-8}$ atm❶下，1% ZnO 含量的 ZnO-FeO-SiO$_2$-CaO 四元渣系相图如图 5-3 所示，该相图可以直观反映出含锌粉尘高温火法还原过程中，要达到较高的锌挥发率、低 ZnO 残留时，需维持的目标组成，进而指导原料混配方案制定。低氧势（即还原气氛下），为实现锌与其他组分的高效分离，即相图内 ZnO 熔解度低，同时避免反应体系内形成液相（L），以避免结窑，需使目标反应体系形成高熔点、低锌熔解度炉渣体系。

在 1250 ℃、$p(O_2)=10^{-8}$ atm 下，不同 CaO 含量的 ZnO-FeO-SiO$_2$-CaO 四元渣系相图如图 5-4 所示。随 CaO 含量从 10% 增加到 30%，反应体系内液相区面积减小，锌在液态炉渣内的熔解能力降低，利于锌在体系内分离，CaO/SiO$_2$ 应远离 0.55~0.71 区域，FeO/SiO$_2$ 的范围不宜选取 0.82~1.38。

5.1.2.4　含锌含铁固废还原过程液相形成相图

含锌含铁固废还原过程中，由于原料组成复杂，极易形成低熔点化合物，低

---

❶　1 atm = 101325 Pa。

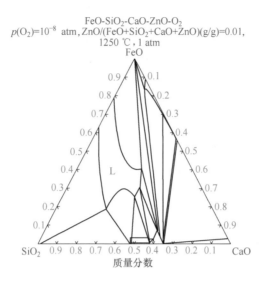

图 5-3　1250 ℃下 1% ZnO-FeO-SiO$_2$-CaO 四元渣系相图

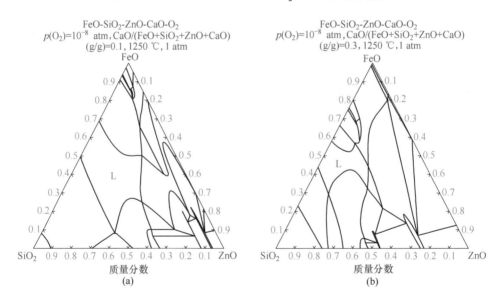

图 5-4　1250 ℃下不同 CaO 含量 ZnO-FeO-SiO$_2$-CaO 四元渣系相图

（a）$w(CaO)=10\%$；（b）$w(CaO)=30\%$

熔点化合物在高温下易形成液相，造成物料相互黏连和黏结侵蚀焙烧设备耐火材料。因此，分析含锌含铁固废还原过程液相形成的热力学行为，作为预防过多液相形成造成生产不顺的理论指导。在 1250 ℃、$p(O_2)=10^{-8}$ atm 下，不同 FeO 含量的 ZnO-FeO-SiO$_2$-CaO 四元渣系相图如图 5-5 所示。随 FeO 含量升高，液相区面积扩大，锌在液态炉渣内的熔解能力增强；如果原料内 FeO 较高，可选择低 SiO$_2$ 渣型，以防止物料熔融结圈。

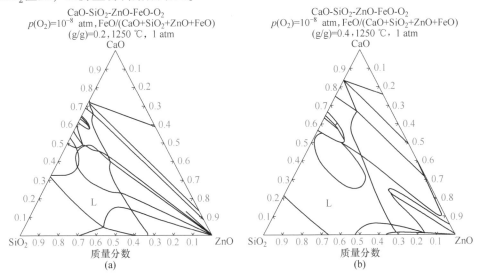

图 5-5　1250 ℃下不同 FeO 含量 ZnO-FeO-SiO$_2$-CaO 四元渣系相图

（a）$w($FeO$)=20\%$；（b）$w($FeO$)=40\%$

在 $p($O$_2)=10^{-8}$ atm 下，FeO-SiO$_2$-CaO-0.2%ZnO 四元渣系等温相图如图 5-6 所示。

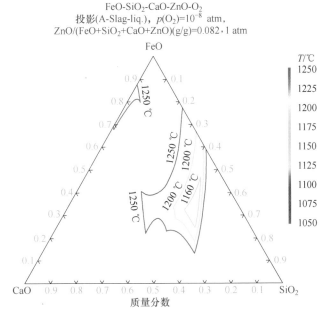

图 5-6　FeO-SiO$_2$-CaO-0.2%ZnO 四元渣系等温相图

随着温度的升高，液相区逐渐扩大。液相区主要分布在高硅含量和高亚铁含量区域，且液相区域主要分布在体系二元碱度 CaO/SiO$_2$ 较低的区域。当温度由 1200 ℃升高到 1250 ℃时，体系中液相区域明显扩大，且向高 CaO 含量方向明显延伸。因此，为实现体系内锌的分离，同时避免反应物料熔融结窑，反应温度应控制在 1200 ℃以下，且体系中 CaO/SiO$_2$ 含量，即二元碱度应尽量提高。

5.1.2.5　脱锌渣冷却过程金属铁转化热力学

脱锌渣的冷却过程一般有空气介质冷却、水淬冷却和氮气介质冷却三种，冷却过程中主要发生的反应为金属铁的氧化反应，本节对采用以上三种冷却方式条件下的脱锌渣冷却过程热力学进行分析。

A　空气气氛冷却热力学

采用空气介质冷却时，空气中的氧气会与脱锌渣中炽热的金属铁发生氧化反应，金属铁的氧化反应及吉布斯自由能变如下：

$$2Fe + O_2 \Longrightarrow 2FeO \qquad \Delta G = 0.132T - 529.52 \text{ kJ/mol}$$

$$6FeO + O_2 \Longrightarrow 2Fe_3O_4 \qquad \Delta G = 0.219T - 607.72 \text{ kJ/mol}$$

$$4Fe_3O_4 + O_2 \Longrightarrow 6Fe_2O_3 \qquad \Delta G = 0.290T - 486.72 \text{ kJ/mol}$$

金属铁的氧化反应吉布斯自由能变如图 5-7 所示。在 0~1200 ℃的温度范围内，金属铁氧化反应的吉布斯自由能变均小于零，这说明金属铁在此温度范围内，只要与氧气接触，便会自发进行氧化反应，逐步按照 Fe→FeO→Fe$_3$O$_4$→Fe$_2$O$_3$ 的顺序氧化，最终形成 Fe$_2$O$_3$。因此，在采用空气介质冷却脱锌渣时，不可避免地会发生金属铁的氧化反应，脱锌渣的金属化率必然会降低。

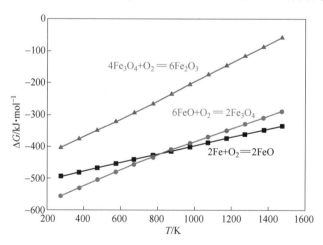

图 5-7　空气介质下金属铁氧化反应吉布斯自由能变（ΔG）随温度变化的关系

B　水淬冷却热力学

采用水淬冷却时，高达 1100 ℃以上的脱锌渣与水接触，脱锌渣球团周围液态水迅速被高温脱锌渣气化，形成水蒸气，脱锌渣中金属铁与水蒸气接触，可能发生如下反应：

$$Fe + H_2O(g) \Longrightarrow FeO + H_2(g) \qquad \Delta G = 0.0128T - 19.452 \text{ kJ/mol}$$

$$3FeO + H_2O(g) \Longrightarrow Fe_3O_4 + H_2(g) \qquad \Delta G = 0.0566T - 58.552 \text{ kJ/mol}$$

$$2Fe_3O_4 + H_2O(g) \Longrightarrow 3Fe_2O_3 + H_2(g) \qquad \Delta G = 0.0919T + 1.9511 \text{ kJ/mol}$$

金属铁的氧化反应吉布斯自由能变如图 5-8 所示。在 0~1200 ℃ 的温度范围内，金属铁与水蒸气反应生成 FeO 的反应吉布斯自由能变始终小于零，说明金属铁能被水蒸气氧化为 FeO；在 720 ℃ 以下，FeO 与水蒸气反应生成 Fe_3O_4 的反应吉布斯自由能小于零，说明在 720 ℃ 以下，FeO 会被水蒸气氧化为 Fe_3O_4；Fe_3O_4 与水蒸气反应生成 Fe_2O_3 的反应吉布斯自由能变始终大于零，说明 Fe_3O_4 不会被水蒸气氧化。在脱锌渣水淬冷却过程中，会被水蒸气氧化为 Fe_3O_4。在采用脱锌渣水淬冷却时，不可避免地会发生金属铁的氧化反应，脱锌渣的金属化率必然会降低。

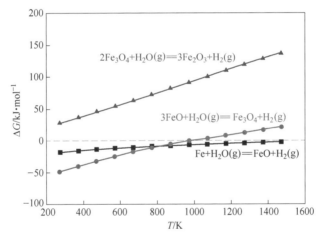

图 5-8　水淬条件下金属铁氧化反应吉布斯自由能变（ΔG）随温度变化的关系

铁氧化物氢还原过程优势区域如图 5-9 所示，当反应体系中水蒸气分压远大于氢气分压时，铁氧化物的稳定物相为 Fe_3O_4。在脱锌渣采用水淬冷却时，炽热的脱锌渣会将接触到的液态水气化为水蒸气，虽然在氧化过程中会有少量氢气生成，但在水淬体系中，围绕在脱锌渣周围微区的水蒸气分压远远大于氢气分压，所以最终脱锌渣中的金属铁会以 Fe_3O_4 的形式存在，这进一步验证了脱锌渣采用水淬冷却会导致金属铁的氧化和金属化率的降低。

C　氮气气氛冷却热力学分析

采用氮气介质冷却时，氮气与脱锌渣中炽热的金属铁可能发生的反应如下：

$$4Fe + N_2 \Longrightarrow 2Fe_2N \qquad \Delta G = 0.1032T - 11.14 \text{ kJ/mol}$$

$$8Fe + N_2 \Longrightarrow 2Fe_4N \qquad \Delta G = 0.1118T - 30.156 \text{ kJ/mol}$$

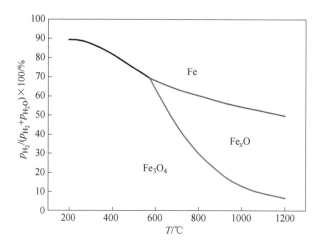

图 5-9　铁氧化物氢还原过程优势区域图

金属铁与氮气发生反应的吉布斯自由能变如图 5-10 所示。

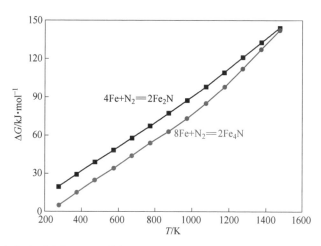

图 5-10　氮气介质冷却下金属铁氧化反应吉布斯自由能（ΔG）随温度变化的关系

在 0~1200 ℃的温度范围内，金属铁与氮气反应的吉布斯自由能变始终大于零，说明金属铁不能与氮气发生反应。因此，在脱锌渣冷却过程中，冷却介质采用氮气时，可以防止金属铁的氧化。

5.1.3 含锌含铁固废还原原理、动力学行为及工艺参数

通过揭示含锌含铁固废还原机理，为深入解析还原脱锌反应过程奠定基础。在含锌含铁固废还原热力学确定的适宜温度和气氛区间内，进行还原脱锌试验研究，分析含锌含铁固废还原脱锌动力学行为，查明了控制还原脱锌反应过程的限制性环节和关键影响因素；通过含锌含铁固废还原过程物料与耐火砖黏附规律的研究，确定还原过程抑制结圈的主要操作要求；研究还原脱锌规律，明确含锌含铁固废还原过程最适宜的工艺参数，作为指导装备设计和生产实践的重要依据。

5.1.3.1 含锌含铁固废还原工艺原理

A 颗粒度对铁锌还原分离的影响

（1）颗粒度对铁锌还原的影响。我们分别采用粉料和复合球团形式对含锌含铁固废进行还原焙烧试验。复合球团是指将含锌含铁固废和还原所需的还原剂一起混匀后进行造球所制备的球团。球团粒径范围为 4~6 mm，平均粒径为5 mm。含锌含铁固废粉料与球团还原焙烧的脱锌率和金属化率的结果如图 5-11所示。

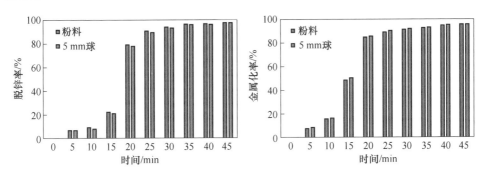

图 5-11 脱锌率及金属化率随还原时间的变化规律

5 mm 粒径球团的脱锌率略低于粉料，金属化率略高于粉料，还原过程中粉料中锌被还原后，直接挥发进入气相，5 mm 球团因锌蒸气需从球团内部扩散至外部气相，所以挥发路径更长，导致脱锌率有小幅度下降；在冷却过程中粉料与冷却气体接触面更大，还原后粉料中的少量金属铁被氧化，进而导致金属化率有小幅度降低。综合对比而言，粉料与5 mm 粒径球团的还原脱锌和金属化结果差异很小，制备 5 mm 的含锌含铁固废球团进行还原不会对锌脱除和铁还原产生明显影响。但以球团形式进行还原可以减少进入尾气中的烟尘量，提高次氧化锌产品品位，且粉末量越少，还原过程物料与耐火材料的黏结越小，有利于生产顺行。因此，在含锌含铁固废还原脱锌过程中，宜采用复合球团形式提高锌铁还原效率及产品质量。

（2）颗粒度对锌回收的影响。颗粒度对次氧化锌产品品位的影响如图 5-12 所示。含锌含铁固废在还原过程中，锌氧化物被还原为锌蒸气进入烟气中，然后在烟气中被氧化为氧化锌，随烟尘在除尘系统中收集成为次氧化锌产品。当原料以粉料形式入窑时，粉料颗粒度小，在回转窑转动过程中，粉料极易扬尘并被裹挟至抽风气流中，进入除尘系统，增加了烟气中的粉尘量，造成回收的次氧化锌品位下降。当含锌含铁固废以复合球团形式入窑时，球团颗粒度大，不易扬尘，进入烟尘中的粉尘量较少，回收的次氧化锌品位较高。

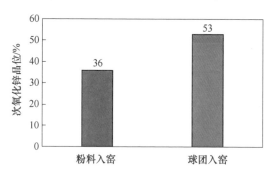

图 5-12　颗粒度对次氧化锌产品品位的影响

（3）颗粒度对结圈的影响。模拟粉料与球团在还原焙烧过程中与耐火砖之间的黏结情况。其中，物料中粉料的质量含量分别为 6%、25% 和 48%。试验结果如图 5-13 所示。物料成球后焙烧，与粉料焙烧相比，其与耐火砖的黏结现象显著降低，三种试样中的球团焙烧后均不会黏结在耐火砖表面。从黏附率来看，当粉料含量为 6% 时，黏附率仅为 6.8%，远低于全粉料时的 45.9%，即使粉料含量增长到 25%，其黏附率也仅为 12.7%。继续增加粉料含量，黏结现象趋于明显，耐火砖表面的黏结物增加。含锌含铁固废以球团形式入窑，将有利于抑制回转窑中结圈现象。

B　含锌含铁固废还原原理分析

含锌含铁固废还原脱锌机理示意图如图 5-14 所示。含锌含铁固废在还原过程中，共存在两种气-固反应界面，第一种为含锌含铁固废颗粒与 CO 气体发生还原反应的气-固界面，第二种为还原剂与 CO_2 发生气化反应的气-固界面，当 1 mol 的 CO 还原气体从气相扩散、吸附在含锌含铁固废颗粒表面发生还原反应，夺走锌铁氧化物中 1 mol 的氧元素扩散至气相后，新生成的 1 mol CO_2 从气相扩散、吸附至还原剂颗粒表面发生气化反应，与还原剂中碳发生反应生成 2 mol 的 CO 并扩散至气相，如此每完成一组还原反应和气化反应后，CO 气体浓度会提高一倍，CO 分压也随之提高，在颗粒之间产生浓度越来越高的 CO 还原气体，气相中 CO 浓度与含锌含铁固废颗粒表面 CO 浓度的梯度差越来越大，加快了更多的 CO 还原气体向含锌含铁固废表面扩散和吸附，如此链式反应形成并不断在含锌含铁固废颗粒还原反应气-固界面微区进行。

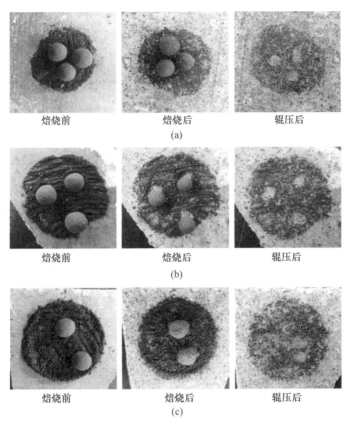

图 5-13　颗粒度对结圈的影响

（a）粉料质量含量 6%；（b）粉料质量含量 25%；（c）粉料质量含量 48%

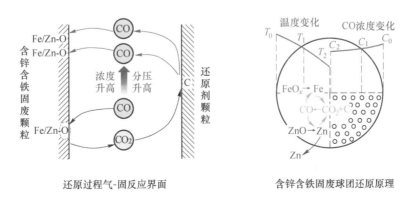

图 5-14　含锌含铁固废复合球团还原脱锌机制示意图

　　含锌含铁固废以粉料形式还原时，颗粒之间堆积较松散，且料层随着回转窑的转动不断翻滚，链式反应形成的 CO 会以较快的速度逸出料层，因此，料层中的还原气氛难以保持较高水平状态。另外，铁氧化物被还原为亚铁的过程中，易形成低熔点化合物，铁氧化物还原速率慢时，料层中存在大量亚铁的区域增加，低熔点物质增多，粉末之间易相互黏结和侵蚀耐火材料，形成结圈。

　　含锌含铁固废复合球团中还原剂均匀分布在球团内部，当反应温度达到还原反应发生要求时，球团内部所有含锌含铁固废颗粒气-固反应微区会同时进行上述的还原和气化反应，实现了球团内部均匀同时还原，球团内颗粒堆积紧密，新生的还原气体逸出球团和料面速度慢，增强了球团内部还原气氛，强化了含锌含铁固废还原过程气-固界面的传质过程，提高了球团整体还原反应速率。铁氧化物快速被还原至金属铁，建立起球团内部颗粒间黏结桥，减少了粉末量，并快速度过亚铁还原为金属铁阶段，降低还原中物料亚铁含量，避免形成大量低熔点化合物，有效抑制含锌含铁固废还原过程结渣和其对耐火材料的侵蚀。

5.1.3.2　含锌固废球团还原脱锌动力学行为分析

A　复合球团脱锌率及动力学控制模型选择

　　含锌固废复合球团还原后，根据以下公式计算脱锌率：

$$\alpha = \frac{m_1 \times x_1 - m_2 \times x_2}{m_1 x_1} \times 100\% \tag{5-1}$$

式中，α 为 Zn 脱除率；m_1、m_2 分别为还原前后的球团质量；x_1 和 x_2 分别为还原前后球团中 Zn 的质量百分比。根据试验结果和上式，计算出不同温度下的 α，选用合适的还原动力学方程确定动力学参数和表观活化能。

　　采用等温动力学方法对还原含锌固废球团的脱锌动力学进行研究。在等温条件下，锌脱除速率 r 可用脱锌率 α 和还原时间 t 的微分方程来表示。

$$r = \frac{d\alpha}{dt} = k(T) \times f(\alpha) \tag{5-2}$$

$$G(\alpha) = \int_0^t k(T) dt = k(T) t \tag{5-3}$$

式中，$k(T)$ 为表观反应速率，由还原温度 T 决定；$f(\alpha)$ 为机构函数；$G(\alpha)$ 为 $f(\alpha)$ 的积分形式。式（5-3）为式（5-2）的积分形式。此处采用的等温动力学模型如表 5-3 所示，包括 Avrami-Erofeev 方程、化学反应模型、收缩核模型和扩散模型。计算了不同 $G(\alpha)$ 与还原时间的线性关系，最佳拟合方程为最可能的机制函数 $f(\alpha)$，斜率为表观反应速率 $k(T)$。采用 Arrhenius 方程计算了表观活化能和指前因子等动力学参数。

$$k(T) = A\exp\left(-\frac{E_a}{RT}\right) \tag{5-4}$$

$$\ln k(T) = -\frac{E_a}{RT} + \ln A \tag{5-5}$$

式中，E_a 为表观活化能，kJ/mol；A 为指前因子，min^{-1}；R 为通用气体常数，8.314 J/(mol·K)；T 为还原温度，K。

表 5-3　常用反应机理函数的微分和积分表达式

模型编号	反应模型	微分式	积分式
A_1	Avrami-Erofeev $m=1$	$1-\alpha$	$1-\ln(1-\alpha)$
A_2	Avrami-Erofeev $m=2$	$2(1-\alpha)[-\ln(1-\alpha)]^{1/2}$	$[-\ln(1-\alpha)]^{1/2}$
C_1	化学反应模型	$4(1-\alpha)^{3/4}$	$1-(1-\alpha)^{1/4}$
C_2	化学反应模型	$\frac{1}{2}(1-\alpha)^{-1}$	$1-(1-\alpha)^2$
R_1	收缩核模型	$2(1-\alpha)^{1/2}$	$1-(1-\alpha)^{1/2}$
R_2	收缩核模型	$3(1-\alpha)^{2/3}$	$1-(1-\alpha)^{1/3}$
D_3	扩散模型	$\frac{3}{2}(1-\alpha)^{2/3}[1-(1-\alpha)^{1/3}]^{-1}$	$[1-(1-\alpha)^{1/3}]^2$
D_4	扩散模型	$\frac{3}{2}[(1-\alpha)^{-1/3}-1]^{-1}$	$1-2/3\alpha-(1-\alpha)^{2/3}$

B　不同反应模型的拟合结果

还原含锌固废球团脱锌的最可能机理函数由前文提到的方法确定。图 5-15 是 5 mm 粒径球团不同焙烧温度下，采用不同动力学模型的拟合结果。计算的还原脱锌的反应动力学参数如表 5-4 所示。由表可知，各模型中 $A_2(\alpha)$ 的回归系数 (r) 最高，拟合度最好，表明 5 mm 球团脱锌过程符合成核和生长模型函数 A_2：$G(\alpha) = [-\ln(1-\alpha)]^{1/2}$。即脱锌反应受随机成核和随后成长控制，符合整体反应模型，反应机理函数为 $m=2$ 的 Avrami-Erofeev 方程。

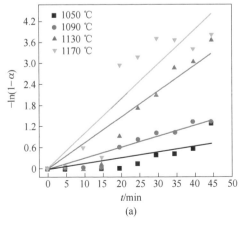

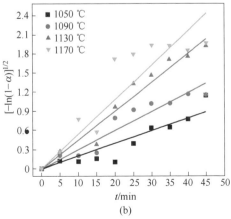

(a)　　　　　　　　　　　　　　(b)

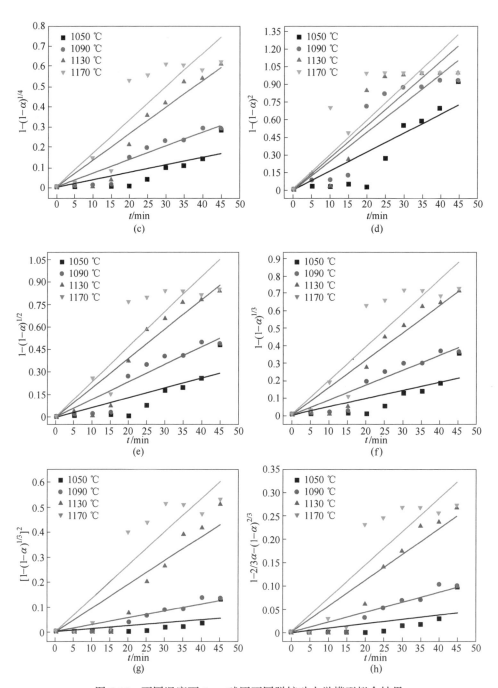

图 5-15　不同温度下 5mm 球团不同脱锌动力学模型拟合结果

（a）A_1；（b）A_2；（c）C_1；（d）C_2；（e）R_1；（f）R_2；（g）D_3；（h）D_4

表 5-4　球团（5 mm）线性拟合锌脱除度 $G(\alpha)$-t 的相关系数

模型	1050 ℃		1090 ℃		1130 ℃		1170 ℃	
	R	K	R	K	R	K	R	K
A_1	0.8672	0.01619	0.9797	0.03089	0.9735	0.07363	0.9693	0.09932
A_2	0.9667	0.01975	0.9866	0.02976	0.9902	0.04521	0.9738	0.05417
C_1	0.8842	0.00363	0.9799	0.00670	0.9793	0.01309	0.9689	0.01651
C_2	0.9458	0.01611	0.9735	0.02450	0.9688	0.02743	0.9578	0.02944
R_1	0.8989	0.00655	0.9796	0.01173	0.9802	0.01961	0.9682	0.02344
R_2	0.8894	0.00467	0.9799	0.00854	0.9800	0.01577	0.9686	0.01950
D_3	0.7275	0.00115	0.9661	0.00271	0.9578	0.00944	0.9622	0.01329
D_4	0.7536	0.00009	0.9699	0.00212	0.9681	0.00551	0.9601	0.00714

　　图 5-16 是 10 mm 粒径球团不同焙烧温度下，采用不同动力学模型的拟合结果。根据图的线性拟合计算了还原脱锌的反应动力学参数，如表 5-5 所示。

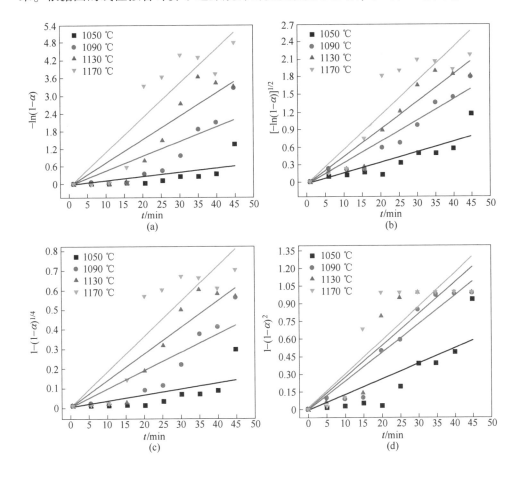

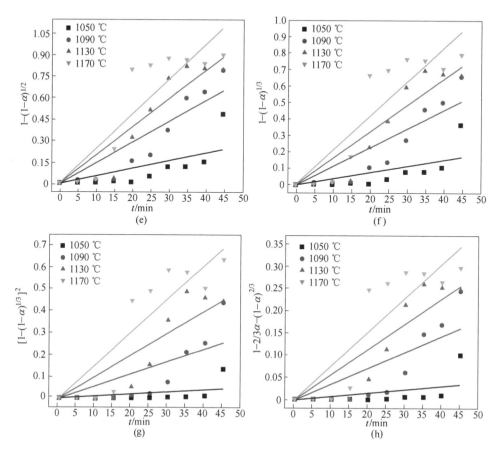

图 5-16 不同温度下 10mm 球团不同脱锌动力学模型拟合结果

(a) A_1；(b) A_2；(c) C_1；(d) C_2；(e) R_1；(f) R_2；(g) D_3；(h) D_4

由表 5-5 可知，各模型中 $A_2(\alpha)$ 的回归系数 (r) 最高，拟合度最好，表明 10 mm 球团脱锌同样符合成核和生长模型函数 $A_2:G(\alpha)=[-\ln(1-\alpha)]^{1/2}$。即脱锌反应符合整体反应模型，反应机理函数为 $m=2$ 的 Avrami-Erofeev 方程。此处的除锌动力学模型以球团整体为基础，而其他研究的除锌动力学均以含锌相为基础，试验中发现因为球团不够致密，忽略了外扩散过程（锌由球团内部向球团外部扩散）。

表 5-5 球团（10 mm）线性拟合锌脱除度 $G(\alpha)$-t 的相关系数

模型	1050 ℃		1090 ℃		1130 ℃		1170 ℃	
	R	K	R	K	R	K	R	K
A_1	0.7697	0.01326	0.9177	0.04863	0.9589	0.07732	0.9677	0.11491

模型	1050 ℃		1090 ℃		1130 ℃		1170 ℃	
	R	K	R	K	R	K	R	K
A_2	0.9462	0.01725	0.9867	0.03543	0.9852	0.04605	0.9742	0.05766
C_1	0.7942	0.00295	0.9416	0.00924	0.9678	0.01347	0.9667	0.01790
C_2	0.9177	0.01312	0.9842	0.02414	0.9692	0.02706	0.9608	0.02896
R_1	0.8177	0.00529	0.9577	0.01462	0.9726	0.01986	0.9654	0.02439
R_2	0.8022	0.00379	0.9477	0.01135	0.9698	0.01613	0.9662	0.02081
D_3	0.6075	0.00010	0.8603	0.00571	0.9412	0.01006	0.9618	0.01534
D_4	0.6244	0.00008	0.8913	0.00359	0.9534	0.00571	0.9589	0.00769

图 5-17 是 15 mm 粒径球团不同焙烧温度下，采用不同动力学模型的拟合结果。还原脱锌的反应动力学参数如表 5-6 所示。

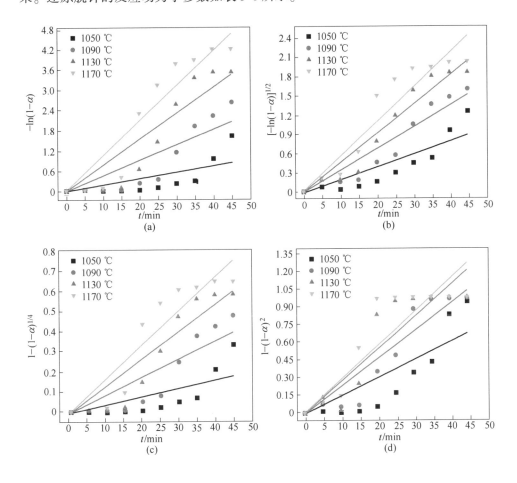

(a)

(b)

(c)

(d)

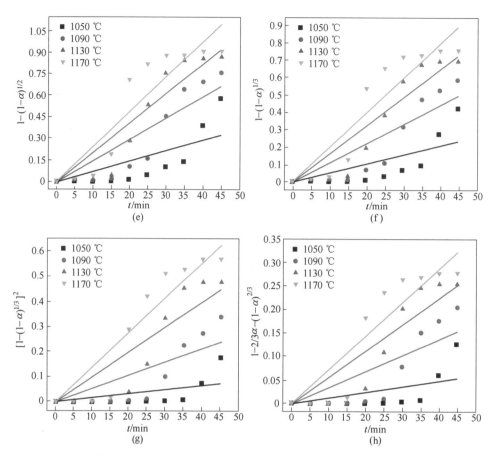

图 5-17　不同温度下 15mm 球团不同脱锌动力学模型拟合结果

（a）A_1；（b）A_2；（c）C_1；（d）C_2；（e）R_1；（f）R_2；（g）D_3；（h）D_4

由表 5-6 可知，各模型中，$A_2(\alpha)$ 的回归系数（r）最高，拟合度最好，表明 15 mm 粒径球团脱锌过程也符合成核和生长模型函数 A_2：$G(\alpha)=[-\ln(1-\alpha)]^{1/2}$。即脱锌反应受随机成核和随后成长控制，符合整体反应模型，反应机理函数为 $m=2$ 的 Avrami-Erofeev 方程。因此，本研究发现不同尺寸球团的还原脱锌反应均符合整体反应模型，球团尺寸的大小对脱锌过程的动力学模型没有影响。

表 5-6　球团（15 mm）线性拟合锌脱除度 $G(\alpha)$-t 的相关系数

模型	1050 ℃		1090 ℃		1130 ℃		1170 ℃	
	R	K	R	K	R	K	R	K
A_1	0.8074	0.01848	0.9270	0.04560	0.9607	0.07715	0.9779	0.10459
A_2	0.9405	0.02006	0.9816	0.03419	0.9881	0.04590	0.9834	0.05496

模型	1050 ℃		1090 ℃		1130 ℃		1170 ℃	
	R	K	R	K	R	K	R	K
C_1	0.6822	0.00399	0.8810	0.00888	0.9389	0.01340	0.9523	0.01686
C_2	0.9141	0.01532	0.9752	0.02348	0.9687	0.02743	0.9664	0.02879
R_1	0.8429	0.00698	0.9479	0.01423	0.9736	0.01972	0.9729	0.02349
R_2	0.8317	0.00508	0.9419	0.01096	0.9709	0.01604	0.9749	0.01976
D_3	0.7032	0.00160	0.8871	0.00531	0.9420	0.01003	0.9718	0.01397
D_4	0.7211	0.00121	0.8999	0.00348	0.9524	0.00567	0.9680	0.00726

脱锌反应前中后期的主要限制因素分别为碳气化速度、颗粒-气体界面上的还原反应速度、后期扩散三个阶段。首先还原反应开始时，球团内部主要进行的是碳的气化反应，即布多尔反应：$C + CO_2 \rightarrow CO$。此时球团内部含有的固定 C 含量相对较高，故生成的气体中二氧化碳含量较少，而一氧化碳含量较高。含锌球团中脱锌反应的进行主要是锌与氧的分离，由此可知，球团在反应过程中的脱锌速率主要与碳的气化速度有关系。还原反应进行到中期时，反应限制性因素由反应初期的碳气化速度转变为颗粒-气体界面上的还原速度。含锌球团在高温条件反应中，主要发生的是气固间的相互转化，Zn 通过还原反应挥发到空气中，随着反应的进行，球团中大部分的氧化物已经还原完成，反应持续至球团完全还原。在还原反应后期，反应速率逐渐减慢。其原因主要是由于经过前期的反应，含锌球团中生成了新的固相物质，且含量随反应进行越来越高。这不仅阻碍了热量由外部向含锌球团内部扩散的速度，还降低了气体产物由内向外扩散的速率。

C 含锌固废复合球团的脱锌反应活化能

根据计算活化能的方法得到 $\ln k$ 与 $10^4/T$ 的 Arrhenius 图，如图 5-18 所示。

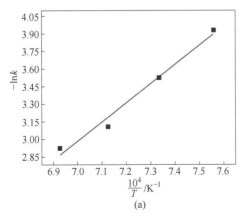

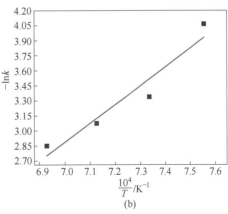

(a)　　　　　　　　　　　(b)

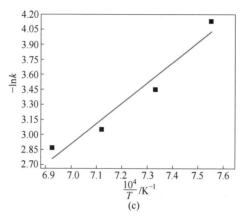

图 5-18 含锌球团 A_2 动力学模型关于 $\ln k\text{-}10^4/T$ 的 Arrhenius 图

(a) 5 mm；(b) 10 mm；(c) 15 mm

计算出的表观活化能如表 5-7 所示，从表中可知，不同粒径的球团还原脱锌活化能分别为 151.40 kJ/mol（5 mm）、155.16 kJ/mol（10 mm）、165.52 kJ/mol（15 mm）。结果表明在相同脱锌率条件下，含锌固废球团的尺寸越大，其分解平均活化能越大，所需的温度就越高。

表 5-7 不同粒径球团还原脱锌动力学参数

动力学模型	球团粒径 /mm	$\ln k\text{-}10^4/T$ 回归方程	R^2	表观活化能 $E/\text{kJ} \cdot \text{mol}^{-1}$
A_2：$[-\ln(1-\alpha)]^{1/2}$	5	$-\ln k = -9.5793 + 1.8210(10^4/T)$	0.9803	151.40
	10	$-\ln k = -10.1737 + 1.8662(10^4/T)$	0.9633	155.16
	15	$-\ln k = -11.0063 + 1.9908(10^4/T)$	0.9562	165.52

根据含锌固废复合球团的动力学分析可知，影响锌还原脱除的关键因素的顺序为温度、时间、球团粒径，在还原脱锌过程中，提高反应温度能显著提高脱锌率，延长反应时间也能提高脱锌率，5~15 mm 范围内球团粒径对脱锌的影响不显著。为了实现锌的高效脱除又不产生大量液相，应该采取适当降低反应温度，防止局部高温，适当延长反应时间的控制策略进行含锌含铁固废的还原生产。

5.1.3.3 含锌含铁固废还原过程抑制结圈行为分析

结圈是影响回转窑处置含锌含铁固废的主要问题之一。影响结圈的主要因素有反应温度、粉末含量、原料组成等。通过含锌含铁固废还原过程物料与耐火砖黏附规律的分析，可以明确还原过程抑制结圈的主要操作要求。

A 原料组成对物料与耐火砖黏附的影响

考察了物料中有无焦粉及不同含锌固废配比对物料与耐火砖黏附性能的影

响。将物料与耐火砖表面的焙烧温度增加至 1200 ℃，使之产生更多的黏结物，上述试验发现的规律更加明显，结果如图 5-19 和图 5-20 所示，其中 B_{30}、B_{40}、B_{50} 和 B_{60} 分别代表转炉灰配比为 30%、40%、50% 和 60%。

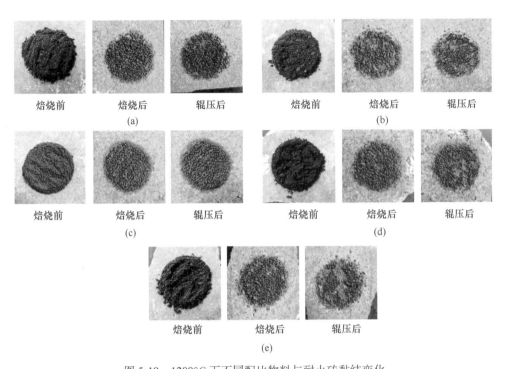

图 5-19 1200℃ 下不同配比物料与耐火砖黏结变化

（a）无焦粉；（b）30%转炉灰；（c）40%转炉灰；（d）50%转炉灰；（e）60%转炉灰

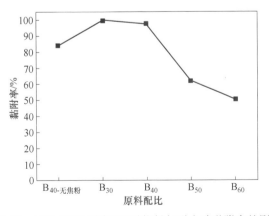

图 5-20 1200 ℃ 下不同配比对物料与耐火砖黏附率的影响

在转炉灰配比相同时，当物料中不含焦粉时，黏附率达到 83.9%，当粉料中含焦粉时，黏结现象更严重，黏附率高达97.6%，这说明还原过程亚铁量增加会导致结圈加重。此外，转炉除尘灰配比为30%时，黏附率为100%，说明焙烧物料已完全黏附在耐火砖表面。随着转炉除尘灰配比增加至60%时，则黏附率显著降低至50.4%。在含锌含铁固废回转窑法还原脱锌配料过程中应提高转炉灰的配比，即提高入窑物料碱度，可缓解窑内结圈。

B 焙烧温度对物料与耐火砖黏附的影响

在回转窑的实际生产中，整个窑内温度分布不均匀，存在高温区间，因此探讨焙烧温度对含锌固废物料与回转窑内耐火材料的黏结行为十分必要，结果如图5-21所示。平铺在耐火材料表面的含锌固废，高温焙烧后出现颗粒黏结现象，经过外力作用后，有一部分焙烧产物会黏附在耐火材料表面，难以脱离。从整体上看，黏附情况随着温度的升高而增加。

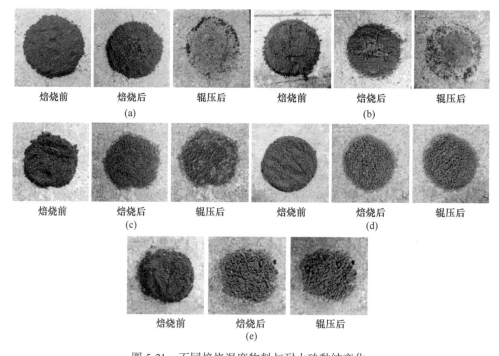

图 5-21 不同焙烧温度物料与耐火砖黏结变化

（a）1050 ℃；（b）1100 ℃；（c）1150 ℃；（d）1200 ℃；（e）1250 ℃

图 5-22 为不同焙烧温度下，耐火砖与焙烧产物的黏附率变化情况。由图5-22可知，当含锌固废配比不变，焙烧温度为1050 ℃时，黏附率最低仅为4.5%，说明附着在耐火砖上的焙烧产物很少，此为静态下的附着量，如果生产中回转窑运转，外力增加，附着量将会更少。当焙烧温度逐渐升高，黏附率逐渐增加，在

1150 ℃温度下显著增加到45.9%，最后，当焙烧温度达到1200 ℃和1250 ℃，焙烧产物与耐火砖黏结现象很严重，黏附率接近或达到100%，说明此温度下，含锌固废熔融产生大量液相，并与耐火砖黏结在一起不可脱离，该条件下回转窑内将非常容易产生结圈现象。因此，严格控制回转窑高温区范围将有利于有效降低结圈概率。

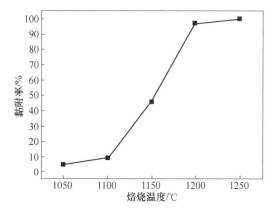

图 5-22　不同焙烧温度对物料与耐火砖黏附率的影响

C　含锌含铁固废结渣物特性

为研究含锌含铁固废结渣物的特性，选取回转窑法处理含锌含铁固废的结渣物进行分析。研究样品为在回转窑厂停窑时从窑中取的部分结圈物。图 5-23 是现场窑中结圈物的断面图。从图中明显可见结圈物断面具有明显的层状结构。靠近窑壁为结圈物的内层，结圈物内层质地疏松，主要是由炉窑耐火材料和初始结圈物黏结在一起形成的，强度不高，很容易敲碎。外层结圈物结构致密，有很多的黑色粉状物料黏结在一起，是结圈物的主要物质。断面上能看到明显的金属光泽且呈金属光泽的物质连成一块，说明有金属铁相产生并且金属铁在回转窑内熔化了。结圈物的形状不规则，有暗红色、黑灰色，表面呈金属光泽，有许多熔融

(a)　　　　　　　　　　　　　(b)

图 5-23　窑中结圈物断面图

（a）窑壁内侧；（b）窑壁外侧

状结圈物，据此可推测结圈物中含有金属铁及铁的氧化物，并且铁的氧化物与粉末物料熔融黏结在一起。

结圈样品的化学成分如表 5-8 所示。回转窑内结圈物的全铁含量都在 35% 以上，铁在结圈物中主要以金属铁或铁的氧化物形态存在。其他各种化合物中 CaO、SiO_2、Al_2O_3 的含量相对很高，MgO 的含量次之。原料中 CaO、SiO_2、Al_2O_3 这三种氧化物的含量相对较高，即使在回转窑内高温煅烧的条件下，也能以不同种类的稳定形态存在于回转窑的结圈物中。在回转窑高温煅烧及还原性气氛下，SiO_2 主要以硅酸盐类液相（一部分是低熔点的多组分化合物，一部分是橄榄石类矿物）形态存在结圈物中，成为结圈物的黏结相。少部分以高熔点的钙长石、黄长石及尖晶石的形态存在，成为颗粒物料和粉末黏附及液相结晶的核心。CaO 主要以硅酸钙和橄榄石类形态存在于结圈物中。Al_2O_3 主要是以高熔点的钙长石、铝黄长石、铝尖晶石以及游离的 Al_2O_3 的形态存在于结圈物中，少部分 Al 以硅铝酸盐液相存在。Mg 主要以高熔点钙镁橄榄石和尖晶石形态存在；煤灰的主要成分是 SiO_2 和 Al_2O_3，煤粉燃烧后形成的煤灰由于重力及物料间的挤压等机械作用降落沉积在窑壁上成为结圈物的一部分。同时，物料中少量的碱金属氧化物（K_2O 和 Na_2O）的存在，促进了低熔点化合物的形成，低熔点化合物在回转窑内熔化形成液相，成为结圈物的黏结相，使得粒状和粉末物料黏连得更加紧密。

表 5-8　结圈物主要元素组成　　　　　　　　（%）

位置	TFe	O	Ca	Si	Al	Mg	S	Mn	Na	Ti
内侧	49.17	26.15	2.87	2.55	0.50	2.41	1.11	0.55	0.41	0.39
外侧	36.99	29.43	14.8	6.69	5.55	2.28	1.37	0.89	0.42	0.45

图 5-24 和图 5-25 分别为窑壁内侧和外侧结圈物在电子扫描镜下的微观结构和不同区域的能谱图。对图中不同区域的①~④的 4 个点进行能谱分析。①点结圈物主要为金属铁相；②点结圈物主要为 Fe_3O_4；③点结圈物主要为 FeO；④点结圈物主要含有 SiO_2、CaO，嵌布在金属铁或 FeO 相周围的板状钙铁橄榄石。

图 5-24　窑壁内侧结圈物的微观结构

回转窑窑壁外侧结圈物，对图中不同区域的①~③的 3 个点进行能谱分析。①点结圈物主要为金属铁相；②点结圈物中含大量的 MgO 等，FeO 含量较高，形成低熔点物质；③点结圈物主要为含有钙、硅、亚铁和铝等的低熔点物质。

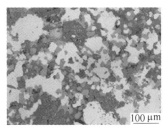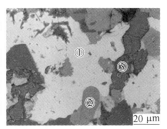

图 5-25 窑壁外侧结圈物的微观结构

结圈样品中造成颗粒黏结的物质与前述 $FeO\text{-}SiO_2\text{-}CaO\text{-}0.2\%ZnO$ 四元相图液相区成分一致，主要为亚铁、SiO_2、CaO 等成分参与液相形成，特别在碱度较低的矿物区域液相形成明显。根据回转窑窑壁内侧和窑壁外侧结圈物的分析可知，结圈物中含金属铁、FeO、硅灰石和多成分化合物。从窑壁内侧到窑壁外侧，单质铁颗粒形状和大小变化不大；Fe_3O_4 相或 Fe_3O_4 向 FeO 转变相，保持原始颗粒形状和大小不变，小颗粒变化稍大。而嵌布在金属铁或铁氧化物周围的是板状的硅灰石或多成分的化合物，将金属铁相或 Fe_3O_4 相牢固地黏在一起，出现局部温度过高，产生了软熔或熔化。硅灰石中以 CaO、SiO_2 为主，同时含有部分 Al_2O_3、MgO、TiO_2 等，铁氧化物和这些物质发生固相反应、形成低熔点物质，也是主要的黏结相之一。

5.1.3.4 铁、锌组分还原分离工艺参数

A 配碳量的影响

含锌含铁复合球团配入的碳可以是煤粉、焦粉、高碳灰等化石碳，也可以是第 4 章中热解-焚烧法制备的富碳热解渣。配碳量对焙烧球团金属化率和脱锌率的影响如图 5-26 所示。当内配碳量为 12%、还原时间为 25 min 时，球团金属化率仅为 74.9%，即使延长还原时间到 35 min，金属化率也只提升至 82.5%；随着配碳量的增加，球团金属化率逐渐升高，当还原时间为 35 min，配碳量为 16% 时，金属化率增加到 87.8%，继续增加配碳量，金属化率逐步提升至 93.4% 和 95.5%。配碳量对脱锌率的影响较小，在 12%~24% 之间变化时，球团脱锌率为 94.5%~95.0%。

B 还原温度、时间及球团粒度的影响

不同焙烧温度下球团脱锌率随还原时间的变化规律，如图 5-27 所示。对于 5 mm 尺寸的球团，采用 1050 ℃ 的焙烧温度，当还原时间在 0~20 min 时，球团

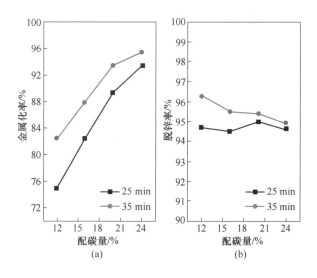

图 5-26   配碳量对含锌含铁固废复合球团还原的影响
（a）配碳量对焙烧球团金属化率的影响；（b）配碳量对焙烧球团脱锌率的影响

的金属化率缓慢上升，还原时间在 20~45 min 时，脱锌率急剧上升，45 min 时的脱锌率约为 75.2%，脱锌率还未达到最高值，继续延长时间脱锌率还处于上升期。当焙烧温度为 1090 ℃ 时，还原时间在 0~15 min 时，球团脱锌率缓慢上升，还原时间在 15~45 min 时，脱锌率急剧上升，最终的脱锌率可达到 95.1%。继续增加焙烧温度至 1130 ℃，可发现脱锌率在 0~10 min 时缓慢上升，10~25 min 时快速上升，25~45 min 时又缓慢上升，最终可达到 97.6% 的脱锌率。

当焙烧温度升至 1170℃ 时，脱锌率的变化规律为 0~5 min 缓慢上升，5~25 min 时快速上升，25 min 时的脱锌率即高达 96.1%，继续延长还原时间到 20~45 min 时，脱锌率已趋于稳定。当焙烧温度为 1210℃ 时，球团脱锌率在 0~20 min 即进入快速上升期，20 min 脱锌率达到 96.2%，20~45 min 时脱锌率基本保持不变。

对于 10 mm 和 15 mm 尺寸的球团，其不同焙烧温度下，脱锌率随还原时间的变化规律与 5 mm 的基本相似。整体来看，在 0~45 min 时间段内，当焙烧温度低于 1130 ℃ 时，球团脱锌可分为 3 个阶段：缓慢增长段、快速增长段和缓慢增长段。当温度高于 1130 ℃ 低于 1210 ℃ 时，脱锌可分为 3 个阶段：缓慢增长段、快速增长段和平稳段。当温度高于 1210℃ 时，脱锌分为 2 个阶段：快速增长段和平稳段。在同样还原时间段内，随着焙烧温度升高，缓慢增长段缩短，快速增长段经历的时间基本保持不变，平稳段的时间跨度逐渐变长。试验表明球团尺寸

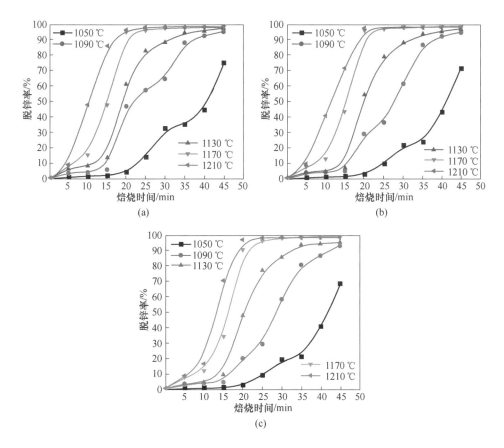

图 5-27 不同焙烧温度下球团脱锌率随还原时间的变化规律

(a) 5 mm 球团；(b) 10 mm 球团；(c) 15 mm 球团

不会显著影响球团脱锌率随时间的变化情况，但当球团尺寸为 15 mm 时，焙烧温度低于 1130 ℃时，脱锌率略微降低，温度为 1170 ℃和 1210°C 时，这种影响效应很小。

综上所述，结合含锌含铁固废中锌铁还原行为、收集的次氧化锌产品品质、回转窑抑制结圈机制可知，含锌含铁尘泥回转窑法还原时，配矿过程中应尽量提高原料碱度，配碳量应控制在 10%~20%，采用复合球团的原料形式，对于脱锌渣作为烧结原料循环利用时，球团粒度应控制在 3~8 mm，对于脱锌渣作为转炉原料循环利用时，应控制复合球团粒度为 8~15 mm，窑内还原温度区间应控制在 1000~1150 ℃，物料在高温段停留时间不少于 35 min。

5.1.4 高温脱锌球团还原产物冷却原理及工艺参数

5.1.4.1 高温脱锌球团冷却原理

A 冷却气氛的影响

对焙烧温度为 1150 ℃，还原时间为 30 min 的焙烧球团，采用空气中自然冷却、水淬冷却、用碳隔绝空气冷却和 N_2 气氛冷却 4 种方式将其冷却到室温，并考察了球团金属化率和抗压强度的变化情况，结果如图 5-28 所示。隔绝空气自然冷却的球团金属化率为 95.6%，N_2 气氛冷却的金属化率为 98.2%，均明显高于空气中自然冷却下的 69.3%。然而，对于水淬冷却的球团其金属化率仅为 74.5%。

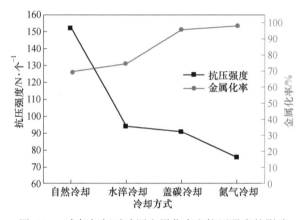

图 5-28 冷却气氛对球团金属化率和抗压强度的影响

采用空气中自然冷却的球团抗压强度最高，为 152.0 N，而采用 N_2 气氛冷却的球团抗压强度最低，仅为 75.6 N，而采用隔绝空气自然冷却和水淬冷却的球团抗压强度均在 90 N 以上。对比各种不同冷却方式下的脱锌球团抗压强度和金属化率可知，冷却后金属化率越低，则冷却后的球团抗压强度越高，这是因为在冷却过程中，金属化率越低的球团发生金属铁氧化反应越显著，在冷却过程中新生的磁铁矿和赤铁矿结晶成为颗粒间新的强度较强的黏结桥，将脱锌球团中部分颗粒紧密连接在一起，增加了球团的抗压强度。

B 冷却原理分析

高温脱锌球团采用不同冷却方式的冷却机制示意图如图 5-29 所示。

(1) 空气气氛冷却：采用空气气氛冷却时，空气中的氧气与高温脱锌渣表面接触，存在于脱锌渣表面的金属铁被按照 $Fe \rightarrow FeO \rightarrow Fe_3O_4 \rightarrow Fe_2O_3$ 的顺序氧化，最终在脱锌渣表面形成致密的 Fe_2O_3 产物层，阻碍了大部分氧气进一步进入球团内部；少量从球团表面空隙扩散进入球团内部的氧气也会与内部金属铁发生

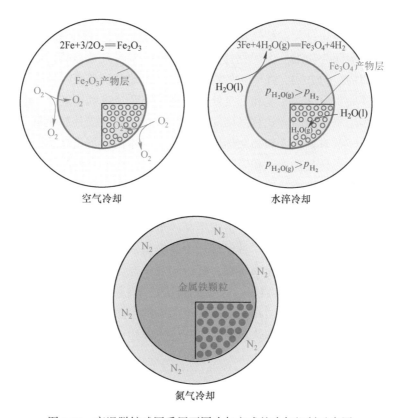

图 5-29　高温脱锌球团采用不同冷却方式的冷却机制示意图

反应，在金属铁颗粒表面形成致密的 Fe_2O_3 膜，阻碍了金属铁的进一步氧化。

（2）水淬冷却：采用水淬冷却时，高达 1100 ℃ 以上的脱锌渣与水接触，脱锌渣球团周围液态水迅速被高温脱锌渣气化，形成水蒸气，脱锌渣中金属铁与水蒸气接触，进而发生氧化反应，形成致密 Fe_3O_4 产物层，虽然在氧化过程中会有少量氢气产生，但在水淬体系中，围绕在脱锌渣周围微区的水蒸气分压远远大于氢气分压，所以最终脱锌渣中的金属铁会以 Fe_3O_4 的形式存在。另外，在冷却后脱锌渣中仍会吸附较多的水，在水中溶解的氧气会与未被氧化的金属铁缓慢发生锈蚀反应，进一步降低了脱锌渣的金属化率。

（3）氮气气氛冷却：采用氮气气氛进行冷却时，脱锌渣中的金属铁不会与氮气发生反应。

5.1.4.2　高温脱锌球团冷却方法的选择

高温脱锌球团中的铁组分主要为金属铁，如果脱锌球团后续作为炼钢原料或经磨选回收还原铁粉时，则应追求球团冷却后具有高的金属化率，为后续炼钢或磨选过程提高铁的利用率奠定基础。为避免冷却过程中脱锌球团中金属铁再氧化造成金属化率降低，在高温脱锌球团冷却过程中应采用干式冷却方式，氮气或其他无氧气体作为冷却过程保护气氛。球团在窑内运行时，球团之间相互摩擦并与窑壁摩擦会产生部分粉末，为回收高温脱锌球团携带的大量显热，如果采用冷却气体直接冷却物料的方式，气体流量将比较大，冷却气消耗高，且会导致冷却烟气中粉尘量较大，后续的除尘和烟气处理工序将降低余热利用效率。为提高余热利用率和余热品质，冷却方式宜采用间接冷却方式，氮气或其他无氧气体仅作为冷却过程保护气氛。干式冷却和余热回收设备应一体化，防止高温脱锌球团物料再氧化的同时，提高余热品质和余热利用率。

脱锌球团如果作为烧结原料进行利用时，脱锌渣在烧结过程中，金属铁发生氧化反应，释放大量热量，对降低烧结固体燃耗起到积极作用。因此脱锌渣后续作为烧结原料时，冷却过程可以不追求很高的金属化率，但也应在高效冷却前提下，在高温脱锌球团冷却过程尽量保存其中的金属铁。相比空气冷却方式，水淬冷却方式获得的脱锌渣金属化率更高，且冷却效率也更高，但水淬冷却过程高温脱锌球团中的余热无法回收利用，高温脱锌渣冷却过程无余热利用需求的情况下，可采用水淬冷却。为了能将高温脱锌球团中的余热进行高效回收利用，宜采用干式冷却方式，干式冷却和余热回收设备应一体化，冷却气氛可选择回转窑低温尾气等低氧气体。

5.1.5　回转窑法脱锌合理工艺流程参数及关键装备

5.1.5.1　回转窑法脱锌合理工艺流程及参数

含锌含铁固废铁、锌高效还原分离的工艺路线如图5-30所示。配料时应采用高碱度物料方针。含锌含铁固废与还原剂混匀后造球，造球方式可采用圆盘造球或强力扰动造球，为提高球团质量推荐选择强力扰动造球方式。球团碳含量为10%~20%，对于脱锌渣作为烧结原料循环利用时，应控制复合球团粒度为3~8 mm；对于脱锌渣作为转炉原料循环利用时，应控制复合球团粒度为8~15 mm。复合球团经多场协同可控回转窑还原，还原高温段温度范围为1000~1150 ℃，物料在高温段停留时间不少于35 min，含铁组分在回转窑内还原为金属铁，高温渣从窑头排出后经干式冷却，冷却介质宜用氮气，获得高金属化率产品作为转炉炼钢原料，低金属化率产品进入烧结配料；锌进入烟尘经除尘后收集成为次氧化锌产品，尾气经余热回收、烟气净化后排放。

5.1.5.2　扰动造球装备

含锌含铁固废制备成球团为还原过程锌铁颗粒表面与还原气体之间营造良好的传热传质条件，高强度的球团在回转窑运转过程中不易产生大量粉末，加重结圈现象。因此，含锌含铁固废需与还原剂进行混匀后制备高强度球团。造球方式可采用圆盘造球或扰动造球方式。当采用富碳热解渣作为还原剂时，含锌固废与

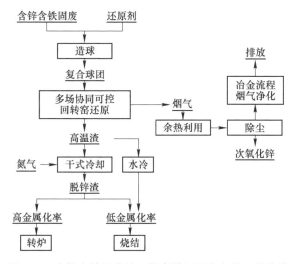

图 5-30 含锌含铁固废铁、锌高效还原分离的工艺路线

热解渣密度差较大，常规圆盘造球方式易造成原料组分偏析，且球团强度低、水分较高，为实现两种比重差较大的物料均匀成球，且提高球团强度，需采用扰动造球的方式。扰动造球设备如图 5-31 所示，制粒过程物料从顶部进料口进入桶体，在桶内聚集并持续保持一定的填充率，此时物料在高速旋转螺旋制粒工具与低速旋转桶体相互作用下发生三维空间翻滚，实现制粒，制粒后的物料经混合桶底部的排料口排出，制粒时间一般为 90~120 s。有关扰动造球装备的详细介绍详见本书第 7.2 节。

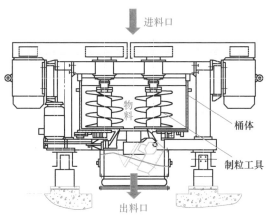

图 5-31 扰动制粒装备示意图

5.1.5.3 多场协同可控回转窑装备

为实现含锌含铁固废铁、锌高效还原分离，又不出现严重的结圈现象，需要

对还原过程的温度场和气氛场进行准确控制，还原过程高温段温度应控制在1000~1150 ℃，物料在高温段停留时间不少于 35 min，窑内氧气分布不能出现局部过量富集，以防造成局部高温或氧化气氛过剩。

常规回转窑采用窑头烧嘴+高压风或仅用窑头高压风的形式控制窑内反应温度，极易造成窑内出现局部高温导致窑内结圈频现，且造成窑头氧含量高再氧化严重，导致窑头结圈和产品品质低。为了消除窑内局部高温，需以分布式供风方式将氧气定点定量的供给窑内料层，应采用多场协同可控回转窑装备实现上述过程。

多场协同可控回转窑如图 5-32 所示，是在常规回转窑的技术基础上发展起来的，多场协同可控回转窑是一种可实现在窑身多点进行物质流二次供给调控的新型回转窑技术。多场协同可控回转窑技术原理如图 5-33 所示。该回转窑可通过检测窑内温度场的变化，在径向和轴向调节窑内物质流的二次供给，使窑内温度场、气氛环境得到有效控制。将从窑头鼓入的氧气分配至窑身，可有效避免传统回转窑氧气集中供给造成的局部温度过高现象，对防止窑内结圈有显著作用；氧气分配到窑身后使得高温反应区延长，可以适当提高窑速，对提高生产率有促进作用；窑头进氧量减少，可以防止已经被还原的金属铁发生再氧化，也可以减轻窑头结圈。因此，多场协同可控回转窑能在提升生产能力、效率方面，以及防止回转窑结圈问题上都有突出的优势。有关多场可控回转窑的详细介绍详见本书第 7.3 节。

图 5-32 多场协同可控回转窑示意图

5.1.5.4 高温渣干式冷却装备

高温还原渣作为烧结原料循环利用时，对金属化率无具体要求，高温渣冷却过程可采用水冷法，工艺流程简单，技术成熟，重点是需要改善水冷周边环境，本小节不再阐述。对于要求进转炉的还原渣，为保证高温还原窑渣不再氧化造成产品品质低，需采用氮气或无氧环境进行冷却，防止高温还原性物料再氧化。高温还原性球团冷却及余热回收一体化技术与装备方案主要包括冷却筒体、水汽分

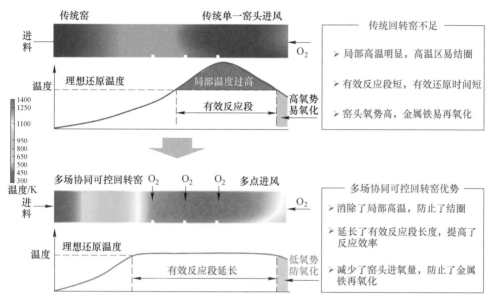

图 5-33 多场协同可控回转窑还原技术原理

离装置、泵送系统、水汽密封连接器和保护气体通入装置等。高温还原性球团冷却及余热回收一体化技术与装备如图 5-34 所示，有关提锌回转窑高温脱锌渣干式冷却装备的介绍详见本书第 7.4.2 节。

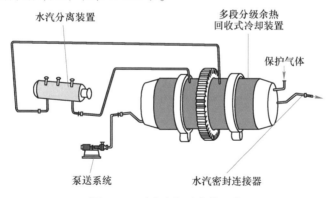

图 5-34 干法冷却及余热回收

5.1.6 脱锌渣冶金流程循环利用工艺及参数

按照冶金炉窑对原料成分、粒度的要求，以"价值最大化"为原则。含锌含铁固废回转窑法脱锌渣根据利用途径的不同可分为两种。第一种要求高金属化率产品用作转炉原料，进入转炉后起到冷却钢液和调渣作用的同时，还可以回收其中的单质铁，提高转炉钢产量。一般作为转炉原料粒度应控制在 5mm 以上，其中单质铁的含量（全铁含量与金属化率的乘积）不低于 50%。脱锌渣作为转炉原料循环利用时，脱锌渣的物化性能应严格保证满足炼钢入炉要求。第二种为不追求高金属化率的脱锌渣可作为烧结原料循环利用，因脱锌渣中组分较复杂，不同的掺混条件会对烧结矿产质量指标、冶金性能及废气排放产生影响，因此本节将重点分析脱锌渣作为烧结原料的冶金流程循环利用工艺及参数。

5.1.6.1　脱锌渣对烧结指标和冶金性能影响研究

根据某钢厂现场的原料结构及烧结杯试验方案，考查 1% 掺混条件、2% 掺混条件下脱锌渣对烧结矿产质量指标和冶金性能的影响。

A　对烧结指标影响研究

考查 1% 掺混条件、2% 掺混条件下脱锌渣对烧结矿产质量指标的影响，试验结果如表 5-9 所示。

表 5-9　脱锌渣掺混比例对烧结矿产质量指标的影响

掺混比例/%	烧结速度/mm · min⁻¹	成品率/%	转鼓指数/%	利用系数/t · (m² · h)⁻¹	固体燃耗/kg · t⁻¹	终点温度/℃
0	22.19	67.40	65.40	1.44	74.44	482
1	21.13	70.34	68.87	1.34	73.56	505
2	19.46	68.87	65.33	1.27	73.60	510

在固定烧结燃料配比为 4.3%、混合料水分为 7.0% 条件下，研究了脱锌渣不同掺混比例对烧结矿产质量指标的影响。由表 5-9 可知，随着掺混比例的增加，烧结速度呈降低的趋势，分别由基准值 22.19 mm/min 降低至 21.13 mm/min 和 19.46 mm/min。同时，掺混脱锌渣后，烧结矿的成品率和转鼓指数呈现先增加后降低的趋势，其中，在掺混 1.0% 脱锌渣时达到最优值，分别由基准值 67.40% 和 65.40% 提高至 70.34% 和 68.87%，继续增加脱锌渣掺混量到 2.0%，成品率和转鼓指数有所降低，但依旧高于基准值，表明适量掺混脱锌渣对烧结矿产质量指标有改善作用，这与添加焚烧渣的效果相一致。

利用系数随着掺混比例增加出现小幅度降低，由 1.44 t/(m² · h) 下降为 1.34 t/(m² · h) 和 1.27 t/(m² · h)；固体燃料消耗随着掺混比例的增加基本保持不变，掺混比例为 1.0% 时，固体燃耗为 73.56 kg/t，掺混比例为 2.0% 时，固体燃耗为 73.60 kg/t，分别较基准值降低 0.88 kg/t 和 0.84 kg/t。同时，对比分析了不同掺混条件下烧结终点温度，发现较基准而言，掺混含锌渣后，终点温度由 482 ℃ 提高到 505 ℃ 和 510 ℃，对比掺混焚烧渣后，其终点温度上升幅度低于掺混焚烧渣。

综合烧结矿产质量指标来看，脱锌渣在烧结工序的掺混比例应当控制在

1.0%左右，此时成品率、转鼓指数呈较为显著的提升效果，利用系数虽有较小的不利影响，但在可承受范围内。

　　B　对冶金性能影响研究

　　根据某钢厂现场的原料结构及烧结杯试验方案，考查基准条件和1%掺混条件下脱锌渣对烧结矿冶金性能的影响。

　　（1）对还原度的影响。还原度（RI）以三价铁状态为基准，用质量百分数表示，计算公式如下：

$$RI = [0.111W_1/0.430W_2 + (m_1 - m_t)/(m_0 \times 0.430W_2) \times 100] \times 100\%$$

式中，m_0 为试样的质量，g；m_1 为还原开始前试样的质量，g；m_t 为还原结束后试样的质量，g；W_1 为试验前试样中 FeO 的含量，%；W_2 为试验前试样的 TFe 含量，%。

　　烧结杯试验下基准条件和1%掺混条件对烧结矿还原度影响的结果如表 5-10 所示，结果表明：在基准条件下，烧结矿还原度为72.68%，脱锌渣1%掺混后，其还原度提高到74.60%。结合后续烧结矿物相组成研究，烧结掺混1%脱锌渣后，烧结矿优质黏结相铁酸钙含量上升，这是促进还原性提高的重要原因，其次，烧结矿孔隙度的提高也改善了还原动力学条件。

表 5-10　1%掺混条件对烧结矿还原度影响

样　品	入炉质量/g	出炉质量/g	还原度/%
基准	500.98	415.79	72.68
1%掺混	500.32	414.56	74.60

　　（2）对低温还原粉化性的影响。低温还原粉化主要是指：在还原气体的作用下，矿石发生了还原相变，即由六方晶系的赤铁矿转化为等轴晶系的磁铁矿，晶格改变时会产生极大的内应力，在机械力的作用下使矿石边缘发生破碎的现象。烧结矿发生低温还原粉化的主要原因是骸晶状的次生赤铁矿在烧结矿低温还原过程中极易被还原并产生较大的结构应力，使烧结矿发生粉化。

　　还原粉化指数 RDI 用质量百分数表示。计算方法如下：

$$RDI_{+6.3} = m_{D1}/m_{D0} \times 100\%$$

$$RDI_{+3.15} = (m_{D1} + m_{D2})/m_{D0} \times 100\%$$

$$RDI_{+0.5} = (m_{D0} - m_{D1} - m_{D2} - m_{D3})/m_{D0} \times 100\%$$

式中，m_{D0} 为还原后转鼓前试样质量，g；m_{D1} 为留在 6.3 mm 筛上的试样质量，g；m_{D2} 为留在 3.15 mm 筛上的试样质量，g；m_{D3} 为留在 500 μm 筛上的试样质量，g。

　　烧结杯试验下基准条件和1%掺混条件对烧结矿还原度影响的结果如表 5-11 所示，结果表明：在基准条件下，烧结矿 $RDI_{+6.3}$、$RDI_{+3.15}$、$RDI_{+0.5}$ 分别为

54.28%、74.65%、94.81%，掺混 1% 脱锌渣后，烧结矿 $RDI_{+6.3}$、$RDI_{+3.15}$、$RDI_{+0.5}$ 分别为 56.65%、77.31%、94.97%，较基准分别提高 2.37%、2.66%、0.14%，表明掺混脱锌渣后改善了烧结矿的低温还原粉化性能。这主要是因为脱锌渣掺杂后烧结矿中 FeO 含量增加，即降低了烧结矿中 Fe_2O_3 含量，因此改善了烧结矿的低温还原粉化性能。

表 5-11 1% 掺混条件对低温还原粉化的影响 （%）

样 品	$RDI_{+6.3}$	$RDI_{+3.15}$	$RDI_{+0.5}$
基准	54.28	74.65	94.81
1% 掺混	56.65	77.31	94.97

C 对烧结矿物相组成的影响

根据某钢厂现场的原料结构及烧结杯试验方案，考查基准条件和 1% 掺混条件下焚烧残渣对烧结矿冶金性能的影响。

通过不同条件下烧结杯试验，所得的烧结矿矿相如图 5-35 所示，统计了各

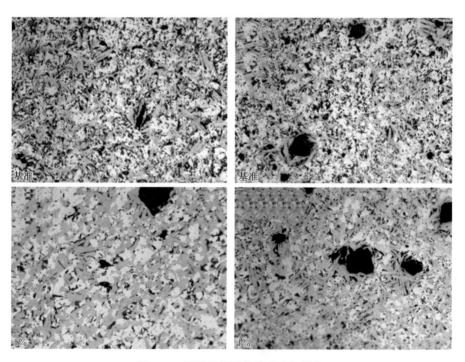

图 5-35 不同条件下烧结矿矿相结构

（白色—赤铁矿，蓝灰色—铁酸钙，浅棕色—磁铁矿，
深灰色—硅酸盐矿物，黑色—孔洞）

组试验烧结矿相中各结构所占比例,如表 5-12 所示,可以看出,矿相结构主要由铁酸钙、磁铁矿、赤铁矿、硅酸盐相及孔洞组成。在基准条件下,烧结矿矿相主要为针织状铁酸钙及铁酸钙与磁铁矿的溶蚀结构,整体结构紧密,并且硅酸盐和孔洞较少,硅酸盐和孔洞占比分别为 13.63% 和 8.33%;当掺混 1% 脱锌渣后,结合烧结矿矿相图,铁酸钙含量为 41.33%,相较于基准提高 2.12%,但发现针状铁酸钙含量减少较为明显,铁酸钙与磁铁矿的溶蚀结构大片存在,脱锌渣中较高的 CaO 含量,促进了铁酸钙物相生成;硅酸盐和赤铁矿含量则较基准条件有少量降低,磁铁矿和孔洞含量较基准有所升高,含量变化较小,对烧结过程影响不明显。

表 5-12 不同脱锌渣掺混比例的烧结矿矿相组成和孔洞比

样 品	烧结矿矿相组成(质量分数)/%				孔洞比 /%
	铁酸钙	硅酸盐	磁铁矿	赤铁矿	
基准	39.21	13.63	9.11	21.33	8.33
1%掺混	41.33	11.22	11.32	20.34	10.12

5.1.6.2 脱锌渣对烧结过程污染排放的影响研究

根据某钢厂现场的原料结构及烧结杯试验方案,考查 1% 掺混条件、2% 掺混条件下脱锌渣对烧结过程污染排放的影响。

A 对烟气成分的影响研究

在烧结混合料水分为 7.0% 条件下,研究了脱锌渣不同掺混比例对烧结烟气中 CO、NO_x、SO_2 排放的影响。

(1)对烟气 CO 浓度的影响。不同掺混比例条件下,烧结烟气中 CO 的排放变化如图 5-36 所示。烧结杯试验过程中,在烧结点火阶段,由于采用的是液化石油气点火,导致 CO 在烧结前 3~5 min 呈现峰值,其峰值高达 30000~35000 ppm,如图 5-36 中第一阶段;随着烧结过程的进行,CO 的排放较为稳定,降低至一个相对稳定的区间,且波动较小,如图 5-36 中第二阶段;CO 排放值迅速降低,直至烧结过程结束,如图 5-36 中第三阶段。

对图 5-36 的各 CO 浓度曲线进行积分,可得到烧结过程不同掺混比例条件下 CO 的平均浓度,如表 5-13 所示。

在基准条件下,烧结过程 CO 平均排放浓度为 11844.28 ppm,当掺混 1% 脱锌渣后烧结过程 CO 平均排放浓度为 11179.78 ppm,较基准条件降低 5.61%,表明掺混脱锌渣抑制了烧结过程 CO 的排放。结合图 5-37 分析,随着脱锌渣掺混比例的增加,烧结过程 CO 的平均排放浓度呈现降低的趋势,当掺混比例为 2% 时,

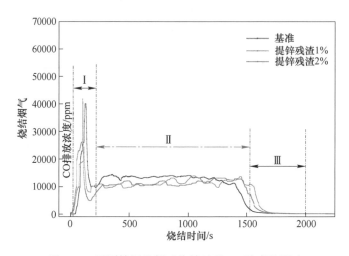

图 5-36 不同掺混比例对烧结过程 CO 浓度的影响

表 5-13 不同掺混比例条件下烧结过程 CO 平均浓度

比例/%	积分总量/ppm	峰值/ppm	平均值/ppm	浓度变化值/%
0	16108227	14390	11844.28	—
1	15204502	13850	11179.78	-5.61
2	14711768	13000	10817.48	-8.67

CO 的平均排放浓度下降为 10817.48 ppm，较基准浓度降低 8.67%。可以看出相比于焚烧残渣，掺混脱锌渣后，可以有效抑制 CO 排放。

（2）对烟气 NO_x 浓度的影响。不同掺混比例条件下，烧结烟气中 NO_x 的排放变化如图 5-38 所示。烧结杯试验过程中，在烧结点火阶段，由于采用的是液化石油气点火，导致 NO_x 在烧结前 3～5 min 呈现峰值，其峰值高达 150～200 ppm，如图 5-38 中第一阶段；随着烧结过程的进行，NO_x 的排放较为稳定，维持在一个相对稳定的区间，且波动较小，如图 5-38 中第二阶段；NO_x 排放值迅速降低，直至烧结过程结束，如图 5-38 中第三阶段。烧结过程中 NO_x 浓度呈现中间高两端低的现象，这是由于烧结过程生成的基本是燃料型的 NO_x，随着烧结进程的推进，燃料中的氮不断释放，在烧结快结束时，NO_x 急剧降低。

对图 5-38 的各 NO_x 浓度曲线进行积分，可得到烧结过程不同掺混比例条件下 NO_x 的平均浓度，如表 5-14 所示。

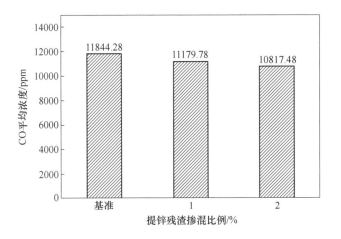

图 5-37   不同掺混比例下烧结过程 CO 平均浓度图

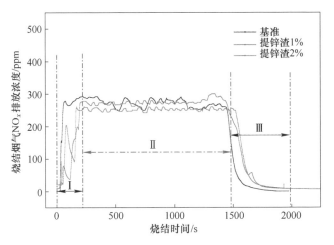

图 5-38   不同掺混比例对烧结过程 NO$_x$ 浓度的影响

表 5-14   不同掺混比例条件下烧结过程 NO$_x$ 的平均浓度

比例/%	积分总量/ppm	峰值/ppm	平均值/ppm	浓度变化值/%
0	341509	291	258.90	—
1	326208	291	248.01	-4.21
2	316166	259	240.35	-7.17

在基准条件下，烧结过程 NO$_x$ 平均排放浓度为 258.90 ppm，当掺混 1%脱锌渣后烧结过程 NO$_x$ 平均排放浓度为 248.01 ppm，较基准条件下降 4.21%，表明掺混脱锌渣对烧结过程 NO$_x$ 有减排效果。结合图 5-39 分析，随着脱锌渣掺混比

例的增加，烧结过程 NO_x 的平均排放浓度呈现降低的趋势，当掺混比例为 2%时，NO_x 的平均排放浓度为 240.35 ppm，其浓度下降 7.17%。通过对脱锌渣化学成分研究发现，其中含有较多的 CaO（23.16%）和 Fe（37.35%），这二者是升温阶段生成初生铁酸钙的重要成分，而铁酸钙作为抑制烧结烟气中 NO_x 的重要物相已经被大量试验研究证实。

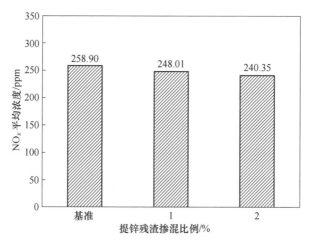

图 5-39　不同掺混比例下烧结过程 NO_x 平均浓度图

脱锌渣中 CaO（23%）和 FeO、Fe_3O_4（TFe 为 37.35%）刚好在铁酸钙的生成区间，会在升温过程（固相反应）生成初态铁酸钙，这部分铁酸钙会高效催化 CO 还原 NO_x 生成无害化 N_2，从而同时抑制 CO 和 NO_x 生成，即：在铁酸钙催化条件下发生反应 $CO + NO_x \rightarrow N_2 + CO_2$。这部分研究成果在中国、日本等相关研究中被证实。未来在对脱锌渣使用过程中，可充分借鉴这一特性，将脱锌渣外表面裹附焦炭，对燃料燃烧过程中污染性气体进行无害化转换，如图 5-40 所示。

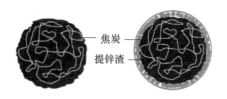

图 5-40　脱锌渣包裹焦炭示意图

（3）对烟气 SO_2 浓度的影响。不同掺混比例的条件下，烧结烟气中 SO_2 的排放变化如图 5-41 所示。在烧结杯试验过程中，SO_2 在烧结后期烟气温度迅速上升时集中排放，形成一个波峰，烧结中段的 SO_2 浓度较稳定，主要是因为 SO_2 在迁移过程中遇冷在过湿带聚集，并随着过湿带的迁移而逐渐下移，在烧结后期过湿带消失时，SO_2 得到集中释放，从而出现一个较高的峰值。

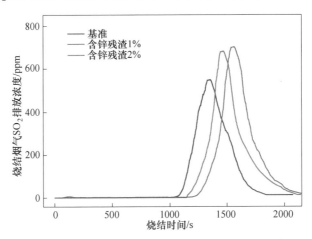

图 5-41　不同掺混比例对烧结过程 SO_2 浓度的影响

对各 SO_2 浓度曲线进行积分，可得到 SO_2 的平均浓度，如表 5-15 所示。

表 5-15　不同掺混比例条件下烧结过程 SO_2 平均浓度

比例/%	积分总量/ppm	峰值/ppm	平均值/ppm	浓度变化值/%
0	177952.58	548	96.64	—
1	205722.33	688	102.86	+6.44
2	213965.29	705	106.98	+10.70

在基准条件下，烧结过程 SO_2 平均排放浓度为 96.64 ppm，当掺混 1%脱锌渣后烧结过程 SO_2 平均排放浓度为 102.86 ppm，较基准条件提高 6.44%，表明掺混脱锌渣对烧结过程 SO_2 排放有增加效果，如图 5-42 所示。随着脱锌渣掺混比例的

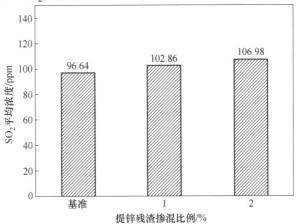

图 5-42　不同掺混比例下烧结过程 SO_2 平均浓度图

增加，烧结过程 SO_2 的平均排放浓度呈现增加的趋势，当掺混比例为 2% 时，SO_2 的平均排放浓度高达 106.98 ppm，其浓度增加 10.70%。硫元素在烧结过程中无论从有机硫、FeS_2 或 FeS 转化为 SO_2 的化学反应均为吸热效应，脱锌渣掺混后烧结温度提高，而提高烧结温度有利于脱硫反应进行，即增加烟气中 SO_2 排放量。

B　对颗粒物排放特性的影响研究

同时对基准条件和 1% 脱锌渣掺混条件下的 PM_{10}、$PM_{2.5}$ 的平均浓度进行了积分处理，结果如表 5-16 所示。

表 5-16　不同条件下烧结过程 PM_{10}、$PM_{2.5}$ 浓度及变化值

组别	$PM_{2.5}$峰值 /mg·m^{-3}	$PM_{2.5}$平均值 /mg·m^{-3}	$PM_{2.5}$变化 /%	PM_{10}峰值 /mg·m^{-3}	PM_{10}平均值 /mg·m^{-3}	PM_{10}变化 /%
基准	311.34	121.38	—	2173.23	972.70	—
1%	301.82	129.11	6.37	2518.21	1051.21	8.07

由表 5-16 可知，在基准条件下 PM_{10} 峰值为 2173.23 mg/m^3，$PM_{2.5}$ 峰值为 311.34 mg/m^3；掺混 1% 脱锌渣条件下 PM_{10} 峰值为 2518.21 mg/m^3，$PM_{2.5}$ 峰值为 301.82 mg/m^3。根据积分面积求平均值可算出基准条件下 PM_{10} 平均浓度为 972.70 mg/m^3，$PM_{2.5}$ 平均浓度为 121.38 mg/m^3；掺混 1% 脱锌渣条件下 PM_{10} 平均浓度为 1051.21 mg/m^3，$PM_{2.5}$ 平均浓度为 129.11 mg/m^3，掺混 1% 脱锌渣后 $PM_{2.5}$ 浓度升高 6.37%，PM_{10} 浓度升高 8.07%。在颗粒物解附的第二阶段，掺混脱锌渣后烧结温度升高，解附量增多，即烟气中颗粒物排放量增多。

C　有害元素走向分析

为研究掺混脱锌渣后，脱锌渣中有害元素在烧结过程中的走向，对不同粒级颗粒物及烧结矿进行检测分析，表 5-17 为不同粒级颗粒物元素含量结果。从表 5-17 中可明显看出，0.006~0.382 μm 粒级颗粒物中主要含 Cl、K、Na、S 等元素，且 K、Na 主要以 KCl、NaCl 形式存在。随着粒级增大，颗粒物中 Cl、K、Na 含量逐渐降低。

表 5-17　不同粒级颗粒物元素含量　　　　　　（质量分数，%）

粒径/μm	基　准				1%掺混			
	Cl	Na	K	S	Cl	Na	K	S
0.006~0.016	77.33	3.16	19.51	—	70.47	3.22	26.31	—
0.016~0.030	62.94	4.55	28.64	3.87	60.51	4.12	31.59	3.78
0.030~0.054	58.9	5.17	30.99	4.94	57.57	4.49	33.81	4.13
0.054~0.094	61.09	4.26	29.66	4.99	55.11	4.51	35.75	4.63

粒径/μm	基 准				1%掺混			
	Cl	Na	K	S	Cl	Na	K	S
0.094~0.156	52.84	6.46	34.84	5.86	56.31	8.23	29.58	5.88
0.156~0.257	51.7	10.64	31.67	5.99	56.9	13.64	23.13	6.33
0.257~0.382	55.95	15.24	21.64	7.17	54.53	17.34	21.36	6.77
0.382~0.603	44.95	3.45	18.96	6.79	29.92	3.13	25.36	5.11
0.603~0.948	2.26	1.89	4.68	7.94	22.75	—	13.12	4.82
0.948~1.630	13.64	—	9.64	5.64	14.23	—	11.34	5.23
1.630~2.470	11.97	—	7.95	5.65	9.34	—	8.12	3.27
2.470~3.650	4.94	—	—	4.62	4.86	—	—	3.11

同时对基准条件和1%脱锌渣掺混条件下有害元素含量进行了对比分析，发现掺混1%脱锌渣后颗粒物中 Cl、K、Na、S 等元素含量均有小幅提高效果，表明脱锌渣中 Cl、K、Na、S 等元素主要进入颗粒物中，对烧结矿产质量影响不显著。对基准条件和1%脱锌渣掺混条件下烧结矿化学成分对比分析，结果如表5-18所示。

表 5-18　不同条件下烧结矿元素含量　（质量分数，%）

成分	基准	1%掺混	变化	成分	基准	1%掺混	变化
TFe	58.23	57.35	-0.88	V_2O_5	0.009	0.009	—
FeO	10.76	11.32	0.56	K_2O	0.031	0.024	-0.007
SiO_2	4.91	4.31	-0.60	Na_2O	0.035	0.025	-0.010
Al_2O_3	1.77	1.88	0.11	CuO	<0.005	<0.005	—
CaO	9.09	11.23	3.14	ZnO	0.012	0.028	0.016
MgO	1.85	2.04	0.19	Cr_2O_3	0.009	<0.005	-0.004
MnO	0.164	0.093	-0.071	NiO	0.012	<0.005	-0.007
P_2O_5	0.216	0.228	0.012	As	—	<0.005	—
TiO_2	0.134	0.145	0.011	Pb	—	<0.005	—
S	0.018	0.015	-0.003				

发现加入1%脱锌渣后，烧结矿有害元素含量变化并不明显，其中 K、Na 含量较基准提高较为明显，脱锌渣中有害元素 K、Na 有部分以颗粒物的形态存在，另一部分进入烧结矿，存在于烧结矿，同时结合脱锌渣理化特性，推测烧结矿仍有少许 Cl 元素存在。但掺混1%脱锌渣后，烧结矿中 Zn 和 P 含量较基准有小幅

增加，但考虑到脱锌渣中 Zn 和 P 含量本来较少，同时掺混比例仅为1%，因而其对烧结指标的影响较小。基准条件下烧结矿中 As 和 Pb 含量未检测出，但发现掺混1%脱锌渣后，As 和 Pb 含量小于 0.005%，因而可以推断脱锌渣中 As 和 Pb 进入烧结矿中。

总体而言，烧结工序掺混1%脱锌渣后，其有害元素分布不一，其中 Cl、K、Na、S 等元素有部分以颗粒物的形态存在，另一部分进入烧结矿；Zn、P、As、Pb 等元素存在于烧结矿中，但由于脱锌渣中 Zn、P、As、Pb 等元素本身含量较少，同时仅在烧结过程中掺混1%，因而其对烧结矿指标及后续高炉冶炼的影响较小，综合脱锌渣掺混对烧结矿产质量指标、冶金性能、污染物排放等多方面考虑，进而确定脱锌渣加入的合理比例为1%。

5.1.6.3　回转窑脱锌废气与烧结工艺废气协同净化技术

A　废气烟气特征

回转窑脱锌工艺处置固废种类数量多，组分差别大，如烧结机头灰、高炉干法灰、炼钢散装灰、高碳除尘灰、废焦粉等物质，脱锌废气组成波动较大，如某工程回转窑尾气中污染物典型组分如表 5-19 所示。

表 5-19　15 万吨/年回转窑脱锌典型烟气组成

名　称	单　位	数　值
标态流率	m^3/h（干）（标态）	86958.4
SO_x 浓度	mg/m^3（标态）	1743.3
NO_x 浓度	mg/m^3（标态）	328
HCl 浓度	mg/m^3（标态）	1076.3
粉尘浓度	mg/m^3（标态）	20
温度	℃	约 170.00

回转窑烟气量约为 86958 m^3/h（标态），烟气组分中含有 SO_2、NO_x、HCl、粉尘等多种污染物，与典型烧结烟气（见表 4-37）相比，均含有 SO_2、NO_x、HCl、粉尘，但也存在不同：首先脱锌烟气总量显著低于烧结烟气总量，其次烟气中 SO_2、HCl 浓度较高。由烟气排放特征可知，回转窑脱锌废气与烧结烟气混合后具备协同深度净化的可行性。

B　多工序烟气协同净化整体方案的提出

碳基法烟气净化技术具有多污染物协同净化效率高、运行成本低，可实现副产物完全资源化的优势，在国内大型钢铁厂也得到了大幅推广应用。因此，基于回转窑脱锌尾气和烧结烟气组分特征，优先考虑碳基法烟气净化工艺。

（1）分散吸附-集中解吸碳基法整体解决方案。若回转窑脱锌工序与烧结工序地理距离较远，把烟气集中统一处理难度大，但若各排放源都建独立净化装置，投资与运行成本又太高。基于此，我们开发了分散吸附-集中解吸碳基法整体解决方案。即各工序就近建设吸附装置，各工序废气就近被活性炭吸附净化而达标排放。再把负载了污染物的活性炭集中解吸，并进行副产物集中资源化。分散吸附-集中解吸碳基法技术流程图如图 5-43 所示。

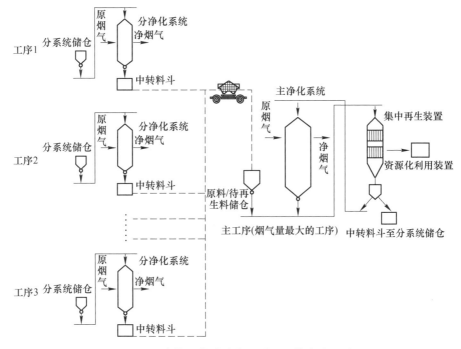

图 5-43 分散吸附-集中解吸碳基法技术流程图

（2）烟气集中（分别）吸附-集中解吸碳基法整体解决方案。若回转窑脱锌工序与烧结工序地理位置较近，可将两种工况产生的烟气通过输送管道集中到由多个独立吸附单元组成的集成吸附塔和一个解吸塔的净化处理系统，每一处工况产生的烟气分别经过独立的活性炭吸附单元或单元组组成的吸附塔处理，然后将处理完的烟气各自独立排放；多个活性炭吸附塔中吸附了污染物的活性炭通过一个解吸塔进行活性炭的解吸和活化，然后再输送至各个活性炭吸附塔进行循环使用。

对于烟气组分相近的多工序烟气，也可以直接把多工序（如烧结与还原脱锌工序）烟气混匀，集中进入吸附塔净化处置，即多工序烟气集中混匀吸附-集中解吸的整体解决方案。

烟气集中-分别吸附-集中解吸碳基法系统结构示意图如图 5-44 所示。

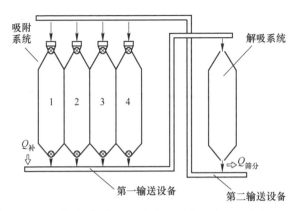

图 5-44 烟气集中-分别吸附-集中解吸碳基法系统结构示意图

C HCl 对碳基烟气净化系统运行机制研究

多工序烟气协同净化，整体方案在工程实施过程中需要关注到回转窑脱锌废气中含有大量 HCl，因此有必要研究 HCl 含量对碳基烟气净化系统的影响。

经过研究发现 HCl 与 SO_2 在活性炭上存在竞争吸附关系，即当烟气中 SO_2 存在时或抑制 HCl 吸附，目前应用的逆流式吸附工艺，存在着 HCl 富集现象，影响系统安全稳定运行，主要原因为：逆流活性炭工艺从上到下由脱硝塔和脱硫塔组成，活性炭自上而下移动，烟气自下而上流动。活性炭和烟气逆向混合过程中，脱硫塔下部的活性炭吸附了大量的 SO_2，由于 SO_2 对活性炭的吸附能力强于 HCl，使气相中 HCl 随着烟气进入塔的上部，此时烟气中 SO_2 的浓度低，HCl 被活性炭吸附，吸附了 HCl 的活性炭移动到脱硫塔下部，附着在活性炭上的 HCl 被 SO_2 挤出，又随烟气上升，在上部再次被活性炭吸附，这样在循环反应中将会导致 HCl 在吸附塔内出现大量富集，当富集到超过活性炭吸附容量时，HCl 随烟气进入脱硝塔，并在脱硝塔入口与喷入的氨反应，生成氯化铵吸附在脱硝段活性炭表面，重新进入脱硫塔，此时氯化铵与脱硫产物硫酸发生反应，重新生成 HCl 和硫酸铵，HCl 再次进入气相，如此反复，导致大量的氯化铵堵塞烟气和活性炭流通通道，对系统产生不利影响，逆流工艺吸附塔内氯累计过程示意图如图 5-45 所示。

在碳基法侧向分层错流吸附工艺中（如图 5-46 所示），活性炭从上往下移动，但烟气垂直于活性炭移动方向。为了适应多污染物竞相吸附规律，脱硫塔（一级吸附塔）与脱硝塔（二级吸附塔）分两级，水平布置；脱硫塔与脱硝塔内分为多层（一般为 2~3 层），层与层之间设置多孔板，层内装填活性炭，并设置长轴辊式下料装置，活性炭在吸附塔各层自上而下移动，通过长轴辊式下料装置将吸附了污染物的活性炭直接外排至解吸塔。烟气侧向进入脱硫塔后，前层活性炭流速最快，大部分 SO_2 和烟气中的粉尘被吸附并带出吸附反应放出的热量，避

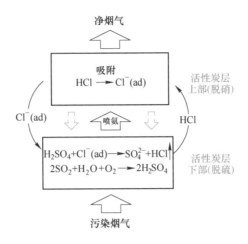

图 5-45 逆流工艺吸附塔内氯累计过程示意图

免热量积聚,减少系统中飞温现象;中层活性炭放慢速度通过,吸附低浓度 SO_2 及部分 HCl;后层活性炭流速非常慢,前两层剩余的 SO_2 及大部分 HCl 在最后一层被吸附。基本脱除了 SO_2、HCl、粉尘的烟气再进入脱硝塔脱硝。

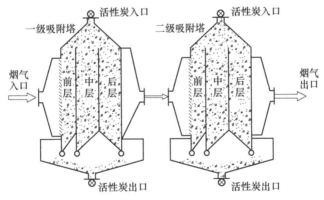

图 5-46 侧向分层错流碳基吸附塔结构示意图

D 碳基法侧向分层错流烟气净化技术在回转窑与烧结工艺废气协同治理中的应用

基于以上分析,采取碳基法侧向分层错流烟气净化工艺可以实现回转窑脱锌与烧结烟气混合废气的整体稳定、安全、高效达标排放,工艺流程如图 5-47 所示。

首先回转窑脱锌废气与烧结烟气混合后进入一级吸附塔脱硫脱氯除尘,然后在二级塔喷氨脱硝后达标排放。同时,一级塔吸附下料活性炭和二级塔下料活性

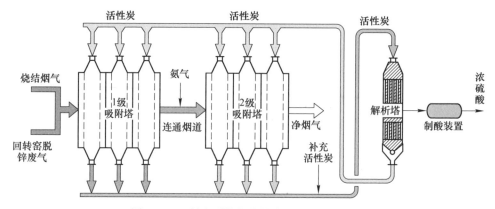

图 5-47　回转窑脱锌与烧结废气协同治理方案

炭直接进入解析塔，解析塔下料活性炭同时进入一级吸附塔和二级吸附塔，解吸尾气进入制酸系统。通过控制一级塔塔前、中、后下料速度和二级塔下料速度实现对 SO_2、HCl、NO_x、粉尘的高效脱除。为验证碳基法烧结烟气净化工程中不同下料位置对 SO_2/HCl 竞争吸附效果，对某工程一级吸附塔前、中、后室下料活性炭、二级塔前、后室下料活性炭进行热再生，并计算解吸量，如表 5-20 所示。

表 5-20　吸附系统不同位置下料活性炭 SO₂ 和 HCl 释放量　　（mg/g）

物质	脱硫前室	脱硫中室	脱塔后室	脱硝前室	脱硝后室	解吸下料
SO_2	37. 95	27. 12	10. 19	3. 38	2. 23	1. 93
HCl	0. 13	1. 43	2. 35	0. 10	0. 25	0. 01

以上结果表明在碳基法侧向分层错流净化工艺可以通过调节不同床层下料速度，实现活性炭对 SO_2 和 HCl 的精准调控功能，为脱硫塔后室深度脱除 HCl 创造了条件，实现 SO_2 和 HCl 在系统中的高效去除，总之，采取碳基法侧向分层错流吸附工艺可以实现回转窑尾气与烧结烟气的综合协同治理。

5.1.7　工业化示范工程

5.1.7.1　永锋钢铁制粒高效还原+烧结协同处置含锌含铁固废工程

A　工程简介

2020 年 12 月，中冶长天国际工程有限责任公司与山东钢铁集团永锋临港有限公司（以下简称永锋钢铁）签订了"提铁减锌回转窑项目工程合同"，建立了永锋钢铁 15 万吨/年制粒高效还原+烧结协同处置含锌含铁固废的示范工程。该工程设计采用回转窑还原+余热锅炉+表面冷却+布袋收尘工艺，包括原料储存及配料系统、水洗氯系统、回转窑还原系统、窑渣冷却系统、烟气余热系统、袋式收尘系统和引风机系统。设计年处置含锌/有机固废 15 万吨，其中烧结机头灰 25200 t/a，高炉干法灰 69000 t/a，炼钢散装灰 13200 t/a，高碳除尘灰 6000 t/a。

该项目采用了强混+圆盘的造球工艺，改变了原有粉料直接入窑的现状，物料入窑之前先造成一定粒度的小球，这样小球在回转窑内还原被烧时，可以在小球内部形成局部还原气氛，有利于锌和铁元素的还原，并且抑制金属铁的再氧化。同时，造球有效缓解了回转窑结圈的现状，减少了次氧化锌产品的杂质含量，提高了产品质量。造球后窑渣粒度适当增大，混入烧结原料后，还有利于提高烧结透气性。

采用了有机与含锌固废协同处置技术，除了常规高炉灰、转炉灰、电炉灰等含锌原料，还协同处置高碳除尘灰、废活性炭粉等有机固废，利用有机固废中的含能有机物替代焦炭化石能源，进一步降低回转窑提锌能耗，除了少量补充低热值高炉煤气外，不再外配焦炭，达到了"以废代碳"的固废生态化处置目标。

该工程利用钢厂低热值煤气对回转窑供热，原料中固定碳仅作为金属还原剂，大幅降低原料固定碳含量，并不再需要外配焦炭，减少了固体燃料的投入成本。窑头用高温烟气代替高压空气，降低高温区的含氧量，减少窑渣再氧化，窑渣金属化率提升显著。

采用的返粉水洗技术，将表冷灰和余热锅炉灰水洗除盐后返回配料，降低了系统的整体含盐量。同时，采用了全流程智慧生产技术，开发了基于物料水分在线检测装置和物料水分自动控制系统，保证入窑水分稳定控制在12%以内；开发了智能配伍系统，通过模型自动分析计算所需不同原料重量，实现智能配伍及上料；开发了基于多点热电偶与红外热成像仪的回转窑三维温度场可视化测温技术，利用热电偶修正红外热成像仪，通过焦距可调的红外热成像仪，实现了窑内温度的可视化。

在烟气净化和窑渣冷却方面，采用了多工序多组分烟气协同深度净化技术，开发了回转窑还原烟气与烧结主工艺烟气协同深度净化技术，烟气达到超低排放，大大降低了回转窑烟气治理的建设与运行投资。窑渣采用水淬出渣，设置的冷却塔降低了水淬池水温度，减少了冒水汽现象；在出渣口进行了收汽抑尘设计，改善了操作环境。

永锋钢铁高锌/有机粉尘回转窑还原+烧结协同处置工程照片如图 5-48 所示。

B 工程参数

2022 年 11 月 3 日，中冶长天邀请了具备国家计量认证资质（CMA）的第三方检测机构，对永锋钢铁提铁减锌工程进行了节能测试，通过了国家节能技术认证（报告编号：湘节能监〔2022〕6 号），测试期间内，回转窑含锌粉尘处置平均为 19.2 t/h，每小时消耗处置高炉煤气 10600 m³（热值约 750×4.1868 kJ/m³），原料中固定碳占比 11.2%，生产窑渣 14.3 t/h，铁品位达到 60.56%，金属化率

图 5-48 永锋钢铁高锌/有机粉尘回转窑还原+烧结协同处置工程照片

达到 65.97%；生产次氧化锌产品 1.22 t/h，氧化锌品位 53.93%；较原有技术金属化率提高约 30%，氧化锌品位提高 20% 以上；回转窑结圈、结渣现象大幅降低，设计年作业率 90%。

永锋钢铁项目主要工程参数如表 5-21 所示。

表 5-21 永锋钢铁项目主要工程参数

项　　目	单　　位	数　　值
处理规模	t/a	150000
年运行时间	d	>300
年产次氧化锌产品	t	约 10000
年产含铁炉渣	t	约 97000
回转窑规模	m	$\phi 4 \times 60$
反应温度	℃	1050~1200
斜度	%	4
高炉煤气使用量	m³/h	约 10600
高炉煤气热值	kJ/m³	约 750×4.1868
综合能耗	kg/t 渣（标煤）	187.27

项　目	单　位	数　值
入窑含碳量	%	约 11
入窑铁品位	%	38~40
入窑锌品位	%	4.5
入窑含水率	%	约 12
入窑方式	—	造球
窑渣铁品位	%	60.56
窑渣金属化率	%	65.97
窑渣含锌	%	0.27
次氧化锌品位	%	53.93

C　与传统回转窑比较

传统回转窑采用散料直接入窑，因此回转窑易结圈，作业率一般不超过85%。回转窑的供热主要靠原料中的配碳，传统回转窑入窑原料综合含碳量一般要大于18%，才能保证窑渣含锌量小于0.6%，这种情况下回转窑能耗标煤为220~250 kg/t 窑渣，窑渣金属化率为20%~40%。传统回转窑在烟气净化方面一般只设有一套湿法脱硫装置，对烟气中的 NO_x 和 CO 等没有采取净化措施，污染物排放浓度较大。

本项目技术通过技术优化，在原料上采用强混+圆盘造球工艺，在窑头喷入高炉煤气，入窑原料中含碳量仅需要11%左右，且该碳成分全部来自有机粉尘固废，不再需要外配焦炭，综合能耗降低到187 kg/t 窑渣（标煤），能耗水平大大降低。造球后，回转窑结圈得到缓解，年作业率大于90%。窑渣金属化率提高至52%，窑渣含锌0.27%，次氧化锌品位提升至53.93%。本项目还首次采用回转窑还原烟气与烧结烟气协同净化的新工艺，节约烟气净化成本的同时，烟气排放与烧结烟气一起达到超低排放的标准。所生产的富铁窑渣直接加入烧结，铁元素回收率大于98%。

相比目前国内外其他回转窑提铁减锌工程，该工程的能耗和产品指标优异，窑渣和次氧化锌产品质量大幅提升，能耗大幅降低，技术水平处于国内外领先地位。

本技术与传统回转窑技术比较如表5-22所示。

表 5-22　本技术与传统回转窑技术比较

序号	指　标	传统回转窑	本项目	对比结果
1	原料入窑方式	散料	强混+圆盘造球	—

序号	指标	传统回转窑	本项目	对比结果
2	原料配碳	>18%	约 11%	更节能
3	提锌窑能耗	220~250 kg/t（标煤）	187 kg/t（标煤）	
4	年作业率	85%	>90%	更高效
5	窑渣金属化率	20%~40%	65.97%	
6	窑渣含锌	0.6%	0.27%	
7	次氧化锌品位	37%	53.93%	
8	铁元素回收率	70%（直接选铁）	>98%	
9	烟气净化系统	湿法脱硫，无其他净化	与烧结烟气协同净化，达到超低排放	更清洁

5.1.7.2 湖南诚钰多喷孔回转窑法+冶金炉窑协同处置有机/高锌固废工程

A 工程简介

中冶长天国际工程有限责任公司与湖南诚钰环保科技有限公司签订了"φ2.5 m×38 m 提铁减锌回转窑升级改造项目合作协议"，建立了多喷孔回转窑处置含锌粉尘项目示范工程。该工程是一个技改项目，位于湖南娄底，2021 年 1 月完成建设并投入运行，日处理含锌含铁尘泥 150 t（湿基），主要处置转炉除尘灰、高炉除尘灰、含锌酸性泥等固废。中冶长天多喷孔回转窑处置技术在该项目开展了改造应用，配备了窑身在线测温及窑身进风装置，回转窑结窑周期大幅延长，产品金属化率也大幅提升。

传统的回转窑法处置含锌含铁固废是将全部空气从窑头一次性鼓入，这样导致回转窑在窑头开始的一段形成了高温富氧区。因为局部高温，进一步导致回转窑易结圈，另外，由于窑头富氧，导致原本在窑中间已经被还原的金属铁，又重新被氧化，这是造成传统回转窑技术中窑渣金属化率低的根本原因。基于上述原理，中冶长天开发的多喷孔回转窑，是在窑身开设若干进风孔，把一部分风从窑身均匀鼓入，降低了窑头的进氧量，缓解了金属铁再次被氧化的情况，提高窑渣产品的金属化率。同时，还可以根据窑内温度场控制的需求，控制窑身各点进风量，实现窑内温度精准控制，消除局部高温点，极大缓解结窑现象。

湖南诚钰环保工程示范现场照片如图 5-49 所示。

B 工程参数

2022 年 10 月 26 日，中冶长天邀请了具备国家计量认证资质（CMA）的第三方检测机构，对湖南诚钰环保提铁减锌技改工程进行了产品质量测试，通过了

图 5-49　湖南诚钰环保工程示范现场照片

国家技术认证（报告编号：湘节能监［2022］5号），测试期间内，铁品位达到58.32%，金属化率达到88%，氧化锌品位55%。

湖南诚钰项目主要工程参数如表 5-23 所示。

表 5-23　湖南诚钰项目主要工程参数

项　目	单　位	数　值
处理规模	t/a	50000
年运行时间	d	>300
年产次氧化锌产品	t	约 3000
年产含铁炉渣	t	约 33000
回转窑规模	m	φ2.5×38
反应温度	℃	1050~1200
综合能耗	kg/t 渣（标煤）	253.1
入窑含碳量	%	约 17
入窑铁品位	%	38~40
入窑锌品位	%	4.5
入窑含水率	%	约 12
入窑方式	—	造球
窑渣铁品位	%	58.32
窑渣金属化率	%	88
窑渣含锌	%	0.25
次氧化锌品位	%	55

C　与转底炉比较

转底炉也是目前比较流行的一种含锌含铁固废处置方式，其最大的优点是产品质量高，脱锌率大于90%，窑渣金属化率可达到80%以上，窑渣中次氧化锌品位为 50% ~ 60%，年作业率 90% 以上。

本项目是国内第一条实现多点进风的含锌含铁固废处置回转窑，可以实现回转窑的均匀供热。窑渣金属化率 88%，窑渣中含锌 0.08%，次氧化锌品位 55%。采用多点进风后，回转窑结圈周期延长，年作业率达到 92% 以上。

可以看到，采用多喷孔回转窑实现窑身多点进风后，回转窑工艺在次氧化锌品位、作业率、铁回收率等方面，均已达到转底炉相同的水平，而窑渣质量指标（脱锌率、金属化率、窑渣含锌）方面甚至优于转底炉工艺。而回转窑工艺的成本却大大低于转底炉工艺，具有极强的竞争力。

本技术与转底炉技术比较如表 5-24 所示。

表 5-24　本技术与转底炉技术比较

序号	指　标	转底炉工艺	本　项　目	
			技改前	技改后
1	供风点数	—	单点供风	多点供风
2	吨窑渣能耗	282 kg/t（标煤）	293.7 kg/t（标煤）	253.1 kg/t（标煤）
3	脱锌率	94% ~ 97%	90%	95%
4	窑渣金属化率	85.6%	58%	88%
5	窑渣含锌	<0.5%	0.56%	0.25%
6	年作业率	92.5%	85%	>92%
7	铁元素回收率	>98%	71%	>98%

5.2　含铬含铁固废资源化循环利用技术

5.2.1　含铬污泥处置现状

含铬污泥来源于冶金、电镀、化工、铬盐、皮革等工业含铬废水的处理过程中，因其中 Cr^{6+} 的高度致癌性而被公认为危险废物（Cr^{6+} <0.5 mg/kg 方可准许排放）。目前我国含铬污泥的堆积量已在 400 万吨以上，并以每年 10 万吨的速度递增，给生态环境和人类健康带来极大的威胁。含铬污泥的性质、组成和消纳途径取决于含铬废水的来源、产量和处理工艺。在全社会日益重视环境保护和废物综合利用的今天，含铬污泥因其成分复杂、有害重金属降解难度大、利用过程中易引起二次污染等特点，已成为工业固体废物处理中的焦点和难点。

目前，国内外 80% 以上的含铬污泥均为化学法污泥，鉴于其组成和性质的特殊性，其处理和综合利用的途径如表 5-25 所示。由表 5-25 可知，含铬污泥现有的处理和综合利用途径尚存在的不足有：

（1）铬泥消纳量小、不具有行业示范性；

（2）综合利用工艺比较复杂、运行不太稳定，存在 Cr^{3+} 再次转化为 Cr^{6+} 的危险性；

（3）处理过程牵涉到收集、运输、存放等工序，既增加了处理费，又存在污染转移的隐患；

（4）副产品的市场受限，环境安全性值得深入评估；

（5）铬泥中的大部分资源未充分利用，有危害环境的风险。

因此，迄今为止，对于量大面广、危害性和资源性共存的含铬污泥，国内外尚没有经济有效的处理和综合利用技术。而根据不同行业含铬污泥的具体特点，开发寻求一条经济可行、环境友好、技术先进的含铬污泥处理与资源化利用工艺，已是迫在眉睫的课题。

国内外含铬污泥处理和综合利用途径如表 5-25 所示。

表 5-25　国内外含铬污泥处理和综合利用途径

处理与利用途径	工 艺 特 点	缺 点
与水泥、石灰固化/稳定化处理	降低重金属的迁移性，缓解一定时期内重金属的危害，固化体可填埋或作建材	有用资源浪费，固化体增容较大，且长期稳定性较差
化学萃取法回收重金属	先将重金属离子酸（氨）浸出，再用液-液萃取、分步沉淀等方法进行分离回收	工艺流程较长，设备较多，萃取剂消耗大，操作较复杂
生物处理降低污泥中重金属含量	利用复合细菌去除污泥中的 Cr、Cu、Zn、Ni 等重金属，费用仅为化学法的 20%	污泥毒害作用大、营养元素极少，尚未见成功实例报道
电解法回收重金属	根据铬钒和铁矾在 575 ℃时溶解度不同而达到铬、铁分离，可回收 90% 以上的铬	回收成本高、电耗大
掺作烧结原料或冷固球团	作为填充剂，和铁矿石粉按适当比例混合后，进行烧结	烧结矿的成品率和转鼓指数均下降，掺量不宜超过 1%
混入黏土烧砖	大都制作青砖，因其最后一道工序是还原焰（CO、H_2），可以阻止 Cr^{3+} 氧化成 Cr^{6+}	掺量不宜超过 20%，焙烧过程易造成三价铬的重新氧化
生产水泥	与石灰石、黏土等原料经粉磨、均化、成粒，烧成熟料后加入石膏粉磨而成	掺量有限，生产过程三价铬易重新氧化
制作建材	在高温下与硅、锌、镁等化合物混合焙烧可制成彩色玻璃、墙砖、地砖、路基等	掺入量 ≤10%，否则强度不够；建材使用年限有限制
制作磁性材料	分为干法和湿法两种工艺，利用污泥中的 Fe_2O_3，合成电磁波屏护罩和磁性探伤粉	需是铁氧体法和电解法处理含铬废水所产生的含铬污泥
制作改塑制品	经脱水、烘干与磨粉等预处理，与聚乙烯塑料熔化混炼，制成建筑用塑制品	制作过程复杂，pH 值 ≤1 时有少量重金属浸出

处理与利用途径	工艺特点	缺点
制作陶瓷产品	利用含铬污泥中含铁量高的特点，制作人造紫砂陶瓷产品	产品质量不稳定，生产成本高，市场上难以认可
生产铬系产品	利用污泥中的有效成分 $Cr(OH)_3$，除杂后生产 Cr_2O_3、红矾钠、铅铬黄、碱式硫酸铬、抛光膏和高纯铬等	产品不是很纯，需 H_2SO_4、Na_2CO_3、石蜡等配料，生产过程较复杂
堆肥化处理后农用	钝化部分重金属形态，使得水浸态重金属含量减少，交换态和有机结合态重金属含量有所增加，降低污泥的毒性	土地容量有限，Cr 含量需 $\leqslant$ 1.0 g/kg，重金属施用的安全性和环境影响需长期跟踪
焚烧处理	可使重金属富集至灰渣中，便于金属回收	需特殊设备，技术要求和处理成本都很高，易产生 Cr^{6+}
安全填埋	消极的处理方式，在填埋之前应对其中的有害元素进行固定或去除，并需做好场地防渗防污处理	占用大量土地，处理费用高，存在潜在的环境危害，后续需定期监测

　　钢铁行业是国民经济的基础行业，其生产过程产生的大量固废很多已经得到妥善处置，但是电镀锌、热镀锌、电镀锡等冷轧工序产生的含铬污泥，至今仍是钢铁企业固废处置的难点，没有有效的厂内处置方法。大部分含铬污泥只能采用表 5-25 中的方法，送到厂外处置，有的甚至只能堆存起来，暴露在空气中，致使 Cr^{3+} 重新被氧化成剧毒的 Cr^{6+}，造成更大的环境风险。

　　随着钢铁企业及其高等级冷轧板卷产品的快速发展，含铬废水及其污泥的产量必将与日俱增；从环境保护和资源再利用的角度出发，若能在钢铁厂内有效回收含铬污泥中 Cr、Fe、Ni、Zn、Pb、CaO 等有价元素，不仅可解决重金属引起的二次污染，缓解日益紧张的铬金属资源供应，还可省去高昂的委托处理费用，实现企业的降本增效，还有利于树立负责任的企业形象，同时对有色冶金、电镀、制革、化工等行业内的含铬污泥及其他含重金属污泥的综合利用也有一定的示范和指导意义。

5.2.2　烧结处置含铬污泥的原理

　　铬渣中的 Cr^{6+} 在烧结高温、还原气氛下被还原成 Cr^{3+}，其主要反应有：

$$2Na_2CrO_4 + 3CO = Cr_2O_3 + 2Na_2O + 3CO_2 \uparrow$$
$$2CaCrO_4 + 3CO = Cr_2O_3 + 2CaO + 3CO_2 \uparrow$$
$$2CrO_3 + 3CO = Cr_2O_3 + 3CO_2 \uparrow$$

　　铬渣经高温熔融，形成新的液相，经降温、结晶、冷却、固结，把未还原的 Cr^{6+} 和已还原的 Cr^{3+} 固封在烧结矿中。烧结矿中的 CaO、MgO、FeO 等，又与

Cr_2O_3 发生反应，因此烧结矿中铬主要以铬尖晶石（$MgO \cdot Cr_2O_3$）、铬铁矿（$FeO \cdot Cr_2O_3$）和铬酸钙（$CaCrO_4$）等形态存在。在炼铁过程中可进一步得到还原，因为炼铁高炉中的温度高、还原气氛更浓。

掺烧含铬污泥时，烧结原料中适宜的混合料水分为 6.5%±0.3%，适宜的燃料配比为 3.7%。含铬污泥进入烧结杯前，先与返矿按 1:10 进行混匀处理，目的是利用返矿粗糙的表面将污泥分散均匀，减少污泥团聚问题，再将混匀处理后的矿物按一定比例配入混合料中进行烧结生产。

含铬污泥预处理如图 5-50 所示。

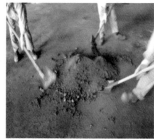

图 5-50 含铬污泥预处理

5.2.2.1 对工艺参数及产品的影响分析

掺烧铬泥的烧结杯实验结果如表 5-26 所示。由表可知：掺烧铬泥的两组方案与对照组相比垂直烧结速度略快，利用系数略高，但成品率稍低，固体燃料消耗与转鼓强度无明显变化，总体来看对烧结指标影响不大。

表 5-26 掺烧铬泥的烧结杯实验结果

条件	垂直烧结速度 /mm · min^{-1}	成品率 /%	利用系数 /t · (m^2 · h)$^{-1}$	固体燃料消耗 /kg · (t-s)$^{-1}$	转鼓强度 /%
基准	23. 89	73. 68	1. 621	56. 80	68. 00
0. 5‰	25. 64	73. 19	1. 758	57. 19	67. 67
1‰	26. 02	73. 59	1. 766	57. 03	67. 67

为了进一步验证铬泥掺烧后对烧结矿粒度的影响，试验中分别考察不含铬泥的原料及配入 3% 和 5% 的含铬原料替代部分混匀矿相同条件下的烧结矿粒度组成，如图 5-51 所示。由图 5-51 可知，烧结矿粒度均匀，10~40 mm 粒级比例较大，返矿能达到平衡，粒度组成合理。

5.2.2.2 对产品浸出毒性分析

将 5%、10% 和 15% 含铬污泥替代部分混匀矿相同条件下烧结后的烧结矿从炉中取出，将成品烧结矿经人工破碎至粒度小于 5 mm 以下，取少量样品进行研

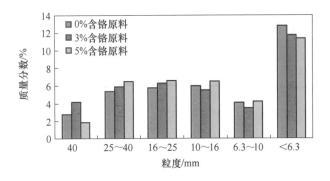

图 5-51　铬泥烧结杯实验结果

磨处理，样品用于制备铬泥浸出液，并对其进行 Cr^{6+} 浸出值测定。浸出液的制备方法按照 GB/T 15555.1 进行，浸出值的测定采用《固体废物六价铬的测定　二苯碳酰二肼分光光度法》。

浸出液的制备：称取粒径小于 5 mm 的试样，放入三角瓶中，加入蒸馏水，置于振荡机上以一定振荡频率进行振荡，静置，经滤膜过滤，立即测定滤液的值。滤液应尽快分析，如需放置则将滤液置于暗处避光保存，于 24 h 内测定。

本实验浸出液中 Cr^{6+} 测定的原理，在酸性溶液中，与二苯碳酰二肼反应生成紫红色配合物，在最大吸收波长下进行分光光度法测定。

浸出液中 Cr^{6+} 浓度计算公式如下：

$$c = \frac{m}{v}$$

式中，c 为 Cr^{6+} 的浓度；m 为从标准曲线上查得试样中的量；v 为试样的体积。

实验室将不同高温条件下生成的烧结矿破碎至粒径小于 5 mm，经浸出实验测定 Cr^{6+} 的含量，结果如表 5-27 所示。

表 5-27　不同温度下铬泥烧结后的 Cr^{6+} 浸出浓度　　　　　　（mg/L）

配比	1150 ℃	1200 ℃ 保温 30 min	1250 ℃	1150 ℃	1200 ℃ 保温 40 min	1250 ℃	1150 ℃	1200 ℃ 保温 50 min	1250 ℃
5%	0.1372	0.0075	0.0086	0.0089	0.0078	0.0053	0.0135	0.0089	0.0046
10%	0.1875	0.0189	0.0186	0.0133	0.0126	0.01945	0.0487	0.0187	0.0142
15%	0.2856	0.1872	0.1146	0.0875	0.0942	0.0132	0.1512	0.1087	0.3521

从表 5-27 可知，当铬泥配比为 5%、10% 和 15% 时，烧结产品的浸出毒性远小于 1 mg/L，远远低于《危险废物鉴别标准浸出毒性鉴别》（GB 5085.3）的规定上限 1.5 mg/L，表明实验结果与理论分析基本吻合，因此利用烧结资源化含

铬污泥是可行的。

因为不同控制温度、保温时间、铬泥配比对烧结矿产品的影响不同，综合考虑铬泥解毒及资源、能源的合理利用，下面将从温度、保温时间、铬泥配比等控制参数方面探讨最优实验方案。

利用烧结工艺资源化铬泥是利用还原剂或煤粉在高温条件下将 Cr^{6+} 还原成 Cr^{3+} 和单质 Cr，可见高温是反应的必要条件，因为还原反应需维持一定的高温，但温度太高则浪费宝贵的能源，考虑节约能源和降低生产成本，应选择较适宜的控制温度，达到铬泥资源无害化的同时又经济环保。

温度不同影响铬泥配入后的烧结矿的浸出值不同。本项目设置的温度为 1150 ℃，从表 5-27 可知，在 1150～1200 ℃范围内，铬泥配入后的烧结矿其 Cr^{6+} 浸出毒性最高为 0.3521 mg/L，最低为 0.0046 mg/L。在不同的温度下，Cr^{6+} 浸出毒性均小于国标中最低值要求。图 5-52 和图 5-53 列出了保温时间分别为 30 min 和 40 min 条件下对 Cr^{6+} 浸出值的影响趋势。

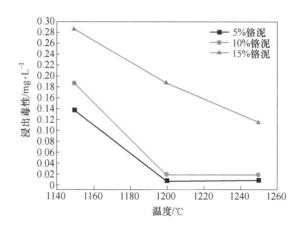

图 5-52 30 min 保温时间下 Cr^{6+} 浸出浓度

由图 5-52 和图 5-53 可知，含铬污泥配入量越大，Cr^{6+} 浸出浓度越高；在一定保温时间条件下，浸出值随温度的升高而降低，即升高温度能促进铬泥还原反应的进行，可使 Cr^{6+} 还原为 Cr^{3+} 和 Cr。同时，从趋势线也可看出，Cr^{6+} 浸出值降低幅度随温度从 1150 ℃升温至 1200 ℃时，浸出值与 1150 ℃相比变化不大，表明实验温度 1150 ℃时，铬泥的还原反应已经基本完成，浸出值较低，已远低于国标要求。综合上述分析，在烧结的温度条件下足以使铬泥中 Cr^{6+} 被彻底还原，考虑到降低能耗，以 1150 ℃为适宜温度，此时对应的浸出值最低。

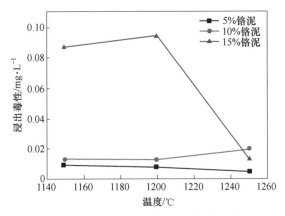

图 5-53　40 min 保温时间下 Cr⁶⁺浸出浓度

5.2.3　烧结处置含铬污泥的工业实验

5.2.3.1　含铬污泥的掺烧比例及流程

在某钢铁厂开展的铬泥危险废弃物资源化的工业性实验研究中，第一批次将 3 t 含铬污泥与 600 t 瓦斯灰混合后代替 603 t 瓦斯灰配入矿中烧结。配入含铬污泥的瓦斯灰中各主要化学成分如表 5-28 所示。从表 5-28 中可以看出，瓦斯灰原样本身具有一定的铬含量，当配入 3 t 的含铬污泥后，其铬含量增加了 1 倍左右。

表 5-28　配入冷轧含铬污泥前后的瓦斯灰化学分析

试　样	K 含量/%	Na 含量/%	TFe 含量/%	Cr 含量/%
瓦斯灰原样	0.13	0.056	59.57	0.015
含铬精铁粉（低浓度）	0.11	0.044	58.41	0.016
含铬精铁粉（高浓度）	0.12	0.052	56.00	0.081
含铬精铁粉（混匀）	0.12	0.052	57.11	0.032

含铬污泥处置的工艺流程如图 5-54 所示，铬泥及返矿在烧结机中的料层结构示意图如图 5-55 所示，现场如图 5-56 所示。

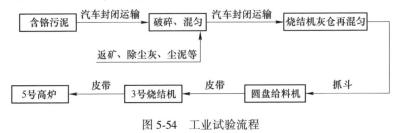

图 5-54　工业试验流程

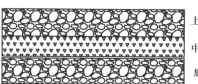

图 5-55 铬泥及返矿在烧结机中的料层结构示意图

图 5-56 铬泥掺混及烧结处置现场图

（a）返矿；（b）铬泥、返矿及除尘灰掺混；（c）铲车再混匀；（d）送烧结机料场

5.2.3.2 铬泥配入对烧结工况及产品的影响

本次工业化试验将混好的含铬污泥与瓦斯灰配入烧结机，铬泥约占烧结原料的 0.5‰，为考察整个试验过程对烧结生产的影响，选取了烧结机连续 6 天的工况数据，如图 5-57 所示，其中 12～14 日为配入了含铬污泥的烧结工况，其余时间未配入含铬污泥。从图 5-57 可以看出，与未配入含铬污泥相比，实验期间（12～14 日）的烧结矿转鼓强度无明显异常，表明该烧结消纳少量的含铬污泥是可行的，对烧结生产无明显影响。

从表 5-29 和表 5-30 中可以看出，与未配入含铬污泥相比，烧结矿产品化学成分、粒度分布无明显异常，表明该烧结消纳少量的含铬污泥是可行的，对烧结生产无明显影响。

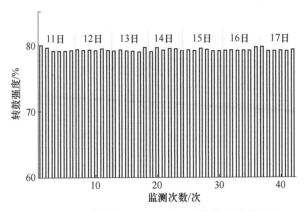

图 5-57   二号烧结机 11 日至 17 日的转鼓强度变化

表 5-29   配入含铬污泥前后烧结矿化学成分分析

样　品	烧结矿化学成分（质量分数)/%							
	TFe	FeO	CaO	SiO$_2$	Ro	MgO	S	Al$_2$O$_3$
掺混前	57. 15	8. 38	10. 08	5. 24	1. 92	1. 63	0. 011	1. 99
掺混后	56. 95	8. 6	10. 06	5. 14	1. 96	1. 57	0. 013	1. 9

表 5-30   配入含铬污泥前后烧结矿粒度成分分析   （％）

粒度分布	>40 mm	40~25 mm	25~16 mm	16~10 mm	10~5 mm
掺混前	7. 47	20. 32	25. 30	21. 22	20. 06
掺混后	8. 07	20. 79	21. 26	23. 46	20. 67

5.2.3.3　铬泥配入对烧结环保指标的影响

烧结机头 4 个电场除尘灰铬含量的变化如图 5-58 所示。从图 5-58 中可以看

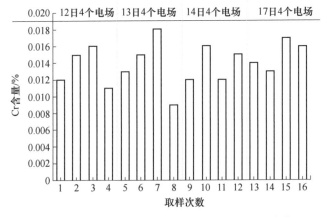

图 5-58   试验前后 2 号烧结机除尘灰的铬含量变化

出，与未配入含铬污泥相比（17 日数据），试验期间除尘灰中铬的含量无明显升高，且均低于 0.019%，按照目前二烧颗粒物排放浓度 20 mg/m³ 核算，远低于危险废物焚烧污染控制标准指标限值（GB 18484—2020）。

5.2.3.4 铬泥配入对高炉生产的影响

配入了含铬污泥的铁矿石原料经烧结机烧结后，进入炼铁厂高炉，为考察含铬污泥的配入对高炉生产状况的影响，选取了 4 高炉铁水的铬含量作为考察指标，试验期间高炉铁水的铬含量日均值变化如图 5-59 和图 5-60 所示。从高炉铁水含量日平均值来看，含铬污泥配入前后，高炉铁水中的铬含量无明显变化，且含量较低，最高值在 0.02% 左右。

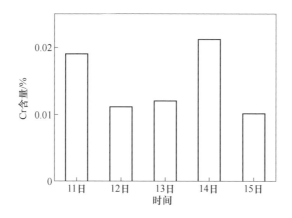

图 5-59　试验期间铁水中铬含量的日平均变化情况

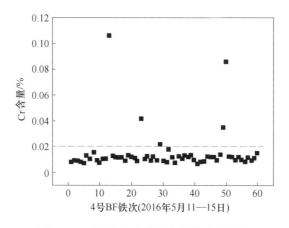

图 5-60　试验期间高炉铁水的铬含量分布

5.2.3.5 铬泥配入对高炉环保指标的影响

为考察含铬污泥的配入对高炉环保指标的影响，选取了对高炉煤气洗涤水及高炉渣进行监测，高炉煤气洗涤水监测时间段为 13 日、14 日及 16 日，高炉煤气洗涤水的总铬浓度如图 5-61 所示。从图 5-61 中可以看出，试验期间（13 日，14 日）与未加入含铬污泥（16 日），高炉煤气洗涤水中的总铬浓度均为 0.11 mg/L，低于国家标准规定的总铬浓度 <1.5 mg/L（钢铁工业水污染物排放标准，GB 13456—2012）。

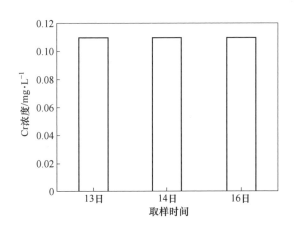

图 5-61 试验期间 4 高炉煤气洗涤水总铬含量的变化

此外，高炉水渣的铬含量检测结果如表 5-31 所示。通过定量分析可知，试验期间除 16 日取样的样 4 高炉水渣检测出含量为 0.012% 铬外，其余几日水渣样均未检测出铬。

表 5-31 实验期间 4BF 水渣化学成分 （质量分数,%）

样 品	Cr	SiO_2	CaO	MgO	K	Na	TFe
16 日 4BF 水渣	<0.012	29.89	34.91	8.38	0.38	0.26	0.67
15 日 4BF 水渣	<0.01	—	—	—	—	—	—
14 日 4BF 水渣	<0.01	—	—	—	—	—	—
13 日 4BF 水渣	<0.01	—	—	—	—	—	—

5.2.3.6 铬平衡及增量分析

烧结机产出的烧结矿在当日消纳于炼铁厂高炉，由于炼钢转炉出钢钢水中 Cr 的来源较多，包括耐材、废钢、喷补料等，不便统计。因此，仅统计试验期间炼铁铁水、高炉渣、煤气洗涤水中的铬含量增量，如表 5-32 所示。

表 5-32 铁水原始铬含量及增量分析

样　品	高炉号	4 号	国标要求
未加铬泥	日产铁水/t	5800	—
	现铁水原始铬含量/%	0.0194	—
	成品中 Cr 含量上限值/%	0.0856	—
	高炉渣 Cr 含量/%	<0.01	—
	煤气洗涤水/mg·L^{-1}	0.11	1.5
加铬泥后	铁水中铬增量/%	0.00153~0.00258	
加铬泥后 (实际值)	铁水中的铬含量/%	0.0211	
	铁水中铬增量/%	0.0017	
	对应成品中 Cr 含量上限值/%	0.1057	
	高炉渣/%	<0.01	
	煤气洗涤水/mg·L^{-1}	0.11	1.5

注:《钢铁工业水污染物排放标准》(GB 13456—2012)。

　　根据计算,在炼铁工序,若 3 t 铬泥全部进入铁水,铁水中铬增量在 0.00153%~0.00258%,而铁水中铬增量实际值为 0.0017%,在铁水中增量范围内,证实了含铬污泥全部进入了铁水中,且对铁水产品无影响。

5.2.4　烧结法处置含铬污泥的展望

　　自 21 世纪以来,国内有韶关钢铁、青岛钢铁、济南钢铁等钢铁企业开展了利用烧结工序对含铬固废进行无害化、资源化的研究工作。其中,韶钢是我国较早利用烧结处置铬渣的企业,铬渣的添加比例控制在 4% 以内,用铬渣替代部分白云石和石灰,把有毒的 Cr^{6+} 还原成金属 Cr;同时,为了解决铬渣分散性差、易板结、易堵料的问题,对铬渣进行了分筛,小颗粒铬渣参与混匀配矿,大颗粒铬渣再经过人工破碎,为铬渣无害化和资源化积累了宝贵经验。济南钢铁利用 2 台 120 m^2 烧结机和 1 座 1750 m^3 高炉配烧铬渣,烧结中配加的铬渣比例控制在 1.6%,对烧结矿的主要技术指标无明显影响。

　　2013 年 1 月,国务院印发《循环经济发展战略及近期行动计划》指出要 "大力推动钢铁企业消纳铬渣、废塑料等废弃物",并且这一要求在国家发展和改革委员会等部门 2017 年 4 月发布的《循环发展引领行动》中再次被强调和提及,从国家层面为钢铁流程消纳含铬废物提供了政策依据和引导。利用钢铁流程的烧结、高炉工序处置含铬渣被证明能够比较彻底地对铬渣中的 Cr^{6+} 进行解毒,在现有的烧结工艺条件下,配加一定量的铬渣,对烧结矿的主要技术指标无明显影响，但是铬渣的配加比例必须控制在一定范围内，铬渣还能替代一部分烧结原料中的白云石和石灰，产生一定的经济效益。全国的钢铁企业具备约 10 亿吨的烧结矿年生产能力，这为钢铁企业自身的含铬污泥和制革、铬盐生产行业铬渣提供了巨大的消纳能力。

本 章 小 结

（1）含锌含铁固废是钢铁企业产量最大的重金属含铁固废，主要是炼铁、炼钢工序除尘产生的含锌含铁除尘灰，是钢铁流程宝贵的资源，产量大约为粗钢产量的 3%~5%。转底炉法处置含锌固废技术成熟，但投资及运行成本高。回转窑法投资较少，运行成本低，但回收锌粉品质低，易结圈。研究低碳高效回转窑脱锌技术意义重大。

（2）通过对回转窑法脱锌存在问题的研究，发现影响锌回收品位的因素有入窑料的粒度、还原温度与时间；影响还原渣金属化率的因素有入窑料的成球状态、还原温度与时间、冷却方法等；影响回转窑结圈的因素有入窑料的粒度、化学组成、温度分布等。综合考虑，确定了复合球团法脱锌工艺及参数，高温段还原温度宜控制在 1100~1150 ℃，高温还原时间宜为 35 min 左右。为精准实现上述工艺目标，提出了研发扰动造球机、分布式多喷孔多场可控回转窑及高热窑渣余热利用干法冷却机等技术装备的思路。

（3）建立了冶金流程消纳脱锌还原渣的工艺方法。如果脱锌渣进入转炉，则应采取措施提高脱锌渣金属化率和铁品位，严格满足还原渣进入转炉的质量要求。如果脱锌渣进入烧结，确定了最佳掺混比例，脱锌烟气推荐与冶金主工艺协同净化。

（4）在山东永锋钢铁公司建立了复合球团回转窑法提铁减锌示范工程，在湖南诚钰环保科技有限公司建立了分布式多喷孔多场可控回转窑脱锌示范工程，与传统回转窑技术相比脱锌产品的质量大幅提升，作业率大幅提高，提高了回收锌粉的品位和还原渣的金属化率，降低了回转窑法处置含锌尘泥的运行成本，提升了经济效益。

（5）目前我国含铬污泥的堆积和产生量大，处置不当时 Cr^{3+} 氧化为毒性更大的 Cr^{6+} 排放至自然界，会对人体、生物链和周围环境造成难以估量的恶劣影响。含铬含铁固废处置的关键是对高价铬进行还原解毒，将含铬含铁固废直接通过烧结工序返回冶金流程，只要控制好合适掺混比例，在现有烧结和高炉的热工制度条件下，可以实现对高价铬的还原，含铬固废的掺入对铁水质量、环境没有明显影响。

参 考 文 献

［1］ Hao T, Ye H, He Y, et al. Effect of in-situ oxidation on the phase composition and magnetic properties of Fe_3O_4: Implications for zinc hydrometallurgy ［J］. Inorganic Chemistry Communications, 2022, 144: 109863.

［2］ 黄晴宇, 李云, 卢珈伟, 等. 高锌物料熔池还原过程中渣型研选协同回收锌铅铜 ［J］. 中南大学学报（自然科学版）, 2023, 54（2）: 538-547.

［3］ 匡宏业, 赵立华, 沈维民. 钢铁冶炼含锌固废回转窑综合处置技术 ［C］//第五届全国冶金渣固废回收及资源综合利用、节能减排高峰论坛论文集, 2020: 112-117.

［4］ 叶恒棣, 魏进超, 李谦, 等. 一种基于回转窑的提铁减锌工艺、系统及其方法: 中国, ZL202211082027.0 ［P］. 2023-01-20.

［5］ 颜旭, 吴佳蕙, 叶恒棣, 等. 一种从湿法炼锌浸出液中除铁的方法及其应用: 中国, ZL202210402898.X ［P］. 2023-05-23.

［6］ 殷磊明. 煅烧含锌粉尘回转窑结圈的研究 ［D］. 马鞍山: 安徽工业大学, 2017.

［7］ 蒋武锋, 马腾飞, 郝素菊, 等. 温度对内配碳含锌球团还原的影响探究 ［J］. 矿产综合利用, 2020（1）: 146-150.

［8］ 罗云飞, 杨涛, 周江虹, 等. 料面喷吹蒸汽对烧结矿产质量和 CO 排放的影响 ［J］. 钢铁, 2021, 56（11）: 47-54.

［9］ 石磊, 陈荣欢, 王如意. 含铬污泥球团在钢铁工业中的应用前景 ［J］. 再生资源研究, 2007（1）: 33-36.

［10］ 那贤昭, 齐渊洪. 铬渣在钢铁冶金过程中的资源化利用 ［J］. 钢铁研究学报, 2009, 21（4）: 1-4.

［11］ 王洪海, 李玉信. 利用烧结炼铁工艺环保处理铬渣 ［J］. 工业安全与环保, 2007（7）: 43-45.

［12］ 游晓光. 铬渣在烧结炼铁中的应用 ［J］. 南方金属, 2006（3）: 46-49.

［13］ 张垒, 刘尚超, 张道权, 等. 烧结炼铁协同处置含铬污泥的应用研究 ［J］. 烧结球团, 2018, 43（5）: 61-64.

［14］ 范圣轩, 叶恒棣, 刘学玲, 等. 钢铁厂铬泥高温焚烧重金属形态分布及其环境风险评价 ［J］. 烧结球团, 2023, 48（3）: 7-13, 105.

6 钢铁冶金高盐固-液废资源化循环利用技术

钢铁烧结、高炉炼铁等工序会产生大量高盐固废和高盐废水，其组成复杂，固废中除铁氧化物外还含有大量可溶性碱金属氯盐，废水中氯含量可达 50 g/L。此外，钢铁流程高盐固废/废水中还常伴有重金属铊等剧毒物质，其消纳问题已成为制约钢铁行业资源循环利用、可持续发展的关键问题之一。本章重点介绍了水洗法处理高盐固废的技术优势及现有技术存在的问题，提出通过酸性高盐废水与高盐固废协同处置的技术思路，形成了基于铊全流程管控、多资源综合回收整体技术路线，控制高盐固废中铁-盐-铊在气液固多相间的合理迁移，实现资源的定向分离富集循环利用技术及关键装备，并介绍了示范工程实践应用情况。

6.1 高盐固废/废水特征及处置技术路线分析

6.1.1 高盐固废理化特征分析

钢铁高盐固废主要包括烧结机头电除尘灰、转底炉尘泥、高炉除尘灰、电炉粉尘等，其主要化学成分为铁、钾、钠、氯、钙等，含量根据矿石来源及工况不同其成分有很大差异，但典型特征都为氯及碱金属含量较高。以烧结机头灰为例，其氯含量为 15%~30%，且随电除尘器沿程呈升高趋势。对各电除尘器收集的电场灰进行 XRD 分析，结果如图 6-1 所示。由图 6-1 可知，灰中氯和碱金属主要为可溶性的氯化钾和氯化钠，且其特征峰随电除尘器沿程逐渐增强，铁主要以氧化铁形态存在，其特征峰则随着电除尘器沿程逐渐减弱，此外在一、二电场灰中还检测到少量硫酸钙的特征峰。

采用 SEM-EDS 技术对烧结机头灰中元素赋存环境进行分析，结果如图 6-2 所示。由图 6-2 可知，烧结机头灰中氯的分散程度较高，其存在区域与铁无明显区别，此外钾、钠在观察微区内也有广泛分布，说明铁与盐组分难以通过常规分选的方式进行分离。

通过对不同厂家的机头灰样本中元素含量的特征，进行元素间的相关性分析，结果如图 6-3 所示，由图 6-3 可知，不同元素的分布间存在着相关性上的差异。以高毒性的重金属 Tl 为例，其主要和 K、Cl、Na、Br、Zn、Rb 等卤族元素和碱金属存在强烈的正相关关系，可以说明 Tl 的伴生环境主要是以碱金属盐为主。但是与 Ca、Fe、O 等元素存在较强的负相关关系，因而可以在后续的研究中利用这一特征，对烧结过程中 Tl 的迁移转化进行控制。此外，K、Na 主要与 Cl 相关，与 O 和 Fe 则强烈负相关，再次说明灰中的碱金属主要以氯盐形态存在，基本不存在云母、霞石等含碱金属的复杂矿相。

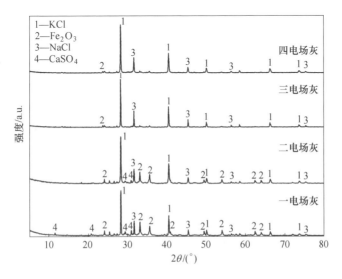

图 6-1 各电场灰 XRD 谱图

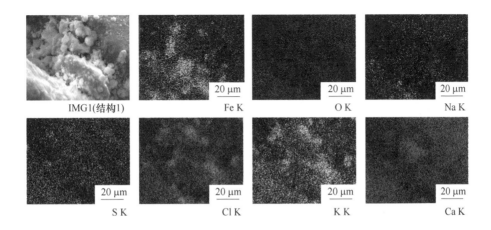

图 6-2 烧结机头灰 SEM-EDS 分析

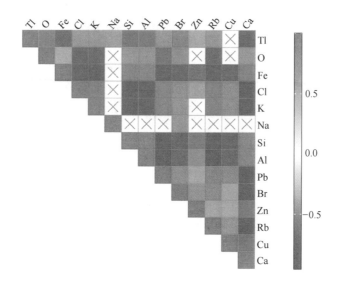

图 6-3 烧结机头灰中不同元素相关性分析热力图

6.1.2 高盐废水的来源及理化特征分析

钢铁高盐废水主要为烧结脱硫工序产生的脱硫废水，根据脱硫工艺的不同出水水质也有较大区别。湿法脱硫废水为典型的高盐废水，氯离子质量浓度可达 30 g/L，硫酸根、钙、镁、氨氮等组分含量也较高，硬度可达 8 g/L（以 $CaCO_3$ 计）以上。此外，由于烧结烟气中含有部分粉尘，它会在湿法脱硫过程被脱除，进而发生溶解而带入大量的氨氮和重金属铊，其氨氮质量浓度在 1000 mg/L 左右，铊质量浓度在 10 mg/L 以上。最终，其演变为含高重金属（铊）、高盐、高氨氮、高硬度的复杂难处理废水。典型湿法脱硫废水水质成分如表 6-1 所示。

表 6-1 典型湿法脱硫废水组分 （mg/L）

Cl^-	SO_4^{2-}/SO_3^{2-}	F^-	NH_4^+	Ca^{2+}	Tl	pH 值
15000~30000	3000~5000	10~50	800~2000	2000~4000	0~50	6~7

碳基法脱硫废水的成分相对湿法脱硫废水而言更加单一，重金属离子含量较低，一般不超过 1 mg/L，且硬度也较低，钙离子质量浓度一般低于 100 mg/L。但废水盐度较高，氯离子质量浓度可达到 50 g/L，高于湿法脱硫废水，且氟含量也较高，氨氮浓度波动也较大，高时可达 1 g/L。活性炭脱硫废水一般显强酸性，pH 值小于 2，需妥善处理。典型活性炭脱硫废水组分如表 6-2 所示。

表 6-2 典型活性炭脱硫废水组分 (mg/L)

Cl⁻	SO_4^{2-}/SO_3^{2-}	F⁻	NH_4^+	Ca^{2+}	Tl	pH 值
30000~50000	1000~6000	300~1000	200~1000	20~100	<1	<2

6.1.3 高盐固废及废水处置技术分析

6.1.3.1 高盐固废处置技术分析

目前，以烧结机头灰为代表的钢铁流程高盐固废最常用的处理方法仍是直接返回烧结工序对铁进行回收。但烧结灰成分及粒度差异较大，大量混合配料后难达到烧结原料的标准，消纳量有限。此外，烟灰中的有害元素尤其是碱金属和氯对烧结系统会产生多种不利影响，如恶化烧结料层透气性、腐蚀高炉炉衬、降低烧结机头上电除尘器的捕集效率等。因此，以此类方法处理含铁粉尘有很大的局限性，各钢铁企业逐渐对此类处理法技改。早在 2013 年生态环境部颁布的《钢铁工业污染防治技术政策》中提出"鼓励烧结（球团）、炼铁、炼钢工序收集的含铁尘泥造球后返回烧结（球团）工序，锌及碱金属含量较高时应先脱除处理后再利用"。因此，对钢铁工业高盐固废中的盐进行脱除后再利用也符合国家对钢铁工业固废消纳的技术要求。

传统火法工艺如转底炉法、转炉法、回转窑法等利用氯化物沸点低、易挥发的特性虽可实现含铁高盐固废中盐的脱除，但会产生大量含氯烟尘，烟尘冷凝后氯化物转化为氯化物杂盐，仍为高盐固废，并没有实现盐的资源化。此外，在焙烧过程由于氯和碱的腐蚀性，常导致炉窑结圈、内衬腐蚀等问题，产生的含氯烟尘也容易造成烟道堵塞，高盐固废中的多种重金属也对烟气处理提出较高要求，因此，高温火法工艺并非高盐固废的最佳处置手段。

烧结灰中富含多种有价元素，如铁、钾、钠、铊、氨、硒、溴等，尤其是钾，含量可达 10%~20%，且多以易溶解的氯化物形式存在，通过水洗即可回收，且得到的水洗液钾含量高，提纯简单，是一种较好的提钾原料。我国是一个贫钾国家，已探明钾储量仅占全球的 0.002% 左右，且主要赋存于卤水中，K/Na 低，提取成本较高。虽然我国钾资源储量有限，但我国作为农业大国，对钾肥的需求量巨大，由于钾自给率不足导致我国钾肥严重依赖进口。因此，若能对烧结灰中的钾进行回收利用，对提升我国钾肥自给率、保障粮食安全具有重要意义。此外，机头灰返烧结最大的阻碍即为高含量的碱金属和氯对工序的影响，通过水洗对碱金属和氯进行分离，不但可以有效降低碱金属和氯的含量，而且得到的水洗灰中铁品位可进一步提升，也实现了机头灰中不溶组分的高值利用。

重金属污染尤其是铊污染成为钢铁行业日益关注的重点问题。研究表明，在烧结工序中，原矿中超过 50% 的铊富集在机头灰中，且主要以酸可提取态存在，即通过浸提可实现重金属铊的有效分离。因此,通过浸提过程还可实现钢铁系统中铊的分离,为防止铊污染和实现铊资源化奠定基础。

综合上述,通过水洗是实现机头灰中可溶解态钾、钠、氯及不溶态铁、钙等有价组分价值最大化的有效途径,水洗过程实现机头灰中可溶态组分由固相转移至溶液相,不溶态组分则保持固相特征,通过不同组分间溶解性差异实现其到不同相态的定向转化,最终实现机头灰中铁、钾、钠、氯等多组分的高值回收,也是解决以机头灰为代表的高盐固废资源化利用的最佳方法。

6.1.3.2 高盐废水处置技术分析

高盐废水最常用的消纳方式是用于冲渣处理,通过高炉渣或钢渣的显热在与高盐废水接触瞬间将水分蒸干,以实现废水的无害化处置。但由于高盐废水中氯含量较高,水分蒸发后废水中的溶剂组分会进入炉渣中提高渣中氯含量。《钢铁渣处理与综合利用技术标准》(GB 51387—2019)规定钢铁渣用于建材时氯含量应低于 0.06%,因此,通过冲渣法处理高盐废水会影响钢铁渣在建材市场的消纳。此外,还有企业将高盐废水通过雾化器雾化后喷入高温烟道,利用烟气余热蒸发废水,该法主要应用于燃煤电厂,对于钢铁流程高盐废水易造成雾化器堵塞,经雾化后产出的高盐烟灰同样利用困难。

蒸发结晶分盐法是根据废水中不同盐组分溶解度随温度变化的差异,通过选择合理的蒸发工艺使废水中的盐分步蒸发并进行回收的方法。该法可从根本上解决高盐废水的处理问题,且实现了高盐废水中盐的开路及资源化,避免了盐在钢铁流程中循环富集。但目前该法也存在投资与处理成本高、过程存在二次污染风险、盐回收率低、产品价值低等问题。

6.2 高盐固废高效水洗原理、工艺及装备

6.2.1 不同电场烧结机头灰脱盐规律研究

前已述及,烧结工序不同电除尘器收集的烟灰成分各有不同,其可溶性盐含量一般随电场级数的升高而升高,故首先利用工艺水对不同电场收集的机头灰进行水洗,以明确不同高盐固废的组成对水洗液组成的影响规律,确定各电场机头灰是否可以合并处理。实验选用某钢铁厂 1~4 号电场收集得到的机头灰,其各级组成如表 6-3 所示。

表 6-3 某钢铁厂 1~4 号电场机头灰组成 （％）

序　号	Fe	K	Na	Cl	Ca	Si	S	Cu	Pb	Tl
1 号电场	33.75	14.09	4.76	17.75	7.98	1.95	1.42	0.07	0.66	0.014

序 号	Fe	K	Na	Cl	Ca	Si	S	Cu	Pb	Tl
2 号电场	26.69	17.52	5.61	21.82	6.74	1.52	1.34	0.09	0.93	0.017
3 号电场	19.05	23.60	6.21	27.40	4.81	0.94	1.64	0.14	1.59	0.034
4 号电场	14.21	25.77	6.23	29.25	3.82	0.72	2.00	0.15	1.86	0.041

由表 6-3 可知，各电场机头灰中成分差异显著，其中总铁含量随着电场级数的升高而逐渐降低，而盐含量则逐渐升高。Ca、Si 等杂质组分的含量也随电场级数的升高呈降低趋势，而 Cu、Pb、Tl 等典型重金属则呈明显升高趋势，4 号电场中各重金属含量相比 1 号电场均有成倍的提高。

对各级电场灰进行水洗实验，水洗过程保持水灰比恒定为 3 mL/g，水洗时间均为 10 min，结果如图 6-4 和图 6-5 所示。由图 6-4 可知，随着电场级数的升高，所得水洗液中盐含量也逐渐升高，1 号电场灰水洗液中氯含量仅为 25.8 g/L，4 号电场则显著提升至 83.91 g/L，K、Na 的含量也随 Cl 的溶出同步提升。

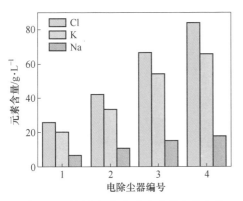

图 6-4 不同电场灰水洗液中盐含量变化

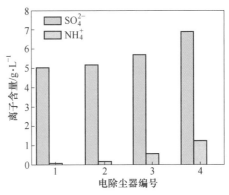

图 6-5 不同电场灰水洗液中
硫酸根和氨氮含量变化

进一步由图 6-5 可知，SO_4^{2-} 与 NH_4^+ 含量的变化规律与盐含量类似，均随着电场级数的升高而显著升高。由表 6-1 可知，随着电场级数的升高，机头灰中 S 的含量也逐渐增加，高盐固废中的硫主要以 SO_3^{2-}、SO_4^{2-} 或 $S_2O_3^{2-}$ 等可溶态存在，故水洗过程也会释放至洗灰水中。

由图 6-6 可知，机头灰中的 Cu、Pb、Tl 等典型重金属的含量会随着电场级数的升高而呈成倍增长的趋势，故在水洗过程中重金属的溶出差异也较为明显。其中 1、2 号电场洗灰水中几乎未检测到 Cu 和 Pb，而 3、4 号电场烧结灰中 Cu、Pb 则有明显溶出，尤其是 4 号电场洗灰水中 Pb 含量接近 100 mg/L，Cu 也接近 10 mg/L。此外，4 个电场的洗灰水中均检测到较高的 Tl 含量，在后续高盐水除

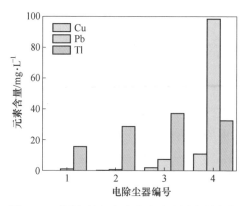

图 6-6 不同电场灰水洗液中重金属含量变化

重金属过程需重点考虑 Tl 的去除。

进一步分析了各电场烧结灰经水洗后所得水洗渣的成分，结果如表 6-4 所示。由表 6-4 可知，经水洗后各级电场灰所得水洗渣中总铁含量均超过 40%，可作为烧结原料进行使用。此外，可溶性盐含量也较水洗前显著降低，其中 3、4 号电场机头灰由于盐含量较高，导致一次水洗不完全，故残留的氯浓度仍超过 4%，但由于 3、4 号电场灰产量较少，一般仅为 1 号电场灰的 10% 左右，且后续水洗过程会进行多次洗涤，故对烧结机头灰整体而言残留的盐浓度可以得到有效控制。就重金属而言，虽然在水洗过程中重金属会部分溶出，尤其是 3、4 号电场灰溶出率相对较高，但由水洗渣与机头灰组成比对可知，绝大部分重金属在水洗过程仍留在渣中，故水洗后 Cu 和 Pb 均有明显富集，如 4 号电场灰经水洗后渣中 Pb 含量可高至 3.56%。四个电场的机头灰经水洗后均未能检测到 Tl 的含量，这一方面是由于在水洗过程中四个电场机头灰的水洗液中均有较高的 Tl 溶出率；另一方面灰中 Tl 含量较低，XRF 分析的精准度有所降低。

表 6-4 某钢铁厂 1~4 号电场机头灰水洗后所得水洗渣组成　　　(%)

序　号	Fe	K	Na	Cl	Ca	Si	S	Cu	Pb	Tl
1 号电场	47.03	0.66	0.29	0.72	8.30	3.37	1.00	0.07	0.69	—
2 号电场	46.54	1.23	0.41	1.42	8.34	3.24	1.12	0.11	1.16	—
3 号电场	43.06	3.84	0.84	4.34	8.33	2.57	2.66	0.25	2.76	—
4 号电场	41.92	4.13	0.96	4.82	7.70	2.36	3.81	0.32	3.56	—

综合上述，四个电场收集的机头灰组成虽有区别，但经水洗后组成含量差异性明显降低，尤其是占机头灰比重较高的 1、2 号电场灰的水洗渣基本无差别。由于各电场灰经水洗脱盐后均返回至烧结工序用作炼铁原料，所得水洗液也都用

作提盐原料，将四个电场灰合并处理不但不会增加额外处置流程或增加处理成本，反而可以有效减少灰仓数量及筛分工作，故后续均采取将四个电场机头灰合并处理的模式进行集中处置。

6.2.2 高盐固废水洗参数与方法对脱盐过程的影响规律

通过对不同电场机头灰的水洗研究可知，四个电场的机头灰可通过合并处置的方式进行水洗，故本节重点考察各水洗条件对机头灰脱盐效果的影响。所用的烟灰为四个电场的混合灰，配比按四个电场的产灰量进行掺配，即 1~4 号电场配比为 10：8：1：1，所得混合灰的成分如表 6-5 所示。进一步对混合灰的物相进行分析，结果如图 6-7 所示。结合表 6-5 和图 6-7 可知，混合灰中主要成分为可溶性的 KCl 和 NaCl，以及 Fe_2O_3，其中 KCl 的含量超过 30%。以下实验研究若未特别说明，均采用混合灰为原料进行水洗研究。

表 6-5　1~4 号电场混合灰中元素组成　　　　　　　　　　　　（%）

元素	Cl	K	Fe	Ca	Na	Pb	Si	S	Tl
含量	20.43	16.52	29.21	7.12	5.25	0.87	1.67	1.43	0.017

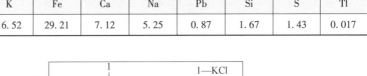

图 6-7　混合灰的 XRD 谱图

6.2.2.1　水灰比对水洗脱盐效果的影响

由于高盐固废水洗过程本质为固废中可溶性盐的溶出过程，洗灰时的用水量会显著影响盐的溶出效果，故首先考察了水灰比对脱盐效果的影响。实验过程保持水洗时间为 1 h，水洗温度为常温，水洗过程搅拌强度为 600 r/min，结果如图 6-8 所示。

由图 6-8 可知，随着水灰比由 1 mL/g 逐渐增大至 3 mL/g 时，灰中剩余 K、Cl 含量呈显著降低的趋势。由表 6-5 可知，混合灰中主要可溶性盐为 KCl，增大水灰比会有效降低溶液中的盐浓度。当水灰比提升至 3 mL/g 后，继续增大水灰

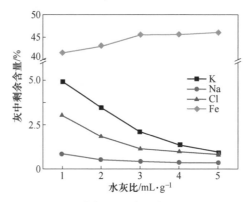

图 6-8　水灰比对脱盐效果的影响

比对水洗渣中 Fe、Na、Cl 的含量影响较微，仅 K 仍有一定去除效果。图 6-9 表示水洗过程 K、Na、Cl 的去除效果随水灰比的变化，当水灰比提升至 3 mL/g 时，Cl 去除率可达 95% 左右，Na 去除率也有 90% 左右，由于机头灰中 K 含量较高，继续增大水灰比仍有一定去除效果，但增量也明显放缓。

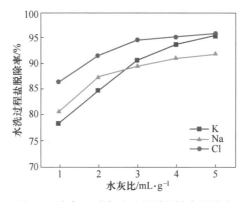

图 6-9　水灰比对水洗过程脱盐效率的影响

进一步分析了洗灰水中各元素含量，结果如图 6-10 所示。由图 6-10 可知，在水灰比为 1 mL/g 时，洗灰水中 K 和 Cl 的含量均超过 80 g/L，即此时溶液中的 KCl 浓度超过 160 g/L，KCl 浓度较高，易导致灰中 KCl 残留。此外，实验过程也发现，在用较低的水灰比进行洗灰时，所得浆液非常浓稠导致搅拌困难，增加了洗灰操作的难度。当水灰比提升至 3 mL/g 时，洗灰水中 K、Cl 含量显著降低至 30 g/L 左右，远低于饱和值，故在水灰比为 3 mL/g 时可取得较好的洗灰效果。进一步提高水灰比，虽然灰中剩余盐含量仍略有降低，但洗灰水中盐浓度则显著下降。从灰中 Fe 含量的变化亦可知，当水灰比由 1 mL/g 逐渐增大至 3 mL/g 时，水洗灰中 Fe 含量由 41.63% 增加至 45.57%，随后基本保持不变。水洗过程的目的在于在保证高盐固废中可溶性盐高效脱除的同时尽量提高水中的盐浓度，故选择水灰比为 3 mL/g 较为适宜，水洗灰中残留的盐可通过二次洗渣的方式进一步脱除。

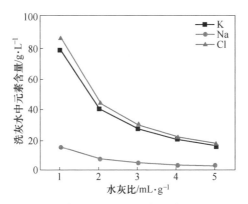

图 6-10　水灰比对水洗液中各元素含量的影响

同步考察了水灰比对杂质组分溶出的影响规律，结果如图 6-11 所示。由图 6-11 可知，随着水灰比的增加，除硫酸根外各杂质组分的含量均显著降低，尤其是 Pb 和 Cu，水灰比为 3 mL/g 时其含量仅为 1 mL/g 时的 20% 左右，这主要是由于 Pb 和 Cu 都易与氨氮形成配离子，水灰比较低时溶液中氨氮浓度较高，对重金属有配位浸出的效果。随着水灰比的升高 SO_4^{2-} 的溶出有一定提升，这主要是由于水灰比较高时水洗液中 Ca 浓度有所降低，对 SO_4^{2-} 溶出的抑制作用降低，使水洗液中 SO_4^{2-} 的含量略有升高。相较其他重金属元素，Tl 溶出量的降低趋势受水灰比影响相对较小，这主要是由于水灰比较大时水洗液中 Na、K 等碱金属含量有所下降，对 Tl 的盐析作用降低，故 Tl 的溶出率有所升高。

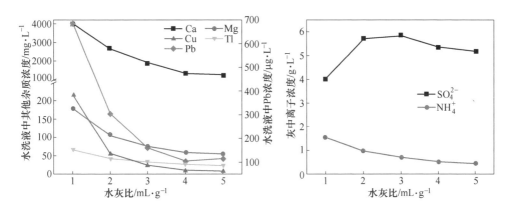

图 6-11　水灰比对水洗过程典型伴生元素溶出的影响

6.2.2.2　水洗时间对水洗脱盐效果的影响

水洗过程可看作一个可溶性盐的水浸过程，通过达到浸出平衡所需时间是影响浸出效果的重要因素，故考察了水洗时间对脱盐效果的影响，实验过程保持水灰比为 3 mL/g，水洗温度为常温，水洗过程搅拌强度为 600 r/min，结果如图 6-12 所示。

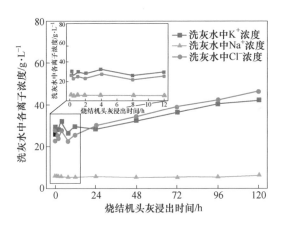

图 6-12　水洗时间对水洗液中各元素含量的影响

由图 6-12 可知，当水洗时间为 1 h 时，盐的溶出已达到较好的效果，水洗液中 K、Cl 的含量接近 30 g/L，Na 浓度也超过 5 g/L，继续延长水洗时间，Na 的溶出基本保持不变，K 和 Cl 的溶出量略有提升，但由于灰中残留盐含量已降至较低水平，故溶液中含量变化幅度较微，说明水洗过程在较短时间内即可达到氯盐的溶解平衡。由于延长水洗时间会显著影响水洗工序的处理能力，故选择水洗时间为 1 h 为宜。

6.2.2.3　搅拌强度对水洗脱盐效果的影响

进一步研究了搅拌强度对水洗脱盐效果的影响，实验过程保持水灰比为 3 mL/g，水洗时间为 1 h，水洗温度为常温，结果如图 6-13 所示。由图 6-13 可知，在考察范围内提高搅拌转速对 Na 的溶出无明显变化，但 K 和 Cl 则有一定提升作用，由于水洗过程水灰比较低，搅拌转速过低泥浆易在反应器底部沉积，故搅拌转速选择为 600 r/min 为宜。

6.2.2.4　水洗温度对水洗脱盐效果的影响

文献表明，KCl 的溶解度受温度影响变化明显，升温应有助于提高水洗过程的脱盐效果，故考察了水洗温度对脱盐效果的影响。实验过程保持水灰比为 3 mL/g，水洗时间为 1 h，水洗过程搅拌强度为 600 r/min，结果如图 6-14 所示。

实验结果表明，升高温度对盐溶解的促进作用并不明显，在考察范围内，水

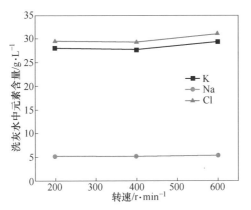

图 6-13　搅拌强度对水洗液中各元素含量的影响

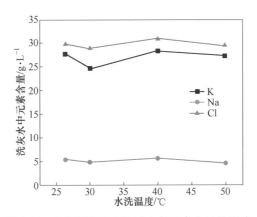

图 6-14　水洗温度对水洗液中各元素含量的影响

洗液中 K 和 Cl 的浓度均在 30 g/L 左右波动。究其原因主要在于机头灰中可溶性盐含量有限，常温条件下即便全部溶出也远未达到饱和，由图 6-10 可知，在水灰比为 1 mL/g 时水洗液中 K 含量可高至 80 g/L 以上，而采用 3 mL/g 的水灰比 K 的浓度仅有 30 g/L，远低于此时溶液可溶解的量，故温度对水洗过程影响不显著。由于升温会额外增加处理能耗，水洗温度选择常温为宜。

6.2.2.5　盐浓度对水洗脱盐效果的影响

经一次水洗后水洗液中总盐浓度为 60~70 g/L，远未达饱和，即水洗液仍有脱盐的能力，为进一步提高出水盐浓度、降低蒸发结晶过程负荷，可利用水洗液进一步对高盐固废进行水洗，故考察了盐浓度对水洗液中盐的富集及水洗过程脱盐效果的影响，结果如图 6-15 所示。由于溶液密度可直接反应水中盐浓度，故可通过监测循环出水密度来反馈溶液中盐的富集量。由图 6-15 可知，当用清水洗时，水洗过程出水中盐浓度为 60 g/L，此时溶液密度为 1.045 g/mL，随着水洗液中盐浓度的增加，水洗过程出水的密度也不断提高，当水洗液密度达 1.092 g/mL，即洗水盐浓度为 140 g/L 时，出水密度可达 1.125 g/mL，此时盐浓度接近 200 g/L。同步分析了不同盐浓度下水洗后所得脱盐渣中氯含量，结果表明当水洗液密度低于 1.078 g/mL，即盐浓度低于 120 g/L 时，脱盐渣中氯含量基本可维持在 2% 左右，但当水洗液密度达 1.092 g/mL 时渣中氯含量显著提升至 8%，说明此时水洗液继续脱盐的能力较弱，溶液浓度已接近饱和值。

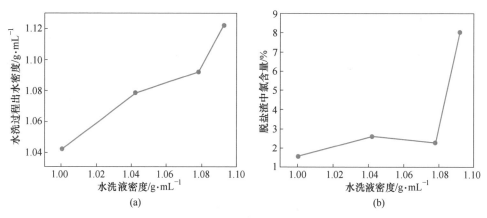

图 6-15 盐浓度对水洗过程出水中盐富集及脱盐渣中残余氯含量的影响

（a）水洗过程出水密度；（b）脱盐渣中氯含量

6.2.2.6 水洗级数对水洗脱盐效果的影响

由图 6-8 可知，水灰比为 3 mL/g 时，经一次水洗后滤饼中仍有少量盐残留，实际洗灰过程一般需通过多级水洗以实现盐的深度脱除。多级水洗一般有顺流和逆流两种，其中多级逆流水洗可在控制总水灰比的前提下实现灰的多级洗涤并提高洗灰水中盐含量，典型三级逆流水洗流程如图 6-16 所示。考察了三级逆流水洗对脱盐效果的影响，实验过程保持各级水灰比依次为 3 mL/g、2 mL/g、1 mL/g，通过水洗液的循环利用控制总水灰比为 3 mL/g，各级水洗时间为 1 h，水洗温度为常温，水洗过程搅拌强度为 600 r/min，分别分析了各级滤饼中的盐含量，结果如图 6-17 所示。

由图 6-17 可知，各级滤饼中的盐浓度呈逐级降低的趋势，经两级水洗后，滤饼中的 K、Na、Cl 含量可分别低至 1.06%、0.25% 和 0.74%，灰中盐的脱除率已接近水灰比为 5 mL/g 时的水平，对二级滤饼进一步水洗，滤饼中的盐含量还可进一步降低，故通过多级逆流水洗可实现机头灰中盐的深度去除。

6.2.2.7 水洗液 pH 值对水洗脱盐效果的影响

随着水洗过程的进行，水洗液的 pH 值会发生变化，故进一步考察了水洗液 pH 值对水洗脱盐效果的影响。实验过程保持水灰比为 3 mL/g，水洗时间为 1 h，

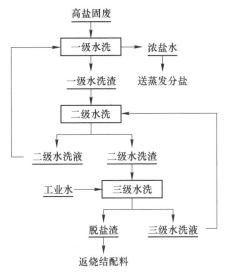

图 6-16 三级逆流水洗工艺流程图

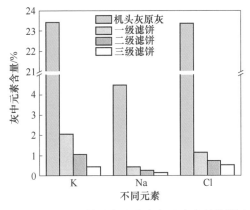

图 6-17 水洗级数对水洗液中各元素含量的影响

水洗过程搅拌强度为 600 r/min，水洗温度为常温，结果如图 6-18 所示。由图 6-18 可知，在考察范围内，pH 并未对水洗液中 K 的含量造成显著影响，即机头灰中的 K 均以可溶态盐存在，以水为介质即可实现 K 的完全溶出，复配酸、碱并不会促进灰中 K 的进一步溶解分离。Na 和 Cl 的变化主要是由于 HCl 或 NaOH 的加入，使 Cl 或 Na 的浓度有所提升，与机头灰中盐的溶出影响无关。

重点考察了水洗液 pH 值对水洗过程 Tl 溶出的影响，结果如图 6-19 所示。由图 6-19 可知，水洗过程 Tl 的溶出行为受 pH 值影响较大，且变化规律复杂。当水洗液 pH 值为 3 时 Tl 的溶出明显受抑，洗灰水中 Tl 浓度小于 1.0 mg/L，当

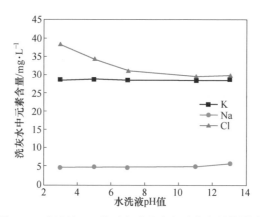

图 6-18　水洗液 pH 值对水洗液中各元素含量的影响

pH 值为 5 时，Tl 溶出量明显增加，但在 pH 值为近中性时其溶出量再次降低。对比而言，碱性条件下铊的溶出量明显高于酸性条件，且在 pH 值为 9 时达到最大，随后随 pH 值的升高逐渐降低。

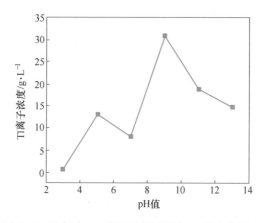

图 6-19　洗灰水 pH 值对洗灰过程中 Tl 溶出的影响

前已述及，机头灰中 Tl 的赋存与 Fe、Ca 呈负相关，在 pH 值较低时 Fe、Ca 易被浸出进入洗灰水中，从而与 Tl 形成盐析作用，抑制了 Tl 的溶出。随着 pH 值升高至 5 左右，Fe^{3+} 更趋向于生成稳定的 $Fe(OH)_3$ 沉淀，Fe 重新富集于固相中，盐析作用减弱，故 Tl 的溶出率又有所升高。此外，机头灰中铁、钛、锰的氧化物均对 Tl 具有一定吸附作用，且吸附效果随着 pH 值的升高逐渐升高，至中性时效果趋于平衡，故 pH 值为 5 时虽然 Tl 不会以沉淀形式去除，但会部分以吸附的方式与机头灰一起进入滤渣中。随着 pH 值继续升高至 7，多相氧化物的吸附过程进入最优 pH 值范围，吸附量增加，故洗灰水中 Tl 含量再次显著下降。随着 pH 值的继续升高，一方面 Tl⁺ 会与 OH⁻ 形成多类羟基配离子；另一方面洗灰水中高含量的 Na^+ 由于仍保持离子态会占据氧化物表面的吸附位点，导致机头灰中各氧化物对 Tl 的吸附能力下降，溶液中的 Tl 含量迅速上升。待体系碱性不断增强，Tl 形成的羟基配离子趋于沉淀析出，故洗灰水中 Tl 浓度又有降低趋势。综合上述，要实现高盐固废水洗过程铊的抑制溶出，应选择在酸性环境下进行水洗。

6.2.3 高盐固废与高盐废水协同资源化机制研究

水洗脱盐过程虽可以实现铁-盐的高效分离，但在水洗过程中包括 Ca、SO_4^{2-} 及重金属均会溶出，造成水洗液中杂质含量较高，除重除硬成本较高，尤其是重金属 Tl 的大量溶出可能会导致后续结晶盐产品重金属超标，造成严重的环境隐患。研究表明，通过酸性水洗可有效抑制铊的溶出过程，降低洗灰水中铊含量，因此在水洗过程复配酸性水进行洗灰，将有助于得到杂质含量较低的浓盐水。与此同时，钢铁厂会产生大量酸性高盐废水，如湿法脱硫废水、碳基法脱硫废水等，其中碳基法脱硫废水 pH 值可低至 1 以下，废水组成特性也与高盐固废洗灰水类似。若能通过将酸性高盐废水用于洗灰过程，一方面可利用高盐废水的酸性有效抑制水洗过程铊等污染物的大量溶出；另一方面也可以进一步提高洗灰水中盐浓度，减少蒸发量，实现高盐固废与高盐废水的协同处置，对高盐废水的消纳及高盐固废的低成本处置均有重要意义。

6.2.3.1 多组分溶出与抑制机制分析

利用碳基法脱硫废水和湿法脱硫废水等酸性高盐废水进行洗灰时，相较于新水洗灰，废水中的多类组分会对洗灰过程产生影响，新水洗灰和高盐废水洗灰的机制对比图如图 6-20 所示。当利用新水洗灰时，各物质的溶出效果仅由物质本身的溶解度决定，故所得洗灰水中既含有大量氯化钾、氯化钠等易溶盐组分，还有少量如 Ca、Fe、Tl 等微溶或难溶组分，且由于灰中氨氮、弱酸根的存在，水洗液 pH 值一般呈碱性，易导致部分碱溶性的硅酸盐、铝酸盐等胶凝组分部分溶解，影响水洗浆液的过滤性能。当利用高盐废水洗灰时，洗灰水进入体系时还引入了 SO_3^{2-}、H^+、$S_2O_3^{2-}$、F^- 等组分，SO_3^{2-}、$S_2O_3^{2-}$ 和 F^- 可协同抑制钙和重金属的沉淀，H^+ 可有效中和水洗液中游离的碱，使出水呈近中性，有效抑制胶凝组分的溶出并协同实现铁等易水解金属离子的去除。此外，OH⁻ 浓度的降低还可抑制部分与羟基配位能力较强的金属离子如 Cu、Zn 等的溶出，有效降低废水中重金属的含量。就重金属 Tl 而言，高盐废水中的多类组分包括 H^+ 和 $S_2O_3^{2-}$ 等会以酸阻滞、还原沉淀等形式对 Tl 的溶解形成抑制作用。因此，通过高盐废水水洗可通过包括沉淀除钙/重金属、破络除铜、胶凝除铁、还原除铊等多种作用机制抑制水洗过程多类污染物的溶出过程，相较新水水洗有明显助益。

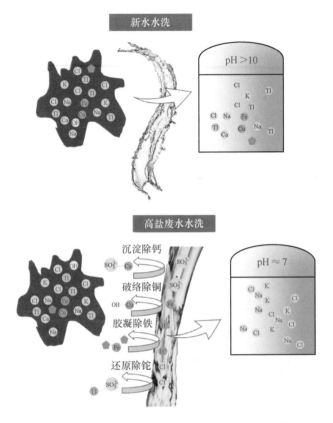

图 6-20 新水洗灰和高盐废水洗灰的机制对比图

6.2.3.2 高盐废水替代工业水水洗研究

在实际应用过程中，为避免高盐废水中各组分对水洗效果的影响，洗灰过程可通过多级洗涤的方式进行，即先利用高盐废水与新灰协同水洗，再利用新水对水洗灰进行二次洗涤，以保证渣中盐含量达标。

为进一步确定脱硫废水可替代工业水用于烧结灰洗灰过程，利用钢铁厂实际产出的脱硫废水对烧结机头灰进行洗灰研究，确定洗灰过程中各污染物的溶出变化及盐分的溶出情况。

A 碳基法脱硫废水（制酸废水）

首先研究了碳基法脱硫废水（以下简称制酸废水）对烧结灰中不同组分溶出的影响，所用制酸废水组成如表 6-6 所示。由表 6-6 可知，该制酸废水中盐含量较低，但酸度较高，且主要为盐酸，此外还含有部分硫酸和亚硫酸。此外，该制酸废水中盐含量相对较低，Na、K 的含量均只有 10 mg/L 左右。

表 6-6　某钢铁厂制酸废水组成　　　　　（mg/L）

Cl^-	SO_4^{2-}	SO_3^{2-}	F^-	Na^+	K^+	NH_4^+	Ca^{2+}	Mg^{2+}	Cu^{2+}	Tl^+	pH 值
14750	910	1200	69.19	10.3	15.4	92.92	35.2	7.0	0.02	0.002	0.4

由于制酸废水酸度较高，直接使用废水中的酸可能使重金属及铁大量溶出造成除重成本较高，实际使用过程中制酸废水会与工业水参配使用或调碱后使用，故比较了不同稀释倍数及调碱中和后的制酸废水的洗灰效果，并与工业水洗灰及制酸废水中和后再洗灰的结果进行对比。

首先考察了不同稀释倍数的制酸废水对洗灰过程中 K、Na 溶出的影响，结果如图 6-21 所示。由图 6-21 可知，使用制酸废水洗灰对 K、Na 的溶出无明显影响，无论是制酸废水原水还是稀释后废水都可以实现 K、Na 的高效溶出，且其溶出率相较工业水有一定提升。这是由于制酸废水及其稀释液均显强酸性，对机头灰有一定酸浸作用，故制酸废水经调碱后洗灰效果略有下降，其中中和制酸废水过程需加入氢氧化钠，故导致洗灰水中钠含量明显升高。实验结果表明，就 K、Na 的脱除效果而言，较低的 pH 值有一定促进作用。

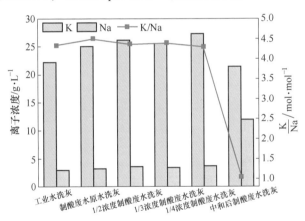

图 6-21　不同稀释倍数及调碱中和后制酸废水对洗灰过程中钾和钠溶出的影响

由于结晶蒸盐前需对溶液进行除硬以防止钙、镁等难溶物进入产品中影响盐的品质，故考察了不同稀释倍数及调碱中和后的制酸废水对洗灰过程中 Ca、Mg 溶出的影响，结果如图 6-22 所示。由图 6-22 可知，由于制酸废水及其稀释液酸度较高，故在洗灰过程中会促进 Ca、Mg 的溶出，导致洗灰后液中 Ca、Mg 浓度明显升高，但随着稀释倍数的增加，Ca、Mg 的溶出呈递减趋势。当制酸废水调至中性后用于洗灰时，其对 Ca、Mg 的溶出呈现一定的抑制效果，Ca、Mg 的溶出均略低于工业水洗灰过程，这主要是由于制酸废水中含有少量的 SO_4^{2-}、SO_3^{2-} 和 F^-，会与溶出的 Ca、Mg 形成沉淀，故导致水洗过程中 Ca、Mg 的溶出率偏低。以上表明，通过对脱硫废水进行稀释或调碱后用于含铊高盐固废的洗灰过程，不会增加洗灰水的除硬成本，相反一定程度还会降低后续的除硬负荷。

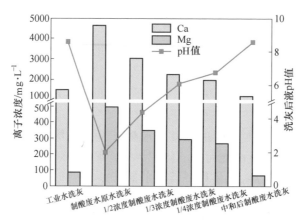

图 6-22　不同稀释倍数及调碱中和后制酸废水对洗灰过程中钙和镁溶出的影响

重金属含量是决定盐产品品质的重要指标，尤其钾盐主要用于化肥领域，需严格控制重金属含量，故考察了不同稀释倍数及调碱中和后的制酸废水对洗灰过程中典型重金属溶出的影响，结果如图 6-23 所示。由图 6-23 可知，当制酸废水原水和稀释倍数较低的水用于洗灰过程时，由于水中游离酸仍较高，Cu、Zn、Pb 的溶出率明显升高，随着稀释倍数的增大，Cu、Zn、Pb 的溶出率呈明显降低趋势，当用中和后的制酸废水用于洗灰时，由于游离酸的影响被排除，且废水中含有少量的 SO_4^{2-}、SO_3^{2-} 和 F^-，对各金属的溶出还呈现一定的抑制作用。就 Tl 而言，当制酸废水用于洗灰时，对 Tl 的溶出呈明显的抑制作用，其溶出相较工业水和调碱后的制酸废水明显降低，这与其他重金属的规律有明显差异。前已述及，机头灰中 Tl 的赋存与 Fe、Ca 呈负相关，制酸废水原水洗灰时由于洗灰水 pH 值较低，洗灰过程对 Fe、Ca 有酸浸作用，Fe、Ca 会大量溶出进入洗灰水中，基于 Fe、Ca 会促进 $NaCl$ 对 $TlCl$ 盐析作用的原理显著抑制 Tl 的溶出。随着 pH 值升高至 5 左右，Fe^{3+} 更趋向于生成稳定的 $Fe(OH)_3$ 沉淀，Fe 的促进作用减弱，故 Tl 的溶出率又有所升高。随着稀释倍数的增大，洗灰水的 pH 值也逐渐升高，Fe^{3+} 更趋于生成稳定的 $Fe(OH)_3$ 沉淀，故 Tl 又释放放入洗灰水中。因此，通过制酸废水协同洗灰可显著抑制洗灰过程铊的溶出，对机头灰资源利用过程铊的污染管控有重要意义。

进一步考察了制酸废水的引入对洗灰过程中 NH_4^+、SO_4^{2-} 和 F^- 溶出的影响，结果如图 6-24 所示。由图 6-24 可知，酸性制酸废水的引入对 SO_4^{2-} 的溶出有一定抑制作用，虽然制酸废水会引入一部分 SO_4^{2-}，但不同稀释倍数下所得的洗灰液中 SO_4^{2-} 浓度均低于工业水洗灰结果。由图 6-22 可知，制酸废水引入后由于废水

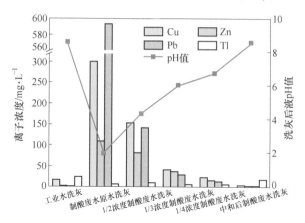

图 6-23　不同稀释倍数及调碱中和后制酸废水对洗灰过程中重金属溶出的影响

具有一定酸性，故 Ca 的溶出率有所升高，抑制了洗灰水中 SO_4^{2-} 的含量。进一步由图 6-24 可知，将制酸废水调碱后再用于洗灰，所得洗灰液中 SO_4^{2-} 浓度则较高。这是由于调碱过程 OH^- 的引入会造成部分 Ca 的沉淀析出，导致洗灰水中 Ca 含量偏低，故洗灰过程中 SO_4^{2-} 的溶出率有所增加。

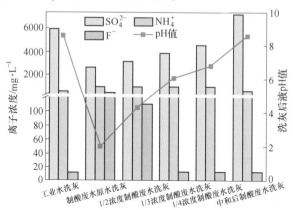

图 6-24　不同稀释倍数及调碱中和后制酸废水对洗灰过程中 SO_4^{2-}、NH_4^+ 和 F^- 溶出的影响

B　湿法脱硫废水

湿法脱硫废水中一般含有高浓度的 Ca、Mg 和 SO_4^{2-}，故在用于洗灰时可能会额外增加除硬成本。表 6-7 为本研究采用的湿法脱硫废水的组成，由表可知，废水呈弱酸性，Ca 和 Mg 含量均较高，SO_4^{2-} 含量也高达 3.69 g/L。

表 6-7　某钢铁厂湿法脱硫废水组成　　　　　（g/L）

Cl^-	SO_4^{2-}	F^-	Na^+	K^+	NH_4^+	Ca^{2+}	Mg^{2+}	Cu^{2+}	Tl^+	pH 值
19.6	3.69	0.026	0.7	4.03	1.45	2.34	4.05	0.035	0.004	6.1

为避免脱硫废水的引入造成洗灰水中硬度过高,首先尝试通过浓缩的方式使 Ca、Mg 与 SO_4^{2-} 部分共沉,以降低进入洗灰系统的污染物总量。对脱硫废水浓缩 5 倍后所得废水组成如表 6-8 所示。由表可知,脱硫废水经浓缩后 pH 值显著降低,一方面蒸发过程部分氨溢出,会释放部分 H^+,另一方面会有部分 SO_3^{2-} 被氧化成 SO_4^{2-} 并沉淀去除,也会产生 H^+。就废水中的污染物而言,废水经浓缩后 Ca、Mg 的浓度显著上升,虽然浓缩过程协同实现了部分 SO_4^{2-} 的去除,但整体浓度仍较高。通常 $CaSO_4$ 属于微溶物,但脱硫废水浓缩液中 Ca 含量高达 50 g/L 左右,远超其过饱和度,说明高盐体系中受离子强度的影响,$CaSO_4$ 的溶解度会升高,即通过浓缩的方式实现脱硫废水的自净化程度有限。

表 6-8   某钢铁厂湿法脱硫废水浓缩 5 倍后组成   (g/L)

Cl^-	SO_4^{2-}	F^-	Na^+	K^+	NH_4^+	Ca^{2+}	Mg^{2+}	Cu^{2+}	Tl^+	pH 值
约 100	2~4	<0.1	2~5	10~20	2~10	5~10	5~10	<0.5	<0.05	1~2

考察了湿法脱硫废水对洗灰过程的综合影响,首先研究了脱硫废水浓缩前后对洗灰过程中 K、Na 溶出的影响,并与工业水进行比对,结果如图 6-25 所示。由图 6-25 可知,脱硫废水和浓缩后脱硫废水用于洗灰后所得水洗液中 K、Na 的浓度较工艺水洗灰没有明显变化,且由于脱硫废水中本身含有部分钾盐,故出水 K 含量还略高于工业水洗灰过程。就 K/Na 比而言,由于浓缩后脱硫废水中原本引入系统的 Na 含量较高,故出水 Na 含量高于工业水,导致所得水洗液 K/Na 比有所上升。

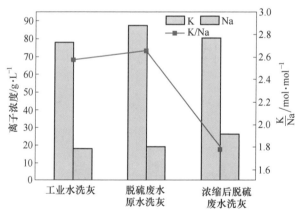

图 6-25   脱硫废水浓缩前后对洗灰过程中钾和钠溶出的影响

进一步考察了其他杂质组分的溶出情况,结果如图 6-26~图 6-28 所示。由图可知,不管是脱硫废水原水或浓缩后脱硫废水,尽管废水中引入了大量的钙,但水洗后溶液中钙浓度均有所降低。尤其浓缩后脱硫废水中钙浓度高达 11.35 g/L,

但洗灰后钙浓度反而降低至 2 g/L 左右。这主要是由于浓缩后脱硫废水显强酸性，在洗灰初期会造成大量硫酸根、氟的溶出，从而与钙形成硫酸钙和氟化钙沉淀，同步实现了钙、硫酸根和氟的协同去除。相较而言，镁的含量较工业水洗灰有一定提升，但用浓缩后脱硫废水所得洗灰水中镁含量仍低于 100 mg/L，对除硬负荷没有太大影响。就重金属而言，利用脱硫废水进行洗灰发现，包括 Cu、Zn、Tl 的含量相较工业水洗灰均有较大幅度降低，尤其是 Cu 含量，可以由 620 mg/L 显著降低至 50 mg/L 左右。此外，利用脱硫废水洗灰，Tl 的溶出量也显著降低，这主要得益于脱硫废水中亚硫酸根还原沉淀作用和酸抑制溶出效应的耦合作用机制。由于脱硫废水中部分亚硫酸根和硫代硫酸根的引入，故 Pb 的溶出量有一定提升。

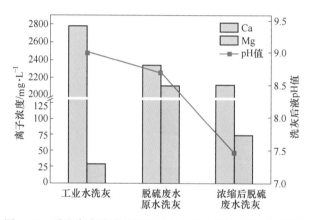

图 6-26　脱硫废水浓缩前后对洗灰过程中钙和镁溶出的影响

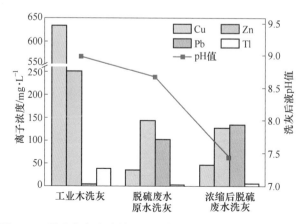

图 6-27　脱硫废水浓缩前后对洗灰过程中重金属溶出的影响

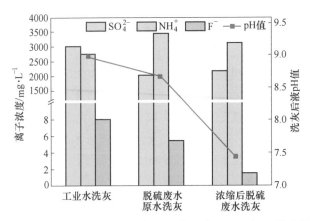

图 6-28 脱硫废水浓缩前后对洗灰过程中 SO_4^{2-}、NH_4^+ 和 F^- 溶出的影响

6.2.4 高盐固废与废水协同资源化工艺流程及装备

通过酸性高盐废水与高盐固废协同处置，可有效抑制一段水洗过程铊的溶出，实现了盐和铊的高效分离，但铊富集于一段水洗渣中会对铁资源的利用造成影响，故有必要对一段水洗脱盐渣进行二次处理，以尽可能地溶出渣中的铊，实现铊与铁的有效分离。

采用 XRD 分析机头灰样品的主要物相及铊的赋存形态，结果如图 6-29 所示。根据 XRD 分析，机头灰主要的成分是 Fe_2O_3 和 KCl，与元素组成及含量所得到的结果一致。铊的主要物相与 $K_{0.92}Tl_{0.08}Cl$ 匹配较好，虽然 $K_{0.92}Tl_{0.08}Cl$ 相未见报道，但钾离子和铊离子半径大小、电荷密度、环境行为等都相近，通过晶格中原子取代有可能产生 $K_{0.92}Tl_{0.08}Cl$ 相。文献报道，TlCl（Ⅰ）以立方晶体形式出现，最大尺寸为 200 μm。TlCl（Ⅰ）是一种中等可溶性的 Tl 盐（在 20 ℃时溶解度为 3.3 g/L），在 20 ℃时，KCl 的溶解度是 344 g/L，因此 $K_{0.92}Tl_{0.08}Cl$ 可能是钾离子进入 TlCl 晶格，取代 Tl 产生，同样是中等或难溶盐，故水洗过程大量铊难以从机头灰进入溶液。

重金属形态是评价固体废弃物环境稳定性的重要指标。通常重金属的化学形态可划分为酸可提取态（F1）、可还原态（F2）、可氧化态（F3）和残渣态（F4），酸可提取态（F1）、可还原态（F2）、可氧化态（F3）称为环境有效态，其中酸可提取态又可分为水溶态和酸溶态。重金属形态是判定其环境行为的基础，残渣态是相对稳定的，其所占比例越高，重金属向环境迁移的能力越弱，对环境的影响就越小。采用 BCR（Community Bureau of Reference）三步连续浸提法对机头灰中铊的结合形态进行测定，研究机头灰中铊的形态，实验过程对三组平行样品进行分析，结果如图 6-30 所示。

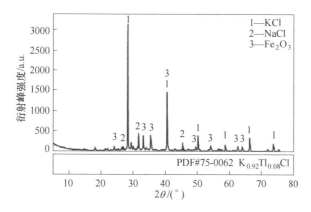

图 6-29　机头灰 XRD 分析

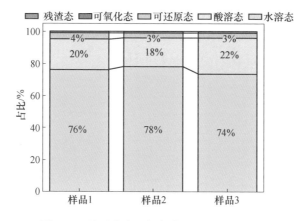

图 6-30　铊元素在电场灰中的 BCR 化学形态

　　由图 6-30 可知，在电场灰中铊的酸可提取态（F1）含量为 96%，其中水溶态超过 70% 以上，可还原态（F2）含量为 3%，表明在电场灰中铊绝大多数以酸可提取态（F1）存在，可氧化态（F3）与残渣态（F4）含量相对较少，基于此，可通过酸洗法将铊从电场灰中转移至溶液中。然而，由高盐废水洗灰结果可知，无论是用活性炭制酸废水或湿法脱硫废水，在偏酸环境下高盐水洗灰过程均对机头灰中的 Tl 有抑制溶出的作用，这主要是由于高盐废水中 NaCl 含量较高，洗灰过程也会进一步增加液相的盐浓度，盐析作用超过了酸浸作用，另外，酸性高盐水洗灰过程中，较低的 pH 值还会导致大量其他杂质组分的溶出，对 Tl 的溶出造成影响。故当一段高盐水洗灰后，可对得到的富铊铁料进行二次酸洗，以实现 Tl 的有效溶出。

二段同样采用酸性环境进行水洗，由于固废中的盐已基本在一段得到脱除，故二段酸浸时盐析作用大大减弱，铊可被酸浸出进入溶液中，通过二段水洗即可得到脱盐脱铊富铁料和二级洗涤液，富铁料可直接返回烧结工序对铁资源进行回收，二级洗涤液主要成分为少量盐和铊，可直接返回至一级水洗，过程铊会因盐析效应再次沉淀在渣中富集，而盐则进入低铊高盐水中进行盐的回收。通过不断的循环富集可有效降低二级洗涤液中的盐/铊比，待浓度富集至一定量后进行开路得到低盐富铊液，最终通过氯化钠盐析法可回收得到氯化亚铊，实现铊的资源化。氯化亚铊主要用于毛发脱除剂，也用于生产烟花、信号弹和照明弹等，值得注意的是氯化铊有剧毒性，在回收及处置过程需严格执行国家关于危化品生产或使用的相关要求，整体工艺流程如图 6-31 所示。

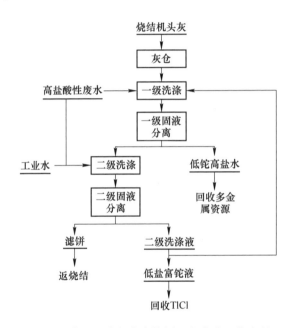

图 6-31 高盐固废与废水协同两段水洗工艺流程

由图 6-31 可知，高盐固废与废水协同资源化过程涉及两次水洗和固液分离过程，流程较长。尤其在二级洗涤过程中需对一级水洗渣进行二次化浆，由于经一级水洗后所得水洗渣中主要成分即为铁氧化物，滤饼粒径较大、颗粒较硬，在转料化浆过程易造成管路堵塞或物料在水洗反应罐底部堆积，影响水洗效果和水洗过程作业率。常规固液分离设备如板框压滤机原位水洗效果较差，洗水在滤室内难以和滤饼充分接触，导致水洗后所得滤饼中氯含量仍较高。此外，传统板框压滤设备通常按水平布置，需要更大的设备空间，设备的自动化水平也较差，滤饼易黏结在滤布上，需人工进行分离。因此，有必要开发针对性的一体化水洗/

过滤设备。

根据烧结机头灰等钢铁高盐固废的理化性质及水洗作业需求设计了一体化水洗装置，如图 6-32 所示。一体化装置包括洗滤板框、滤布、驱动、液压推杆、支架、滤布清洗等构件组成，本压滤装置的洗滤板框采用水平布置，滤布为可移动构件，过滤方式采用滤饼单面过滤、单面挤压方式。

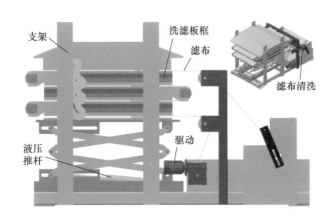

图 6-32　一体化洗涤压滤装置

一体化水洗装置具有结构简单、维护方便、设备电耗低的技术特点，相对于板框压滤设备处理工艺，可极大降低用水量，水耗比降低可缓解后续水处理压力。一体化水洗设备垂直结构比水平布置板框设备占用空间小 40% 以上，可显著降低土建费用。

6.3　低铊浓盐水高效除铊及铊资源化技术

通过高盐废水协同洗灰，可实现洗灰过程中包括 Tl 在内部分污染物的源头抑制，但由于 TlCl 在浓盐水中的溶解度极低，故在蒸发结晶过程 TlCl 会析出进入盐产品中，导致盐产品重金属超标，给下游化工、化肥等行业带来环境风险，故在蒸发前需对浓盐水中的重金属 Tl 进行深度净化。

6.3.1　一级低铊浓盐水深度净化药剂设计及除铊技术

6.3.1.1　一级低铊浓盐水主要元素及含量分析

所用洗灰水为高盐固废与酸性废水协同洗灰过程产生，故所得洗灰水中盐含量较高，其主要成分如表 6-9 所示。

表 6-9　洗灰水组成分析

组成	$c/\text{mg} \cdot \text{L}^{-1}$	组成	$c/\text{mg} \cdot \text{L}^{-1}$	组成	$c/\text{mg} \cdot \text{L}^{-1}$
Na	38540	Zn	50~400	Cl^-	152140
K	104260	Cu	50~500	SO_4^{2-}	5610
Mg	29.64	Cd	10~20	F	6.32
Si	357.54	Pb	5~10	NH_4^+	3190
Ca	2542.78	Tl	0.5~5	NO_3^-	465.7
Fe	2.49	Cr	<0.1		

洗灰水中钠、钾、钙、镁、硅、铜、锌、镉等的含量较高。同时检测到了微量铊的存在。氯离子含量为 152.14 g/L，当溶液中共存有大量 Cl^- 时，Tl（Ⅲ）迅速与溶液中的 Cl^- 结合形成非常稳定的配合物 $[TlCl_4^-]$，因此需明确洗灰水中铊的形态转化规律，为铊的去除技术开发与优化提供基础。此外，洗灰水中钙、镁、硅、钾、铜、锌、镉等元素含量较高，技术开发需考虑共存离子对铊去除效果的影响，同时需进一步评估共存离子是同步去除还是选择性除铊。

6.3.1.2　一级低铊浓盐水中铊的存在形态分析

由于浓盐水为高盐高氯体系，氯易与多种重金属形成配离子，进而影响其在溶液中的形态，导致常规除重方法去除效果不佳。因此，有必要先对各重金属离子在浓盐水中的形态进行分析。

首先基于水相化学平衡理论，采用 Visual MINTEQ 31 绘制 Tl-H_2O 体系中不同形态的铊以及高含量金属元素的离子分配图，结果如图 6-33 所示。

洗灰水 pH 值经测试为 9.1。由图 6-33（a）可知，原水初始 pH 值下，铊主要存在形态为 Tl^+ 和 $Tl(OH)_3$。随着 pH 值的降低，Tl^+ 的含量保持稳定。当 pH 值低于 4 时，$Tl(OH)_3$ 含量开始降低，生成 $Tl(OH)_2^+$、$TlOH^{2+}$，最终彻底生成 Tl^{3+}。但若逐渐升高原水 pH 值，Tl^+ 的含量大约从 11 开始逐步降低，同时生成 $Tl(OH)(aq)$。与此同时，溶液中 $Tl(OH)_3$ 将逐步转化为 $Tl(OH)_4^-$。即碱洗较强时反而不利于铊的沉淀过程，因此处理过程需考虑，调控 pH 值对 Tl 形态的影响，进而对去除效果的影响。

由图 6-33（b）所示，原水初始 pH 值下，锌主要以 $Zn(OH)_2(aq)$、$ZnOH^+$ 和 Zn^{2+} 形态存在。随着 pH 值降低，溶液中锌将转化为 Zn^{2+}。若提高 pH 值，溶液中的锌将转化为 $Zn(OH)_2(aq)$，pH 值调节至 12 时，溶液中的 Zn 将以 $Zn(OH)_3^-$ 的形态存在。

铜的离子形态分布如图 6-33（c）所示。初始状态下，原水中的铜以 $Cu_3(OH)_4^{2+}$ 的形态存在，随着 pH 值的降低，铜的形态将转变为 Cu^{2+}。若逐步提高原水 pH 值，铜的主要存在形态会发生变化，pH = 12 时，铜在原水中主要是 $Cu(OH)_3^-$，pH = 14 时，为 $Cu(OH)_4^{2-}$。

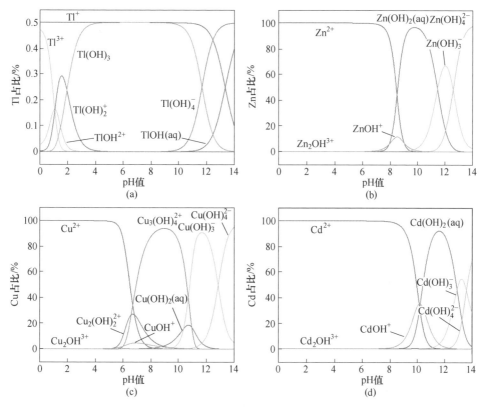

图 6-33 不同 pH 值下离子的分布形态图

（a）Tl；（b）Zn；（c）Cu；（d）Cd

图 6-33（d）为镉的离子分布形态图。原水初始状态下，镉在原水中为 Cd^{2+} 和 $CdOH^+$。pH<9 时，镉以 Cd^{2+} 形态存在。当逐步提高原水 pH 值时，镉的主要存在形态发生变化，当 pH=12 时，镉的主要存在形态为 $Cd(OH)_2(aq)$。

由于洗灰水中 Cl^- 高达 152.14 g/L，故重点研究了高含量的氯对铊形态影响规律，结果如图 6-34 所示。由图 6-34 可知，Cl 与 Tl（Ⅰ）的配位能力较弱，在有氯存在条件下 Tl（Ⅰ）在酸性和中性下仍主要以 Tl^+ 形态存在，TlCl（aq）形态含量很低，但 Cl 与 Tl（Ⅲ）的配位能力较强，可形成 $TlCl_4^-$ 配离子，故要实现 Tl 的深度去除，应控制 Tl 主要以一价态存在进行沉淀反应。

电位和 pH 值共同影响砷在水环境中的存在形态。由于 Tl 与 Cl^- 和 SO_4^{2-} 共存时，Tl 会与 Cl^- 或 SO_4^{2-} 形成配位离子，影响去除效果，因此选取 FactSage 8.0 软件提供的数据对铊的氧化还原反应进行理论计算，确定了洗灰水中 $Tl-H_2O$、$Tl-Cl-H_2O$ 和 $Tl-S-H_2O$ 体系中不同铊形态在 E（SCE）-pH 图中的优势区域（如图 6-35 所示）。

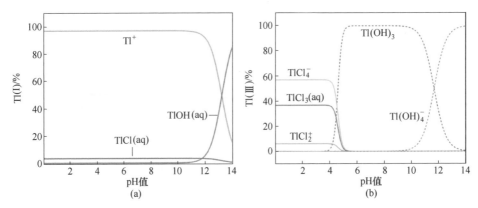

图 6-34 废水中 Tl^+ 和 Tl^{3+} 的离子分率

（a） Tl^+ 的离子分率；（b） Tl^{3+} 的离子分率

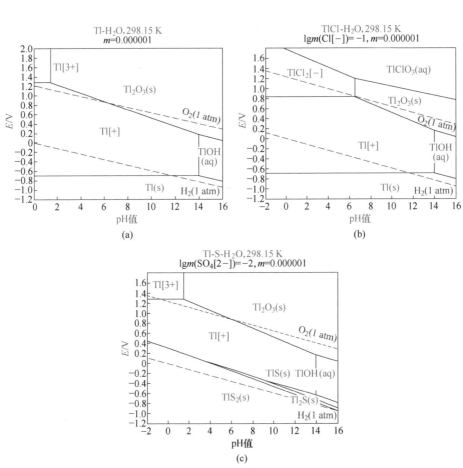

图 6-35 Tl 在不同体系洗灰水中的 Eh-pH 图

（a） $Tl-H_2O$；（b） $Tl-Cl-H_2O$；（c） $Tl-S-H_2O$

Tl-H$_2$O 体系中，氧化条件下，pH<2，Tl 主要以 Tl^{3+}存在；pH 为 2~7，Tl 主要以 Tl$_2$O$_3$ 和 Tl$^+$形态存在，pH>7 时，主要是 Tl$_2$O$_3$；氯离子含量为 152.14 g/L，Tl-Cl-H$_2$O 体系中，氧化条件下，当 pH<6.6 时，Tl 主要以［TlCl$_4^-$］形态存在；当 pH>6.6 时，Tl 主要以 Tl$_2$O$_3$ 和 TlClO$_3$ 形态存在。Tl-S-H$_2$O 体系中，氧化条件下，当 pH<6.4 时，Tl 主要以离子态、Tl$^+$和 Tl^{3+}形态存在；当 pH>6.4 时，Tl 主要以 Tl$_2$O$_3$ 形态存在。

由图 6-33~图 6-35 可知，pH 值对溶液中 Tl 的存在形态有显著影响。为了确定不同 pH 值条件对洗灰水中 Tl 的浓度变化，实验调节洗灰水 pH 值分别为 5、6、7、8、9、10、11、12、13，经 0.22 μm 孔径滤膜过滤，测定洗灰水与滤液中铊含量。

由图 6-36 可知，洗灰水调节 pH 值前后浓度基本一致，且调节洗灰水不同 pH 值后，Tl 浓度基本不变，说明调节洗灰水 pH 值不会生成沉淀，仍以可溶解态存在，所以洗灰水中铊大量的以 Tl$^+$形态存在。

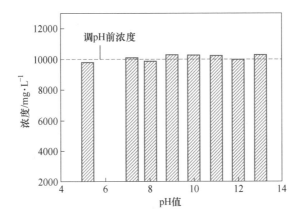

图 6-36　pH 值调控前后洗灰水浓度

6.3.1.3　多硫基复合盐高效除铊组合药剂设计

A　高盐洗灰水中重金属去除特点分析

首先以传统硫化沉淀法对洗灰水中的铊进行分离，实验过程首先用纯碱将溶液 pH 值调至 10 以上，再加入质量浓度为 0.2%的硫化钠进行沉淀。实验过程发现加入纯碱后马上产生大量白色沉淀，加入硫化钠后马上产生大量棕色沉淀，但是絮凝体较小，沉降效果较差，且过滤后溶液仍有微黄色，如图 6-37 所示。

对出水水质进行分析，结果如表 6-10 所示。结果表明硫化沉淀法对洗灰水中 Ca、Mg 等的去除效果都比较好，对 Tl 也有较高的去除效果，但是，去除后 Tl 的浓度仍有 0.01 mg/L，无法满足 5 μg/L 的排放标准。

(a)　　　　　　　　　　(b)　　　　　　　　　　(c)

图 6-37　洗灰水加入纯碱、硫化钠和滤液后图片

(a) 纯碱；(b) 硫化钠；(c) 滤液

表 6-10　硫化钠净化后洗灰水中污染物浓度

元素	Ca	Mg	Cu	Zn	Tl	Pb
浓度/mg·L^{-1}	7.67	13.99	0.14	0.09	0.01	0.07

传统硫化沉淀法对高盐废水中的铊进行分离时存在以下问题：(1) Tl$_2$S 沉淀比较细，难以沉降分离；(2) Tl^{3+} 会在氯化体系中形成稳定配合物；(3) K 会抑制铊沉淀平衡；(4) 强碱性会导致铊沉淀溶解；(5) 需要氧化协同沉淀作用才能有效去除铊。此外，美国国家环境保护局推荐的"先氧化后碱沉淀"除铊方法，但在高盐水中 Tl(Ⅰ) 氧化为 Tl(Ⅲ) 极易与水中高浓度的氯形成稳定的 [TlCl$_4$]$^-$ 配合物，反而不利于除铊。

B　药剂设计理念与实践

为了消除传统除铊技术存在的问题，基于"硫化沉铊、钠盐析铊、锰氧化吸附铊"的多重除铊技术思路，开发了钙钠基复合多硫基除铊剂和氧化铁锰基吸附助剂。除铊剂为多硫基，与铊有较强的结合能力，同时配入 Ca、Na 强化 Na 对 Tl 的盐析作用，强化铊的去除，助剂主要为铁锰氧化物及氧化剂，同时复配氧化剂强化锰的吸附作用，通过铁锰氧化物对铊的吸附作用实现微量铊的深度去除，药剂作用原理如图 6-38 所示。

6.3.1.4　除铊过程工艺参数研究

为进一步验证除铊剂对铊的作用效果，考察了不同条件因子对铊去除效果的影响规律，以确定除铊过程的工艺参数。

A　除铊剂浓度对除铊效果的影响

首先考察了除铊剂浓度对除铊效果的影响，反应过程控制温度为 20 ℃，调节 pH 值为 12，搅拌时间为 5 min，搅拌速度不能太快，搅拌混合为宜，监控去

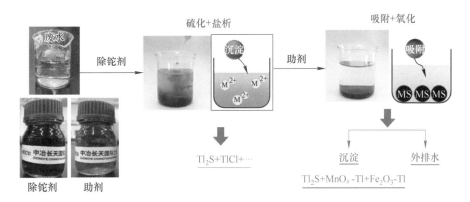

图 6-38 除铊过程原理图

除过程 pH 值变化, 搅拌条件下, 加入助剂 (除铊剂:助剂 = 1:0.5), 注意加助剂时溶液的 pH 值维持在 9 以上 (助剂酸性, pH 值为 1.0+) 搅拌 5 min, 搅拌条件下, 加入 PAM, 浓度为 0.5%, 搅拌 20 s, 静置, 过滤, 测滤液中铊浓度如图 6-39 所示, 沉淀烘干后保存分析。

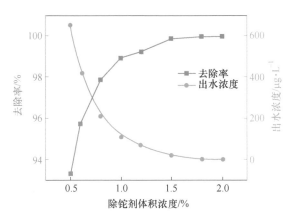

图 6-39 除铊剂浓度对除铊率的影响

如图 6-39 所示, 氧化-沉淀除铊工艺对铊有明显的去除效果, 当除铊剂体积浓度为 0.5% 时, 除铊率最低, 为 96.16%; 随除铊剂浓度的增大, 铊去除率逐渐升高, 当除铊剂体积浓度大于 1.5%, 去除率基本保持不变, 接近 100%, 但是出水浓度仍呈逐渐降低趋势, 当除铊剂体积浓度为 2.0% 时, 出水浓度为 4.31 μg/L, 低于《工业废水铊污染物排放标准》(DB 43/96—2021) 5 μg/L 的排放限值。

B pH 值对除铊效果的影响

考察了反应 pH 值对除铊效果的影响，反应过程控制温度为 20 ℃，加入除铊剂，除铊剂浓度为原水的体积浓度 1.2%，搅拌时间 5 min 后按除铊剂：助剂 = 1：0.5 加入助剂继续搅拌 5 min，搅拌条件下，加入 PAM，浓度为 0.5%，搅拌 20 s，静置，过滤，测滤液中铊浓度，如图 6-40 所示，沉淀烘干后保存。

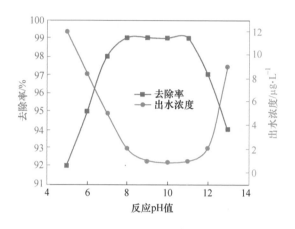

图 6-40 pH 值对除铊率的影响

由图 6-40 可知，在广泛 pH 值范围内除铊剂均对铊有较好的去除效果，当 pH 为弱酸性环境时，除铊效果相对较差，出水铊浓度超过 5 μg/L，这主要是由于酸性环境下 Tl 易与洗灰水中大量的 Cl 结合形成 Tl-Cl 配离子，影响了 Tl 与除铊剂中 S 的结合。此外，酸性环境下 H⁺ 也会对除铊剂中的有效组分造成一定消耗。当 pH 值为 7~11 范围内时，出水 Tl 浓度可低至 5 μg/L，在 pH 值为 9~11 时达到最好效果，出水可低至 2 μg/L 以下。当 pH 值继续升高时，由于 OH⁻ 与 Tl 的结合能力增强，会导致沉淀渣有部分返溶，故沉淀过程 pH 不宜过碱。

C 除铊剂-助剂比例对除铊效果影响

进一步考察了除铊剂-助剂比例对除铊效果的影响，反应过程控制温度为 20 ℃，调节 pH 值为 12，加入除铊剂，分别考察了除铊剂浓度为原水的体积浓度 1.2% 和 2.0% 两种条件，搅拌时间 5 min 后按配比加入助剂继续搅拌 5 min，搅拌条件下，加入 PAM，浓度为 0.5%，搅拌 20 s，静置，过滤，测滤液中铊浓度，如图 6-41 所示。

如图 6-41 所示，除铊剂的加入量为 0.8% 和 2% 时，除铊剂与助剂比对去除效果的影响均不明显，在考察范围内均能实现铊的深度去除，出水铊浓度均低于 5 μg/L 的排放限值。

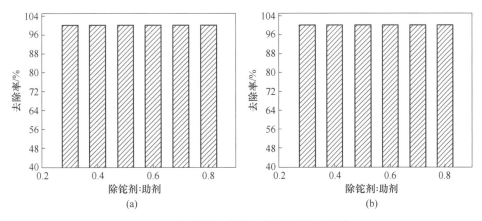

图 6-41 除铊剂与助剂比对去除效果的影响

(a) 2%；(b) 0.8%

D 温度对除铊效果影响

考虑到洗灰水户外放置不同地区、季节温度的差异，研究温度对除铊效果的影响，温度选择自然温度范围内。取原水 20 mL，控温 10 ℃、20 ℃、30 ℃、40 ℃，调节 pH 值为 12，加入除铊剂，除铊剂浓度为原水的体积浓度 2.0%，搅拌时间 5 min，加入助剂，除铊剂：助剂=1：0.8，搅拌 5 min，搅拌条件下，加入 PAM，浓度为 0.5%，搅拌 20 s，静置，过滤，测滤液中铊浓度，如图 6-42 所示。

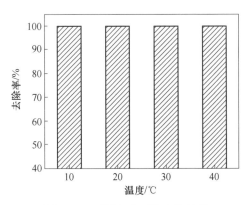

图 6-42 不同温度下的去除效果

如图 6-42 所示，温度对去除效果基本没有影响，而且不同温度下，出水浓度均低于《工业废水铊污染物排放标准》（DB 43/96—2021）5 μg/L 的排放限值，温度为 10 ℃、20 ℃、30 ℃时，出水浓度低于 2 μg/L。

6.3.2　二级高铊低盐水中铊的富集回收技术

二级洗涤液经循环富集后得到的低盐富铊液中，铊主要以 TlCl 形态存在。TlCl 为微溶物，20 ℃时饱和浓度约为 3.3 g/L，但研究表明，在高浓度 NaCl 溶液中，其溶解度会急剧下降，当 NaCl 浓度为 0.2 mol/L 时，TlCl 饱和浓度即可降至 0.65 g/L，继续升高 NaCl 浓度，TlCl 溶解度还会持续降低，其变化趋势如图 6-43 所示，据此可从富铊液中回收 TlCl。

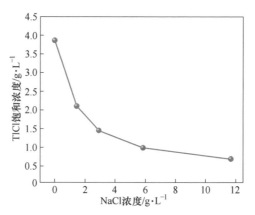

图 6-43　TlCl 饱和浓度随 NaCl 浓度的变化

回收过程向富铊液中持续加入 3 mol/L NaCl 溶液，待溶液滴加至一定量后白色 TlCl 开始析出，对所得晶体进行收集，并进行 XRD 分析，结果如图 6-44 所示。由图 6-44 可知，所得晶体的 XRD 谱图与 TlCl 的特征峰匹配较好，且无明显杂峰，说明所得 TlCl 产品纯度较好，化学分析结果表明，TlCl 纯度在 95% 以上，少量杂质为饱和析出的 NaCl。

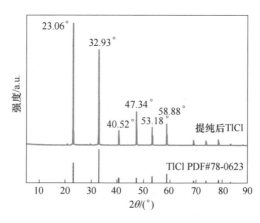

图 6-44　提纯得到 TlCl 产品的 XRD 谱图

6.4 浓盐水高效提盐技术

6.4.1 水质特征及蒸发原则流程分析

高盐固废洗灰水经深度除铊后所得浓盐水中价值最高的是氯化钾盐产品,其浓度高达 200 g/L,极具回收价值。根据浓盐水的组成特征,需要选择适当的蒸发方式对其中的盐分进行回收。表 6-11 为某企业深度除铊后浓盐水的水质特征。

表 6-11 某企业深度除铊后浓盐水水质特征 （mg/L）

组成	含量	组成	含量	组成	含量
K	105400	Cl	181650	Pb	0.5
Na	63643	SO_4^{2-}	15210	Zn	1
Ca	1082.41	F	14.96	Cu	0.02
Mg	85.1	NH_4^+	719.07	Tl	0.001

从表 6-11 中可知,蒸发原液中含有约 700 mg/L 的氨氮,而氨氮在蒸发过程会释放氨气,如果采用 MVR 蒸发技术的话,会导致 MVR 的效率下降甚至造成严重气蚀。因此,在本技术中主要考虑多效蒸发。

多效蒸发器是由多个相互串联的蒸发器组成,分为顺流蒸发和逆流蒸发两种。顺流三效蒸发流程中,溶液和加热蒸汽的流向相同,都是从第一效开始按顺序流到第三效后结束。其中加热蒸汽可分为两种,第一效是生蒸汽,第二效和第三效的热源采用二次蒸汽,即第一效蒸发产生的蒸汽是第二效蒸发的加热蒸汽,第二效蒸发产生的二次蒸汽是第三效蒸发的加热蒸汽。原料液进入第一效浓缩后由底部排出,并依次进入第二效、第三效,在第二效和第三效被连续浓缩,完成液由第三效底部排出。其优点在于辅助设备少,流程紧凑,温度损失小;操作简便,工艺稳定,设备维修量少;缺点在于后效温度降低后,溶液黏度逐效增大,降低了传热系数,需要更大的传热面积。

在逆流蒸发过程中,料液与蒸汽走向相反。料液从末效加入蒸发浓缩后,用泵将浓缩液送入前一效直至末效,得到完成液;生蒸汽从第一效加入后经放热冷凝成液体,产生的二次蒸汽进入第二效,在对料液加热后冷凝成液体,第二效产生的二次蒸汽进入第三效对原料液加热,释放热量后冷凝成液体排出。逆流加料流程中,因随浓缩液浓度增大而温度逐效升高,所以各效的黏度相差较小,传热系数大致相同;完成液排出温度较高,可在减压下进一步闪蒸浓缩;其缺点在于辅助设备多,需用泵输送原料液;因各效在低于沸点下进料,故必须设置预热器能量消耗较大。

　　由表6-11可知，高盐固废洗灰水均为高钾低钠体系。氯化钾和氯化钠在水溶液中的溶解度受温度影响规律有显著不同。图6-45为氯化钾和氯化钠的饱和溶解度随温度的变化规律。由图6-45可知，氯化钾的饱和溶解度随温度升高基本呈线性升高趋势，受温度影响显著，而氯化钠的饱和溶解度随温度升高的变化幅度则较小。因此，通过顺流蒸发回收氯化钾时由于蒸发温度不断降低，钾盐会优先析出，蒸发过程需严格控制浓盐水中钾和钠的浓度，以防止钾钠同时析出，降低产品盐的纯度。当选择逆流蒸发时，由于蒸发温度逐效升高，氯化钾的饱和溶解度不断升高，即浓盐水中钾可一直保持未饱和状态，即钠盐可优先析出并得到富钾的浓盐水，再结合减压或降温的方式使钾结晶析出，此时可得到高纯度的氯化钾。

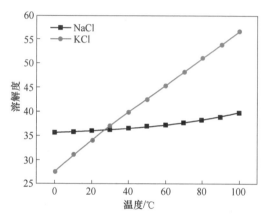

图6-45　氯化钾和氯化钠饱和溶解度随温度变化规律

　　表6-12对比了顺流蒸发和逆流蒸发的技术效果。由表可见，采用顺流蒸发技术时钾盐的品质较低，会造成大量的污染物进入钾盐当中，且抗原料波动性较差。同时考虑到烧结机头灰洗灰水的水质波动性较大，采用顺流蒸发工艺，水和蒸汽并行的过程对于水质的稳定性要求较高，而且其中的氨氮容易挥发变成氨气进入后续的蒸发段中，对二、三效设备造成气蚀。因此，建议采用逆流蒸发工艺，先析出钠，再析出钾，保证大部分的污染物进入钠盐中，从而保障更高价值的钾盐品质。

表6-12　顺流蒸发和逆流蒸发技术对比表

项　目	顺流蒸发	逆流蒸发
钾盐品质	低 污染物随着钾盐蒸发过程浓缩，降低品质	高 污染物主要进入钠盐

续表6-12

项　目	顺流蒸发	逆流蒸发
原料适应性	弱 钾钠两段蒸发、蒸发能力固定	强 一段蒸发出钠，钾钠比例影响不大
过程控制	2个（钾、钠） 均为蒸发析盐，钾钠浓度均需检测	1个（钾） 检测蒸发过程钾浓度
设备	3个预热器 加热过程容易结垢	3个结晶器 维护简单
运行费用	接近	接近

由表6-11可知，净化后结晶母液中除氯化钾和氯化钠盐外，还有Ca、SO_4^{2-}、NH_4^+等污染物，在结晶过程中可能会析出，影响结晶盐品质，甚至造成结晶器堵塞，影响结晶过程正常运行，故设计通过对蒸发工艺进行优化，设计的原则流程如图6-46所示。在蒸发前通过补充钙碱进行源头调质，使蒸发原液维持在碱性条件，通过初效蒸发使氨氮进入蒸发冷凝水中，并通过对初效冷凝水的单独回收以实现氨氮的富集。初效蒸发后原液中的Ca、SO_4^{2-}、K均不断浓缩，会结晶析出钾石膏相，通过旋流分离器进行分离，实现Ca和SO_4^{2-}的有效分离，以控制蒸发原液中Ca和SO_4^{2-}的浓度，原液经二、三效蒸发后盐浓度不断升高至盐产品析出，得到氯化钠和氯化钾产品。所得蒸发母液经酸化沉淀回收硒后可返回至蒸发原液罐对母液进行利用。通过该流程的运行，可有效保证蒸发系统顺畅运行，且实现了母液的有效利用，避免母液外排。

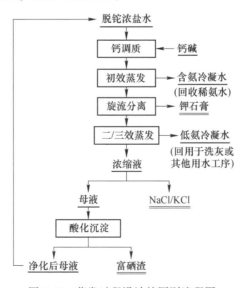

图6-46　蒸发过程设计的原则流程图

6.4.2　蒸发结晶沿程多资源定向梯级析出研究

6.4.2.1　硫酸根稳定分离技术

烧结机头灰洗灰水在蒸发结晶过程中，会含有一定量的硫酸根，如果不能得到妥善处置，硫酸根将进入结晶系统中，最终形成钾芒硝，堵塞结晶系统，降低钾盐品质。因此，基于多组分相图特点（如图 6-47 所示），通过预处理环节保持浓盐水中含有少量 Ca，可使硫酸根转化为更稳定的钾石膏相，通过调控 Ca/SO_4^{2-} 配比，在 KCl 析出前构建了钾石膏相，通过在 KCl 前排出 $K_2Ca(SO_4)_2$，控制硫酸根不进入 KCl 结晶出盐段。

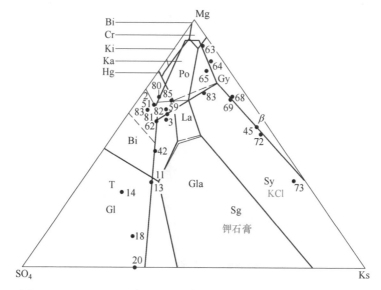

图 6-47　K^+、Na^+、Ca^{2+}/Cl^-、SO_4^{2-}-H_2O 体系蒸发结晶分盐过程相图

在实际生产过程中，钾石膏一般会沉淀在一效结晶液底部，呈白色沉淀，定期排出即可。部分情况下，钾石膏也会黏在 NaCl 离心机外壁，需要定时刮下，以免干扰 NaCl 品质。图 6-48 为所得钾石膏相的 XRD 谱图，由图可知，所得的钾石膏纯度较高，结晶性也较好，后续可考虑回收用于生产硫酸钾产品。

6.4.2.2　氨氮回收技术

由于在结晶过程中洗灰水的 pH 值通常保持在 12 以上，大量的氨氮可以在碱性蒸发环境挥发并进入污冷凝水中，可以通过此过程回收稀氨水。

在传统三效蒸发过程中，每一效都可蒸发部分氨氮，图 6-49 表示各效氨的蒸发量。由图可知，氨氮主要通过首效进行分离，二效和三效剩余的蒸发量较少，根据实际操作经验可知，首效的水力停留时间越长，氨氮脱除效果越佳。传

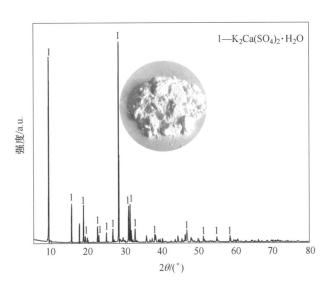

图 6-48　钾石膏 XRD 谱图

统蒸发结晶过程一二三效污冷凝水一般共同回收进冷凝水收集池,若对首效冷凝水进行单独回收,可得到稀氨水。根据表 6-13 的实际对比可知,回收得到的稀氨水浓度可达 2 g/L 左右,是原有浓度的 3 倍。因此,根据氨氮在逆流蒸发三效间的分配比例与挥发性能,将冷凝水回收方式改为首效单独回收,得到的稀氨水可回用于烧结烟气脱硝喷氨工序,实现烧结流程氨氮的循环利用。

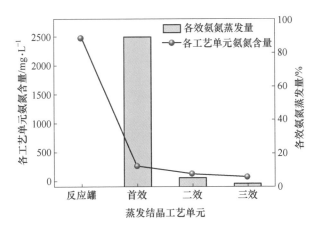

图 6-49　三效蒸发结晶过程中氨氮分配规律

表 6-13　蒸发结晶过程中氨氮回收机制改进效果表

污冷凝水	改进前	改进后
回收方式	一二三效集中收集	首效冷凝水单独收集
氨氮浓度	300~700 mg/L	约 2000 mg/L

6.4.2.3　逆流蒸发回收高纯钾盐技术

通过对氨氮、硫酸根、钙等组分的预分离，实现对蒸发原液的进一步进化，二次净化后蒸发原液成分如表 6-14 所示。

表 6-14　蒸发原液经二次净化后组成成分

水质指标	进水水质
SS	≤100 mg/L
COD	≤1000 mg/L
NH_4^+	≤1000 mg/L
SO_4^{2-}	≤5000 mg/L
氟化物	≤100 mg/L
氯化物	≤150000 mg/L
铁	≤10 mg/L
钙	≤500 mg/L
钾	50000~100000 mg/L
钠	20000~50000 mg/L

根据洗灰水质特点，绘制了 KCl-$NaCl$-H_2O 系三元相图，结果如图 6-50 所示。由图 6-50 可知，KCl-$NaCl$-H_2O 三元体系中 $NaCl$-KCl 在 100 ℃时共饱和溶解度点为 $NaCl$：16%，KCl：21.7%；原料沿着线同比例浓缩至饱和，氯化钠先于氯化钾达到饱和结晶析出。在原料进料点，在三效蒸发结晶系统不断浓缩过程中，100 ℃时氯化钠在可达到饱和，不断继续浓缩过程中的浓缩结晶过程中 $NaCl$ 不断结晶析出，物料浓度向共饱和点（$NaCl$：16%，KCl：21.7%）靠近，为保证产品质量，在 KCl 浓度达到 21.7% 以前（KCl：21.0%）排出母液去降温结晶系统出氯化钾，降温结晶点时析出氯化钾；此时再将母液转料至三效蒸发结晶系统，蒸发升温至 100 ℃时蒸发结晶析出氯化钠。如此通过母液循环，控制温度与溶解度的变化，从而达到钾钠分离的目的。针对以上情况，通过控制料液浓度来确定三效蒸发结晶系统的外排点及降温结晶系统的母液循环量，在首次过料循环时提前循环母液，使氯化钾先于 50 ℃在降温结晶器里析出，就可满足整个母液循环过程中钾钠分离的目的。

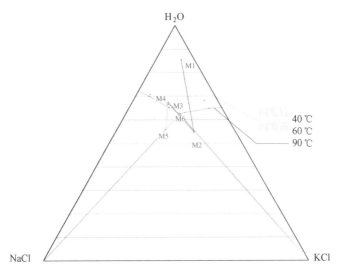

原料点
原水起始点   M1点：NaCl：5.09%；KCl：11.46%。
KCl蒸发浓缩终点 M2点：NaCl：14.8%；KCl：33.3%。
KCl蒸发母液点 M3点：NaCl：17.15%；KCl：20.4%。
KCl冷却母液点 M4点：NaCl：19.1%；KCl：13.6%。
NaCl蒸发浓缩终点 M5点：NaCl：25.8%；KCl：18.3%。
说明：
1. M1蒸发浓缩到M2点。
2. M2固液分离，得到固相KCl，母液至饱和点M3点。
3. M3冷却结晶后析出KCl，固液分离得到固相KCl，母液至饱和点M4点。
4. M4蒸发浓缩到M5点结晶析出NaCl，固液分离得到固相NaCl，母液至饱和点M6点。
5. M6点返回与原水混合进入循环。

图 6-50   KCl-NaCl-H$_2$O 体系蒸发结晶分盐过程相图

　　根据氯化钠、氯化钾在水中的溶解度可知，氯化钠的溶解度随温度的变化不大，氯化钾的溶解度随温度的升高而升高，结合系统的蒸发量、投资和能耗，本系统采用三效蒸发结晶工艺。根据进水水质分析，进水中主要含有氯化钠、氯化钾，在高温下氯化钠先析出。根据高温析出氯化钠、低温析出氯化钾的原理，本系统逆流流程，高温条件下出氯化钠。通过降温结晶系统，低温下析出氯化钠，本系统整体工艺为三效逆流蒸发结晶系统+降温结晶系统。

　　根据上述蒸发结晶过程，所连续产出 KCl 品质如图 6-51 所示，KCl 的 XRD 分析如图 6-52 所示。由图可见，采用逆流蒸发工艺能够有效保持产出的氯化钾盐的纯度在 I 类优等品及以上，纯度可达 96% 以上，同时氯化钾当中所含有的氯化钠杂质含量能够被严格控制，而且其中的 Tl 含量低于检出限，说明通过前述深度除杂和蒸发结晶过程能够回收高品质的 KCl 盐。

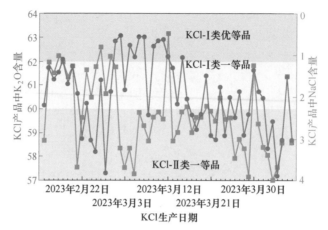

图 6-51 KCl 连续生产品质图

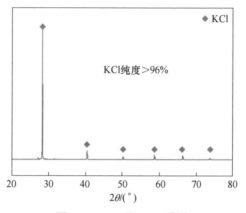

图 6-52 KCl 盐 XRD 谱图

6.4.2.4 蒸发母液循环富集分离回收有价资源技术

在蒸发结晶的末端会产生大量难以蒸发的母液，由于其中杂质组分的富集导致母液的沸点温升较高，色度很重（如图 6-53 所示），无法再次通过三效蒸发系

图 6-53 蒸发结晶母液外观图

统进行蒸发，此时需要进行额外处理后，才能再次返回蒸发系统实现零排放。

母液的组分特征如表 6-15 所示，由表可知，母液中除钾、钠外硫酸根含量较高。此外，硒含量达 100.2 mg/L，具有回收价值。

表 6-15　烧结机头灰洗灰水蒸发结晶母液组分表

组分	含量/mg·L^{-1}	组分	含量/mg·L^{-1}	组分	含量/mg·L^{-1}
Ag	0.004	Mn	0.04	Fe	4.7
Al	4.2	Mo	6.4	Li	198.9
As	0.2	Na	84155	K	87701
B	7.5	Pb	6.7	Zr	5.5
Ba	0.01	P	1	Mg	2.8
Ca	8.3	Se	100.2	Ti	0.01
Cd	0.5	Si	28.7	Y	0.005
Co	—	Sn	1.1	Zn	5
Cr	0.03	Sr	0.07	Br	4.58
Cu	6.2	SO$_4^{2-}$	16100		

对母液进行紫外光谱分析，并与标准曲线进行比对，结果如图 6-54 所示。由图 6-54 可知，母液中的硒主要以硒代硫酸根形态存在，由于微量的硒代硫酸根即能显色，故判断硒为母液显色的主要原因。硒代硫酸根在水溶液中不稳定，遇酸易还原成单质硒，发生如下反应：

$$SeSO_3^{2-} + 2H^+ \rightleftharpoons Se + SO_2 + H_2O$$

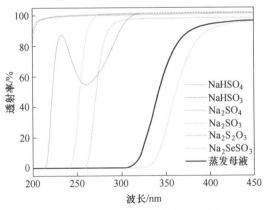

图 6-54　母液 UV-Vis 分析结果图

因此，可通过对母液酸化的方式回收得到单质硒。通常母液的 pH 值较高，一般在 13 以上，而制酸废水的 pH 值非常低，总量相对母液来说较大，因此可以用部分制酸废水中和母液。用制酸废水将母液 pH 值调节至 3 左右，沉淀得到灰黑色的富硒渣，对所得渣样烘干后进行 XRD 分析，结果如图 6-55 所示。富硒渣中主要物相为单质硒，化学分析表明渣中硒含量高达 92%，主要杂质为钾石膏，应是由于脱硫废水的引入导致钙、硫酸根含量升高，钾石膏相沉淀析出。酸化沉硒后所得溶液基本褪色，可返回至预处理段或洗灰段，实现母液的循环利用。

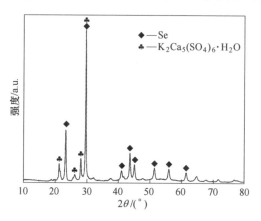

图 6-55　回收富硒渣的 XRD 谱图

6.5　低盐废渣及除铊污泥冶金流程循环利用工艺技术

高盐固废经洗灰后所得低盐低铊富铁料中含有丰富的铁资源，铁品位可达 45% 以上，可返回烧结工序消纳。此外，在"固废不出厂"的要求下，除重除硬过程产生的含铊污泥也需通过烧结工序进行消纳，其消纳过程是否对烧结工序存在影响需进一步研究。

6.5.1　低盐废渣及除铊污泥特征分析

6.5.1.1　低盐废渣特征分析

机头灰经两段酸洗后所得低盐废渣中盐含量可降低至 2% 以下，尤其氯含量可降低至 1% 以下，且总铁品位可提升至 45% 以上，铊含量低至 0.005% 以下。表 6-16 为烧结机头灰经两段酸洗后所得低盐废渣的元素组成，由表 6-16 可知，低盐废渣中富含对烧结有益的铁、钙等元素，是一种较好的烧结原料。

表 6-16　两段酸洗后所得低盐废渣中元素组成　　　　（%）

元素	Fe	K	Na	Cl	Ca	Si	S	Cu	Pb	Tl
含量	46.38	0.65	0.19	0.86	8.28	3.23	1.27	0.11	1.07	0.003

进一步对低盐废渣进行了 SEM 分析，结果如图 6-56 所示。由 SEM 分析可知，低盐废渣的微观形貌呈类块状，团块表面为疏松的类片状结构，有益于烧结

过程气固界面反应。

图 6-56 低盐废渣 SEM 结果

对低盐废渣进行 XRD 分析，结果如图 6-57 所示。由图 6-57 可知，电场灰经过两段酸洗后所得低盐废渣中主要成分为赤铁矿，另有少量铁酸钙相。

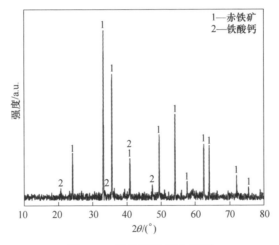

图 6-57 低盐废渣 XRD 谱图

6.5.1.2 除铊污泥特征分析

首先对除铊污泥进行 XRD 分析，结果如图 6-58 所示。XRD 结果表明除铊污泥主要成分为 $CaCO_3$，未检测到含铊物相。由于除铊过程复配的除铊剂中含有钙，利用钙促进氯化钠盐对铊的盐析效应，最终实现铊的深度去除，且由于蒸发过程对钙硬度有严格要求，故除重后都会结合除硬过程深度脱钙，除硬过程会产生大量碳酸钙相，故导致除铊污泥主要为碳酸钙。

进一步通过 XRF 测定除铊污泥各元素含量，结果如表 6-17 所示。XRF 的结果同样证明除铊污泥主要元素组成为 O 和 Ca，分别占 44.60% 和 35.25%，这和 XRD 数据一致，进一步证明除重污泥主要成分为 $CaCO_3$。同时，除重污泥中含有 0.76% 的 Tl，表明除重药剂对 Tl 具有较好的去除效果。

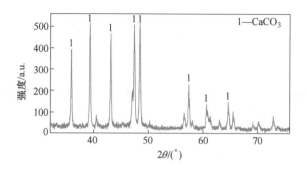

图 6-58 除铊污泥 XRD 谱图

表 6-17 除重污泥各元素含量

元素	含量/%	元素	含量/%	元素	含量/%
O	44.44	Fe	0.80	Cu	0.03
Ca	35.05	Tl	0.76	Br	0.03
Pb	1.21	Na	0.44	Al	0.03
K	1.17	Zn	0.06	Se	0.02
Cl	1.09	Si	0.05	P	0.01
S	0.93	Mg	0.04	Rb	0.01

进一步对除铊污泥进行热重分析，结果如图 6-59 所示。在 227.9 ℃ 以下，除铊污泥中水分的蒸发，失重率约为 9.06%；当温度为 227.9 ~ 334.0 ℃ 时，主要为原料中结合水的脱除，失重率约为 1.45%；当温度为 334.9 ~ 1034.0 ℃ 时，主要为污泥中碳酸钙、氯化物等物质分解和挥发，失重率约为 13.26%；当温度大于 1034.0 ℃ 时，原料中难分解盐开始发生分解。

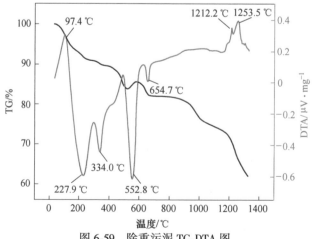

图 6-59 除重污泥 TG-DTA 图

6.5.2 低盐废渣对烧结过程的影响研究

由表 6-16 和图 6-57 结果可知，低盐废渣主要成分为赤铁矿，可考虑直接返回烧结工序对其中的铁进行利用，但其返回方式需进一步研究，故本节对低盐废渣对烧结过程的影响规律进行研究。首先，在混合铁矿占比为 74.95%、烧结矿碱度为 2.05、烧结返矿外配为 11.0%、高炉返矿外配为 15% 的条件下，开展了配加不同比例的低盐废渣的烧结试验研究，探究了低盐废渣的配加比例对烟尘成分、有害元素变化、烧结矿产量、质量指标的影响。根据湘钢现场生产常用方案的烧结矿化学成分，计算了烧结试验各种原料的配比，低盐废渣采用外加的方式配入。固废配入比例分别为 0.5%、1.0%、1.5% 和 3.0%，基准组配料方式、粒度组成、化学成分和烧结杯试验的主要参数值如表 6-18~表 6-21 所示。

表 6-18　基准方案的原料配比

原　料	配比(质量分数)/%	原　料	配比(质量分数)/%
澳矿筛下粉	3.00	德宏	1.80
PB 粉	8.99	加拿大精矿	5.40
巴西 62	4.20	混合矿	2.40
巴西 65	3.00	烧返	23.85
南非 63	4.80	高返	1.24
混合粉	17.99	生石灰	6.58
安徽精矿	3.00	轻烧白云石	2.16
南非精矿	3.00	粉尘	1.19
澳洲造球精矿	2.40	焦粉	5.00

表 6-19　基准方案混合料的粒度组成

混合料粒度组成/%							平均粒径 /mm
+8 mm	5~10 mm	3~5 mm	1~3 mm	0.5~1 mm	0.25~0.5 mm	-0.25 mm	
14.20	23.35	23.83	25.01	5.77	1.25	0.60	4.16

表 6-20　基准方案烧结矿化学成分（理论计算值）

TFe/%	SiO_2/%	CaO/%	MgO/%	Al_2O_3/%	R
56.81	5.08	10.41	1.45	1.78	2.05

表 6-21　烧结杯试验的主要参数基准值

返矿 外配/%	制粒 /min	料高 /mm	点　火			烧结负压 /kPa	冷却时间 /min
			温度/℃	时间/min	负压/kPa		
25.57	5	900	1050±50	1	7	13	3

6.5.2.1   对制粒效果的影响

在混合水分为 8.5% 的条件下,研究了烧结原料中直接配加 0.5%、1.0%、1.5% 和 3.0% 低盐废渣后对物料粒度的影响,结果如表 6-22 所示。由表可知,随着低盐废渣配比逐渐增大,烧结混合原料平均粒径逐渐增加,均为 +4 mm,其中废渣配加量到 3.0% 时,平均粒径为 4.80 mm。为保持相对稳定的制粒效果,需调节适宜的水分,实验发现,保持水分在 8.2%~8.4%,烧结原料可以得到稳定的粒径组成,+4 mm 粒径稳定在 80%。

表 6-22   低盐废渣配比对烧结原料粒度组成的影响

低盐固废/%	粒度组成/%						平均值/mm
	+8 mm	8~5 mm	5~3 mm	3~1 mm	1~0.5 mm	-0.5 mm	
0	14.20	23.35	23.83	25.00	5.77	3.85	4.16
0.5	13.13	26.26	33.90	25.05	1.54	0.11	4.63
1.0	14.54	26.68	35.49	20.41	2.82	0.05	4.75
1.5	14.76	25.53	37.42	20.72	1.51	0.07	4.76
3.0	14.58	27.41	35.55	20.60	1.73	0.13	4.80

6.5.2.2   对烧结指标的影响

在适宜的混合水分条件下,研究了烧结混合原料中配加不同配比低盐废渣对烧结指标的影响。如表 6-23 所示,随着低盐废渣配比逐渐增大,烧结矿成品率和转鼓强度整体规律呈下降的趋势。烧结速度、烧结利用系数和固耗随着低盐废渣配加量增加而逐渐升高。

表 6-23   低盐固废配比对烧结指标的影响

高盐固废配加量 /%	烧结速度 /mm·min^{-1}	成品率 /%	转鼓强度 /%	利用系数 /t·(m²·h)$^{-1}$	返矿率 /%	固耗 /kg·t^{-1}
0	24.81	71.22	70.63	1.79	28.15	61.16
0.5	25.27	71.13	70.44	1.81	28.36	61.17
1.0	25.45	71.06	70.20	1.82	28.44	61.19
1.5	25.61	70.98	69.78	1.84	28.67	61.23
3.0	25.78	70.72	69.24	1.86	28.99	61.25

如图 6-60 所示,对比配加 1.0% 低盐废渣和不配加条件下,原料中配加低盐废渣后得到的烧结矿还原性、低温还原粉化率均小幅度下降。

6.5.2.3   对污染物排放的影响

A   对烟道中污染物排放的影响

除尘前烟道处颗粒物排放浓度如表 6-24 所示。对比配加 1.0% 低盐废渣与不

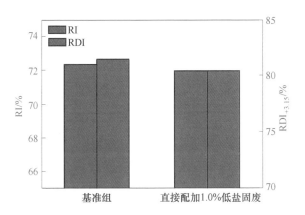

图 6-60 还原粉化率及还原度结果

配加低盐废渣烧结时采集的颗粒污染物排放浓度可知，配加 1.0%低盐废渣烧结采集的颗粒污染物浓度比不配加时的颗粒污染物浓度高。

表 6-24 除尘前烟道处颗粒物排放浓度

实 验 组	颗粒物浓度含量/mg·m⁻³
基准组	约 50
配加 1.0%低盐废渣	>55

为确定颗粒物的排放特性，对颗粒物进行了 SEM 及 EDS 分析，结果如图 6-61、图 6-62 和表 6-25 所示。当进行烧结杯实验时混合料中的氯化钠和氯化钾受高温蒸发进入烟道，因此颗粒物排放中主要为氯盐排放，氯化钾和氯化钠形式居多，也含有部分氯化铅。

图 6-61 颗粒物 SEM 结果

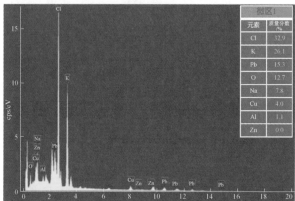

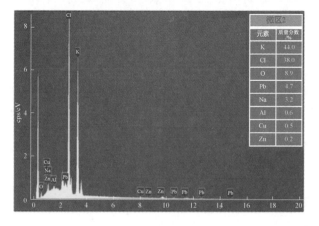

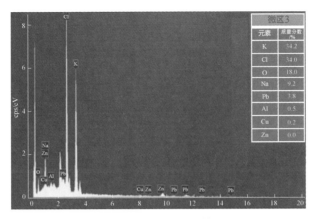

图 6-62 颗粒物 EDS 结果

表 6-25 不同点位元素含量

点位	元素含量（质量分数）/%				
	K	Na	Cl	Pb	Zn
1	37.20	5.00	36.50	11.50	0
2	43.40	4.50	38.78	5.60	0
3	39.56	5.98	38.67	7.08	0.20

烧结原料中配加不同比例低盐废渣，烧结烟道中 NO_x、SO_2 和 CO 浓度变化如图 6-63 所示。NO_x 和 SO_2 随着低盐废渣含量的增加而稍有增加，未配加废渣时的浓度最低，CO 平均浓度值随着低盐废渣配加比例增加而略有增大。

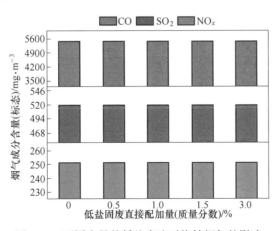

图 6-63 不同含量的低盐废渣对烧结烟气的影响

如图 6-64 所示，烧结原料中配加 1.0% 低盐固废，检测烟气中二噁英含量变化情况，其中基准组二噁英类总量（标态）为 0.069 ng I-TEQ/m³，配加低盐固废后，毒性当量（标态）为 0.091 ng I-TEQ/m³。

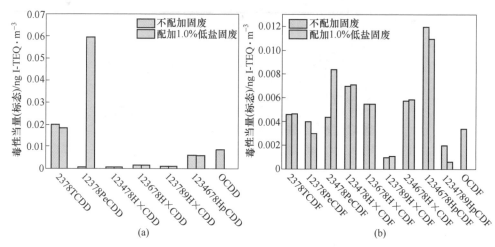

图 6-64　烟气中二噁英含量
(a) PCDDs；(b) PCDFs

此外 PCDDs 检测中 1、2、3、7、8PeDD 毒性当量值明显增加，PCDFs 检测中除 1、2、3、4、6、7、8HpCDF，1、2、3、4、7、8、9HpCDF 和 OCDF 指标外，其他指标都比基准组高。

B　对烧结矿有害元素含量的影响

烧结原料中混合配加 0.5%、1.0%、1.5% 和 3.0% 的低盐废渣，得到烧结矿中 Cl、S、Zn、Pb、K 等有害元素含量如表 6-26 所示。配加 1.0% 低盐废渣的实验组和基准组相比，烧结矿有害元素均有增高。考虑到 Tl 主要以 TlCl 的形式挥发，烧结矿中 Cl 含量增加，也会引起 TlCl 挥发升高，因此，随着低盐废渣配加量的升高，烧结矿在炼铁工序中 Tl 污染问题也会更加严重。

表 6-26　配加低盐废渣对烧结矿中有害元素含量的影响　　　（%）

低盐固废配加量/%	Cl	S	Zn	Pb	K	Na
0（基准组）	0.04	0.03	0.01	0.02	0.11	0.08
0.5	0.05	0.04	0.02	0.04	0.11	0.08
1.0	0.06	0.04	0.02	0.05	0.12	0.09
1.5	0.06	0.05		0.05	0.13	0.10
3.0	0.07	0.06	0.02	0.05	0.15	0.12

6.5.3 除铊污泥在烧结过程消纳方式研究

由表6-17可知，除铊污泥中富含多种重金属，尤其是重金属铊含量高达0.79%。由于通过烧结过程对除铊污泥进行消纳时存在铊进入烧结矿污染后续高炉炼铁过程的风险，造成钢铁全流程铊污染防控难题，故在利用烧结过程对除铊污泥进行消纳时应重点考虑通过烧结物料的复配使铊重新进入烟尘，避免铊对后续流程的污染，进而通过对机头灰的两段酸洗工艺（如图6-31所示）使铊在二级洗涤过程富集在低盐富铊液中，最终以TlCl形式得到开路和资源化，全流程铊的污染防控与资源化流程图如图6-65所示。

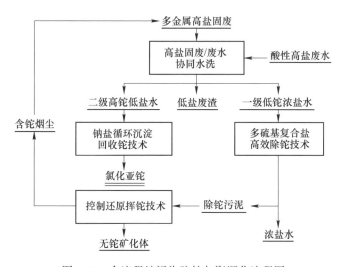

图6-65 全流程铊污染防控与资源化流程图

为实现图6-65所示的铊循环路径，其关键在于除铊污泥在烧结过程消纳时在不影响烧结工艺的前提下实现铊和无害组分的深度分离，故有必要对除铊污泥在烧结过程的消纳方式进行研究。由于除铊污泥性质与铁精矿差异较大，且烧结主工艺的温度、物料配比等参数不能改变，故选择通过对除铊污泥进行单独预制粒，对除铊污泥球团的组成进行单独调控，再将含铊污泥球团与配矿混匀进烧结。

6.5.3.1 焦粉配加量的影响

由于烧结过程整体为弱氧化过程，而高价铊在焙烧过程可分解产生低沸点的低价铊进入烟气中，故要实现烧结过程铊挥发进入含铊烟尘，需在烧结的氧化过程中为含铊污泥营造微还原气氛，以促进铊的还原分解，因此考虑预制粒过程含铊污泥中配加不同含量焦粉，以调控焙烧过程氧化还原气氛，实现焙烧过程污染物定向向烟气富集。实验过程通过圆盘造球机制粒得到5~10 mm生球，其抗压强度和落下强度如图 6-66 所示。生球抗压强度和落下强度随着焦粉含量的增加而增大，配加量为 5.0% 开始生球抗压强度和落下强度增幅不大，因此考虑低碳绿色烧结，一二电厂灰中焦粉配加量应为 5.0%。

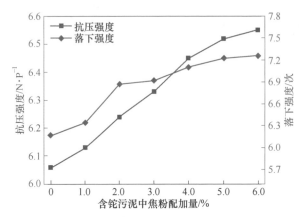

图 6-66 焦粉添加量对含铊污泥生球落下强度和抗压强度的影响

取 3 份成分均一的含铊污泥，分别配入质量分数为 4.0%、5.0%、6.0% 的焦粉，混合均匀，然后通过圆盘造球机进行制粒。制粒时配加一定的水分，最优制粒水分控制在 8.0%~9.0%，使得粒度保持在 5~8 mm，得到一定强度的制粒小球。最后将制粒小球以含铊污泥 1.0% 外加到烧结原料中进行烧结实验，并探索不同焦粉配加量对烧结矿质量、烟气成分变化的影响。

A 烧结矿质量

含铊污泥配加 4.0%、5.0% 和 6.0% 焦粉预先制粒，在烧结原料二混阶段，将 1.0% 预先制粒的含铊污泥配加到烧结原料中混匀并进行烧结实验，烧结得到的成品矿化学成分如表 6-27 所示。烧结矿中的主要成分为 Fe，同时从表中可知，烧结矿中 Cl、S、Pb、K、Na、Zn 和 Tl 等有害元素随着制粒小球中焦粉含量的增加而降低。这表明焦粉投加量增加，有利于氯盐向气相中迁移。特别是 Cl 的含量降低可以有效降低 Tl 的挥发性，减少后续炼铁工序中 Tl 的挥发，当焦粉配加量为 6% 时，烧结矿中 Tl 含量降至 0.01 mg/kg 以下，有效调控了 Tl 向烟气的定向分离。

表 6-27 含铊污泥小球中焦粉配加量对烧结矿成分的影响

元素	含铊污泥中焦粉配加量/%			
	0.00	4.00	5.00	6.00
Fe	55.27	55.29	55.19	55.19
O	30.30	30.40	30.30	31.20

元素	含铊污泥中焦粉配加量/%			
	0.00	4.00	5.00	6.00
K	0.11	0.10	0.10	0.09
S	0.03	0.03	0.02	0.02
Na	0.12	0.10	0.10	0.09
Cl	0.05	0.04	0.04	0.03
Pb	0.03	0.03	0.02	0.02
Zn	0.02	0.02	0.02	0.01
Tl/mg·kg^{-1}	0.197	0.118	0.053	<0.01

在混合料水分 8.5%、制粒时间 5 min、碱度 2.05 的条件下，研究了在低盐固废中配加不同比例焦粉的预先制粒小球对烧结矿指标的影响，结果如表 6-28 所示。提高预制粒小球中焦粉含量，烧结矿的成品率和转鼓强度降低，返矿率和固耗增高。从烧结速度可以看出，焦粉配加量为 5.0% 时最大，从烧结利用系数看出，焦粉配加量为 5.0% 时较佳。

表 6-28 含铊污泥中焦粉配加量对烧结指标的影响

低盐固废中焦粉含量/%	烧结速度/mm·min^{-1}	成品率/%	转鼓强度/%	利用系数/t·(m^2·h)$^{-1}$	返矿率/%	固耗/kg·t^{-1}
0	25.11	70.22	70.40	1.70	29.21	61.35
4.0	25.13	70.20	70.38	1.68	29.06	61.40
5.0	25.45	70.18	70.38	1.72	29.40	61.48
6.0	24.59	69.80	69.93	1.63	29.73	61.56

B 烧结烟气成分

含铊污泥中配加不同比例的焦粉制得小球，然后以 1.0% 外配到烧结原料中进行烧结实验，烧结烟气结果如图 6-67 所示。

图 6-67 结果表明，烟气中 CO 的浓度值随着焦粉含量增加略有增加；SO$_2$ 浓度随着焦粉含量增加而增加，这与焦粉参与硫酸盐的还原分解有关；相同地，NO$_x$ 含量也随固废配加量的增加而增大。

6.5.3.2 布料方式的影响

将含铊污泥预先制粒（污泥中未配加焦粉），制粒后粒径大小为 5.0 ～ 8.0 mm，并将其以干料 1.0% 外加到烧结原料中，按照混合布料、废上布料和废下布料三种布料方式（如图 6-68 所示）进行烧结试验，探索预先制粒的低盐固废不同布料方式对烧结矿质量和烟气成分的影响。

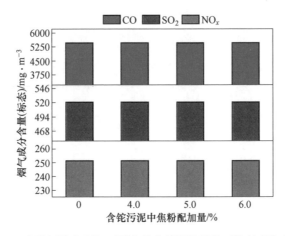

图 6-67　含铊污泥中配加不同含量焦粉预先制粒对烧结烟气的影响

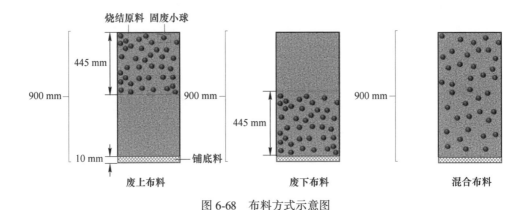

图 6-68　布料方式示意图

A　烧结矿质量

从表 6-29 烧结矿化学成分结果可知，烧结矿中的主要成分为 Fe，烧结原料在采用废下布料方式时，烧结矿中有害元素 Cl 含量最低，此时，Tl 的挥发性也最低。而废上布料方式在烧结矿中的滞留量最大；烧结原料在采用废上布料方式时 S、Zn、Pb、K、Na 含量为三种布料方式中最多，不利于有害元素在烧结矿中去除。

表 6-29　含铊污泥小球不同布料方式对烧结矿成分的影响　　　　（%）

元　素	低盐固废不同布料方式		
	混合布料	废上布料	废下布料
Fe	55.27	55.01	55.09

元　素	低盐固废不同布料方式		
	混合布料	废上布料	废下布料
O	30.30	30.15	30.00
K	0.11	0.12	0.09
S	0.03	0.03	0.02
Na	0.12	0.13	0.10
Cl	0.05	0.06	0.03
Pb	0.03	0.04	0.03
Zn	0.02	0.02	0.02
Tl/mg·kg^{-1}	0.197	0.246	0.043

　　烧结原料配加 1.0% 含铊污泥，不同布料方式下烧结指标如表 6-30 所示。由表 6-30 可知，含铊污泥采用混合布料方式的烧结速度，低于废上布料和废下布料的烧结速度，其中含铊污泥采用废上布料方式的烧结速度最快。从烧结矿成品率和返矿率可以看出，含铊污泥采用混合布料得到的烧结矿成品率高于废上布料和废下布料方式得到的成品率值。而采用废上布料方式相比于其他两者较高，有相对多的返矿量。从表中转鼓强度变化可以看出，含铊污泥采用混合布料方式可以得到转鼓强度相对较高的烧结矿，而废上布料方式得到的烧结矿转鼓强度最低，说明采用废上布料方式不利于提高烧结矿质量。从表中烧结利用系数可以看出，含铊污泥采用混合布料时，烧结杯的利用系数最高，而废上布料方式得到的利用系数最低。从烧结固耗值发现，当含铊污泥采用混合布料时固耗值最小。而采用废上布料时固耗值最大，不利于降低能耗。

表 6-30　含铊污泥小球不同布料方式对烧结指标的影响

布料方式	烧结速度 /mm·min^{-1}	成品率 /%	转鼓强度 /%	利用系数 /t·(m²·h)$^{-1}$	返矿率 /%	固耗 /t·kg^{-1}
混合布料	25.11	70.22	70.40	1.70	29.21	61.35
废上布料	25.66	69.35	70.15	1.65	29.85	61.41
废下布料	25.45	70.20	70.37	1.69	29.25	61.36

　　原料中混匀并进行烧结实验，烧结得到的成品矿化学成分如表 6-31 所示。采用废下布料的方式烧结矿中 Cl、K、Na 等有害元素最少，废上布料的方式烧结矿中 Cl、K、Na 等有害元素最多，这表明废下布料的方式更利于盐分向气相中迁移。

表 6-31　含铊污泥小球不同布料方式对烧结矿成分的影响　　　　　（%）

布料方式	Zn	Pb	K	Na	Cl	S
混合布料	0.02	0.03	0.11	0.12	0.05	0.03

布料方式	Zn	Pb	K	Na	Cl	S
废上布料	0.02	0.04	0.12	0.13	0.06	0.03
废下布料	0.02	0.03	0.09	0.09	0.03	0.02

B 烧结烟气成分

试验外配 1.0% 预先制粒的含铊污泥，采用含铊污泥混合、废上和废下布料方式进行烧结实验，得到的烧结烟气成分变化如图 6-69 所示。

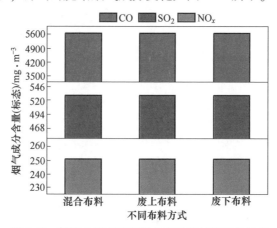

图 6-69 制粒小球不同布料方式对烧结烟气的影响

烟气中的 CO 浓度值为混合布料的方式最大，废下布料方式得到的 CO 浓度值最小；烟气中 NO_x 浓度值为废下布料最大，混合布料含量最小；当采用废下布料方式进行烧结时，废气中 SO_2 浓度值最大，说明烧结原料中含硫物质分解最充分，有利于烧结矿中硫的去除。

6.6 工业化示范工程

由于烧结机头灰返烧结消纳给烧结工序造成了诸多影响，诸多企业都开始新建水洗线对高盐固废中的盐进行预分离，但实践过程存在脱盐不彻底、盐产品价值、设备作业率低等问题。2017 年 11 月，中冶长天国际工程有限责任公司、中南大学和安阳钢铁进行联合攻关，以钢铁典型高盐固废烧结机头灰及酸性高盐废水为对象，提出基于铊全流程管控、多资源综合回收及关键设备研制的整体技术路线，经小试、中试研究及工程示范，开发了高盐固/液废物多组分定向富集与回收关键技术及装备，突破了铁、铊、钾、钠、硒稳定高值利用技术瓶颈。2021 年，国内首套 2 万吨/年机头灰和 2.5 万立方米/年干法脱硫废水协同处置示范线在安阳钢铁建成，如图 6-70 所示。

图 6-70　安阳钢铁烧结机头灰与干法脱硫酸性废水综合资源化处置示范工程

　　项目采用的技术路线如图 6-71 所示。过程引入酸性高盐废水作为洗灰水对烧结机头灰进行水洗，所得水洗浆液通过一体化水洗装置进行固液分离，原位水洗后得到富铁料返烧结配矿，所得低铊浓盐水通过预处理沉淀除铊后进蒸发结晶工序。蒸发过程采用逆流三效蒸发回收氯化钠，富钾母液闪发冷却回收氯化钾的工艺，得到高品质的钾盐和钠盐，产出的蒸发母液污染物较低时可直接返回蒸发前继续进行蒸发回收，当污染物组分如硫酸根、钙等含量较高时，可返回至预处理段对杂质组分进行沉淀分离，所得含盐浓水再返回蒸发工序，整个生产过程无废水产生。预处理除重过程产生的除铊污泥也回到烧结工序进行消纳，故过程也不产生需外运的固废。

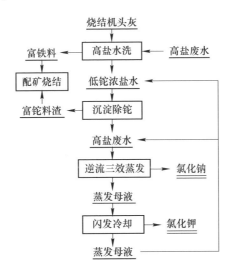

图 6-71　烧结机头灰与酸性高盐废水协同处置回收钾盐、钠盐工艺流程

2022 年 5~12 月共处理烧结机头灰 9300 t，产出高品质氯化钾 1872 t，具体情况详见表 6-32。产出的氯化钾产品完全超过国标二类一等品标准，氯化钾平均含量达 95.8%，氯化钠平均含量超过 90%，所得滤饼碱金属含量基本控制在 2% 以下，实现了高盐固废中铁、钾、钠、氯等多组分的高值回收。

表 6-32   项目运行指标

月份	处理量 /t	滤饼 /t	氯化钾 /t	氯化钠 /t	氯化钾含量 /%	氯化钠含量 /%	滤饼总碱金属 含量/%
5 月	1141.2	1027.08	228.24	161.18	94.23	90.87	2.17
6 月	1122.4	1065.16	229.48	174.36	96.79	90.32	1.38
7 月	1187.2	1023.48	257.44	178.08	97.16	89.26	1.37
8 月	1236.5	1152.85	223.3	195.475	92.16	95.65	2.07
9 月	1302.4	1122.16	276.48	195.36	93.02	89.49	1.54
10 月	1137.6	1073.84	245.52	177.64	98.02	91.07	1.74
11 月	1171.4	1054.26	213.28	165.71	98.94	92.43	1.32
12 月	1003.2	922.88	198.64	143.48	96.35	89.12	2.03

与现有先进技术相比（见表 6-33），本技术钾、钠的回收率均有提高，且产品纯度大幅提升，所得脱盐脱铊富铁料的价值显著提高，并实现了稀散资源硒的回收。通过与高盐废水协同处置，显著降低了新水用量（减少 80%），且实现了铊的分离与资源化。设备作业率较现有水平提升 10%，蒸发段稳定运行周期较现有水平提升 3 倍，设备故障率显著降低，运行成本较现有水平降低 40%。该技术可推广应用于有色冶金铝灰、电子废盐、新能源高盐废水等相关高盐固/液废物处理，具有广阔的应用前景。

表 6-33   高盐固废资源化处置技术对比

指 标		国内先进工艺	国外先进工艺	本技术	对比结果
回收 指标	铁回收率	约 100%	约 100%	约 100%	—
	钾回收率	>90%	>93%	>98%	提升 5%
	钠回收率	杂盐	NaCl，>80%	NaCl，>90%	提升 10%
	富铁料铁品位	<40%	<40%	>45%	提升 5%
	氯化钾纯度	约 60%，含铊	约 81%	92%	提升 11%
	氯化钠纯度	—	75%	90%	提升 15%
	母液硒回收率	—	—	80%	首次实现硒的回收
环保 指标	废水消纳量	—	—	1.5 m³/t 灰	同步消纳高盐废水
	新水耗量	3.0 m³/t 灰	1.5~2.0 m³/t 灰	0.3 m³/t 灰	降低 80%
	富铁原料氯含量	<3%	<3%	<1%	降低 66.7%

	指　标	国内先进工艺	国外先进工艺	本技术	对比结果
运行 指标	水洗段设备作业率	60%	80%	90%	提升 10%
	蒸发段稳定运行周期	7 d	15 d	45 d	延长 3 倍
	备品备件消耗	300 元/t 灰	180 元/t 灰	120 元/t 灰	降低 33.3%
经济 指标	除铊成本	50 元/t 水	50 元/t 水	10~20 元/t 水	降低 62%
	综合运行成本	约 1000 元/t 灰	约 800 元/t 灰	约 550 元/t 灰	降低 40%

本 章 小 结

（1）提出了高盐固废与酸性高盐废水协同处置的新思路。研究发现利用酸性高盐废水对烧结机头灰进行洗灰处置并不会显著增加洗灰水中污染物组成，反而可以有效抑制机头灰中包括铊、硫酸根等多组分的溶出，并可显著减少新水的用量，实现高盐固废/废水的协同处置。解析机头灰中铊的多组分赋存形态，研究了铁、钙强化钠同离子效应抑制铊溶出的影响规律，通过高盐废水酸性特征调控浸出过程铁、钙溶出浓度，开发了"一段酸浸溶盐抑铊-二段酸浸脱铊"的两段浸出工艺，经两段酸洗后所得脱盐富铁料中铁含量>45%、氯含量<1%、铊含量<0.004%，实现含铊高盐固废中铁-盐-铊定向分离。根据物料特性研发了一体化水洗装备，可在一套设备内实现压滤和洗涤步骤。

（2）研发了高盐废水硫化耦合铁锰强化吸附深度除铊新药剂和技术。通过热力学分析确定 Tl（Ⅲ）易与 Cl^- 配位形成 $TlCl_4^-$ 配离子，基于"硫化沉铊、钠盐析铊、锰氧化吸附铊"的多重除铊技术思路，开发了钙钠基复合多硫基除铊剂和氧化锰基吸附助剂，在除铊剂配加量为 0.5%，除铊剂与助剂配比为 2 的条件下，可实现浓盐水中铊的深度去除，出水铊浓度小于 2 μg/L，且除铊过程同步实现了铅、铜、锌、镉等多种重金属的深度去除。针对二段水洗的富铊低盐水通过钠盐循环沉淀技术可实现铊以氯化亚铊形式沉淀，实现了高盐固废/废水中铊的资源化。

（3）开发了高盐废水蒸发结晶协同多资源定向析出技术。根据含铁高盐固废浸盐水的组分特征，确定了逆流三效蒸发的蒸发形式，实现高纯度 KCl 的稳定回收，产出的氯化钾纯度达 95% 以上。根据蒸发过程的相图特征和不可冷凝气体迁移规律，构建了以钾石膏为产品的硫酸根回收过程和以稀氨水为产品的氨氮回收过程。研究了母液色度受硒影响的特征，确定了母液中硒的赋存状态主要为遇酸易分解的 $SeSO_3^{2-}$。建立了基于母液硒赋存特征的酸性废水协同资源回收方法，实现 Se 的沉淀回收及母液的循环利用。

（4）开展了钢铁工序无害化消纳低盐废渣技术。研究表明，低盐废渣少量直接配入烧结原料对烧结矿质量影响较小，但配入量较高时各指标有小幅度恶化，且产生的烟气中污染物浓度也略有上升。通过复配6%的焦粉对含铊污泥进行预制粒，再结合废下布料的方式，可有效促进污泥中的重金属组分向气相转化，避免铊等重金属对后续流程的污染。

参 考 文 献

[1] 郭占成，公旭中．钢铁冶金尘渣利用新技术基础 [M]．北京：科学出版社，2017.

[2] 张湘鹤，吕先贺，叶鹏，等．烧结机头烟灰资源化利用的研究进展 [J]．武汉工程大学学报，2019，41（1）：35-39，45.

[3] 杨本涛，廖继勇，康建刚，等．一种高盐废水资源化回收方法及系统：中国，ZL202010614339.6 [P]．2023-04-28.

[4] 杨本涛，冯哲愚，叶恒棣，等．钢铁工业高盐废水来源及零排放技术对比 [J]．烧结球团，2022，47（4）：77-82.

[5] 叶恒棣，颜旭，杨本涛，等．一种高盐固废灰与钢铁厂酸性废水协同处理的方法及处理系统：中国，ZL 202210499585.0 [P]．2023-10-10.

[6] Gan M，Ji Z，Fan X. Clean recycle and utilization of hazardous iron-bearing waste in iron ore sintering process [J]. Journal of Hazardous Materials，2018，353：381-392.

[7] 刘宪，蒋新民，杨余，等．烧结机头电除尘灰中钾的脱除及利用其制备硫酸钾 [J]．金属材料与冶金工程，2011，39（3）：40-45，57.

[8] 叶恒棣，颜旭，魏进超，等．多源含铁固废的元素赋存形态及其对处置技术路线的影响 [J]．烧结球团，2022，47（5）：59-68.

[9] 赵裕峰，陈志军，高彬彬，等．三效蒸发器番茄酱浓缩控制系统的设计与研究 [J]．江苏农业科学，2014，42（10）：392-394.

7 复杂固废组分分离核心装备技术研发

本书第 4~6 章，阐述了复杂固废组分分离的原理和工艺方法，并对核心装备提出了工艺的功能要求。本章将详细阐述满足上述工艺功能要求的核心装备的原理及结构设备设计思路，研制了立式强力混合机实现了多源复杂固废的高效混匀；开发了扰动造球机满足多种大密度差粉状物料造球的要求；创新性地发明了多场协同可控回转窑装备，实现了回转窑内温度场、气氛场的精准可控；研制了高热窑渣的干式冷却装备，实现了脱锌渣和热解渣的干式冷却和余热回收，适应了窑渣进入冶金流程对物料低水分的要求；开发了高盐固废一体化水洗装备，较传统设备占地和耗水量大幅降低；为了满足火法处置固废对烟气净化的要求，开发了适应多源烟气协同净化的活性炭吸附及再生装备。

7.1 立式强力混合机

混合是多源复杂固废处置的重要工序，其作用是为后面工序提供成分均匀的原料。传统混合工序采用人工半机械搅拌，此法劳动强度大、混匀效率低、环境恶劣。现有的圆筒混合机和卧式强力混合机因存在能耗高、混合效果差等问题而无法满足当前复杂固废处置的要求。近年来，立式强力混合机因其强大的混匀能力在复杂固废处置混合工序得到发展。

7.1.1 立式强力机混匀机理

采用 EDEM 建立立式强力混合机仿真模型分析混合机混合过程中混合物料的运动情况，结果如图 7-1 所示。在高速旋转的搅拌桨与低速运转的混合桶共同作用下，混合机中的物料由于所处位置不同分为桨叶影响区、湍流区和桶壁层流区三个不同的区域。桨叶影响区内，单个粒子的运动性最强。当桨叶影响区外围的物料流进入桨叶影响区时，与桨叶发生逆流碰撞；当物料进入桨叶影响区时，物料被桨叶冲击抛射，如图 7-2 所示。两者共同作用使物料分散、掺混，从而形成强烈的对流混合，该区域混匀作用最强烈。湍流区内，物料流比较紊乱，且具有随机性，在混合桶和搅拌桨运动的影响下，使物料不仅有水平面内的移动，同时物料也会在湍流区域内产生对流、剪扩和散切混合作用。桶壁层流区内物料相对桶体没有运动，混合效果最差，主要起运输物料的作用。

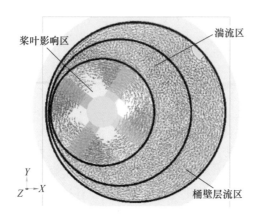

图 7-1　混合桶内物料运动分布图

图 7-2　物料冲击抛射

　　立式强力混合机工作过程中，物料由进料口进入混合腔后，首先进入桶壁层流区，然后，进入湍流区和桨叶作用区快速混合，而后，一部分物料下落一定高度后再次进入层流区，另一部分物料仍位于湍流区和桨叶区继续混合。物料在整个下落过程中，不断地在各个区域间循环传递与进出，最终达到混匀的效果。

　　在桨叶影响区之外，物料随桶壁和料盘转动过程中，由于下层物料对上层物料的支撑作用，物料几乎没有向下的沉降。而在桨叶影响区，由于桨叶的高速冲击，物料非常松散，容易下落，但由于搅拌轴转速很高，因此，多数物料并不能直接下落至料盘，而是在不断地抛射过程中出现螺旋下降，如图7-3所示，并流出桨叶影响区，进入桶壁影响区，随桶壁及料盘做圆周运动。当物料再次进入桨叶影响区之后，又会下降，然后再次进入桶壁圆周运动区域。如此循环往复，直至最终排出混合桶。

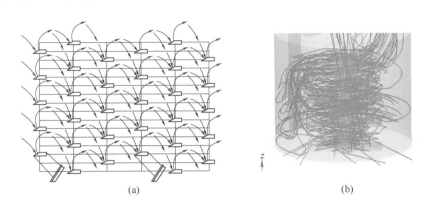

(a)　　　　　　　　　　(b)

图7-3　混合机垂直面内物料的运动

（a）抛射运动；（b）螺旋运动

图7-4为立式强力混合机对两种原料进行混合时不同时刻的混合效果图，很明显随着混合的进行，原料混合均匀度越好，第四时刻所在原料混合均匀度为95.87%。图7-5为原料混匀效果与混合时间的关系曲线图，从图中可知，混合初期，原料快速混合，混合后期，混合速度减缓，混合均匀度趋于平稳。

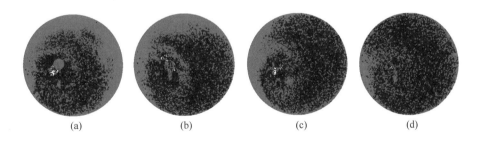

(a)　　　　　(b)　　　　　(c)　　　　　(d)

图7-4　不同时刻的混合效果

（a）第一时刻；（b）第二时刻；（c）第三时刻；（d）第四时刻

7.1.2　混合机对比分析

在复杂固废混合工序中，常见的混合设备有圆筒混合机、卧式强力混合机以

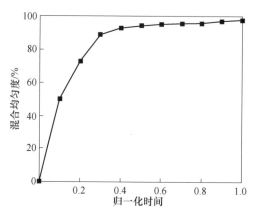

图 7-5　原料混匀效果与混合时间的关系曲线图

及立式强力混合机等。圆筒混合机结构如图 7-6 所示，工作过程中，筒体转动，待混匀的物料利用堆积态颗粒体失稳时沿安息角交接面滑移的特点，使其在滑移过程中得到混合，属典型的非强迫混合，混匀效果差，物料混合均匀度不到80%。

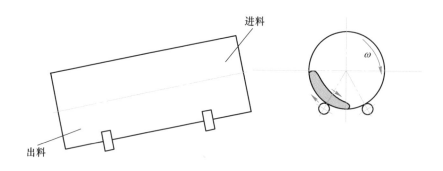

图 7-6　圆筒混合机

卧式强力混合机结构如图 7-7 所示，工作过程中，筒体固定，搅拌装置通过主轴旋转带动犁头运动，一方面推动物料往前走，另一方面使筒体内物料产生最大范围的翻动，从而实现对流、剪切、扩散三种形式的混合，强化混匀效果。但由于搅拌装置卧式安装，其旋转速度受混匀机理的限制一般小于 60 r/min，相应的其速度-弗劳德数偏小，物料混合均匀度约为90%。

立式强力混合机结构如图 7-8 所示，混合机工作过程中，桶体和搅拌装置一起转动并相互配合，使混合料进行剧烈的对流、剪切、扩散运动，实现混合料高效、强力混匀。由于搅拌装置立式安装，转速可达 500 r/min，其速度-弗劳德数

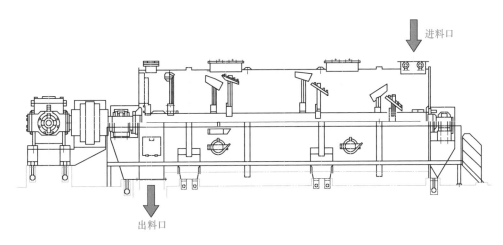

图 7-7 卧式强力混合机

大。立式强力混合机技术长期被国外垄断，制造周期长、价格高昂。为此，中冶长天在分析立式强力混匀机理、失效形式的基础上，研制出了具有微孔射流防磨降磨和结硬边界控制磨损等一系列创新技术的立式强力混合机。

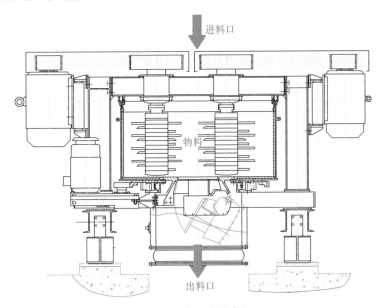

图 7-8 立式强力混合机

三个设备的具体对比如表 7-1 所示，从表中可以看到，立式强力混合机混匀效果最好，同时在能耗、占地面积、调节灵活性等方面也有明显优势。

表 7-1　混合设备的对比表

序号	内　容	圆筒混合机	卧式强力混合机	立式强力混合机
1	速度-弗劳德数	1~2	约 7	12~90
2	混合时间	180 s	40 s	60 s
3	混匀效果	80%	约 90%	约 98%
4	能耗	最高	高	低（最节能）
5	养护时间	约 1	约 1	约 15%
6	占地面积	约 1（大）	约 1（大）	约 15%（小）
7	调节与控制	无	差	灵活性强

7.1.3　立式强力混匀装备结构

立式强力混合机主要结构如图 7-9 所示，其主要由七部分组成，包括混合桶、进料口、搅拌桨、除尘口、支撑架、支撑座、排料门。混合过程物料从顶部进料口进入混合桶，在混合桶内聚集并持续保持一定的填充率，一般为 60%~80%。同时搅拌桨高速旋转，剧烈地切割物料，迫使物料产生切割、对流及扩散混合，将物料混匀，混匀后的物料经混合桶底部的排料口排出，混合时间一般为50~70 s。

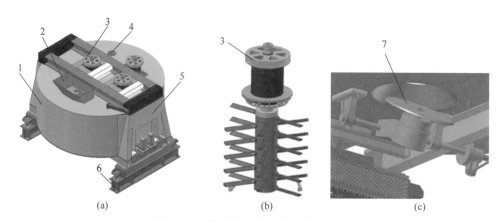

图 7-9　立式强力混合机主要结构组成
（a）主体；（b）搅拌桨；（c）卸料结构
1—混合桶；2—进料口；3—搅拌桨；4—除尘口；5—支撑架；6—支撑座；7—排料门

中冶长天开发的立式强力混合机，其具有以下技术特点：

（1）微孔射流防磨降磨。射流防磨降磨的原理如图 7-10 所示，在混合过程中搅拌桨叶端部向外物料喷射高压气体，并作用在桨叶附近的物料上，对物料进行冲击、疏松，在桨叶气流出口附近气体会比较集中，物料中气体含量高形成富气层，富气层的物料比较松散，可减少与叶片的摩擦，从而降低"软磨损"，同时在一定条件下，喷射的部分气体受物料阻挡，会在搅拌桨重磨损区域形成气垫，气垫将搅拌桨上的叶片与物料隔开，防止搅拌桨叶片与物料直接接触，从而降低磨损，提高搅拌桨的使用寿命，提高设备的生产作业率。

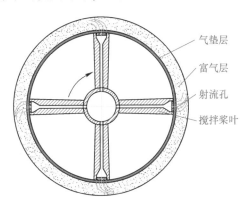

图 7-10 搅拌桨叶片高压气流喷射示意图

（2）结硬边界控制磨损。结硬边界控制主要用来降低硬磨损，原理为将相对高速的桨叶磨损转化成相对低速桶壁刮刀的磨损，如图 7-11 所示。即通过固定悬挂的桶壁刮刀将沉积料结硬层控制在一定的区域内，使其与高速旋转的搅拌桨桨叶隔离，从而减轻桨叶的硬磨损。

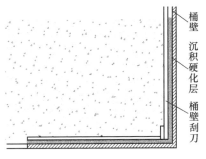

图 7-11 结硬边界控制技术原理

2015 年，中冶长天开发的立式强力混合机经中冶集团科技成果鉴定达到"国际先进"水平。相同工况条件下，与进口爱立许立式强力混合机相比，一次性投资成本可降低 40%，运行成本可降低 20%，且耐磨件使用寿命更长，完全可替代进口产品。

7.2 扰动造球机

复杂固废中组分原料多种多样，有相对密度较小的组分如有机热解渣、除尘干灰，也有相对密度较大的组分如含水的污泥等，二者在造球过程中，因为密度差大，传统的圆筒和圆盘造球过程易造成二者在料层中偏析，导致在球团中各组分分布不均、球团质量偏差大。因此，需开发大密度差散状物料高效扰动造球技术，实现复合球团的高效制备。

7. 2. 1 扰动造球机理

扰动造球是在外力的强干预下实现散状物料成球，可以达到将几种密度差较大的物料均匀成球的目的。扰动造球工具及桶内物料运动分布如图 7-12 所示。在扰动造球过程中，物料从顶部进料口进入桶体内，与高速旋转的造球桨叶发生碰撞，获得向上和水平向前的作用力 F_1、F_2，使得物料产生垂直向上运动和水平运动的分速度，而水平分速度又分解成径向和周向运动，垂直分速度又可分解成沿着螺旋面的切线运动和垂直螺旋面的抛射运动，沿着螺旋面的切线运动使颗粒产生自旋作用，径向、周向、垂直螺旋面的抛射以及桶体作用使物料在水平面内形成三个区域，一个是造球激发区，一个是物料输送区，一个是湍流区。造球激发区内，颗粒激发自旋力，物料输送区，其将物料送往湍流区和造球激发区，湍流区内，物料在自旋力作用下发生滚动，较粗颗粒（核）在水平面内滚动过程中不断黏附细微颗粒逐渐成为更大颗粒。在垂直面内，向上运动的物料与向下降落的物料在交错桨叶的交互作用下在垂直面内形成螺旋运行，使物料发生垂直面内的滚动作用，较粗颗粒（核）在垂直面内滚动过程中不断黏附细微颗粒逐渐成为更大颗粒，垂直面内与水平面内共同作用，实现三维空间的滚动，最终物料从桶体底部排出，完成造球过程。图 7-13 是采用扰动造球机对固废原料开展扰动造球试验得到的生球的实物及粒径分布图。

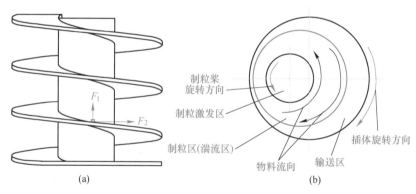

图 7-12　造球工具及桶内物料运动分布
（a）造球工具；（b）桶内物料运动分布

7. 2. 2 扰动造球与圆筒造球对比分析

圆筒造球与扰动造球 EDEM 仿真效果对比如图 7-14 和图 7-15 所示。相同条件下扰动造球得到的团聚体更大、黏附的细颗粒要多。在团聚体的强度方面，扰动造球过程中力链强度随时间先迅速增大，再逐渐减小。这是由于在搅拌桨运动

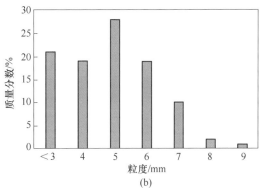

(a)   (b)

图 7-13 生球实物及粒径分布

（a）生球实物；（b）粒径分布

初期，混合料所受接触力会迅速增大，使团聚体力链强度增大；在搅拌桨运动一段时间后，在搅拌力作用下堆积在进料口下方的混合料逐渐趋于平稳分布，搅拌桨作用到的混合料减少并趋于平稳，使得产生的接触力逐渐减小并趋于平稳状态，且团聚体进一步增大，黏附在表层的细矿粉之间接触力较小，从而力链强度将逐渐减小，且最终随着团聚体大小趋于稳定而平稳波动。颗粒团聚体的长大分为三个阶段：快速长大阶段、缓慢增长阶段和平稳变化阶段，且当团聚体不再长大（即造球结束）时，扰动造球得到的颗粒团聚体强度大于圆筒造球。扰动造球下颗粒团聚体表面黏附的细矿粉数量波动小于圆筒造球，且颗粒团聚体粒径分布更均匀。综上所述，扰动造球机的造球效果更好。

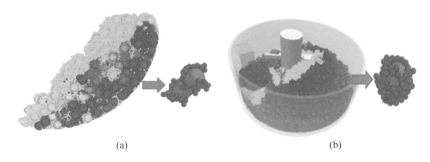

(a)   (b)

图 7-14 圆筒造球与扰动造球仿真效果

（a）圆筒造球；（b）扰动造球

扰动造球对烧结原料的造球效果如表 7-2 所示，从表中可知，与水分 8.25% 时采用圆筒造球机相比，采用扰动造球机后适宜的造球水分降低比例可达 0.5%，即造球水分为 7.75%，此时 +3 mm 颗粒含量降低 0.67%，平均粒度增大 0.13 mm，透气性指数增加 1%，同时扰动造球下 3~5 mm 粒径含量的占比明显

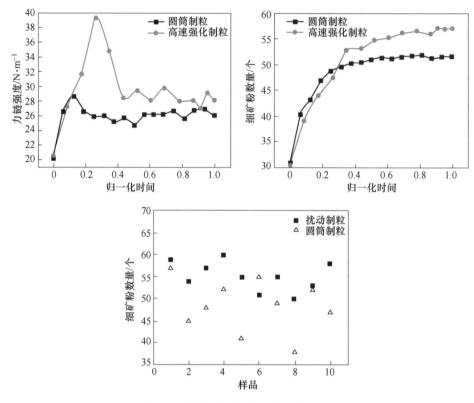

图 7-15 圆筒造球与扰动造球效果对比

大于圆筒造球，进一步从试验角度证明扰动造球机在造球方面具有更好的效果。

表 7-2 扰动造球对生球效果的影响

造球方式	水分/%	+3 mm 含量/%	3~5 mm 含量/%	平均粒度/mm	透气性/J. P. U
圆筒造球	8.25	74.13	46.57	4.41	7.94
扰动造球	7.75	73.46	59.28	4.54	8.02
	8.0	77.62	70.09	4.97	8.76
	8.25	84.53	79.65	5.08	9.85

7.2.3 扰动造球装备

扰动造球装备如图 7-16 所示，制粒过程物料从顶部进料口进入桶体，在桶内聚集并持续保持一定的填充率，此时物料在高速旋转螺旋制粒工具与低速旋转桶体相互作用下实现三维空间翻滚，实现制粒，制粒后的物料经混合桶底部的排料口排出，制粒时间一般为 90~120 s。

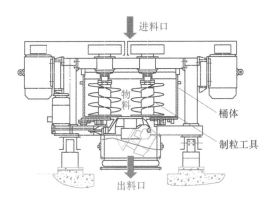

图 7-16 扰动制粒装备主要结构组成和实物图

（1）桶体。桶体为物料集中运动空间，采用桶状结构（如图 7-17 所示），并通过回转支承固定于固定支撑架上，回转支撑能支撑圆桶满载物料重量，同时又能满足圆桶作低速自转。桶体采用减速机（带变频电机）通过齿轮啮合驱动其绕中心轴转动。为提高桶体使用寿命，桶体底部和桶壁配有磨陶瓷衬板。为便于检修操作，桶体设有观察检修门。

图 7-17 桶体三维模型

（2）制粒工具。制粒工具是装备的核心部件，其上轴固定于固定支撑架上，下轴悬空并旋转。制粒工具采用螺旋结构，且便于更换。造球过程中，制粒工具与原料直接接触，是主要失效部件，需做耐磨处理以提高使用寿命，针对烧结球团原料有一般耐磨、高度耐磨和极度耐磨等不同材料，其扫描电镜如图 7-18所示。

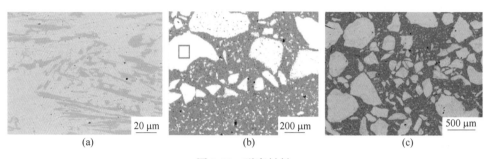

图 7-18　耐磨材料

（a）一般耐磨；（b）高度耐磨；（c）极度耐磨

（3）排料系统。排料系统主要包括卸料圆盘和液压系统，卸料圆盘用于控制物料的出料量，使桶内物料填充量保持在一定水平，其通过液压推杆长度来调节卸料圆盘的开度，卸料圆盘直接连接在液压马达上，做一定速度的自转，以防止物料堆积在圆盘上而导致堵死泄漏口。拉杆固定悬挂在支撑架横梁上。

（4）固定支撑架。固定支撑架用于支撑和固定整个装备机系统，整个支架由型材组合成框架结构（如图 7-19 所示），并由 4 个称重传感器支撑于底座上，为防止混合/制粒工具转动产生支架的偏移，支架上连有 3 个防偏拉杆，拉杆一端固定在底座上，底座通过水泥和地脚螺栓固定在地基上，拉杆另一端固定在支架的悬空横梁上。

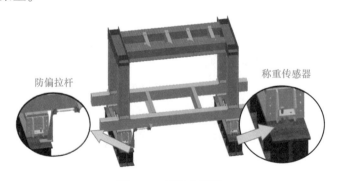

图 7-19　固定支撑架

7.3 多场协同可控回转窑

多场协同可控回转窑装备，主要是通过技术、装备的研究，开发出能够满足回转窑内多点供风供热要求，可实现回转窑温度场、流场、物质流、能量流的协同可控，从而达到减少回转窑结圈、提高生产效率、提高产品质量的效果。本书首先对多场协同可控的基础条件进行了深入分析，即回转窑内物料的运动情况，以及窑内焙烧时的流场、温度场分布等。在此基础上，介绍了分布式多喷孔回转窑装备的结构设计及温度场测控技术。

7.3.1 多场协同可控工作原理

7.3.1.1 原料粒度对窑内料层垂直方向物料分布的影响

通过离散元方法，对回转窑中颗粒运行轨迹进行仿真，设置两种工况进行对比，工况一为 4 种 2 mm 粒径颗粒，工况二为 4 种 10 mm 粒径颗粒，两种工况颗粒物料其他性质均相同，运行条件也相同。仿真结果如图 7-20 所示。

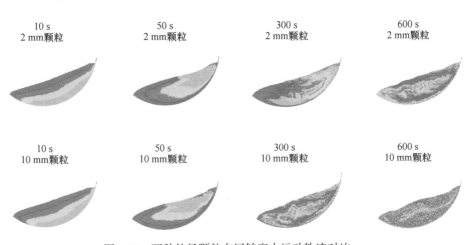

图 7-20 两种粒径颗粒在回转窑中运动轨迹对比

A 混合效果仿真评价方法

采用基于样本均值的样本标准差与样本均值的比值变异系数 CV 来衡量仿真过程中物料混合均匀情况。

样本：从混合后物料中取 n 份试样，各试样的某成分含量为 X_i；

样本均值 $\overline{X}$：

$$\overline{X} = \frac{1}{n} \sum_{i=1}^{n} X_i$$

样本标准差 S：

$$S = \sqrt{\frac{1}{n-1} \sum_{i=1}^{n} (X_i - \overline{X})^2}$$

变异系数 CV：

$$CV = \frac{S}{\overline{X}} \times 100$$

变异系数 CV 越小，颗粒混合越均匀，理想状态下完成均匀混合时，$CV = 0$。

B　仿真结果与讨论

仿真结果中，取样方法及取样位置如图 7-21 所示。

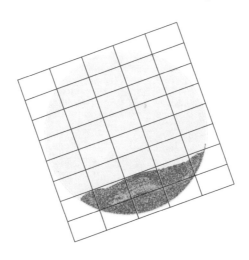

图 7-21　仿真结果单元格取样图

对取样格进行数据统计，计算每个单元格颗粒 1（初始时最下层颗粒）体积占总颗粒体积比值，进而根据公式获得 CV 值，如表 7-3 和表 7-4 所示。从数据中可以看出，大颗粒 CV 值更小，混合更加均匀。

表 7-3　两种工况下取样格中颗粒 1 体积占比

样本数	1	2	3	4	5	6	7	8	平均值 $\overline{X}$
小颗粒	0.176	0.086	0.125	0.203	0.318	0.332	0.361	0.398	0.2429
大颗粒	0.252	0.198	0.235	0.278	0.283	0.251	0.238	0.208	0.2498

表 7-4 两种工况下混合均匀程度

样本数	平均值 $\overline{X}$	样本标准差 S	CV
小颗粒	0.2429	0.117103721	46.87
大颗粒	0.2498	0.029985884	12.34

如果采用细小颗粒入窑,回转窑运行过程中,粒度越小的物料在窑内运行过程中相对运动越小,物料的混匀程度越低,这会导致上部空间和窑壁热量向料层的传递不均匀,最终导致料层温度分布不均匀,料层温度不均匀会引起不同物料反应速率不一致,料层垂直方向还原气氛也分布不均匀,还会导致部分物料温度过高,加剧结圈风险。因此,回转窑适合颗粒粒度较大的球形物料的均匀反应,采用回转窑可以强化料层垂直方向温度场和气氛场的均匀性,改善料层中物料的传热传质条件。对于有机固废控温控氧热解-焚烧和含锌尘泥复合球团的快速还原,采用回转窑设备可以实现料层垂直方向温度场和气氛场的协同控制。

7.3.1.2 多点供风对窑内温度场及气氛场的影响规律

回转窑处理有机固废和含锌粉尘的过程中涉及物料运动、传热及化学反应等复杂过程,属多学科交叉耦合。采用 FLUENT 软件建立回转窑流场模拟数学模型,综合考虑了料床、内外壁、两相流之间的辐射、对流和导热过程以及物料反应等过程,回转窑流场模拟数学模型的运行参数如表 7-5 所示,原料组成如表 7-6 所示。

表 7-5 回转窑主要运行参数

名 称	单 位	数 值
回转窑规格	m×m	$\phi2.5\times24$
转速	r/min	0.5
斜度	%	3.8
风量	m³/h(标态)	10000
风温	℃	20
进料量	kg/h	5000
原料粒度	mm	10

表 7-6 原料组成

组分	高炉灰	转炉灰	高碳热解渣	水
含量/%	25	37	20	18

图 7-22 为传统回转窑的物料温度场。左侧窑头进风,中间的三个喷孔风量为 0。可见传统回转窑物料最高温度为 1550 K,高温区间主要为靠近左侧窑头的区域,占比约为窑体长度的 40%。图 7-23 为多点供风的回转窑物料温度场,左侧窑头进风占比 65%,第一、第二和第三个喷孔进风占比为 20%、10% 和 5%,

多点供风回转窑物料最高温度为 1450K，相对传统回转窑降低 100K，而高温区间占比窑体长度则增大到约 50%。可见，多点供风可以有效降低窑内最高温度，并增加窑内高温区间长度占比。

图 7-22   传统回转窑内物料温度场

图 7-23   多点供风回转窑内物料温度场

图 7-24 为传统回转窑内 O_2 浓度分布云图。左侧窑头集中进风，O_2 含量为 21%，随着燃烧进行，O_2 含量逐步降低，出口 O_2 含量约为 8%。图 7-25 为多点供风回转窑 O_2 含量分布云图。左侧窑头进风占比为 65%，第一、第二和第三个喷孔进风占比为 20%、10% 和 5%，从图中可以看出，多点供风回转窑 O_2 含量大于 14% 的区间较传统回转窑明显延长。

图 7-24   传统回转窑内 O_2 浓度分布

图 7-25　多点供风回转窑内 O_2 浓度分布

图 7-26 为传统回转窑 CO 浓度分布云图。左侧窑头进风，窑内最大 CO 含量约为 0.3%，最小的 CO 含量约为 0.05%。图 7-27 为多点供风回转窑 CO 含量分布云图。可见，多点供风回转窑内 CO 最高含量约为 0.27%，CO 浓度大于 0.1% 的区间较传统回转窑更长，有利于窑内物料的还原。

图 7-26　传统回转窑内 CO 浓度分布

图 7-27　多点供风回转窑内 CO 浓度分布

7.3.2　分布式多喷孔回转窑装备结构设计

多喷孔回转窑是在常规回转窑的技术基础上发展起来的，是一种可实现在窑身多点进行物质流二次供给调控的新型回转窑技术。该回转窑可通过检测窑内温度场的变化，在径向和轴向调节窑内物质流的二次供给，使窑内温度场、气氛环境得到有效控制，因此其在提升回转窑系统的生产能力、效率方面，以及防止回转窑结圈问题上都有突出的优势。

窑身多点供风是多喷孔回转窑的关键技术，根据研究窑内喷吹空气、还原性气体、固体颗粒的要求不同，开发出了相应的物质流供给技术、近柔体复杂工况密封技术、窑身物质流喷吹技术，形成了多点可控复合喷吹装备。通过离散元分析、多刚体动力学分析、流场分析等仿真分析软件，研究了喷吹物、窑内物料流动状态，大直径弹性密封装置、径向定距复合密封装置等的运动及密封情况，分层迷宫式喷孔、窑内直吹喷孔及复合式喷孔的喷吹状态及堵塞情况等，通过研究，确定了多点可控复合喷吹装备技术方案。在试验装置中，开展冷态和热态时的不同物质喷吹试验，优化研究装备的可靠性，最终形成多点可控复合喷吹技术装备，开发出了节能低碳高效型的多喷孔回转窑装置。

（1）窑身物质流二次喷吹装置。窑身物质流二次喷吹即在窑身设置物质流二次喷吹装置，将空气、氧气或还原性气体，甚至是粉状颗粒或液体等，喷入回转窑内，喷入物质的性质和数量，可根据窑身各段的需求而定，还可以通过喷入的物质，调控窑内各处的温度均匀性。根据回转窑内物料的物料粒度特性，流动特性及温度场分布情况，研究了不同喷嘴结构在窑内的物质喷入状况及分布规律，优化选择了不同的喷嘴材质在窑内的温度场及气氛场的适用情况，开发了可适用不同工况的多点错流式喷嘴装备（如图7-28所示）和顺流式喷嘴装备（如图7-29所示）。其中，多点错流式喷嘴可适用于在物料内进行物质流喷吹，用于调控物料内的反应气氛。顺流式喷嘴装备，可用于窑内非物料供热区的气流喷吹，用于调控窑内不同位置的温度场。

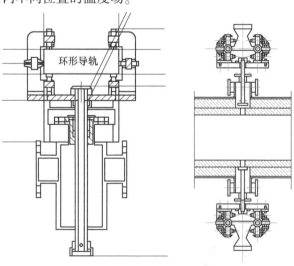

图 7-28 多点错流式喷嘴

图 7-29　顺流式喷嘴

（2）窑身物质流供给装置。空气、还原性气体等物质通入回转窑内，在回转窑内的物料层和气流层所需物质不一样，在物料层需通入参与物料反应的物质，在气流层需通入参与反应温度控制的物质，因此，需对通入窑内的物质在回转窑转动过程中的不同位置分别进行控制。通过研究回转窑内物质的流动特性，开发了回转窑多喷孔空气分配系统（如图 7-30 所示）、轨道式喷孔喷吹控制装置（如图 7-31 所示），实现窑内不同区域不同物质的喷吹。

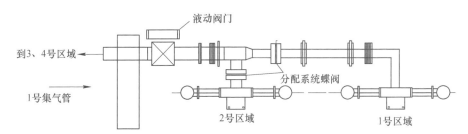

图 7-30　多喷孔空气分配系统

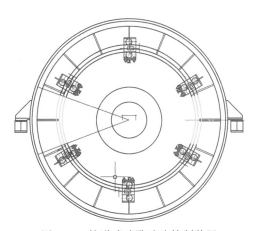

图 7-31　轨道式喷孔喷吹控制装置

（3）近柔体复杂工况高效密封技术。多场可控回转窑需将窑内所需物质喷入回转窑内，所喷入物质需经过供给装置通过回转密封装置送入喷嘴内。回转窑装备在运动过程中会产生椭圆形变，还会随着窑温的改变产生轴向窜动，因此开发回转密封装置需克服这些工程问题。通过研究大直径近柔性筒体的变形及运动规律，开发出了定压力弹性密封装置（如图 7-32 所示），实现了动静结合面的密封。

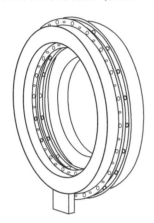

图 7-32　定压力弹性密封装置

7.3.3　回转窑三维温度场构建和测温技术

回转窑内的温度及温度场分布决定回转窑处理复杂固废的速度和质量，同时还影响回转窑的能耗、运转的稳定及其寿命。窑内沿回转窑长度方向的物料温度及温度分布控制是回转窑操作中的一项重要任务，而回转窑温度场检测就如同工艺操作者的一只眼睛，只有窑内温度场检测准确，才能够直接、真实控制住物料温度，回转窑操作才可以把握好方向，控制和调节回转窑沿轴向方向的温度及温度梯度，确保获得复杂固废有价组分高效回收率，避免回转窑结圈现象。

7.3.3.1　三维温度场的测量方法概述

目前三维温度场的测量方法主要可分为以下 4 类：温度传感器阵列测量法、有限元分析法、基于声学的三维温度场测量法、基于光学辐射的三维温度场测量法。

A　温度传感器阵列测量法

温度传感器阵列测量法是通过在空间内安置传感器阵列，获取不同空间位置处的温度信息，随后由三维重建或映射等方式构建温度场。

但回转窑体积庞大且内部空间中环境恶劣复杂，难以在其内部安装传感器阵列进行检测。目前主要采用的方法是在窑身打孔，局部安装热电偶测量点，如图 7-33 所示。

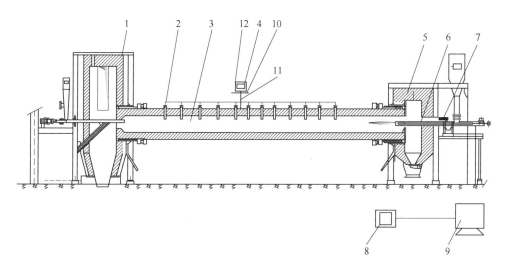

图 7-33　回转窑温度检测系统示意图

1—窑尾；2—热电偶；3—窑体；4—信号采集及无线发射装置；5—窑头；6—中央烧嘴；

7—红外热成像仪；8—无线信号接收装置；9—计算机控制系统；10—隔热板；

11—隔热装置支架；12—隔热仪表箱

图 7-33 为基于热电偶的回转窑温度检测系统，主要由多支 S 分度热电偶、信号采集及无线发射装置、无线信号接收装置和计算机控制系统构成。测温热电偶沿窑轴向按照等间距或者不等间距布置，热电偶穿透窑耐材，直接插入窑内进行测温（获取窑内真实温度）。

该方法能获取较为准确的窑内温度分布，但因为热电偶价格较高，且在窑内恶劣的环境中易发生磨损，整个窑体的布置点较少，因此很难以此构建回转窑的整个三维温度场。

B　有限元分析法

有限元分析法是通过建立空间内的物质运行机理模型，确定空间的边界条件，利用 ANSYS 或 COMSOL 等多场仿真软件对空间内的三维温度场进行数值仿真计算。

采用有限元分析法构建回转窑三维温度场是目前行业内常采用的方法，图 7-34 是针对低热值固废回转窑焚烧过程采用有限元分析法构建的三维温度场。由图可见，燃烧高温区主要分布在靠近入口的挥发分析出区域，以及底部固体颗粒焦炭燃烧区域。其中，最高温度在入口附近，最高可达 1700 ℃，出口温度约 960 ℃。而在回转窑中下部，随着固定碳的燃烧放热，温度场出现局部高温区域。

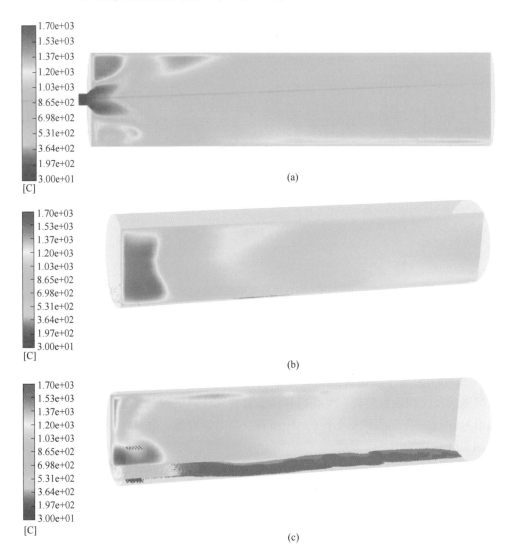

图 7-34 回转窑竖截面温度分布

（a）$y=0$ m（中间竖截面）；（b）$y=-1$ m（中间竖截面向外偏移 1 m）；
（c）$y=1$ m（中间竖截面向内偏移 1 m）

但是有限元分析属于机理建模和数值仿真的范畴，不属于严格意义上的三维温度场检测，在建模仿真时，需要做大量的假设和简化处理，仿真结果的精度无法得到保证。

C 基于声学的三维温度场测量法

声波在理想气体中的传播速度与气体温度存在函数关系：

$$c = \sqrt{\gamma RT/m} = Z\sqrt{T}$$

式中，c 为声波在气体介质的传播速度，m/s；γ 为气体绝热指数；R 为理想气体常数，J/(mol·K)；T 为气体温度，K；m 为气体分子量，g/mol。

在声学测温方法中，在某一时刻一个声波发生器发出声波，并由另外一个声波接收传感器接收到该声波，通过记录路径传播距离与时间可得到平均传播速度，进而由上述函数关系求解得到传播介质的温度。

近年来声学测温法作为一种新兴的测量技术得到广泛的关注，取得一系列理论和应用成果。自 20 世纪 80 年代，英国中央电力产业局首次将声学测温技术应用炉窑测温后，基于声学测温方法不断出现。在回转窑应用上，比较典型的有美国 SEI 公司开发的 Biolerwatch 系统以及 Entertechnix 公司推出的 Pyrometrix 系统。2011 年，华北电力大学在国内某电站的 200 MW 机组锅炉上安装调试了自行研制的多路径声学测温系统，进行了初步的冷态和热态实验，这是国内第一个具有实际测量意义的声学测温系统，并且进行了实际安装和现场实验，验证了声学测温系统的稳定性和可靠性，为国内声学测温系统真正地进入商业应用迈出了坚实的一步。

声学测温法适用于高温烟气的温度检测，但其空间精度受限于发射/接收传感器的数量，同时其检测的温度值为传播路径的平均温度，且一般常用于均匀的、物质含量确定的气体介质，对于回转窑内的混合气体介质，其测温精度难以保证。

D 基于光学辐射的三维温度场测量法

理论上，只要准确获得某波段内光谱辐射能量与被测对象表面温度之间的标定关系，就可以根据光学检测仪器获取的光谱辐射能量计算出被测对象的表面温度，这也是大部分光学测温装置的测温原理，如红外光、可见光、太赫兹等。

光学辐射测温法主要分为以下五类：辐射强度法、吸收光谱法、谱线反转法、红外吸收 CT 法和图像法等，如图 7-35 所示。

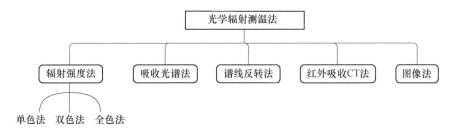

图 7-35 光学辐射测温方法分类

其中，辐射强度测温法是指利用测温仪器通过检测物体发射的热辐射来测量物体的温度，例如测温枪、红外热像仪等都属于辐射强度测温法。根据工程应用所需的测量精度不同，辐射强度测温法可细分为单色法、双色法/比色法和全色法。吸收光谱法测温法是指利用物质对特定波长光的吸收特性，测量被测物质温度的一种方法，属于光纤测温技术领域。谱线反转测温的原理是基于基尔霍夫辐射定律，通过测量物体辐射的光谱，推导出物体的温度。谱线反转测温仪可以观察高温气体在可见光区域的发射与吸收光谱，并能根据发射与吸收的平衡，不接触地测量出高温气体的温度。目前，光学测温已经被成功应用到锅炉火焰的三维温度场重建工作中，例如采用多角度高分辨率面阵摄像机（CCD）获取火焰高光谱图像重构火焰三维温度场。同时，红外热像仪也被用于回转窑窑体表面三维温度场的构建，但因为温度传递的滞后性，窑皮温度场很难有效反映窑内温度场的变化。

7.3.3.2　回转窑三维温度场构建及测温技术

回转窑由于筒体长、高温、旋转且粉尘重等问题，其内部的三维温度场检测一直以来是回转窑关键工艺参数检测的难点。本节结合热电偶测温技术、ANSYS有限元仿真技术、红外-可见光图像融合技术和基于智能算法的软测量技术实现回转窑内部高精度三维温度场构建。

A　回转窑内部三维温度场仿真

回转窑焚烧过程比较复杂，涉及颗粒运动与碰撞、烟气流动、湍流、高温辐射、颗粒挥发分析出、气相及固相燃烧过程。该过程涉及了多种传热形式，如气体向物料、窑壁的传热，涉及热辐射和热对流；回转窑壁向物料的传热，涉及热传导和辐射；回转窑整体温度高于外部，通过回转窑窑壁向外部环境散热，散热方式为热辐射和热对流。在建立回转窑内温度分布的仿真模型时，需要综合考虑料床、内外壁、烟气之间的辐射、对流和导热过程以及物料物化反应等其他过程，选取适当的实验关联式对传热过程进行描述，从而求得窑内各热工参数的分布情况。

B　回转窑窑身热电偶测温装置布置

通过对回转窑结构、回转窑运行时窑内温度场仿真模型研究，在温度拐点附近区域沿窑轴向布置多只测温热电偶，热电偶穿透窑耐材直接插入，随着窑体的转动，可获取测量点窑内一圈温度分布，如图7-33所示。

C　双目相机+红外热成像相机布置

双目+红外热成像构建三维温度场的原理，其实质是红外与可见光图像的融合，双目相机获取物体的三维点云信息，热成像相机采集热成像图像，然后将二者进行映射叠加。由于窑内恶劣燃烧环境，双目+红外热成像相机感测范围有限，因此将其布置在窑体两端，测取其观测范围内的温度场。

D　基于智能算法的软测量技术

软测量技术（也称软仪表技术），是目前解决测量难问题的最重要手段之一。其建模思路如图 7-36 所示。利用间接测量的思路，选择与目标变量直接相关的易测过程变量（称为辅助变量或二次变量），以辅助变量为模型输入，待测目标变量（也称主导变量）为模型输出，通过建立输入变量与输出变量之间的数学模型，找到它们之间的映射关系，实现目标变量的在线实时估计。与传统方法相比，软测量具有成本低、实时性好、维护简单等显著优点。

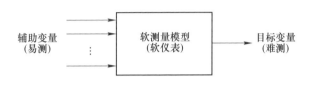

图 7-36　软测量的建模原理

关于回转窑三维温度场的软测量方法，其整体思路如图 7-37 所示。首先构建不同工况下的多组回转窑有限元仿真模型，其次根据真实试验中热电偶和双目热成像设备测量的局部真实温度数据对有限元仿真数据进行校正。基于智能算法的软测量模型以生产工况数据为输入，以校正后的回转窑仿真三维温度场为输出进行学习训练，最终得到输入变量与输出变量复杂映射关系。同时，热电偶和双目热成像设备实时测量的局部真实温度数据也可用于回转窑三维温度场软测量模型的校正。

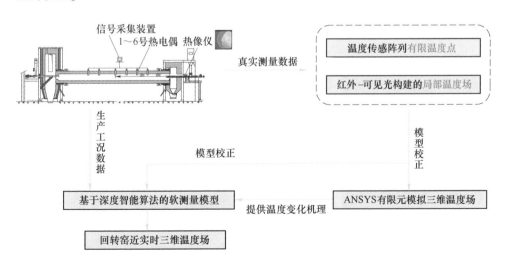

图 7-37　回转窑三维温度场的软测量方法

7.4 窑渣干式冷却及余热回收装备

现有回转窑高热窑渣通常采用水淬或间接水冷方案进行冷却，存在金属铁或残碳被氧化、环境污染、余热资源浪费，造成产品品质下降等问题。尤其是现在钢铁企业希望将含铁窑渣返回钢铁流程进行利用，通过水冷却的方法进行冷却后窑渣含水量较高，不利于冶金流程的后续利用。因此，有必要开发新型的回转窑高热窑渣干式冷却及余热回收一体化装备，以适应窑渣返回冶金流程的需求。

7.4.1 窑渣干式冷却原理

7.4.1.1 脱锌渣干式冷却工作原理

本节主要通过试验研究了不同气体成分对高温还原性物料的冷却效果及对产品质量的影响，研究某锅炉出口烟气（含氧量>13%）、6%含氧量烟气这两种冷却介质工况下球团的冷却效果。试验结果表明：由于锅炉出口烟气的含氧量大于13%，在冷却过程中热物料出现了剧烈燃烧的现象，并发生结块现象，如图7-38所示。因此，含氧量大于13%烟气作为冷却介质对球团矿进行冷却并不可行。另外，采用6%含氧量烟气对物料进行冷却时，试验装置上部呈现熔融状态，物料仍会出现结块现象，但结块程度低于含氧量大于13%的锅炉出口烟气，下部物料局部黏结，并且表面呈现红褐色，氧化严重，如图7-39所示。

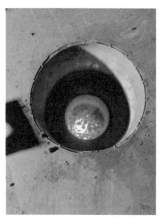

图7-38 某锅炉出口烟气（O_2>13%）冷却试验结果

图 7-39 6%含氧量烟气冷却试验结果

表 7-7 给出了 6%含氧量烟气冷却试验中所测得的上部出口烟气的主要成分，从表 7-7 中可知，冷却实验过后氧气基本被球团发生的氧化反应消耗，并产生大量的 CO。

表 7-7 冷却出口烟气成分

成　分	单　位	含　量
O_2	%	0.45
CO_2	%	4.62
CO	mg/m³（标态）	7287.5
NO	mg/m³（标态）	28.7
NO_2	mg/m³（标态）	2.05
NO_x	mg/m³（标态）	30.75
SO_2	mg/m³（标态）	0

表 7-8 给出了 6%含氧量烟气冷却试验后的球团物料成分分析结果，并与隔绝空气的圆筒冷却后的物料成分进行了对比。从表 7-8 中可知，经 6%含氧量烟气冷却后，球团的金属化率下降明显，上部物料已降至 13%。

表 7-8 烟冷球团和圆筒球团成分对比 （%）

品名	TFe 含量	Ca 含量	Si 含量	P 含量	S 含量	Cr 含量	FeO 含量	C 含量	MFe 含量	金属化率
烟冷球	62.54	6.79	2.03	0.094	0.186	0.022	46.6	0.026	8.1	12.95
圆筒冷球	67.1	7.8	2.17	0.108	0.231	0.017	47.74	0.08	29.2	43.53

结合试验检测数据可以看出，采用含氧量为 6%的烟气对 900 ℃的金属化球团进行冷却试验过程中，发生了放热反应，有残碳的燃烧，有铁的氧化反应。考虑放热量低的铁的氧化反应，即金属铁与氧生成 FeO，从反应产物分

析，这一反应是存在的，并且采用含氧量高的烟气冷却时，其 FeO 含量升高即可看出这一点。而采用含氧烟气作为冷却介质的试验过程中发生了金属铁的氧化反应：

$$Fe + 1/2O_2 \Longrightarrow FeO$$

假设此时冷却气体温度为 500 ℃，该反应每摩尔可放出热量 338.67 kJ。同时，从试验数据可以看出，以 1 kg 金属化球团为研究对象，从分析可以看出，将有 8.01% 的 Fe 反应生成了 FeO，则反应放出的热量为 376.77 kJ，该热量可将金属化球团加热到 1278 ℃，物料发生融化，故而会产生结块，所以，从分析再次验证了用含有氧气的气体进行金属化球团的冷却会造成金属化率降低，物料发生结块的现象，有氧气存在的冷却方法不适用高金属含铁球团的冷却。

本节主要分析了采用全氮气作为冷却介质时金属化球团的冷却效果。为了保证试验效果，在试验开始前，需进行约 1 h 的烘炉，直至下部排料温度维持在 150 ℃ 左右再开始间断性地排料、给料，试验过程中氮气流量设置为 40 m³/h（标态）。另外，为了与产量、理论计算冷却时间相匹配，便于对试验数据进行理论分析，整个试验过程持续时间为 1.5 h。

通过对试验结果进行分析发现，采用全氮气作为冷却介质时，物料排料顺畅，未出现结块现象，并且冷却的物料表面色泽较亮。图 7-40 给出了氮气和球团进出口温度的测量结果，由图可知，热烟气温度平均值为 593 ℃。另外，经氮气冷却后球团的成分组成如表 7-9 所示，并同样与圆筒冷却工况下的相关数据进行了对比，从表中数据可以看出，采用氮气冷却比不通氮气仅隔绝空气的圆筒冷却的物料金属化率提高了 13%。

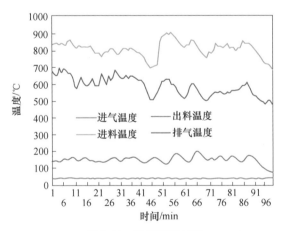

图 7-40　温度测量结果

表 7-9　氮冷球团和圆筒球团成分对比　　　　（%）

品名	TFe 含量	Ca 含量	Si 含量	P 含量	S 含量	Cr 含量	FeO 含量	C 含量	MFe 含量	金属化率
氮冷球	69.69	7	2.41	0.114	0.261	0.017	38.59	0.15	39.58	56.79
圆筒冷球	67.1	7.8	2.17	0.108	0.231	0.017	47.74	0.08	29.2	43.53

根据理论计算结合实际的物料参数，可得出物料所需的冷却时间，通过调整相关参数使冷却时间在 1.5 h 时，排气温度达到 600 ℃ 左右，与试验结果热烟气平均温度 593 ℃ 基本相符。同时，与圆筒冷却相比，氮气冷却后球团的金属化率有大幅提高。因此，采用氮气干式冷却金属化球团，一方面，可以将高温球团中丰富的显热资源转移到冷却废气中，从而进行余热回收，降低反应炉窑的能耗；另一方面，可以保证金属化球团的金属化率不降低。

7.4.1.2　热解渣干式冷却工作原理

有机固废热解-焚烧后的炉渣温度高达 400~800 ℃，炉渣输送至渣仓前需进行冷却，目前危险废物焚烧生产线对炉渣冷却的主流设备是湿式捞渣机，其原理为：高温炉渣直接落入捞渣机的水槽内，炉渣急速降温沉入底部的刮板机内，再通过刮板机输送出去，炉渣落入水中产生的大量水蒸气进入系统烟气。该技术具有操作简单、冷却速度快的特点，但也存在很多缺点，比如炉渣残碳被氧化、含水率高；产生大量水蒸气进入烟气、耗水量大；水淬池溶液含重金属，水处理难度大；设备布置场地要求较高。

为了克服以上缺点，根据本书第 4.3.1 节中有机固废热解-焚烧工艺对热解渣干式冷却的技术要求，即有机固废热解渣冷却过程中必须采用氮气或低氧环境保护的冷却方式，以防止富碳和富铁有机固废热解渣在冷却过程中被氧化，造成碳损失或金属化率降低；同时，结合热解渣后续进入烧结协同处置的入炉要求，即入炉窑渣要尽可能降低水分，以减少窑渣干燥的成本，中冶长天开发了高热窑渣干式冷却技术，在回转窑窑尾设置间接水冷出渣机，冷渣机通过机身持续转动将炉渣从头部进料端运输到尾部，在此过程中，通过冷却水与高温炉渣的间接换热实现对炉渣的快速降温。干式出渣方式产生干渣，渣中残碳和高金属化率最大程度被保留，无废水废气，对系统烟气无影响，且占地较小，窑渣余热被利用，相对湿式出渣来说具有明显的优势。

7.4.2　脱锌渣干式冷却装备

根据试验研究结果表明，对于还原性高温物料，须采用氮气或无氧环境进行冷却，防止高温还原性物料结渣氧化。通过创新性研究，开发出多段分级余热式回转冷却技术，以理论计算及仿真分析方法，研究多段分级余热式回转冷却装置的装备特性，形成了高温还原性球团冷却及余热回收一体化技术与装备方案，开发出高温还原性球团冷却及余热回收一体化技术与装备。

（1）干法冷却传热计算。以某固废处置项目为例，其处置负荷约 6.7 t/h，给定高温物料初始温度为 1000 ℃，物料热容 $c_渣 = 0.857$ kJ/(kg·℃)，高温物料需冷却至 200 ℃。使用初始温度为 25 ℃ 的常压水（焓值为 105.38 kJ/kg）对高温物料进行冷却，换热后回收到的产物为 360 ℃，1.6 MPa 的过热蒸汽，查表可得该状态下焓值为 3167.8 kJ/kg，因此 $\Delta H_水 = 3062.42$ kJ/kg，可求得所需冷却水量：$q_水 = 1499.9$ kg/h。

以饱和水蒸气为界，将换热过程划分为两个阶段：水转化为饱和水蒸气段为蒸发段，饱和水蒸气加热至过热蒸汽段为过热段。1.6 MPa 条件下，饱和水蒸气温度为 201.37 ℃，焓值为 2792.2 kJ/kg。

换热形式为逆流，对数平均温差为：

$$\Delta t_m = \frac{\Delta t_{max} - \Delta t_{min}}{\ln \dfrac{\Delta t_{max}}{\Delta t_{min}}}$$

换热面积为：

$$S = \frac{Q}{\Delta t_m}$$

设定冷却窑筒内径为 2.5 m，换热管外径为 70 mm，换热管间距为 60 mm，可根据换热面积计算窑长，干式冷却装置尺寸理论计算结果如表 7-10 所示。

表 7-10 干式冷却装置尺寸理论计算结果

阶　　段	过热段	蒸发段
入口温度/℃	201.3	25.0
出口温度/℃	360.0	201.37
焓变/kJ·kg⁻¹	375.6	2686.8
换热量/kW	156.5	1119.5
高温物料入口温度/℃	1000	901.9
对数平均温差/℃	669.8	378.9
换热系数/W·(m²·K)⁻¹	30	35
换热面积/m²	7.79	84.4
窑长/m	9.31	0.86

（2）脱锌渣干法冷却装置。干式冷却换热装置由回转冷却筒、下料溜槽、换热装置及组件构成，如图 7-41 所示。

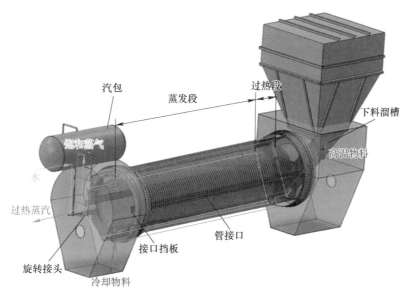

图 7-41　脱锌渣干法冷却及余热回收装置

1）回转冷却筒：实现高温物料缓慢地流经整个筒体，完成冷却换热过程，冷却后物料从其低端（尾端）卸出。

2）下料溜槽：由收料口、耐磨耐热溜板、急冷溜板、活动溜板、入窑溜板、大块检测装置等组成。当前序焙烧装置比如回转窑排出高温物料后，依次进入收料口、耐磨耐热溜板、活动溜板、入窑溜板，最终进入冷却窑中。物料进入活动溜板时，大块检测装置先检测是否有大块进入此段，无则溜板正常运行，让物料通过；有则活动板打开，使大块落入大块处理池。

3）换热装置及组件又分为汽包、换热盘管、旋转接头及其他管路，汽包与相关固定管路在冷却筒外相对固定，冷却筒内换热管随冷却筒一起做旋转运动，由旋转接头实现筒外与筒内的连接。其中，汽包是加热、汽化、过热三个过程的交汇与分界点，具有储能和缓冲、汽水分离、确保安全运行等功能。换热盘管分为蒸发段和过热段，蒸发段目的是实现水汽化成饱和蒸汽的汽化过程，靠近窑尾；过热段目的是实现饱和蒸汽加热成过热蒸汽的过热过程，靠近窑头。旋转接头连接汽包和冷却窑，实现将流体介质从静止的管道输入旋转运动的设备中。

7.4.3　热解渣干式冷却装备

有机固废热解渣的干式冷却装置结构图及冷却流程分别如图 7-42 和图 7-43 所示。干式冷却装置的结构包括落料斗、下料溜槽、冷却圆筒、冷轧下料口。其中，冷却圆筒是一种间接冷却装置，圆筒内靠近筒壁沿热渣流动的方向布置了双螺旋的间壁式冷却水管。根据热解工艺的不同，热解渣从回转窑出炉的温度在600~900 ℃范围内有一定的波动，高热的热解渣进入落料斗后，沿着下料溜槽进入冷却圆筒，在冷却圆筒自身不停旋转的作用下，继续往前流动。热解渣在圆筒内流动的过程中，不断与冷却水管换热，被间接冷却，冷却后的冷渣从下料口排出冷渣机。冷却水从冷渣机排料端进入，以逆流的形式与热渣换热，冷却水被加热后，通过筒内的双螺旋管道，又从冷渣机尾端出去。被加热的冷却水可以作为余热锅炉给水或者用于余热除盐水，实现了对窑渣余热的有效回收。

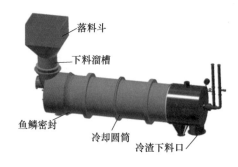

图 7-42 有机固废高温热解渣冷却装置

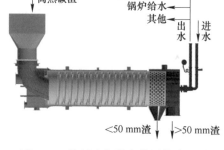

图 7-43 物料冷却及余热回收流程图

热解渣的干式冷却装置采用了独特设计的落料装置。一般来说干式冷渣机的落料装置为一根弯管和密封装置（如图 7-44 所示），根据物料情况确定需要的落料管直径。弯管进入冷渣机转动部的接口处存在缝隙，为了防止飞灰漏出，接口处设置密封装置，密封装置为固定式，具有固定的卸灰口，与冷渣机转动部采用迷宫密封形式。在锅炉发电中，因燃煤渣为干燥的细渣，不容易黏结，一般不会造成堵塞。但如果将冷渣机应用于危险废物的焚烧生产线，由于危险废物存在多样性，其焚烧炉渣的性质并不稳定，当炉渣为含盐量高或者含铁量高的熔融渣时，在落料弯管的转弯处容易黏结，积少成多造成堵塞，冷渣机入口的堵塞如果没有及时清除，会造成焚烧系统停炉。所以，普通的冷渣机落料装置无法满足危险废物焚烧工艺的要求。

针对危险废物高温炉渣的特点，普通的冷渣机落料装置难以胜任，主要存在以下缺点：（1）熔融态炉渣在落料弯管处容易黏结堵塞；（2）落料管堵塞后不易发现，不方便清堵；（3）固定式落料装置不方便更换；（4）落料装置与冷渣机转动部采用迷宫式密封，密封间距小，颗粒物易卡料，在冷渣机冷热态工况切换下，由于热胀冷缩作用容易损坏造成漏灰，密封故障率高，不易更换，且该结构限制了落料弯管的斜率，使弯管的斜率较小；（5）自动化程度低，设备故障及堵料全靠人工，无法进行有效的监控。

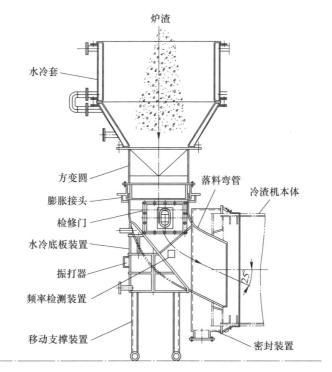

图 7-44 干式冷渣机的落料装置

由于钢铁企业产生的危险废物污泥存在一定的特殊性，主要表现在铁含量高（铁含量高达 60% ~ 75%，大部分为金属铁粉），来源于冷轧和热轧工序。焚烧后残渣铁含量高，可作为烧结原料回收利用，不需额外进行处置，故干式出渣方式为最佳选择。但是金属铁粉含量高容易在高温下形成黏性熔融渣，炉渣落入落料弯管后，在弯管内黏结积料，从而堵塞弯管，造成焚烧系统停炉。由于常规冷渣装置未设置观察孔及自动报警设备，工人无法及时发现堵料情况，且不方便进行在线清堵，只能先将焚烧线停炉后，待系统内部冷却后，人工进入冷渣机清理堵料，且由于铁粉熔融冷却后的炉渣硬度极大，需要用电钻清理大块堵料。为了防止出现堵料，只能派人长期在现场观察，定时进行人工确认，发现堵料时立刻进行处理。人员工作强度大，且现场高温炉渣落下过程中在线清堵，存在高温烫伤的风险。

以较为常见的 30000 t/a 的焚烧线为例，每天的危险废物处理量 100 t，根据危险废物处置费 5000 元/t 计算，每天处置费为 50 万元，一般焚烧线的停炉需要 3 天以上，加上检修、清堵、启炉至少需要 7 天，所以一次堵料停炉的直接损失费用为 350 万元以上，检修和清堵人工未计入在内，且频繁的启停炉，会缩短系统设备和耐火材料的使用年限。

为此，中冶长天发明了一种移动式干式出渣落料装置（专利号：202210453708.7），能使落料弯管的斜率尽量大，减少落料弯管处的炉渣黏结性，通过自动检测手段检测炉渣堵料情况，指标超过设定值时可自动报警，能及时发现堵料并及时自动清理，若无法自动清理时，其结构灵活，更利于人工清理或装置更换。且对密封装置进行改进，现场不需要派人长期盯守，可以减少工人 1 名，减少工人工作强度，降低作业风险。

该落料装置由水冷套、方变圆、膨胀接头、落料弯管、水冷底板装置（含振打器）、检修门、密封装置、移动支撑装置、频率检测控制系统构成。如图 7-45 所示，水冷套顶部法兰与二燃室底部法兰口对接，水冷套由 4 个独立的水夹套拼装而成，每个水夹套分为上、下两片，上片与下片之间采用螺栓连接，水路采用管道连接，冷却水"下进上出"，上片与下片的底部分别设置排污口；水夹套之间采用紧固件连接；水夹套为内外两层钢板组成，内钢板为整块钢板弯制而成，夹套内通冷却水；水夹套内钢板材质需满足耐腐蚀性要求。水冷套底部为方形口，下方的膨胀接头为圆形口，中间采用方变圆构件连接，与上下设备均采用法兰连接，方便拆卸。

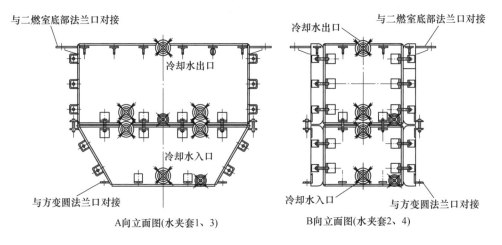

图 7-45 水冷套立面图

如图 7-46 所示，膨胀接头套筒分两层，内套管比外套管稍长，内套管采用耐高温材质，直接与高温炉渣接触；落料弯管上部插入膨胀接头内外套管间，落料弯管上部设置密封槽，膨胀接头外套管插入密封槽内，密封槽采用耐温密封填料填充，以减少漏风；落料弯管与膨胀接头套筒无接触，用于吸收上下设备的相对热膨胀位移。

从图 7-44 可以看出，落料弯管用于引导上方落下的炉渣进入冷渣机，为冷

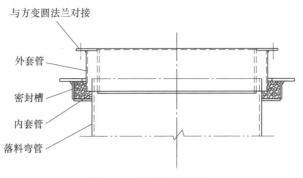

图 7-46 方变圆示意图

渣机入口的主要堵点，此处为了保证减少堵料，采取了较大的堆积角和水冷底板装置（炉渣的急速降温可减少炉渣黏结管壁的概率）。经高温焚烧后的炉渣状态接近于干松泥土以及小块矿石等（如石灰石、白云石、黄铁矿等），其动堆积角约为 25°，作为落料弯管与冷渣机的夹角。落料弯管与炉渣直接接触，材质采用耐高温材质。

水冷底板装置用于高温炉渣的急速冷却，以减少为炉渣黏结管壁的概率，是冷却水间接冷却装置，遵循冷却水"下进上出"原则；水冷底板装置上设置振打器底座，用于安装振打器；水冷底板装置的水冷底板与高温炉渣直接接触，材质采用耐高温材质。密封装置由密封壳体、内撑管、鳞片密封、出灰口等组成；密封装置的主要作用是，密封落料弯管与转动设备冷渣机的连接部位形成的环缝漏灰，密封壳体内飞灰沉降后从出灰口卸出；密封装置与转动设备冷渣机壳体采用鳞片密封，防止漏灰和漏风，鳞片与冷渣机壳体间垫柔性材料，避免鳞片对冷渣机壳体的磨损。

通过独特设计的热解渣落料装置，使落料弯管的斜率加大，使炉渣更顺利的卸入冷渣机，减少堵料风险；与高温炉渣的主要接触部位设置了间接水冷，可显著降低熔融炉渣的表面黏性，减少因熔融炉渣黏结而导致的堵料。

2021 年 8 月，中冶长天开发的有机固废热解渣干式冷却及余热回收装置在宝钢固废有机固废处置工程中实现了工业应用，如图 7-47 所示，这是国内有机固废处置工程中首次应用窑渣干式冷却及余热回收。与传统的湿法冷却相比，冷却后的窑渣几乎不含水，窑渣可以直接进入烧结工序处置而不需要再进行干燥，适应了烧结处置预处理窑渣的技术要求。热解渣干式冷却装备的关键参数如表 7-11 所示，以宝钢股份 4 万吨/年的有机固废处置工程为例，其配置的干式冷却筒外径为 1500 mm，冷却水流量约为 15 t/h，对窑渣进行冷却后，出口水温上升至 40~50 ℃；窑渣经过冷却后的出口温度为 80~100 ℃，满足皮带直接运输的要求，整个冷却装置的换热系数为 70~90 W/(m² · K)。

图 7-47　宝钢股份有机固废工程干式冷却及余热回收装备

表 7-11　热解渣干式冷却装备关键参数

参 数 名 称	数　值
圆筒外径	1500 mm
冷却水流量	15 t/h
入口水温	常温
出口水温	40~50 ℃
入口热渣温度	600~900 ℃
出口冷渣温度	80~100 ℃
换热系数	70~90 W/(m² · K)

7.5　一体化水洗装备

7.5.1　一体化水洗装备工作原理

7.5.1.1　传统板框压滤的问题分析

冶金行业中高盐固废主要有烧结除尘灰、转底炉尘泥、高炉除尘灰、电炉粉尘等，各来源固废成分复杂、差异性大、粒径分布广。常规的固废处理方法是将固废输送至洗灰池进行洗涤，再将洗涤的浆液通入板框压滤机进行固液分离，分离后的固体和液体再进入下一道工序进行处理。常规板框压滤在处理高盐固废水洗过程固液分离时存在一系列问题：

（1）滤室泥饼偏析导致压滤出稀泥、滤板易变形。由于钢铁高盐固废分盐后所得滤饼主要为铁及铁氧化物，密度大，传统板框压滤按水平布置，滤饼易在滤室下侧积累，导致滤室内泥饼厚度分布不均，长期运行过程易导致滤板变形。

（2）水洗效果差，洗涤过程洗水会遵循阻力最小原则直接沿滤液出口流出，与滤饼接触面积小，无法达到洗涤效果（如图7-48所示），因此水洗过程往往耗水量更大。

（3）设备占地大，传统板框按水平布置需要更大的设备空间。

（4）滤布清洗及更换麻烦，传统板框压滤机一般有数十块滤板，清洗及更换时需逐一进行操作，难以实现自动化控制。

基于上述问题，亟须针对高盐固废水洗过程的技术需求进行装备创新及研发。

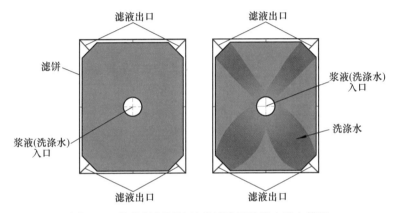

图7-48 传统板框压滤过程滤液及洗涤水流向模拟

7.5.1.2 一体化水洗装备工作原理

针对现有板框压滤装备存在的不足，将过滤设备改为立式布置，进料采用横向注入式，让浆液在滤室内均匀分布，以保证所得滤饼不发生偏析，滤液及洗水均需透过滤饼方可排出，可保证过滤及洗涤效果。其工作原理总体可分为5个阶段，如图7-49所示。

（1）过滤阶段：设备运行后，首先通过液压推杆将上下层洗滤板框施压闭合，浆液由泥浆泵通过料浆管注入滤腔内，泥浆在滤腔内水平铺满，浆液中水分通过液压透过滤布进入滤液腔，然后经滤液软管输送收集至滤液罐内。

（2）一次挤压：待过滤完成后停止进料，通过高压水管将高压水（也可以采用高压气）注入橡胶隔膜上方，橡胶隔膜受压向外扩展从而达到挤压浆液的作用，将滤室内多余水分挤压排出，降低滤饼含水率，形成滤饼。

（3）洗涤（可重复）：关闭橡胶隔膜的高压水泵送压力，通过切换阀门使用同料浆相同入口将洗涤液泵送至过滤腔内；由于洗涤液注满滤腔形成一定压力，隔膜被抬起，泄压的高压水从隔膜上高压水入口挤出。洗涤液具备一定压力，持续一定时间覆盖滤饼，最终从滤布流入排放管，并通过切换阀门将洗涤滤液收集至对应的液罐内。

（4）二次挤压（可重复）：洗涤完后关闭洗涤液进口阀门，重复第 2 阶段中的方法再将滤饼内的液体通过施加压力排出。

（5）滤饼排放：完成洗涤过滤后，液压推杆收缩，上、下层洗滤板框靠重力分离，滤布以皮带方式运行，同时带动滤饼移动，输送至滤布转弯处，实现滤饼与滤布分离，同时通过刮刀将黏附在滤布上的残余物料清除。滤布运行方式采用单驱动循环行走模式。

根据物料洗涤要求，2、3 阶段可以重复多次，以保证滤饼中杂质组分彻底分离。

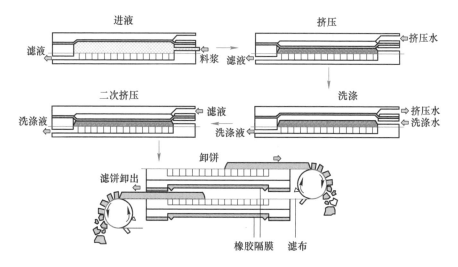

图 7-49　固废洗涤过滤工作原理图

7.5.2　一体化水洗装备结构分析

为实现上述水洗作业需求，设计了一体化水洗装备，整体装置图如图 7-50 所示。装置包括控制系统、滤板组、滤布、驱动装置、张紧装置、纠偏装置、清洗装置、支架、下料斗等部件，可实现在设备内完成水洗和固液分离两步作业。为避免增加滤室时设备过高造成操作困难，设备采用一体式成型滤布，便于自动化控制，有效减少滤布清洗或更换的操作时间。

同样对立式布置过滤设备中物料走向进行了仿真模拟，结果如图 7-51 所示。由图可知，通过立式布置横向注液的模式，进料可平铺均匀地分布在滤腔内，有效避免滤饼偏析及洗水与滤饼接触面积小的问题，可保证过滤及洗涤效果。

滤布采用一体式成型滤布，其运行方式如图 7-52 所示。全部压滤装置滤板

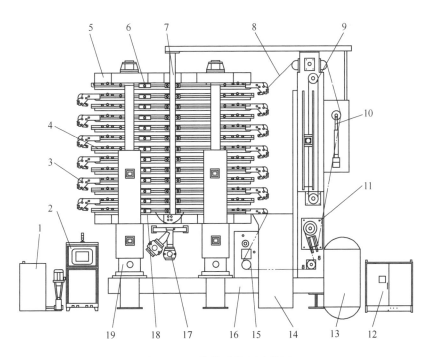

图 7-50 一体化洗涤压滤装置

1—挤压水站；2—控制系统；3—改向辊；4—滤板组；5—上压板；6—高压挤压管；
7—导向；8—滤布；9—张紧装置；10—纠偏装置；11—驱动装置；12—液压系统；
13—风干及气动系统；14—下料斗；15—清洗装置；16—机架；17—进料管；
18—下压板；19—液压系统（液压站无油）

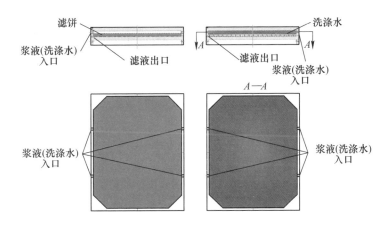

图 7-51 传统板框压滤过程滤液及洗涤水流向模拟

组中采用一条滤布呈 S 形无端行走方式，滤布在运行过程中可实现两面交替参与洗涤压滤，卸料过程使滤饼随滤布移动从洗滤板框一端送出。滤布卸料端设置有刮刀，可进一步对滤布进行清洗，滤布运行过程中还会进行持续的强力冲洗再生，冲洗采用高压水射流喷射清洗，滤布两侧都设置清洗装置。

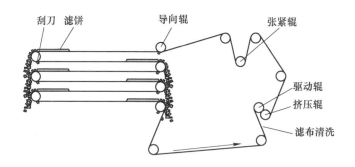

图 7-52 滤布运行示意图

根据设计思路试制了一体化水洗装备样机，设备外观如图 7-53 所示。样机选用 316L 材质进行制作，滤布选用 PET 涤纶材质，样机只装配了一块滤板，与上下压板共形成两个滤室，过滤面积约为 0.5 m²，处理量为 50 kg/h。

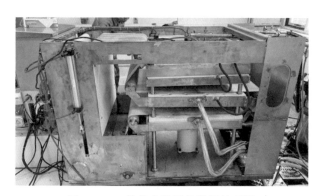

图 7-53 一体化水洗装备样机外观图

7.5.3 一体化水洗装备应用效果研究

为验证试制的一体化水洗装置的应用效果，以安阳钢铁烧结机头灰水洗过程为对象，进行了实验验证，考察一体化水洗装置对钢铁高盐固废洗灰浆液的压滤效果。进液浆料为安阳钢铁烧结机头灰水洗过程产生的浆料，流程为进料—挤压—风吹，分析进料时间、挤压、风吹时间对滤饼厚度及脱水效果的影响，考察各压滤步骤对滤饼脱水率的贡献。设备运行参数如表 7-12 所示。

表 7-12 一体化水洗装备运行参数

步 骤	压力/MPa	时 间
滤板关闭	0.4	7 s
进料	0.1~0.3	取决于进料量和工艺
一次挤压	0.4	2 min
水洗	—	取决于水量（5 min）
二次挤压	1.2	10 min（受进料量影响）
吹干	—	2 min
滤板打开	—	7 s
卸饼	—	15 s（皮带行走一圈整）

首先考察了设备对固液分离效果的影响，通过滤饼含水率评估固液分离效果。每批次实验考察了包括进料时间、挤压压力和风吹时间的影响，结果如表7-13 所示。比较 1 批次的结果可知，滤饼未进行挤压时即使进料时间延长至40 min，所得滤饼含水率仍大于 30%，而通过二次挤压和风吹可显著降低含水率，说明通过加压和风吹都可以进一步降低滤饼含水率。此外，过滤过程需保持足够的进料时间以充满滤室，这也有助于得到含水率较低的滤饼，如 2 号实验组与 8 号实验组同样经过二次挤压，但 8 号实验组进料时间比 2 号短 4 min，滤室内可能仍有部分空腔，故 8 号所得滤饼的含水率明显高于 2 号。

表 7-13 一体化水洗装备压滤效果

批次	编号	浆料含固率/%	实验参数			结果	
			进料时间/min	挤压压力/MPa	风吹时间/s	滤饼厚度/mm	含水率/%
1	1	18	40	0	0	16	30.50
	2	18	24	1.2	0	14	25.65
	3	18	24	1.2	180	14	20.50
2	4	25	4	0	0	5	35.55
	5	25	10	0	0	10	30.67
	6	25	16	0	0	15	29.22
	7	25	30	0	0	14	30.43
3	8	21	20	1.2	0	14	29.41
	9	21	20	1.2	20	14	26.87
	10	21	20	1.2	40	14	28.21
	11	21	20	1.2	80	14	24.90

批次	编号	浆料含固率/%	实验参数			结果	
			进料时间/min	挤压压力/MPa	风吹时间/s	滤饼厚度/mm	含水率/%
4	12	25	30	1.2	0	15	30.43
	13	25	30	1.2	30	14	26.66
	14	25	30	1.2	60	14	28.50
5	15	14	20	1.2	0	7	26.22
	16	14	20	1.2	20	7	25.97
	17	14	20	1.2	40	7	25.31

进一步考察了一体化水洗装备的水洗效果，实验过程采用一次洗灰-二次装备内水洗的模式，通过检测滤饼中的氯含量考察水洗效果。为避免取样点的不同造成的数据差异，每次实验都采用多点取样的方式综合考察水洗效果，结果如表7-14所示。由表可知，除第5批次实验由于进料较少导致滤室未充满，出料因含水率较高致氯含量偏高外，无论采用盐水洗灰还是清水洗灰，通过在一体化水洗装置内进行原位水洗，均可保证滤饼中氯含量降至1%以下，不同位置处滤饼内氯含量略有偏差，且呈现中间低边缘高的趋势，但洗涤效果均较好，说明一体化水洗装备可用于滤饼的二次清洗，避免了传统板框压滤由于清洗效果差需要二次化浆洗涤的问题，有效减少了设备投资，避免了物料多次转运造成管道堵塞的风险。

表 7-14   一体化水洗装备二次水洗效果

实验批次	化浆比例	二次洗涤比例	成分	氯含量/%	备 注
1	2∶1（清水）	1∶1（清水）	上板	0.22	—
2	2∶1（清水）	1∶1（清水）	下板	0.74	—
3	2∶1（清水）	1∶1（清水）	上板	0.53	—
4	2∶1（5%盐水）	1∶1（清水）	上板	0.44	—
	2∶1（5%盐水）	1∶1（清水）	下板	0.39	—
5	2∶1（8%盐水）	0.5∶1（清水）	上板中心	0.23	进料较少，滤饼较薄
	2∶1（8%盐水）	0.5∶1（清水）	下板边缘	1.35	
	2∶1（8%盐水）	0.5∶1（清水）	上板边缘	2.63	
	2∶1（8%盐水）	0.5∶1（清水）	下板中心	1.72	
6	2∶1（8%盐水）	1∶1（清水）	上板	0.25	—
	2∶1（8%盐水）	1∶1（清水）	下板	0.26	

实验批次	化浆比例	二次洗涤比例	成分	氯含量/%	备　注
7	2:1（10%盐水）	0.5:1（清水）	上板边缘	0.38	—
	2:1（10%盐水）	0.5:1（清水）	上板中心	0.31	
	2:1（10%盐水）	0.5:1（清水）	下板边缘	0.72	
	2:1（10%盐水）	0.5:1（清水）	下板中心	0.29	

相比传统板框压滤设备，一体化水洗装置具有结构简单、维护方便的优势，水洗过程可极大降低耗水量，有效提高出水盐浓度，降低蒸发结晶过程的蒸发量。且设备电耗低，垂直结构比水平布置板框设备占用空间小 40% 以上，可显著节约土建成本。该设备对物料适应性强，可推广应用于其他过滤洗涤工艺。

7.6　碳基法烟气净化关键装备

钢铁冶金流程复杂固废资源化循环利用技术中产生的尾气中污染物包括 SO_2、NO_x、粉尘、二噁英、HCl 等，需要净化处置，碳基法侧向分层错流烟气净化技术具有多污染物协同净化效率高、运行成本低、作业率高等优点，并能够实现二噁英的无害化分解，是大气治理技术的优选。其主要装备包括侧向分层错流吸附塔和整体流解吸塔。

7.6.1　侧向分层错流吸附塔

7.6.1.1　侧向分层错流吸附塔工作原理

烧结烟气中含有的 SO_2、NO_x，HCl，这三种污染物气体在活性炭表面的竞争吸附能力为：$SO_2 > HCl > NO_x$，即活性炭优先吸附 SO_2，其次为物理吸附 HCl，最后为吸附 NO_x。为了适应烟气中多污染物的活性炭吸附规律，强化协同净化效果，我们开发了双级侧向分层错流吸附方法，设计侧向分层错流吸附塔。

侧向分层错流吸附塔结构如图 7-54 所示，从图中可知，活性炭从上到下充满吸附塔，上部连接塔给料仓，下部连接塔底料斗，排料采用长轴辊式排料装置，活性炭在重力作用下，通过排料装置控制下料，并保证在垂直气流的截面上活性炭下料速度均衡。根据烟气各组分浓度和排放要求，按与烟气接触的先后顺序，设置了前、中、后多个通道。

吸附塔前层主要发生脱硫反应(式 (7-1))，在吸附完 SO_2 后，才能完成 HCl 的物理吸附，其中 SO_2 氧化生成硫酸为强放热反应。在侧向分层二级吸附塔入口加入氨气，可以实现 NO_x 高效脱除，见式 (7-2)。

$$2SO_2 + O_2 + 2H_2O =\!=\!= 2H_2SO_4 \tag{7-1}$$

$$4NO + 4NH_3 + O_2 \Longrightarrow 4N_2 + 6H_2O \tag{7-2}$$

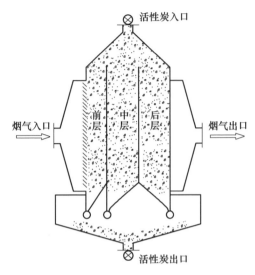

图 7-54 侧向分层错流吸附塔结构图

因此，为了实现活性炭钢铁冶金流程中多污染物烟气的高效脱除，活性炭与烟气侧向混合过程中，一级塔前层活性炭流速最快，大部分 SO_2 和烟气中的粉尘被吸附并带出吸附反应放出的热量，避免热量积聚，减少系统中飞温现象；中层活性炭放慢速度通过，吸附低浓度 SO_2 及部分 HCl；后层活性炭流速非常慢，前两层剩余的 SO_2 及大部分 HCl 在最后一层被吸附。分别吸附 SO_2、HCl 的活性炭进入解吸塔解吸，该吸附塔结构避免了逆流塔方式存在的 HCl 在塔内的富集现象，提高了装置的效率和安全性。二级塔主要发生 SCR 脱硝反应。

7.6.1.2 侧向分层错流吸附塔结构设计

A 整体流下料装备

系统高效和安全运行的前提是烟气与活性炭层的均匀接触，且活性炭从上向下流动过程中不能有滞料现象发生，因此，必须保证料流呈现整体流状态和烟气流场在进入活性炭床层时呈均压状态。如果活性炭流动不是整体流，则烟气不能与料流均匀接触，局部地方脱除率高，局部地方则脱除不净，更严重的是，料流慢甚至滞料的地方，可能产生局部高温，影响系统安全运行。基于此，根据活性炭散粒体流动特性，工程上采用了长轴辊式给料机排料，开发了整体流排料结构，如图 7-55 所示。

如图 7-55 所示，X 轴方向上，长轴辊式给料机的有效长度、活性炭下料口长度及塔体长度保持一致，并且给料机下料口高度相同，因此在同一高度 Z_1、同一厚度 Y_1 处，各层活性炭在 X 轴方向上下料速度相等，即前层中 $V_1 = V_{1x} = V'_{1x}$，

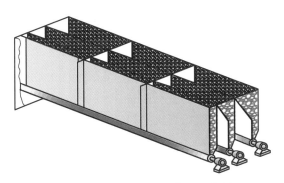

图 7-55 长轴辊式布料装置示意图

中层中 $V_2 = V_{2x} = V'_{2x}$，后层中 $V_3 = V_{3x} = V'_{3x}$；同时在垂直长辊轴向截面，即 Y 轴方向设计了渐进式排料口，保证在气固接触时，吸附塔内统一高度 Z_1 处，各层活性炭在 Y 轴方向上下料速度相等，即前层中 $V_1 = V_{1y} = V'_{1y}$，中层中 $V_2 = V_{2y} = V'_{2y}$，后层中 $V_3 = V_{3y} = V'_{3y}$，而活性炭依靠重力向下运动，可保证沿 Z 轴方向上，活性炭下料体积流量相同，如此可以保证前层中各处活性炭料层均保持 V_1 的速度移动，中层中各处活性炭均保持 V_2 的速度移动，后层中各处活性炭均保持 V_3 的速度移动，从而实现塔内活性炭整体流运动。

由于机械摩擦，颗粒逐渐变小，孔隙率逐渐变小，但变化的幅度不大，对烟气流动的阻力从上到下，也由小到大，同样幅度也不大，但阻力在同一高度是一致的。这种料层阻力分布的规律，使烟气通过量从上到下，呈现由大到小的趋势，而上部活性炭相对新鲜，吸附速率高，因此，这种料层分布，也有利于强化脱除效果。烟气在活性炭床层中速度分布为同一横向截面速度相等，从上到下截面上速度逐渐降低，即 $u_1 > u_2 > u_3$。

B　速度控制技术

如前所述，不同床层内活性炭的功能不同，为了高效吸附和安全运行，需根据烟气污染物成分及浓度调节各层下料速度，同时要求同一床层内活性炭均匀下料，避免活性炭滞留引发床层局部高温。活性炭在床层内下料速度如图 7-56 所示。

基于长轴辊式结构特点，研究了不同排料口结构参数下的活性炭下料量与圆辊转速等参数的关系，并通过理论推导和实验验证相结合的方法，

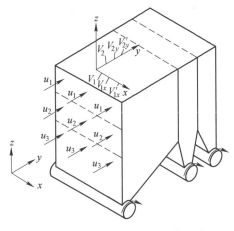

图 7-56　活性炭在床层内下料速度

得出了圆辊下料速度与圆辊转速、排料开口及其他结构尺寸之间数学关系式及各参数的取值范围与条件。

$$W = 60\pi BhnD\rho\eta \tag{7-3}$$

式中，W 为活性炭层下料量，t/h；B 为圆辊给料机排料长度，m；h 为活性炭层开口高度，m；n 为圆辊给料机转速，r/min；D 为圆辊给料机圆辊直径，m；ρ 为活性炭密度，t/m³；η 为圆辊给料机排料效率，%。

　　为进一步确定活性炭层的开口高度，研究了不同开口速度下圆辊转速与活性炭层下料速度的关系，在相同圆辊排料开口高度下，活性炭下料速度随着圆辊转速的增加几乎呈直线上升，线性拟合度均大于99%。且下料速度与活性炭层开口高度呈正比关系，当圆辊转速保持不变时，活性炭层开口高度增加，下料速度明显加快。同时下料口高度需确保活性炭排出时，不会产生过大的挤压力，出现的挤压力应小于活性炭的强度值，保证活性炭在圆辊摩擦力带动下，基本上自由流出。

　　C　塔体结构及模块化技术

　　如上研究，吸附塔是碳基脱硫脱硝装置的主要反应场所，吸附塔主要由顶罩、上塔节、中塔节、下塔节、圆辊排料装置、料斗、插板阀、旋转阀、进气口和出气口组成，各部分之间组装完成后焊接或螺栓连接成一个整体的吸附塔，各焊接或螺栓连接部分均不能漏气。工程上，吸附塔吸附段的活性炭高度根据不同烟气量而定，这样一来，每个工程都要重新设计，工作量巨大。一般来说，吸附塔高度在 30 m 左右，整个吸附段结构形式十分类似，如此庞大的设备如果不采取相应的制造、安装、运输方案，对工程实施难度极大。为了适应处理不同的烟气量以及方便设计、制造、安装，开发了模块化技术来进行设计、制作、运输、安装。

　　模块化的整体思路就是将吸附塔下塔节、吸附段按照一定尺寸大小分为标准模块，根据每个工程不同情况，类似于搭积木一样选择吸附段的模块数量，一层层叠加。安装时标准化模块可以互换，大大加快安装进度，模块化结构原理及实物图如图 7-57 所示。

　　D　吸附塔结构强度设计

　　吸附塔的设计为多通道的矩形箱体结构，由长轴辊式排料装置排料，保证料层整体流。活性炭对于吸附塔结构产生的载荷主要有 4 种：活性炭对塔壁的侧压力、活性炭对塔壁的摩擦力、活性炭对下塔节挡料板法向力、活性炭对下塔节挡料板切向力。

　　在吸附塔结构设计时，可根据前面所述的活性炭压力特性分析，利用詹森公式进行活性炭对吸附塔的侧压力、摩擦力、下塔节挡料板法向力、下塔节挡料板切向力的计算，以此计算结果作为载荷，结合塔体重力、风雪载荷、抗震等级

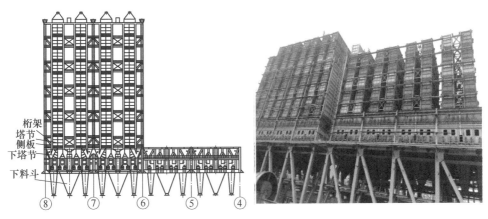

图 7-57 吸附塔模块化设计及实物图

等，进行吸附塔的强度设计和结构设计。

（1）活性炭对塔壁的侧压力。如图 7-58 所示，物料顶面以下距离 $h(\mathrm{m})$ 处，物料作用于单位面积上的水平压力 $P_h(\mathrm{kPa})$ 应按照下式计算：

$$P_h = C_b R \rho g (1 - \mathrm{e}^{-\mu_\omega kh/R}) / \mu_\omega$$

$$k = \frac{1 - \sin\phi_i}{1 + \sin\phi_i} \tag{7-4}$$

式中，C_b 为深仓贮料水平压力修正系数；ρg 为贮料的重力密度，$\mathrm{kN/m^3}$；R 为筒仓水平静载面的水力半径，m，圆形筒仓为 $D/4$，棱柱形容器，若横截面积为 F，周长为 L，则 R 为 F/L；μ_ω 为贮料与仓壁的摩擦系数；k 为侧压力系数；e 为自然对数的底；h 为所计算截面距离活性炭顶部的距离，m；ϕ_i 为贮料的内摩擦角，$(°)$。

C_b 根据实验研究得出取值为 1，ρg 为活性炭堆积密度取值 6.37，R 为活性炭单元截面尺寸的水力半径取值 0.77，μ_ω 是活性炭与钢板的摩擦系数取值 0.5，ϕ_i 是活性炭的内摩擦角取值 35°，k 取值 0.27。

简化得出：

$$P_h = 9.8 \times (1 - \mathrm{e}^{-0.18h}) \tag{7-5}$$

活性炭侧压力值与物料顶面距离计算截面的距离的关系曲线如图 7-59 所示，由图可知，在 0~12 m 区间内，侧压力值变化明显，12~24 m 区间，侧压力值趋于稳定，变化不明显。

（2）活性炭对塔壁的摩擦力。

活性炭对塔壁的摩擦有：

$$P_f = P_h \times \mu_\omega \tag{7-6}$$

$$P_f = 4.9 \times (1 - \mathrm{e}^{-0.18h}) \tag{7-7}$$

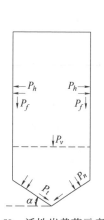

图 7-58 活性炭载荷示意图

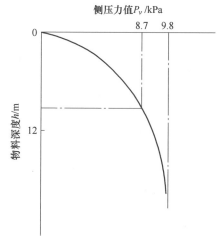

图 7-59 侧压力值与物料深度的关系

（3）活性炭对下塔节挡料板法向力。物料作用于下塔节斜板顶面处单位面积上的竖向压力 P_v（kPa）应按照下式计算：

$$P_v = C_v R \rho g (1 - e^{-\mu_\omega kh/R})/(\mu_\omega k) \tag{7-8}$$

式中，C_v 为深仓贮料压力修正系数；h 为贮料计算高度，m；C_v 取值 1.0，h 取值 24~26 m。

$$P_v = 36.3 \times (1 - e^{-0.18h}) \tag{7-9}$$

其最大值趋于 36.3 kPa，在这一压力下，单颗活性炭所受最大压力小于 10 N，远小于活性炭的耐压强度。

作用于漏斗壁单位面积上的法向压力（kPa）应按照下式计算：

$$P_n = \xi P_v \tag{7-10}$$

ξ 的取值与斜板的角度有关系，60°时 ξ 取 0.453，66°时 ξ 取 0.391，75°时 ξ 取 0.321，78°时 ξ 取 0.304。

（4）活性炭对下塔节挡料板切向力。作用于漏斗壁单位面积上的切向压力 P_t（kPa）应按照下式计算：

$$P_t = C_v P_v (1 - k) \sin\alpha\cos\alpha \tag{7-11}$$

为了吸附塔设计可靠，在理论计算的基础上，还需进行吸附塔活性炭室的模拟侧压试验（如图 7-60 所示），验证所设计的吸附塔结构可靠性。

图 7-60 吸附塔活性炭室模拟侧压试验

7.6.2 整体流解吸塔

7.6.2.1 整体流解吸塔工作原理

活性炭解吸是指运用热解吸的方法将吸附饱和后失去活性的炭进行处理，恢复其吸附性能，达到重复使用目的。在解吸塔内主要发生硫酸及二噁英的分解反应。首先考察解吸温度条件为 400 ℃、420 ℃、450 ℃，不同解吸温度条件下活性炭中吸附二氧化硫解吸率，如图 7-61 所示。

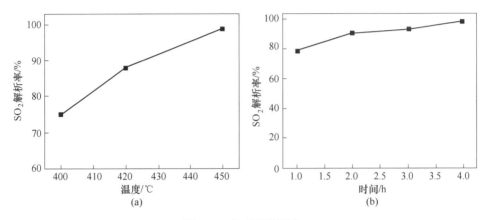

图 7-61　解吸规律研究
（a）解吸温度影响；（b）解吸时间影响

从图 7-61 （a）中可知，随着解吸温度的增加，二氧化硫解吸率逐渐升高，结合能耗及耗材考虑，一般选择解吸温度为 430 ℃。确定最佳解吸温度之后，考察解吸时间对二氧化硫解吸率的影响，从图 7-61 （b）中可知，给定解吸温度为 430 ℃条件下，增加解吸时间有利于二氧化硫解吸。初始 2 h 解吸时间内，二氧化硫解吸率相对较大，可达到 90%，随着时间的增加，解吸率趋于平缓。

烟气中二噁英在吸附塔内通过活性炭床层的集尘作用而去除，在解吸过程中，吸附了二噁英的活性炭在解吸塔内加热到 400 ℃以上，并停留 1.5 h 以上，二噁英在催化剂的作用下苯环间的氧基被破坏，发生结构转变裂解为无害物质，其分解率与加热温度、时间的关系如图 7-62 所示。

7.6.2.2 解吸塔结构设计

在解吸塔塔体结构设计上，必须满足以下功能要求：

（1）为保证塔内活性炭均匀受热，须保证活性炭在塔内横截面上整体流流动状态。

（2）活性炭的解吸需要在 400 ℃以上的高温中进行，而活性炭是一种易燃物质，因此应严格控制在解吸过程氧气的渗入，并保证塔内为微负压。

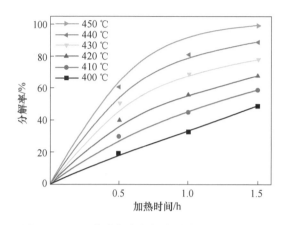

图 7-62 二噁英分解率与加热温度、时间的关系

（3）解吸后的活性炭要通过输送机输送到吸附塔，而输送机是没有气密性的，不能够直接运输高温的活性炭，而且高温活性炭也不允许进入吸附塔，因此要求解吸后的高热活性炭必须先在解吸塔中均匀冷却到 120 ℃才能排出。

（4）不管是加热或者冷却，都须保证活性炭的热交换充分均衡，不允许有过大的温差，以防造成解吸不充分，冷却不均匀，带来安全隐患。

解吸塔的结构组成由颗粒输送阻氧装置、加热段、冷却段、整体流排料装置等组成。解吸塔三维结构如图 7-63 所示。

A 颗粒输送阻氧装置

活性炭需在 430 ℃进行加热解吸，而活性炭本身易燃，因此需要保持解吸过程中全程通入氮气，基于此，开发了颗粒输送阻氧技术，该技术包括双层旋转阀阻氧技术和塔内通氮气阻燃技术。双层旋转阀阻氧技术是防止外界氧气进入解吸塔的技术。双层旋转阀共有两组，位于解吸塔的活性炭进口和出口，每一组双层旋转阀都由两个旋转阀和密封氮气系统组成，旋转阀具备高效密封和定量给料的功能。两个旋转阀上下相连，在连接处接入密封氮气系统。密封氮气系统向两个旋转阀之间鼓入压力氮气，此处的氮

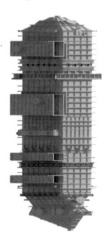

图 7-63 解吸塔三维结构图

气压力高于外界大气压和解吸塔内压力，这样就保证了外界的氧气不能进入解吸塔内，还能够阻止解吸塔内的气氛泄漏到外界大气中。此处的密封氮气系统是一种压力高但流量低的系统，所以只有少量的密封氮气泄漏损失。

由此可知，除了在解吸塔上下两组旋转阀之间通入氮气密封外，在解吸塔上

下部还向塔内通入氮气，使塔内活性炭全部被氮气包围，此时氮气承担了三种功能：

（1）阻燃作用。确保活性炭在400多摄氏度的环境下不会发生自燃现象。

（2）传热功能。氮气从管壁获得加热热量或从管壁获得冷却热量，并传递到管内活性炭。

（3）传输解吸气体。把在高温下解吸出来的气体带出解吸塔，成为SRG气体。

解吸塔氮气布置如图7-64所示。

B 加热及冷却装置

解吸塔主要分为加热段和冷却段，如图7-65所示，加热段主要是对活性炭进行加热解吸，冷却段主要是将解吸后的活性炭进行冷却，以便于运输。

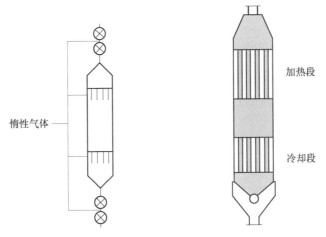

图 7-64 解吸塔氮气布置图 图 7-65 解吸塔结构示意图

解吸塔加热段是一种列管式换热器，在此段中，活性炭被加热到400多摄氏度进行解吸，是解吸塔解吸反应的主要场所。加热段共有两个区域，活性炭流通区域与加热气体流通区域。活性炭走管内，加热气体走管外。在流动的过程中，热空气通过列管传热而加热管内的活性炭，使之达到解吸温度。达到解吸温度的活性炭在换热管发生解吸过程一系列物理化学反应，解吸气体被氮气带出塔外，成为SRG气体。

解吸塔冷却段是一种列管式换热器，为了便于解吸完成的活性炭进行运输，在此段中，活性炭被冷却到120 ℃以下。冷却段共有两个区域，活性炭流通区域与冷却气体流通区域，活性炭走管内，冷却气体走管外，在筒体与换热管外侧之间的区域流通，从上筒体上的冷却气体出口流出。

解吸塔中活性炭与热风/冷风的传热是一个多相流的传热过程，涉及对流换热、热传递、热辐射等多种传热方式。热风/冷风首先与管壁进行对流换热，靠近管壁还需要考虑污垢热阻，管壁自身进行热传递，列管中活性炭与列管之间传热是一个非常复杂的过程，有活性炭与管壁之间的直接热传递和管壁与活性炭中的氮气进行的对流换热，活性炭与氮气对流换热，活性炭自身热传递。总之，不管加热还是冷却，换热过程是气-固-气-固的换热过程，模型如图7-66所示。

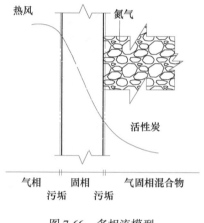

图 7-66　多相流模型

C　整体流排料装置

为适应解吸塔复杂温度场控制，解吸塔从上到下采取同管簇结构列管，列管数量由解吸循环量决定，活性炭走管程，活性炭下料过程依靠自身重力，下料量由解吸塔底部圆辊转速决定。解吸过程要求整个断面的料层实现整体流，以达到活性炭的均匀加热，实现活性炭的充分解吸。如出现部分管程活性炭下料速度过快，将会出现活性炭在管内停留时间过短，加热时间不足，不能充分解吸，如果冷却段部分下料过快，冷却时间不足，可能造成活性炭从解吸塔排料后呈现高温甚至红料现象，经过吸附塔给料输送机送往吸附塔后，会给吸附塔的安全运行造成极大的隐患；同时下料不均匀，也会造成解吸不完全，导致活性炭解吸在冷却段继续进行，冷却气体冷凝结露可能会腐蚀冷却段列管或管板，或者堵塞列管，造成空气泄漏，影响系统安全稳定运行。

基于此，为保持解吸塔下料实现整体流，通过对活性炭物料特性和排料实验研究，开发了特殊结构的整体流均匀排料技术，保证了解吸塔内活性炭下料过程中始终处于整体均匀下降状态，为系统的稳定安全运行创造了条件，图7-67为利用下料装置实现整体流试验照片。

图 7-67 整体流布料装置及实验效果

本 章 小 结

（1）立式强力混合机具有混匀效果好、混匀效率高的优点，可实现大密度差复杂物料的高效混匀，是多源固废处置的理想混合设备。

（2）扰动强力造球与圆筒造球相比，具有造球效率高、造球均匀、造球水分可适当下降的优势，适合超细颗粒的尘泥类固废造球，且占地面积小。

（3）多场可控回转窑具有灵活调控回转窑温度场、气氛场的独特优势，能够消除传统回转窑温度场的局部高温，避免窑内物料产生液相而结圈；能够较好保证回转窑理想的气氛场，满足氧化或还原工艺的要求；能够减少回转窑头部进风，减少窑内热渣出窑时再次氧化，提高窑渣的产品质量。

（4）干式冷却装备可以根除传统水浴冷却时环境恶劣的状况，提高余热利用率，当应用于热解窑时，可提高渣中的固定碳含量；当用于还原窑时，可提高还原渣的金属化率。

（5）一体化水洗装备具有结构简单、维护方便的优势，水洗过程可极大降低耗水量，有效提高出水盐浓度，降低蒸发结晶过程的蒸发量。且设备电耗低，垂直结构比水平布置板框设备占用空间小40%以上，可显著节约土建成本。

（6）碳基法烟气净化关键装备可以实现烟气中 SO_2、NO_x、粉尘、二噁英、HCl 等多污染物高效稳定达标排放。其中侧向分层错流吸附塔可将 SO_2 吸附热迅速排出，消除了 HCl 富集，活性炭总循环量降低20%，安全性提高，与主机作业率同步；整体流解吸塔硫酸与二噁英分解率达到95%以上，解吸塔使用寿命长。

参 考 文 献

[1] 卢兴福，付森，刘克俭，等 . 立式强力混合机混合过程仿真及工业实验研究 [J]. 烧结

球团，2017，42（3）：59-63.

[2] 卢兴福，刘克俭，戴波. 立式强力混合机及其在烧结工艺中的应用［C］//中国金属学会. 第十一届中国钢铁年会论文集—S01. 炼铁与原料，冶金工业出版社，2017：232-237.

[3] 张震，贺新华，温荣耀. 转底炉金属化球团竖式冷却技术气冷方法研究［J］. 烧结球团，2021，46（5）：54-59.

[4] 刘克俭，卢兴福，戴波. 一种主动溜槽式强迫扰动制粒机：中国，ZL202122352291.9［P］. 2022-04-08.

[5] 张震，叶恒棣，卢兴福，等. 一种回转窑供风装置：中国，202310213759.7［P］. 2023-06-23.

[6] 刘唐猛，沈维民，刘雁飞，等. 一种落料装置及落料装置的控制方法：中国，202210453708.7［P］. 2022-07-29.

[7] 谭潇玲，杨本涛，戴波，等. 一种高盐固废一体化水洗装置：中国，ZL202111363431.0［P］. 2023-04-28.

[8] 戴波，杨本涛，谭潇玲，等. 一种高盐固废一体化水洗设备及其控制方法：中国，ZL202111364996.0［P］. 2023-04-28.

[9] 胡兵，曾小信. 一种通过优化调整燃料量和风量控制还原回转窑温度的方法：中国，ZL201910486474.4［P］. 2023-06-23.

[10] 李俊杰，魏进超，李勇，等. 一种并联式活性炭分离解析的垃圾焚烧烟气处理系统：中国，ZL202020933383.9［P］. 2021-03-05.

[11] Kadlec P, Gabrys B, Strandt S. Data-driven soft sensors in the process industry［J］. Computers & Chemical Engineering, 2009, 33（4）：795-814.

[12] 王晓. 基于深度学习的复杂工业软测量理论与方法［D］. 西安：西安理工大学，2020.

[13] 林志强. 基于红外-可见光图像映射的料面3D温度场重建研究［D］. 长沙：中南大学，2022.

8 钢铁流程消纳非钢领域固废技术介绍

非钢领域含铁固废总量超 1 亿吨,环境治理负荷重,如果充分利用起来,可大幅减少我国对国外铁矿石的依赖。本章阐述了采用冶金流程球团工艺消纳硫酸渣、赤泥、提钒弃渣,以及烧结工艺消纳垃圾焚烧飞灰、半干法脱硫灰的方法和思路。

8.1 球团法资源化处置硫酸渣技术

硫酸渣中含有丰富的铁资源,弃之不用会造成大量的资源浪费。而自然堆存、挖坑掩埋或是弃之湖海,不仅占用大量的土地,还会酸化土地,污染水源,影响动植物生长,对环境造成巨大危害。针对硫酸渣的特性,找出一条能将硫酸渣中铁资源在铁钢流程利用,又能使硫资源在化工工业利用的方法,具有十分重要的意义。本节将介绍通过氧化球团方法资源化消纳硫酸渣的技术路线。

8.1.1 硫酸渣的来源与理化特征

硫酸生产以黄铁矿为原料,纯净的黄铁矿主要化学成分为 FeS_2 含 53.4% 硫和 46.6% 铁。在焙烧过程中,黄铁矿中的硫和铁离子分别与氧结合,生成二氧化硫和氧化铁,二氧化硫用水吸收获得硫酸,氧化铁和其他杂质则以渣的形式排出,形成硫酸渣。

生产实践中硫酸原料多为含硫大于 35% 的硫精矿,除黄铁矿外还含有一定量的硅酸盐矿物和少量黄铜矿、方铅矿、闪锌矿、辉钼矿、辉铋矿、辉锑矿、毒砂等矿物,烧结后进入硫酸渣,造成硫酸渣的组成复杂。其化学反应式如下:

$$4FeS_2 + 11O_2 \mathop{=\!=\!=} 2Fe_2O_3 + 8SO_2 \uparrow \tag{8-1}$$

$$3FeS_2 + 8O_2 \mathop{=\!=\!=} Fe_3O_4 + 6SO_2 \uparrow \tag{8-2}$$

$$2CuFeS_2 + O_2 \mathop{=\!=\!=} Cu_2S + 2FeS + SO_2 \uparrow \tag{8-3}$$

$$2PbS + 3O_2 \mathop{=\!=\!=} 2PbO + 2SO_2 \uparrow \tag{8-4}$$

$$PbS + 2O_2 \mathop{=\!=\!=} PbSO_4 \downarrow \tag{8-5}$$

$$2ZnS + 3O_2 \mathop{=\!=\!=} 2ZnO + 2SO_2 \uparrow \tag{8-6}$$

硫铁矿是我国主要的硫资源,占硫资源总量的 80%,其中硫铁矿占 53%,伴生硫铁矿占 27%，已探明的折含硫 35% 硫铁矿标矿的储量为 22 亿吨以上，占世界硫总量的 10%，位居世界第三。目前我国硫酸生产的 40%~50% 是以硫铁矿为原料。我国 83% 的硫铁矿集中分布在华东、中南和西南三大区，东北、华北和西北仅占 17%。全国储量上亿吨的省区有四川、安徽、内蒙古、广东、云南、贵州、山东、江西和河南等。较大规模的硫铁矿山有广东云浮硫铁矿、安徽新桥硫铁矿、安徽青阳县硫铁矿、内蒙古炭窑口硫铁矿、山西阳泉硫铁矿、江苏云台山硫铁矿、湖南七宝山硫铁矿和四川绵阳雁门硫铁矿等。

每生产 1 t 硫酸就会产生 0.8~0.9 t 硫酸渣，根据硫铁矿的储量计算，硫酸渣的资源量在 17 亿~20 亿吨。据统计，我国每年排出约 2000 万吨的硫酸渣，且大量的硫酸渣堆存没有得到利用，仅云南就有数千吨，全国硫酸渣堆存量更是达到上亿吨。露天堆放的硫酸渣遇风微尘四处飘扬，污染大气，微尘中砷、铅、铬等重金属会被人体吸入而带来极大危害，遇雨流出呈酸性的粉红色、铁锈色污水，并带有铜、铅、锌、砷等有毒的离子渗入地下，随水流进入地表水或进入地下水而污染水源和土壤，给生态环境造成危害。且硫酸渣含铁品位为 30%~63%，比我国 33% 的铁矿平均品位高得多，是一种资源量大、含铁较高的重要二次资源，因此充分合理利用这部分二次资源对缓解我国铁矿石短缺的现状具有重要的意义。

硫酸渣是硫铁矿焙烧制酸后的副产物，与天然的铁矿石相比，其物化性能有较大变化。而且由于硫铁矿的成矿方式不同、硫品位不同、制酸工艺的差异，使硫酸渣的物化性能存在较大差别，主要表现在以下三个方面。

(1) 硫酸渣的化学和矿物组成。硫酸渣的组成较为复杂，Fe 和 Si 是主要的存在元素，Al、Ca、Mg、S、P、Mn 这些元素含量相对较少，另外还含有少量的 Cu、Pb、Zn、As、Ag、Au 等有色金属和贵金属元素。硫酸渣中的铁主要以磁铁矿、赤铁矿和磁赤铁矿的形式存在。脉石矿物主要以石英和蛇纹石为主，其他还有绿帘石、长石和硬石膏等。硫主要富集在黄铁矿、磁黄铁矿和硬石膏中。

表 8-1 为焦作广兴硫酸渣、郑州中硫硫酸渣、陕西化工硫酸渣的化学组成，从表中看到三种硫酸渣的铁品位都在 62% 左右，陕化和郑州硫酸渣的 FeO 含量较高，在 10%~15%，属于混合铁精矿类型，焦作硫酸渣 FeO 含量相对较低，属于赤铁矿类型。

表 8-1 焦作广兴硫酸渣、郑州中硫硫酸渣、陕西化工硫酸渣的化学组成 (%)

原料	TFe	FeO	SiO_2	Al_2O_3	CaO	MgO	MnO	K_2O	Na_2O	P	S	烧损
焦作	61.84	5.43	6.36	2.08	0.84	0.32	0.200	0.29	0.040	0.007	2.11	1.65
郑州	62.41	11.55	6.20	1.66	0.50	0.30	0.041	0.34	0.077	0.010	1.70	2.35
陕化	61.60	12.81	6.46	1.77	0.68	0.31	0.035	0.41	0.088	0.010	1.18	3.10

（2）硫酸渣中主要矿物的赋存状态。如图 8-1 所示，以陕西化工硫酸渣为例，硫酸渣中铁矿物种主要是磁铁矿和赤铁矿，次为半假象~假象赤铁矿以及少量褐铁矿；金属硫化物主要为黄铁矿，含极少量黄铜矿；脉石矿物以石英和黑云母居多，其次为长石、透辉石、绿泥石和石膏。如图 8-2 所示，赤铁矿和磁铁矿多为细小的乳滴状或蠕虫状，形状不规则，呈椭圆形、长条形，多呈他形晶和半自形晶，粒度变化较大，细小者仅 0.01 mm 左右，个别粗者可达 0.3 mm，一般介于 0.02~0.2 mm。除赤铁矿和磁铁矿单体外，多数与脉石连生或与磁赤铁矿平行连生。黄铁矿常为半自形或不规则粒状，独立存在，未发现其与磁铁矿或赤铁矿镶嵌的现象，粒度一般在 0.01~0.04 mm。脉石矿物大多独立存在，部分由于与皮壳状磁铁矿交生而构成脉石的富连生体，而脉石的贫连生体较为少见，粒度大多介于 0.04~0.3 mm。硫酸渣中铁矿物和脉石矿物紧密相连，这是造成硫酸渣铁品位难以提高的主要原因。

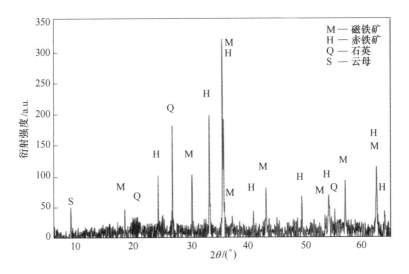

图 8-1　陕西化工硫酸渣的 X 射线衍射分析图谱

（3）硫酸渣的物理性能。表 8-2 为几种硫酸渣的粒度组成、堆密度、真密度及比表面积。从表中可以看出，相对于磁铁精矿（1.9~2.2 g/cm³），硫酸渣的堆密度较小，真密度相差不大，都在 4.4 g/cm³ 左右。陕化与焦作的硫酸渣比表面积相近，郑州硫酸渣明显增大，达 1.84 m²/g。三种硫酸渣的粗细程度从细到粗排序为：焦作、郑州、陕化。焦作硫酸渣的粒度最细，−0.074 mm 含量达到了93.5%，而陕化硫酸渣的粒度最粗，−0.074 mm 含量仅为 71.6%，不利于造球。三种硫酸渣的粒度分布曲线中，郑州硫酸渣的粒度分布曲线最接近正态分布，而陕西和郑州的粒度分布曲线则在两个粒级出现波峰（如图 8-3 所示）。

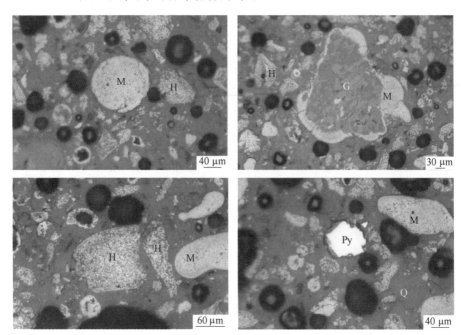

图 8-2 陕西化工硫酸渣的矿物嵌布特征

M—磁铁矿；H—赤铁矿；Py—黄铁矿；G—脉石；Q—黏结相

表 8-2 三种硫酸渣的粒度组成、堆密度、真密度及比表面积

原料	粒度组成/%				堆密度 /g·cm⁻³	真密度 /g·cm⁻³	比表面积 /m²·g⁻¹
	+0.074 mm	-0.074 mm	0.044~0.074 mm	-0.044 mm			
焦作	6.5	93.5	14.7	78.8	1.18	4.47	1.18
郑州	10.9	89.1	20.4	68.7	1.14	4.40	1.84
陕化	28.4	71.6	12.4	59.2	1.21	4.48	1.17

8.1.2 球团法处置硫酸渣工艺

球团法处置硫酸渣工艺，包括硫酸渣球团链箅机-回转窑焙烧工艺、带式焙烧工艺。

2005 年，为了开发利用自产铁精砂和硫酸渣，由中冶长天、中南大学、铜陵有色三家合作开发了以硫酸渣为主要原料生产氧化球团的技术。

8.1.2.1 技术特点

高配比硫酸渣氧化球团生产技术，主要具有以下的特点及优势。

（1）采用链箅机-回转窑氧化球团工艺处置硫酸渣，以硫酸渣为主要原料（比

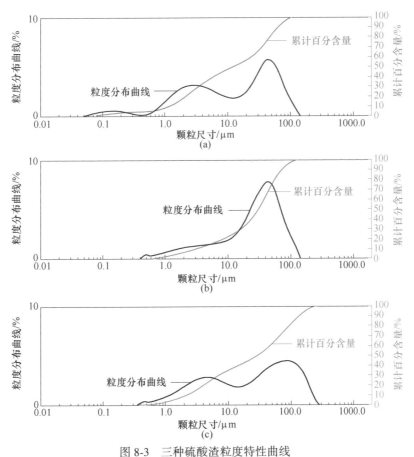

图 8-3 三种硫酸渣粒度特性曲线
（a）焦作硫酸渣；（b）郑州硫酸渣；（c）陕化硫酸渣

例占到 50%），保证氧化球团矿强度大于 2500 N/个，为大型高炉提供优质炉料。

（2）采用一次增湿-困料-二次增湿进行硫酸渣预润湿处理，提高硫酸渣水分的同时，有效地改善了硫酸渣的亲水性及成球性。

（3）采用串联式二级高压辊磨工艺，改善、强化硫酸渣的造球性能与焙烧性能。高压辊磨提高硫酸渣的比表面积，破坏其蜂窝煤状结构，改善其成球性能，降低膨润土用量及生球水分，提高生球强度；高压辊磨破坏硫酸渣颗粒，产生新的断面，使之具有更高的表观活化能，提高反应活性，并使球团结构更加紧密，从而使焙烧温度降低，成品球强度提高。

（4）针对硫酸渣球团生球水分高于普通铁精矿球团的特点，对于鼓风干燥段及抽风干燥段均设置了烧嘴补热，增强球团干燥效果。

（5）针对硫酸渣球团含硫高，使链箅机抽风干燥段排除烟气酸露点达180 ℃以上，对后续管道设备不利这一特点，自主开发了向链箅机抽干段风箱供热装置，使向内排除烟气温度升至 220 ℃左右，保证设备不受酸蚀。

（6）以硫酸渣为球团生产的原料，硫酸渣的价格相比铁精矿，价格上具有较大的优势，有效地节省成本，同时减少了硫酸渣的堆存对环境造成的破坏。

8.1.2.2 工艺流程

高配比硫酸渣氧化球团生产的工艺流程自含铁原料的接受开始至成品球团矿输出为止，包括含铁原料的受卸和贮存、润湿预配料和混合、高压辊磨、集中配料、强力混合、造球、生球筛分及布料、生球干燥及预热、氧化焙烧、冷却、成品球团矿输出等主要工序，其工艺流程如图 8-4 所示。

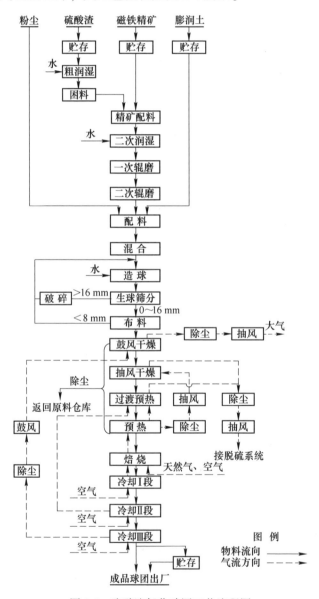

图 8-4 硫酸渣氧化球团工艺流程图

（1）原料制备。原料制备涉及原料的接收，硫酸渣的一次润湿、铁精矿与硫酸渣的配料、混合、二次润湿及两段式高压辊磨，膨润土的配料与强力混合。具体为：

1）根据硫酸渣的特性，通过加水后物料水分由 0.5% 增加到 12% 左右。然后送到原料库堆存困料 10 天，以确保其润透。

2）铁精砂和硫酸渣按 60∶40 进行配矿，送入圆筒混合机内充分混匀，以保证进入高压辊磨机的物料水分均匀。经高压辊磨机辊磨后，使物料的比表面积提高至 2500 cm^2/g 以上。

3）为了保证微量膨润土能与精矿充分混匀，采用了立式强力混合机进行混匀作业。

（2）造球和筛分。原料经历造球和筛分后，生球的主要性能指标见表 8-3。

表 8-3　生球主要性能指标

项目	生球水分 /%	粒度组成 (8~16 mm) /%	抗压强度 /N·个$^{-1}$	落下强度 /次·(0.5 m)$^{-1}$
指标	8~10	≥95	≥10	≥4

（3）干燥和预热。根据实验室试验数据，球团干燥和预热的温度、时间和料层高度的控制范围为：球团在箅床上的停留时间为 18~20 min，链箅机鼓干段的热气流温度控制在 200~250 ℃，抽风干燥段热气流温度控制在约 370 ℃；过渡的热气流温度控制在 700 ℃ 左右，预热段热气流温度控制在 1000~1200 ℃，链箅机料层厚度为 150 mm。

链箅机采用"四段四室式"热工制度，包含鼓风干燥段（UDD）、抽风干燥段（DDD）、过渡预热段（TPH）及预热段（PH），同时在预热段炉两侧设置有预热烧嘴。采用本工程热工制度，可以防止生球在干燥段变形破裂，保证出预热段的球团具有较高的温度和强度；同时，又能最大限度利用环冷机的余热。

抽风干燥段（DDD）增加热风炉，由 DDD 热风炉产生约 800 ℃ 热风，并直接送入 DDD 段箱机内，在风箱内 800 ℃ 的热风与 113 ℃ 的烟气混合成 220 ℃ 的烟气，此温度高于烟气酸露点，可以保护箱机内链箅机上托辊及后续的烟气管道、电除尘内与排烟机等设备不被硫酸腐蚀。根据热平衡计算，TPH 段由供热烧嘴补充热量，以提高 TPH 段热风温度。

（4）焙烧固结。硫酸渣球团焙烧采用回转窑，所用回转窑工艺参数为：利用系数为 7 t/(m^3·d)，有效容积为 520 m^3，长径比为 6.6；所用回转窑设备参数为：窑倾角为 2.5°（斜度为 4.36%），窑充填率为 7%~8%，焙烧时间为 25~35 min，焙烧温度为 (1300±50) ℃。

（5）球团矿的冷却及余热利用。为了保证球团冷却效果以及最大限度利用环冷机的余热，环冷机采用"三段三室式"冷却制度，即风箱设有一冷段、二冷段以及三冷段，每段设置有冷却风机。炉罩对应设有一冷室、二冷室以及三冷室，一冷室产生的约 1100 ℃ 高温风直接入窑，二冷室产生的约 700 ℃ 热风直接供链箅机过渡预热段，三冷室产生的热风经管道热风炉升温到约 300 ℃ 后，进入链箅机鼓风干燥段，环冷机的冷却风可全部利用，从而实现了零排放。在环冷机中除环冷机本身少量散热损失外，高温球团冷却放出的热量绝大部分得到回收利用。

8.1.3　球团法处置硫酸渣主要装备

（1）链箅机。链箅机是将含铁球料布在慢速运行的箅板上，利用环冷机余热及回转窑排出的热气流对生球进行干燥、预热、氧化固结，而后直接送入回转窑进行焙烧。链箅机是在高温下工作的一种热工设备，主要零部件均采用耐热合金钢，对 PH 段、TPH 段和 DDD 段的上托辊轴、传动主轴及侧铲料板、铲料板重锤杆采用通风冷却措施，以延长其使用寿命。头部卸料采用铲料板装置。链箅机由链箅装置、滑轨装置、驱动装置、上下托辊装置、风箱装置、头尾轮装置、端部铲料板、侧铲料板、润滑装置等组成。

（2）回转窑。回转窑主要由筒体、支撑装置、挡轮装置、传动装置、窑头密封装置、窑尾密封装置、液压调整系统、润滑系统等组成。回转窑筒体由钢板卷制焊接而成，筒体钢板的厚度为 34 mm，滚圈下钢板厚度为 75 mm，齿圈下和过渡带钢板厚度为 45 mm。在筒体的窑头端设置耐热合金钢护口板，并通风冷却保护筒体和护口板。滚圈材料为 ZG35CrMo 或性能同等的材料。窑头、窑尾密封装置采用弹性鳞片密封，鳞片、摩擦环均为特殊耐热耐磨合金钢。

（3）环冷机。环冷机由固定筛、给料斗、回转框架及台车、驱动装置、风箱装置、压轨装置、支承辊、侧辊装置、骨架、环冷罩、卸料槽、双层卸灰阀、润滑系统等组成。

8.1.4　硫资源化及超低排放技术

普通铁精矿中的硫含量为 0.2% ~ 0.4%，而硫酸渣中的硫含量为 1.5% ~ 2.0%，球团生产配入 50% 的硫酸渣后，球团烟气中的 SO_2 含量由常规浓度 600 mg/m^3 上升到 2500 mg/m^3。

针对高浓度 SO_2 烟气，采用活性炭法吸附再解析得到 SRG 气体，再将富硫气体转化为具有较高附加值的硫产品，如硫酸、液体二氧化硫、亚硫酸盐或硫酸盐、单质硫或其他含硫化工产品，实现了副产物的资源化利用，不会对环境造成二次污染。

8.1.5 应用示范简介

为了开发利用自产铁精砂和硫酸渣，铜陵有色金属集团控股有限公司铜冠冶化分公司建设了一条氧化球团生产线，以硫酸渣为主要原料来生产氧化球团。2005年2月，由中冶长天、中南大学、铜陵有色三家合作，开始了以硫酸渣为主要原料生产氧化球团的技术研究。通过大量的实验室和扩大试验研究以及充分的技术论证，2008年9月，一条年产120万吨以硫酸渣作为主要原料的链箅机-回转窑氧化球团生产线在铜陵有色正式投产，如图8-5所示。作为开发利用硫酸渣的工业化球团厂，这在国内尚属首例。2009年1~8月共生产球团矿61.27万吨，具体情况详如表8-4所示。其中，2009年4~8月球团月平均产量为9.5万吨，接近达产水平，球团产品完全达到行业二级品标准，即 TFe≥62%，抗压强度达2500~2800 N/个。

图 8-5 安徽铜陵硫酸渣球团工业化生产示范工程

表 8-4 球团生产情况

时间	计划 /t	实际 /t	完成比例 /%	平均品位 /%	硫含量 /%	平均强度 /N·个$^{-1}$
1 月	83000	63725	76.7	62.67	0.03	2855
2 月	83000	30056	36.2	61.65	0.06	3393
3 月	84000	43593	51.9	61.73	0.01	2997
4 月	83000	95587	115.2	61.89	0.01	2520
5 月	83000	85146	102.6	62.44	0.01	2758
6 月	84000	102735	122.3	62.36	0.02	2680
7 月	83000	91462	110.2	62.54	0.02	2751
8 月	83000	100385	120.9	62.21	0.02	2808

2014 年，由中冶长天总承包的池州铜化润丰材料科技有限公司 120 万吨硫酸渣球团法资源化利用也投入了生产，效果良好。

8.2　球团还原法资源化处置赤泥技术

8.2.1　赤泥的来源与理化特征

赤泥是从铝土矿中提炼氧化铝工业中排放出的一种强碱性粉末固体废弃物，每生产 1 t 氧化铝，通常会产出 1~2 t 的赤泥，目前主要就地堆存于铝厂周边。我国是氧化铝产业大国，同时也是赤泥排放大国，截至 2021 年我国赤泥累计堆存量超过 8 亿吨，但综合利用率不超过 6%。赤泥不仅具有强碱性，还含有很多有毒重金属，大量堆放会占用土地以及造成大气、水、土壤等生态环境破坏问题。因此，赤泥的安全处置越来越成为制约氧化铝行业发展的关键问题。

赤泥的综合利用方法总体分为两类，一是提取有价金属，二是整体二次利用。赤泥中含有大量的铁氧化物，在铁矿石资源日益匮乏的当下，回收赤泥中的铁资源显得尤为重要。赤泥中的铁主要以赤铁矿、针铁矿、磁铁矿和铝针铁矿等复合矿相形式赋存，目前已知对其还原分离回收的方法主要有物理分选、火法冶金和湿法冶金，相关技术研究主要包括磁化焙烧-磁选工艺，钠化或钙化焙烧-磁选工艺，高温直接还原熔分工艺等。相比较而言，钠化或钙化焙烧-磁选工艺具有铁铝分离效果好，能耗相对低的优势，一直是赤泥提铁的主要研究方向。由于赤泥中铝铁赋存关系复杂，铁品位低且硅铝组分多，在高温焙烧过程中极易形成复杂固溶体，影响铁氧化物的还原效率和最终产品品质，导致赤泥中提取铁资源的技术指标和经济效益均比较差。随着近年来几内亚等国高铁、中铝、低硅特点的铝土矿大量进入国内氧化铝生产企业，赤泥中铁品位逐渐升高，部分赤泥中铁氧化物含量超过 60%，除铝外其他杂质含量低，这部分赤泥可作为潜在的铁矿资源进行经济性利用。

典型的高铁低硅赤泥原料主要化学成分分析结果如表 8-5 所示。该赤泥原料中 TFe 含量为 47.45%，SiO_2 含量仅为 2.40%，Na_2O 含量为 1.70%，可作为提铁原料，其他杂质组分主要为 Al_2O_3 和 TiO_2，含量分别为 11.58% 和 3.87%。该赤泥原料中铁含量较高，硫磷等有害元素含量较低，属于典型的高铁低硅型赤泥。

表 8-5　赤泥的主要化学成分（质量分数）　　　　（%）

TFe	Al_2O_3	TiO_2	SiO_2	Na_2O	CaO	MgO	V_2O_5	Cr_2O_3	P_2O_5	SO_3
47.45	11.58	3.87	2.40	1.70	0.60	0.05	0.30	0.23	0.17	0.10

赤泥的 X 射线衍射分析图谱如图 8-6 所示，其中含铁矿物主要为赤铁矿和铝

针铁矿，铝元素赋存物相比较复杂，其他载铝矿物为方钠石和勃姆石，钛以金红石的形式存在，还含有少量的石英矿物。赤泥原料的显微结构及元素分布状态如图 8-7 所示。赤泥原料颗粒粒度差异较大，颗粒粒径在 $10 \sim 200 \ \mu m$，赤铁矿颗粒中赋存有少量的铝、硅、钙、钛元素，其中铝元素含量达到 1.2% 以上；铝针铁矿颗粒中铝元素含量达到 4.7% 以上，部分铝含量超过 8.7%，并含有少量硅、钙、钛元素。部分赤铁矿和铝针铁矿颗粒镶嵌共生。从赤泥原料显微结构分析可知，铁和铝元素结合紧密，在不进行预处理改变矿物结构的条件下，难以通过简单的物理分选方式分离。

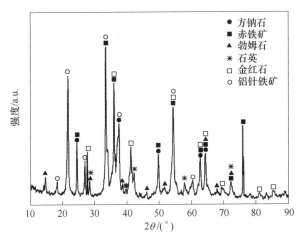

图 8-6 赤泥 X 射线衍射分析图谱

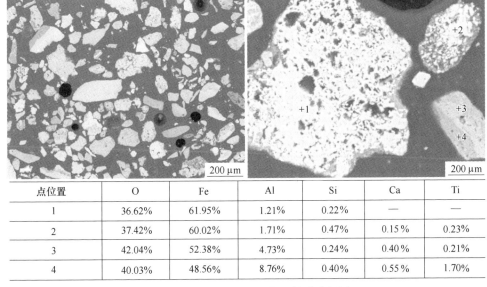

点位置	O	Fe	Al	Si	Ca	Ti
1	36.62%	61.95%	1.21%	0.22%	—	—
2	37.42%	60.02%	1.71%	0.47%	0.15%	0.23%
3	42.04%	52.38%	4.73%	0.24%	0.40%	0.21%
4	40.03%	48.56%	8.76%	0.40%	0.55%	1.70%

图 8-7 赤泥原料扫描电镜及能谱分析图

8.2.2 赤泥还原焙烧-磁选机理

8.2.2.1 还原温度对还原-磁选的影响

在碳酸钠用量为 10%，还原时间为 60 min 时，还原温度对赤泥还原产物金属化率的影响如图 8-8 所示。反应温度对赤泥还原过程影响显著。当还原温度从 1000 ℃升高至 1150 ℃时，还原赤泥的金属化率从 82.46%增高至 96.41%。当还原温度超过 1150 ℃时，还原赤泥金属化率开始下降。

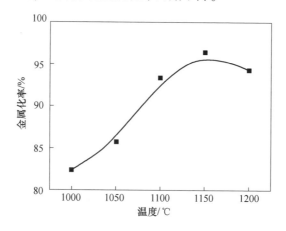

图 8-8   还原温度对赤泥还原产物金属化率的影响

矿浆磨矿浓度为 50%，磨矿细度 200 目（75 μm）占 95%以上，磁场强度为 800 Gs 时，还原温度对赤泥还原产物磁选分离的影响如图 8-9 所示。随着还原温度的升高，精矿产率和 Fe 回收率持续增加。当还原温度从 1000 ℃升高至 1150 ℃时，精矿 TFe 含量从 81.76%增加至 86.75%。当还原温度为 1200 ℃时，精矿 TFe

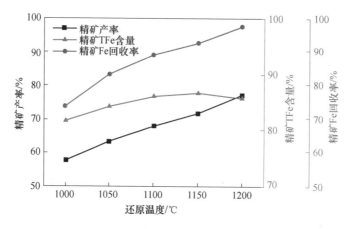

图 8-9   还原温度对赤泥还原产物磁选分离的影响

含量降低至85.80%。当还原温度过高时，反应过程低熔点矿物形成的液相量增加，含铁矿物与杂质组分嵌布更加紧密且关系复杂，导致在相同的磨选条件下，铁矿物难以与杂质组分有效分离，虽然精矿中Fe回收率升高，但精矿TFe含量下降。

8.2.2.2 碳酸钠用量对还原-磁选的影响

在还原温度为1150℃，还原时间为60 min时，碳酸钠用量对赤泥还原产物金属化率的影响如图8-10所示。碳酸钠用量从6%升高至12%的过程中，还原赤泥金属化率呈升高趋势，从91.78%增加至96.69%。当碳酸钠用量超过12%时，还原赤泥金属化率开始呈降低趋势。

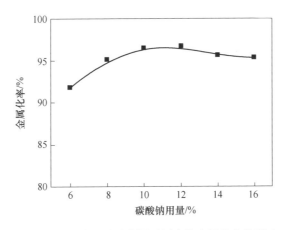

图8-10 碳酸钠用量对赤泥还原产物金属化率的影响

在还原温度为1150℃，还原时间为60 min，矿浆磨矿浓度为50%，磨矿细度200目（75 μm）占95%以上，磁场强度为800 Gs时，碳酸钠用量对赤泥还原产物磁选分离的影响如图8-11所示。当碳酸钠用量从6%增加至12%时，精矿产率下降明显，当碳酸钠用量超过12%后，精矿中Fe回收率增加。当碳酸钠用量从6%增加至14%时，精矿TFe含量显著升高，从82.4%升高至90.41%，随着碳酸钠用量增加至16%时，精矿中TFe含量和精矿产率变化不明显。

8.2.2.3 还原时间对还原-磁选的影响

在碳酸钠用量为14%，还原温度为1150℃时，还原时间对赤泥还原产物金属化率的影响如图8-12所示。还原时间从45 min延长至75 min的过程中，还原赤泥金属化率呈显著升高趋势，从93.52%增加至97.0%。当还原时间超过75 min时，还原赤泥金属化率变化不明显。

在碳酸钠用量为14%，还原温度为1150℃时，矿浆磨矿浓度为50%，磨矿细度200目（75 μm）占95%以上，磁场强度为800 Gs时，还原时间对赤泥还原

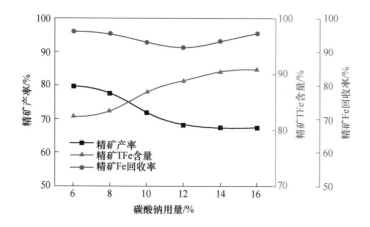

图 8-11 碳酸钠用量对赤泥还原产物磁选分离的影响

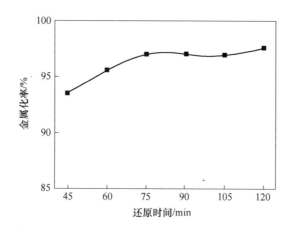

图 8-12 还原时间对赤泥还原产物金属化率的影响

产物磁选分离的影响如图 8-13 所示。在还原时间小于 60 min 时，还原赤泥在磨矿磁选后铁精矿产量、TFe 含量和 Fe 回收率均随着还原时间的延长而增加。当还原时间超过 60 min 后，还原赤泥的磨矿磁选指标无明显变化。

8.2.2.4 选矿产品

在碳酸钠用量为 14%，还原温度为 1150 ℃，还原时间为 60 min 的条件下可得到金属化率为 95.56% 的还原产物，以及铁品位为 90.41%、Fe 回收率为 93.08% 的铁精矿。所得精矿和尾矿的主要化学成分如表 8-6 所示。金属铁精矿中主要杂质成分为 Al_2O_3、SiO_2、Na_2O、TiO_2、V_2O_5 和 Cr_2O_3 等，还含有少量的 CaO、MgO 杂质，磷、硫含量低。尾矿主要成分为 Al_2O_3、Na_2O、SiO_2，含量分别为 32.54%、30.50% 和 14.32%，TFe 含量为 13.92%。在还原焙烧过程中，

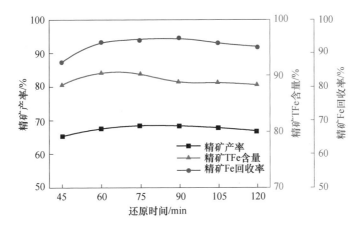

图 8-13 还原时间对赤泥还原产物磁选分离的影响

Na_2CO_3 能与铝、硅等组分发生反应转变为铝钠硅酸盐，破坏赤泥中铝铁的紧密结构，促进还原反应的发生和金属铁晶粒的生长，也有效提高了金属铁与非磁性材料的分离。

表 8-6 精矿、尾矿主要化学成分　　　　　　　　　　　（%）

成分	TFe	Al_2O_3	TiO_2	SiO_2	Na_2O	CaO	MgO	P_2O_5	SO_3
精矿	90.41	2.65	0.96	2.58	1.98	0.14	0.05	0.02	0.04
尾矿	13.92	32.54	6.21	14.32	30.50	1.58	0.04	0.25	0.17

8.2.3 赤泥还原焙烧-磁选工艺

赤泥还原焙烧-磁选工艺流程如图 8-14 所示。

赤泥运输进厂翻卸至原矿仓库，经过造堆后自然堆存备用。燃料运输进厂，经破碎筛分后，得到 0~5 mm、5~20 mm 两个粒级成品，其中 0~5 mm 煤粉用于内配（经干磨工序进一步细磨后），5~20 mm 粒煤用于窑头喷煤、窑尾加煤，两种粒级的煤分别通过胶带机运输到干磨配料室、配煤室。添加剂运输进厂至添加剂仓库贮存。赤泥原料经圆筒干燥机干燥至含水量约 12%，圆筒干燥机内部设置打散链条，提高干燥机效率的同时，对成团的赤泥进行打散，便于后续工序使用。干燥介质采用还原回转窑尾烟气二次燃烧后产生的高温废气，烟气入口温度约 950 ℃，尾气温度约 90℃，经过袋式除尘器脱除粉尘后送入脱硫脱硝工序。

赤泥、添加剂、内配新煤（0~5 mm）、内配返煤（0~3 mm）四种物料在细磨前，按设定配比配料干磨至 -0.074 mm 占 85%，然后送至配料室。细磨料、除尘灰配料后通过胶带机运输至混合室进行混匀作业，混匀过程中加水，补充干磨

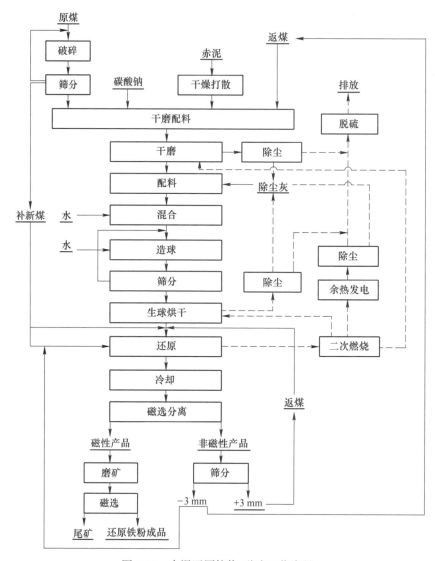

图 8-14 赤泥还原焙烧-磁选工艺流程

时损失的水分，使物料水分达到造球工序对水分的要求，混匀后的物料通过胶带机运往造球室。筛除 >12 mm 粒级和 <5 mm 粒级的不合格球经返破碎后重新返回造球室造球；合格生球（5~12 mm）由胶带机运至生球干燥系统。

由于生球水分高，直接进入回转窑会发生黏料，因此在窑前设置圆筒干燥机对生球进行干燥。生球初始水分约 15%，干燥终点水分约 9.3%，干燥时间约 25 min。圆筒烘干机采用回转窑尾气经二次燃烧后产生的热烟气作为干燥介质，逆流干燥，入口温度约 450 ℃，出口尾气温度约 120 ℃，烟气经除尘后送至脱硫系统。

还原焙烧所需燃料、还原剂由窑头、窑尾分别给入。窑头煤粒级为 5~20 mm 新煤和 0~3 mm 返煤，经皮带秤定量给料后由喷枪喷入窑内。窑尾煤粒级为 5~20 mm 新煤和+3 mm 返煤，经皮带秤定量给料后由窑尾冷烟室加入。

还原煤在料层中发生波德瓦尔德反应 $C + CO_2 \rightleftharpoons 2CO$，产生的 CO 将球团逐渐还原成金属铁，剩余的 CO 与窑身风机鼓入的二次风相遇后在窑腔内燃烧，将窑壁和物料加热，为回转窑保持窑温提供热量。

生球在回转窑内，从窑尾向窑头的运动过程中，逐步完成干燥、预热、高温还原等一系列过程，在高温还原段，与还原剂直接接触产生一系列化学反应，最终得到其产品——直接还原球团矿，从回转窑排料端排出进入冷却筒冷却。

还原后的产品与残渣一起从窑头排出进入冷却筒冷却。冷却筒为密闭结构，物料在高温下与外界空气严密隔绝。通过对筒体表面打水带走筒体内物料的热量，使物料间接冷却至100℃以下，以防止产品的再氧化。

回转窑生产的产品经冷却筒冷却后，由胶带机输送至产品分选室进行筛分、分选，以分离出直接还原球团、返煤。返煤进一步筛分得到−3 mm 及+3 mm 两个粒级。−3 mm 返煤分出一部分作为内配还原剂（经干磨进一步细磨后），剩余部分和+3 mm 返煤分别通过胶带机运往配煤室缓冲矿槽贮存。直接还原球团通过胶带机运至 DRI 缓冲仓贮存。

回转窑烟气温度较高，并含有部分 CO 气体，经二次燃烧后，回收利用。利用途径有 4 种：其一，用于生球烘干系统，作为干燥介质；其二，用于原料干磨系统，作为干燥、分选介质；其三，用于赤泥干燥；其四，剩余部分用于余热发电。各部分烟气经余热利用、除尘后，最终汇入脱硫脱硝系统，使得最后的烟气 NO_x 浓度≤50 mg/m³（标态），SO_2 浓度≤35 mg/m³（标态），粉尘浓度≤10 mg/m³（标态）。

磁选还原铁粉（浓度约45%）经泵送至磨选过滤车间高压隔膜自动压滤机，得到含水约12%，最终 TFe 品位为 90.00% 的高纯度还原铁粉，经带式输送机送至干燥车间。

经磨选车间分离出来的还原铁粉含水约12%，需进行脱水干燥处理，为了避免还原铁粉被氧化，干燥采用间接干燥的方式，并尽可能地降低干燥机的出料温度。干燥过程中进行严格的控氧措施以防止产品的再氧化。干燥热源采用热风炉燃烧煤所产生的热废气，烟气含氧量≤12%。从干燥机排出的废气经除尘净化后排放，干燥后的还原铁粉水分控制在 1% 左右。

经磨选分离后的还原铁粉粒度较细，为避免其被氧化须进行包装堆存。从干燥机出来的还原铁粉经斗式提升机至缓冲矿仓顶部，经可逆带式输送机转运，送至包装上部的缓冲仓，缓冲仓仓下采用缝袋输送机经电子包装秤进入缝纫机进行包装，包装好的还原铁粉经手推车送至成品仓库码垛堆存。还原铁粉经装载机装车出厂。

8.2.4 球团还原法资源化处置赤泥主要装备

球团还原法资源化处置赤泥主要装备包括：原料干燥设备（圆筒干燥机）→原料干磨设备（球磨机）→配料设备→制粒设备（圆盘造球机）→筛选设备→焙烧设备（回转窑）→冷却设备（筒式冷却机）→磨矿设备（球磨机）→磁选设备（磁选机）→DRI 粉末装袋设备，主要设备介绍如下：

（1）圆筒烘干机。圆筒烘干机设备是一种烘干机设备，主要用于原料、产品的脱水烘干。圆筒烘干机内部从前至后焊有交错排列角度不同的各式抄板，回转筒体内根据需求镶有不同型号耐火砖，在进料端为防止倒料设有门圈及螺旋抄板。圆筒烘干机具有产量高、能耗低、运转方便等优点。

（2）球磨机。球磨机由给料部、出料部、回转部、传动部（减速机、小传动齿轮、电机、电控）等主要部分组成，是物料粉碎的关键设备，主要用于原料的粉磨，具有粒度可调节、故障率低、运作良好、处理量大的优势，使破碎后的物料的粒径满足生产需求。

（3）圆盘造球机。圆盘造球机由电动机、减速机、圆盘、支架、刮刀、支座、齿轮、底座和机座等主要部件组成，是物料造球的关键设备，主要用于原料的成球，粉料加进盘内被水湿润后，不断翻滚形成料粒—小料球—大料球，当小球偏向盘的中部继续滚大时，则滚向盘边排出。

（4）回转窑。回转窑主要由筒体、支撑装置、挡轮装置、传动装置、窑头密封装置、窑尾密封装置、液压调整系统、润滑系统等组成。回转窑主要用于赤泥球团的还原。回转窑内进行的还原反应，窑内有相当大的自由空间，气流能不受阻碍地自由逸出，窑尾温度较高，有利于含铁多元共生矿实现选择性还原和气化温度低的元素和氧化物以气态排出，然后加以回收，实现资源综合利用。

（5）筒式冷却机。筒式冷却机是主要的高温物料冷却设备，将从回转窑出来的熟料（1000~1200 ℃）通过筒体回转带动物料与冷却气体进行充分热交换，使物料冷却到 200 ℃以下，同时提高熟料质量和易磨性。筒式冷却机具有结构简单、运转率高、操作维护方便等特点。

（6）磁选机。筒式磁选机是主要的磁力分选设备，主要由机架、永磁圆筒、传动装置、给矿箱、槽体等主要部分组成。矿浆经给矿箱流入槽体后，在给矿喷水管的水流作用下，矿粒呈松散状态进入槽体的给矿区。在磁场的作用下，磁性矿粒发生磁聚而形成"磁团"或"磁链"，"磁团"或"磁链"在矿浆中受磁力作用，向磁极运动，而被吸附在圆筒上。

8.3 球团还原法资源化处置高碱含铁固废技术

8.3.1 提钒尾渣的来源与理化特征

提钒尾渣又称提钒弃渣、钒浸出渣，是含钒原料经焙烧、水浸或酸浸提钒后的副产物。随着含钒特种钢需求量的增加，以及钢中钒含量的增加，提钒尾渣的产量也逐年升高。目前，中国钢铁行业每年产生提钒尾渣近 100 万吨，仅攀钢和承钢每年排放的提钒尾渣就达 60 多万吨。

目前，主要的钒渣提钒工业化方法为钠化提钒法，首先将钒渣与钠盐在高温下焙烧，使钒渣中的钒元素与钠元素反应生成可溶性的含钒钠盐，然后经过磨矿和水浸工序，使钒元素进入溶液中，其他杂质元素仍存在于渣中，达到提钒的目的。在钠化焙烧的过程中，钠元素也会与钒渣中的铁、硅、钙、镁等元素反应，形成复杂的固溶体，这些含钠固溶体不能在水浸过程中溶出，加之有部分钠离子吸附在尾渣颗粒中，导致钠化提钒后尾渣中钠含量增高，堆积和排放过程对环境危害极大。因此，提钒尾渣的内部循环资源化综合利用已成为钒工业亟待解决的关键问题。

提钒尾渣中含有大量的铁和钒等有价元素，可作为高炉炼铁原料加以回收利用。但因提钒尾渣中含有大量的碱金属元素，易与其他矿物发生反应生成低熔点化合物，导致烧结矿熔融现象严重，出现糊篦条的问题，且弃渣返回高炉时也会增加高炉碱负荷，对高炉炉衬有很大的破坏，不利于高炉顺行，甚至造成巨大的经济损失。因此，提钒尾渣作为一种典型的高碱含铁固废，脱除其中对钢铁流程有害的碱金属，使其他铁、钒等有价金属返回钢铁流程循环利用，是其资源化利用的关键所在。

提钒尾渣中主要化学元素含量如表 8-7 所示，碱金属总含量为 4.87%，其中 Na_2O 含量为 4.85%，K_2O 含量仅为 0.016%。原料中其他主要的元素有铁、硅、钛、锰、铬、铝、钙、镁和钒等。

表 8-7　提钒尾渣主要化学元素含量　　　　　　　　　　　（%）

化学组成	Na_2O	K_2O	TFe	SiO_2	TiO_2	MnO	Cr_2O_3	Al_2O_3	CaO	MgO	V_2O_5
含量	4.85	0.016	32.32	13.64	11.92	6.33	4.18	2.78	1.88	1.69	1.34

提钒尾渣 XRD 衍射图谱如图 8-15 所示，主要物相有赤铁矿、霓石、黑钛铁钠矿、铬钙石等。钠元素主要富集在霓石和黑钛铁钠矿中。霓石又名钠辉石，属于辉石族矿物，其化学式为 $NaFe(SiO_3)_2$。黑钛铁钠矿是一种复杂的固溶体矿物。

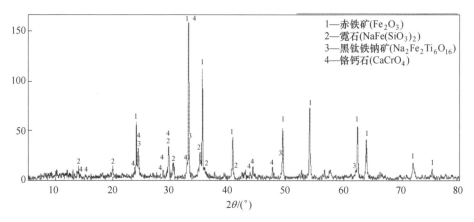

图 8-15　提钒尾渣 XRD 衍射图谱

　　提钒尾渣的显微结构及主要元素分布规律如图 8-16 所示，其中主要的含钠矿物有 Na-Fe-Al-Si-O 固溶体、Na-Fe-Ti-O 固溶体、Na-Ca-Fe-Ti-Si-O 固溶体、Na-Ca-Fe-Al-Si-O 固溶体。各矿物嵌布关系复杂，不同矿物结合紧密，同时 Na 所富集的矿物区域被其他矿物完全或部分包裹。Na 元素主要以霓石的形式存在，但由于高温环境下存在不同元素之间发生晶格取代导致钙和钛等元素固溶到霓石的晶格中，形成较复杂的含钠固溶体。若要脱除 Na 元素，必须破坏原有的嵌布关系及含钠矿物的稳定结构，使其转变为易于脱除的含钠矿物。

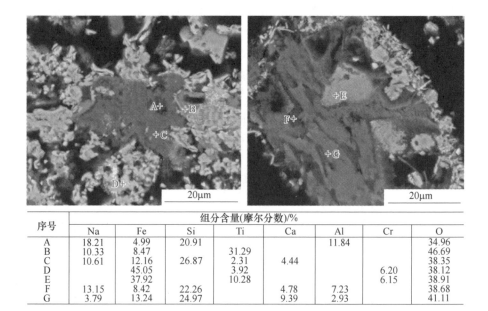

序号	组分含量(摩尔分数)/%							
	Na	Fe	Si	Ti	Ca	Al	Cr	O
A	18.21	4.99	20.91			11.84		34.96
B	10.33	8.47		31.29				46.69
C	10.61	12.16	26.87	2.31	4.44			38.35
D		45.05		3.92			6.20	38.12
E		37.92		10.28			6.15	38.91
F	13.15	8.42	22.26		4.78	7.23		38.68
G	3.79	13.24	24.97	9.39	2.93			41.11

图 8-16　提钒尾渣显微结构及能谱分析

8.3.2　高碱含铁固废还原焙烧脱碱机理

影响提钒尾渣脱钠率的主要因素有白灰配比、高温段温度、高温还原段时间。本节将介绍不同影响因素对提钒尾渣还原脱碱的影响显著程度。

8.3.2.1　白灰配比的影响

提钒尾渣脱碱过程不同白灰配比对脱钠率的影响如图 8-17 所示。白灰配比在 32.5%~55% 的范围内，钒弃渣脱钠率无明显变化，当白灰配比为 41% 时，脱钠率大部分大于 80%。为节省生产成本，应尽量减少白灰用量，因此，适合的白灰配比范围应控制在 32.5%~41% 的范围内。

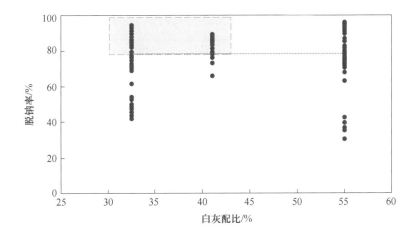

图 8-17　白灰配比对提钒尾渣脱钠率的影响

8.3.2.2　高温段温度的影响

提钒尾渣脱碱过程不同温度对脱钠效果的影响如图 8-18 所示。高温段温度在 950~1160 ℃ 范围内，随着高温段温度的升高，提钒尾渣脱钠率显著提高。由此可知，高温段温度对提钒尾渣脱钠影响极为显著，为确保脱钠率大于 80%，高温段温度应该控制在 1100~1160 ℃。

8.3.2.3　高温还原时间的影响

提钒尾渣脱碱过程高温还原时间对脱钠率的影响如图 8-19 所示。高温还原时间在 1.4~2.2 h 范围内，随着高温还原时间的增加，提钒尾渣脱钠率提高。由此可知，高温段还原时间对提钒尾渣脱钠影响显著，为确保脱钠率大于 80%，高温还原时间应该控制在 1.8~2.0 h。

由提钒尾渣钙化还原脱钠过程关键影响因素分析结果可知，三个影响因素的显著程度由大至小分别为：高温段温度>高温还原时间>白灰配比。提钒尾渣钙化还原焙烧工艺参数最优范围如表 8-8 所示。

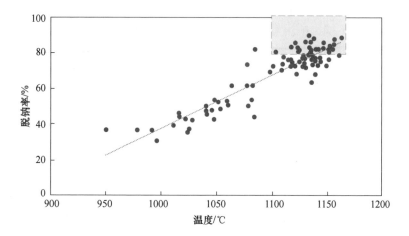

图 8-18　高温段温度对提钒尾渣脱钠率的影响

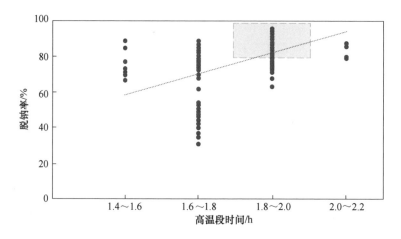

图 8-19　高温还原时间对提钒尾渣脱钠率的影响

表 8-8　提钒尾渣钙化还原焙烧工艺参数最优范围

钙化还原焙烧工艺参数	最 优 范 围
高温段温度/℃	1100~1160
高温还原时间/h	1.8~2.0
白灰配比/%	32.5~41

8.3.3 高碱含铁固废还原焙烧脱碱工艺

提钒尾渣还原脱碱工艺流程如图 8-20 所示。

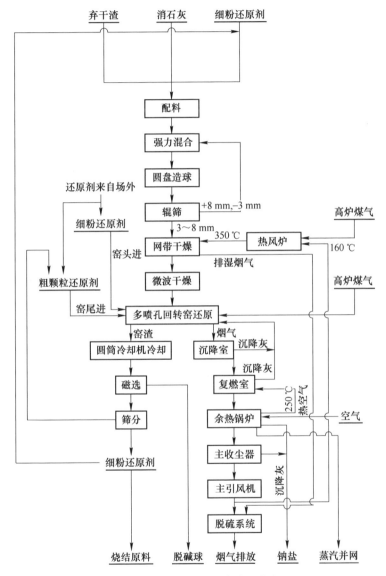

图 8-20 提钒尾渣还原脱碱工艺流程

提钒尾渣按照一定的配比和消石灰配料后并加入一定量的细粉还原剂进入强混、造球系统,在造球过程中加入一定比例的水分,经过圆盘造球机成球通过双层辊筛筛分,粒度控制在 3~8 mm,过大和过小粒径的球团返回到强力混合机进行重新混合造球。

圆盘造球机经筛分后的合格粒度的产品经胶带输送机输送至带式干燥机，物料经过 350 ℃ 热烟气加热干燥后，水分由 17% 烘干至 1%，球团温度达到 250 ℃，进入微波干燥设备，球团经微波烘干固结后进入回转窑进行还原挥发。

粗颗粒还原剂运送至回转窑窑前与微波干燥后的生球一同进入回转窑，物料在回转窑中向前流动的过程中，依次经预热、干燥、升温、高温煅烧（约 1150 ℃）等几个工序，物料与还原剂在窑中停留时间为 5 h，在还原气氛下，将其中的 Na_2O 还原成为 Na 单质，单质挥发进入烟气中，同时将氧化铁部分还原成为金属铁，得到具有一定金属化率的球团。

还原之后的脱碱球团从窑头排出进入圆筒冷却机，圆筒冷却机采用间接水冷却，经过圆筒冷却机后，球团温度降至 100 ℃ 以下，经过干式磁选机磁选分离出含铁球团，含铁球团进入筒仓进行储存打包待后续转运；经过磁选分离过后的非金属球团，主要成分为还原剂，经过辊筛筛分筛出大颗粒还原剂返回到回转窑窑尾粗颗粒还原剂筒仓暂存，与新加入粗颗粒还原剂一同进入回转窑使用；细粉还原剂一方面进入原料储存间与原料一同进入强混及造球，多余的细粉还原剂则返回到烧结作为原料使用。

回转窑烟气经窑尾排出，窑尾烟气温度约 650 ℃，经沉降室及烟气复燃室充分燃烧烟气中的 CO 等可燃物后，烟气进入余热锅炉进行余热回收，余热锅炉出来的烟气，温度降至约 180 ℃，继续进入主收尘系统对烟气中的含钠粉尘进行捕集回收，最终烟气进入烟气脱硫系统处置达标后排放，主收尘器收集的钠盐主要以 Na_2CO_3 的形式存在，经气力输送进入储仓储存打包后外运。

8.3.4   球团还原法资源化处置高碱含铁固废主要装备

球团还原法资源化处置高碱含铁固废主要装备包括：原料配料设备→混匀设备（强力混匀机）→制粒设备（圆盘造球机）→筛选设备→干燥固结设备（网带-微波干燥固结机）→焙烧设备（回转窑）→冷却设备（筒式冷却机），主要设备介绍如下：

（1）强力混匀机。强力混匀机是原料混合的主要设备之一，主要包括搅拌电机、搅拌桨、桶体、进料口、出料口等主要部件。混匀过程物料从顶部进料口进入桶体，在桶内保持一定的填充率，物料在高速旋转桨叶搅拌作用下实现混合均匀，混合均匀的物料从下部出料口排出。强力混匀机具有混匀效率高的特点。

（2）圆盘造球机。圆盘造球机由电动机、减速机、圆盘、支架、刮刀、支座、齿轮、底座和机座等主要部件组成，是物料造球的关键设备，主要用于原料的成球，粉料加进盘内被水湿润后，不断翻滚形成料粒—小料球—大料球，当小球偏向盘的中部继续滚大时，则滚向盘边排出。

（3）网带-微波干燥固结机。网带-微波干燥固结机是大批生产用的连续式干燥固结设备。物料由加料器均匀地铺在网带上，由传动装置拖动在干燥固结机内移动。干燥固结机由若干单元组成，前段为热风干燥，每一单元热风独立循环，部分尾气由专门排湿风机排出，废气由调节阀控制，热气由下往上或由上往下穿过铺在网带上的物料，加热干燥并带走水分。后段为微波固结，在物料升温脱水至一定程度时，微波照射物料并在有特定气体的保护气氛下，在微波的非热效应下实现物料中颗粒间的低温固结。网带缓慢移动，运行速度可根据物料温度自由调节，干燥固结后的成品连续落入收料器中。上下循环单元根据用户需要可灵活配备，单元数量可根据需要选取。

（4）回转窑。回转窑主要由筒体、支撑装置、挡轮装置、传动装置、窑头密封装置、窑尾密封装置、液压调整系统、润滑系统等组成。回转窑主要用于赤泥球团的还原。回转窑内进行的还原反应，窑内有相当大的自由空间，气流能不受阻碍地自由逸出，窑尾温度较高，有利于含铁多元共生矿实现选择性还原和气化温度低的元素和氧化物以气态排出，然后加以回收，实现资源综合利用。

（5）筒式冷却机。筒式冷却机是主要的高温物料冷却设备，将从回转窑出来的熟料（1000~1200 ℃）通过筒体回转带动物料与冷却气体进行充分热交换，使物料冷却到200 ℃以下，同时提高熟料质量和易磨性。筒式冷却机具有结构简单、运转率高、操作维护方便等特点。

8.4　烧结法消纳垃圾焚烧飞灰技术

8.4.1　垃圾焚烧飞灰的来源与理化特征

8.4.1.1　垃圾焚烧飞灰的来源

随着人民生活水平的不断提高，我国城市生活垃圾的产量也逐年递增，据统计，2022 年，全国 202 个大、中城市生活垃圾产量为 25767.2 万吨。

目前，对于生活垃圾的处理主要有填埋、焚烧、堆肥三种方式。垃圾填埋方式操作简单、处理费用低，是目前我国城市垃圾集中处置的主要方式，但填埋的垃圾并没有进行无害化处理，残留着大量的细菌、病毒，还潜伏着沼气重金属污染等隐患，其垃圾渗漏液还会长久地污染地下水资源，所以这种方法存在着极大危害，不仅没有实现垃圾的资源化处理，而且侵占了大量的土地资源，不具备可持续发展性。许多发达国家明令禁止填埋垃圾。我国政府的各级主管部门对这种处理技术存在的问题也逐步有了认识，势必禁止或淘汰。

垃圾焚烧发电法是近年来兴起的一种高效处理垃圾的方法，具有减容、减量和能量利用的优点。截至 2018 年 10 月底，我国 25 家重点企业生活垃圾焚烧总规模达 82.86 万吨/天，新增焚烧总规模达 13.63 万吨/天。此外，我国 2018 年全年新中标（签约）的垃圾焚烧项目数量达 102 个，总投资逾 600 亿元，垃圾焚烧市场蓬勃发展。

但是，垃圾焚烧过程会产生副产物垃圾焚烧飞灰，垃圾焚烧飞灰是一种危险废弃物（HW18），其含有大量二噁英和重金属等有害有毒物质，对人类健康有巨大的潜在威胁，因此，要保障垃圾焚烧发电法的良好发展，必须保证垃圾焚烧飞灰的无害化处理。

目前，处理垃圾焚烧飞灰的方式主要有高温熔融固化法和水泥固化-填埋法。单独采用高温熔融固化法处理垃圾焚烧飞灰具备处理量大、无害化程度高的优势，但是其投资大、能耗高、无经济效益产生的缺点制约了其规模化发展。水泥固化-填埋法是目前各大垃圾焚烧发电厂应用较为广泛的垃圾焚烧飞灰处理方法，操作简便，处理成本相对较低，但是将垃圾焚烧飞灰固化后填埋，不仅增容较大，还需占用大量土地，此外，由于垃圾焚烧飞灰中的二噁英未能得到有效降解，仍存在二次释放的风险。

近年来，对于垃圾焚烧飞灰资源化利用的处理方式也逐渐兴起，其中水泥窑协同处置飞灰技术是主要代表，受到了国家的鼓励。其主要优势在于将飞灰组分中总占比达 70% 的钙、硅、铝、铁等无机组分代替优质石灰石烧制水泥，可在水泥窑高温下将二噁英彻底去除、重金属进入水泥熟料完全固化不溶出。但在此工艺中，为了避免垃圾焚烧飞灰带入的 Cl 对水泥质量造成不利影响，需将飞灰中占比达 10%~15% 的氯水洗脱除至 0.4% 以下，由此产生的废水污染大、处理难等问题同样制约着垃圾焚烧飞灰的规模化处理。

8.4.1.2 垃圾焚烧飞灰的理化特征

A 主要化学组成

垃圾焚烧飞灰的主要化学组成如表 8-9 所示。由表可知，垃圾焚烧飞灰中的钙、氯含量相对较高，分别达 46.76% 和 11.26%。垃圾焚烧飞灰中钙含量较高主要是由烟气处理时喷加过量生石灰所致，而高含量的氯主要来源于脱酸过程吸附了含氯酸性气体，此外少量氯化物在焚烧过程中直接以 KCl 和 NaCl 的形式挥发进入飞灰；垃圾焚烧飞灰中硅、铝含量相对较低，分别为 4.73% 和 0.76%；由于垃圾焚烧过程中会喷加活性炭粉吸附烟气中的重金属和二噁英，因此垃圾焚烧飞灰中常含有一定量的碳。

表 8-9 垃圾焚烧飞灰的主要化学组成 （%）

化学组成	CaO	TFe	FeO	SiO_2	Al_2O_3	MgO	C	Cl	LOI
含量	46.76	0.56	0.28	4.73	0.76	1.48	6.23	11.26	25.56

注：表中 LOI 为 loss of ignition 的简写，即烧失量。

将垃圾焚烧飞灰消解，测定其碱、重金属含量，结果如表 8-10 所示。由表可知，垃圾焚烧飞灰中 K、Na 含量分别为 17900 mg/kg 和 15100 mg/kg；垃圾焚烧飞灰中 Zn 含量为 3400 mg/kg；垃圾焚烧飞灰中 Pb 的含量为 1400 mg/kg。

表 8-10　垃圾焚烧飞灰中的碱金属、重金属含量　　　（mg/kg）

化学组成	K	Na	Pb	Zn	Cu	Cr	Cd	Ni
含量	17900	15100	1400	3400	156.5	22.5	87	11

B　物相组成

利用 XRD 对垃圾焚烧飞灰的物相组成进行了分析，结果如图 8-21 所示。由图可知，垃圾焚烧飞灰中的钙多以 $CaCO_3$、CaClOH 和 $CaSO_4$ 形式存在；垃圾焚烧飞灰中的氯除了以 CaClOH 形式存在外，还有部分以 KCl 和 NaCl 的形式存在；此外，垃圾焚烧飞灰中还有少量脉石成分存在。

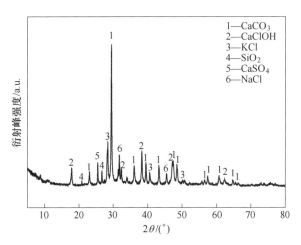

图 8-21　垃圾焚烧飞灰的 XRD 图谱

C　粒度组成

垃圾焚烧飞灰的粒度组成特性如图 8-22 所示。由图可知，垃圾焚烧飞灰的平均粒度为 138.72 μm，颗粒粒径分布集中在 10~150 μm 的范围内，样品中所含大粒径（>150 μm）颗粒和小粒径（<10 μm）颗粒相对较少，其中<45 μm 的颗粒数占比为 54%，<74 μm 的颗粒数占比为 66.83%，粒径在 45~74 μm 和 74~150 μm 的颗粒占比分别为 12.83% 和 13.13%。

D　密度和吸水性能

由表 8-11 可知，垃圾焚烧飞灰的比表面积较大，达 4200 cm²/g；垃圾焚烧飞灰的真密度和堆密度均较高炉瓦斯灰和转炉泥小，较小的堆密度使得垃圾焚烧飞灰堆积时占据的体积更大，同时较小的真密度使得自然堆积的垃圾焚烧飞灰极

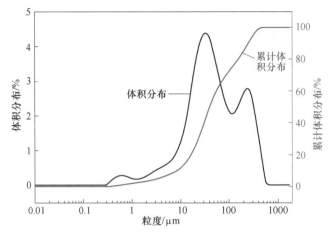

图 8-22 垃圾焚烧飞灰粒度分布曲线

表 8-11 垃圾焚烧飞灰的密度及吸水性能

| 最大毛细水/% | 最大分子水/% | 密度/g·cm⁻³ | | 比表面积/cm²·g⁻¹ |
		堆密度	真密度	
47.71	32.14	0.61	1.23	4200

易产生扬尘污染；垃圾焚烧飞灰的吸水性能较强，最大毛细水和最大分子水分别为47.71%和32.14%，说明垃圾焚烧飞灰极易成球。

8.4.2 冶金固废及垃圾焚烧飞灰协同处置利用技术

对钢铁冶金尘泥中 Fe、C 的有效利用在于高效脱除对钢铁冶炼过程不利的有色有价组元，即 K、Na、Pb、Zn 等；对垃圾焚烧飞灰的利用难点主要在于保证二噁英降解的同时实现其 Cl 的高效利用。

为此，提出将氯含量较高的垃圾焚烧飞灰作为氯化剂与钢铁冶金尘泥协同处置的技术思路（如图 8-23 所示），即在高温条件下将体系中的重金属、碱金属转变为易于挥发的氯化物，挥发至烟气中得到可用于有色冶金的有价烟尘，同时，钢铁冶金尘泥中的含铁组分与垃圾焚烧飞灰中的含钙组分相结合并在高温下反应生成铁酸钙类物质，可返回炼铁流程。此外，在高温条件下垃圾焚烧飞灰中的二噁英也得以高温降解。该方法不仅实现了垃圾焚烧飞灰的无害化处理，还获得杂质含量低的含铁原料和富含有价金属的烟尘，实现难处理冶金尘泥与市政垃圾焚烧飞灰的资源化利用。

该技术目前正处于技术研发阶段，通过已有的高炉瓦斯灰与垃圾焚烧飞灰协同处理的效果来看，相较于高炉瓦斯灰和垃圾焚烧飞灰各自单独处理（K、Na、

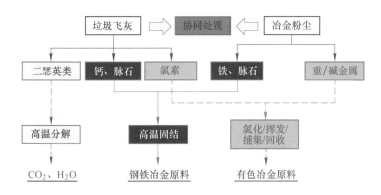

图 8-23 冶金固废及垃圾焚烧飞灰协同处置技术思路

Pb、Zn 的挥发率不足 90%），实现了原料中 K、Na、Pb、Zn 等元素 90% 以上的挥发，收集所得粉尘的主要化学成分及形貌，分别如表 8-12 和图 8-24 所示，可见所得粉尘中各有价组分基本以氯化物的形式存在。同步所得的含铁炉料成分完全满足高炉炉料的入炉要求（见表 8-13）。

表 8-12 资源化处置技术获得的烟尘化学成分 （%）

K	Na	Zn	Pb	Cl
8~18	14~20	>8	>6	>40

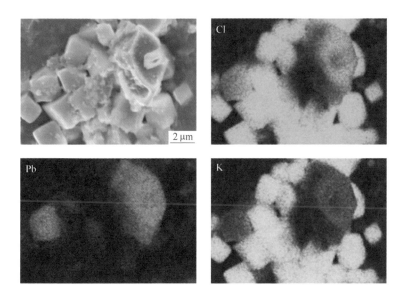

图 8-24 协同资源化处置技术烟尘中重/碱金属分布

表 8-13   协同资源化处置技术获得的含铁炉料化学成分　　　　（%）

TFe	SiO$_2$	MgO	Al$_2$O$_3$	CaO	Cl	K$_2$O+Na$_2$O	Zn	Pb	S
52.54	7.98	1.37	3.65	14.03	0.078	0.20	0.086	0.05	0.072

注：炉料有害杂质要求，K$_2$O+Na$_2$O≤0.5%，Zn≤0.15%，Pb≤0.1%，Cl≤0.1%，S≤0.2%。

设计采用的工艺流程（如图 8-25 所示）自原料接收开始至成品输出为止。它包括原料接收、配料、强力混合、干燥、润磨、造球、生球筛分及布料、生球干燥及预热、高温焙烧、炉渣冷却、余热回收、烟气净化、粉尘收集与处理等主要工序。

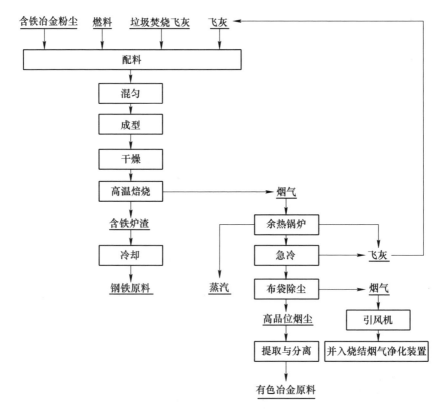

图 8-25   协同处置工艺流程

8.4.3   铁矿烧结协同处理垃圾焚烧飞灰技术

铁矿烧结工序可将细粒物料在高温条件下固结成块，为细粒飞灰的处理提供了基础；烧结过程升温速率快，最高可达 300 ℃/min，最高温度接近 1400 ℃，烧结过程焙烧气氛可控，可使垃圾焚烧飞灰中的二噁英得以高温降解；烧结过程中产生的污染物种类与飞灰中的污染物种类类似，飞灰加入烧结过程不会新增污染物种类，可不用改变现有的烧结烟气净化工艺。

研究了添加垃圾焚烧飞灰对烧结过程的影响，表 8-14 和表 8-15 为添加 0.5%和 1%飞灰后烧结混合料制粒效果和烧结指标。由表可知，随着飞灰添加比例的增加，对平均粒度和透气性有一定改善，成品率呈递增趋势，烧结速度、转鼓强度、利用系数均先增大后降低，但飞灰添加比例为 1.0%的烧结指标较未添加时有一定提升。

表 8-14 不同飞灰添加比例对烧结混合料制粒效果的影响

飞灰添加比例/%	粒度组成/%							平均粒度/mm	料层透气性/J.P.U
	+8 mm	5~8 mm	3~5 mm	1~3 mm	0.5~1 mm	0.25~0.5 mm	-0.25 mm		
0	10.54	25.34	28.86	29.48	4.74	1.03	0.00	4.27	3.65
0.5	10.30	21.82	33.60	30.96	3.33	0.00	0.00	4.23	3.90
1.0	10.34	27.62	33.10	26.16	2.74	0.03	0.00	4.49	3.96

表 8-15 不同飞灰添加比例对烧结矿指标的影响

飞灰添加比例/%	烧结速度/mm·min^{-1}	成品率/%	转鼓强度/%	利用系数/t·(m^2·h)$^{-1}$
0	21.66	76.22	63.67	1.46
0.5	22.44	76.54	66.13	1.51
1.0	21.87	76.90	64.93	1.49

研究了添加垃圾焚烧飞灰前后，烧结矿中有害元素含量变化情况，如表 8-16 所示。由表可知，烧结矿中 Zn、K、Na 的含量都有一定程度的降低，其中以 Na 含量降幅最大，为 38.99%。当不添加垃圾焚烧飞灰时，烧结原料中的 78.39% K、85.43% Na、97.52% Zn、48.30% Pb 都继续存在于烧结矿中；原料中的 Cl 能够被有效脱除，脱除率可达 63.85%。当添加垃圾焚烧飞灰后，由于 Cl 元素的增多对有害元素的脱除有促进作用，提高了 K、Na、Pb、Zn 的脱除率，较未添加垃圾焚烧飞灰时分别提升至 60.73%、65.92%、81.26%、37.92%。因此，垃圾焚烧飞灰的加入不会引起烧结矿中有害元素的增多。

表 8-16 烧结矿中有害元素含量　　　　　　　　　　（%）

添加方式	Zn	Pb	Na$_2$O	K$_2$O
未添加	1.41×10^{-2}	6.7×10^{-4}	6.59×10^{-2}	4.43×10^{-2}
添加 1%	1.36×10^{-2}	6.7×10^{-4}	4.02×10^{-2}	3.80×10^{-2}

分析了垃圾焚烧飞灰添加前后的烧结烟气，尽管垃圾焚烧飞灰直接引入的二

噁英有 93.03% 在烧结过程中降解，仍有部分二噁英进入烧结烟气中，引起二噁英排放量的增加，即由常规的 3.13 ng（I-TEQ）/m^3 增加至添加后的 5.61 ng（I-TEQ）/m^3。对于烟气中增加的二噁英，经过现有的电除尘（脱除率约为 70%）和活性炭（脱除率不低于 95%）净化处理后，烟气中二噁英浓度可降至 0.083 ng（I-TEQ）/m^3，满足超低排放要求。同时，由于垃圾焚烧飞灰中硫酸盐的分解，烟气中 SO_x 的平均排放也有所增加，即由常规的 1112 mg/m^3 增至添加后的 1170 mg/m^3，通过现有的烟气处理仍可对其进行净化处理，达标排放。

综合上述可知，采用铁矿烧结协同处理垃圾焚烧飞灰是可行的，该技术不仅实现了垃圾焚烧飞灰的无害化处理，还实现了其资源化利用。尽管处理过程中，垃圾焚烧飞灰的添加对烟气排放造成了一定的负面影响，但是通过现有烟气处理系统，仍可对其进行有效净化处理，使烟气达标排放。考虑飞灰本身含有大量氯离子，对烧结系统设备腐蚀、职业健康、烟气排放等的不利影响，飞灰应水洗预处理后再进行烧结消纳处置。

表 8-17 为采用水灰比 3:1 进行单级水洗前后飞灰的元素含量，脱氯率为 64%，碱金属脱除率为 70%，钙富集率为 37%。图 8-26 为水洗前后飞灰 XRD 分析，水洗后 NaCl 和 KCl 的物相峰明显削弱，$CaCO_3$ 峰有所增强。

表 8-17 采用水灰比 3:1 进行单级水洗前后飞灰的元素含量

元素	水洗前	水洗后	元素	水洗前	水洗后
Cl	26.21	9.436	P	0.132	0.225
Ca	21.93	30.03	Br	0.117	0.0442
O	20.8	33.5	Ti	0.097	0.158
Na	10.31	2.5	Cu	0.084	0.137
K	8.296	2.862	Ba	0.067	0.083
S	3.648	5.298	Ce	0.027	0
C	3.03	5.51	Mn	0.0254	0.0383
Si	1.58	2.276	Rb	0.0189	0.0069
Mg	0.735	1.37	Sr	0.0158	0.0184
Zn	0.5476	0.9052	Sn	0.011	0.016
Fe	0.465	0.7571	Cd	0.01	0.015
Al	0.433	0.646	Cr	0.009	0.014
Pb	0.17	0.185	Ni	0.004	0.004

垃圾焚烧飞灰的水洗工艺如图 8-27 所示，将垃圾焚烧飞灰按适宜固液比进行多级逆流水洗，使飞灰中残氯量满足要求后进行压滤得到飞灰滤饼，飞灰滤饼进入烧结主流程进行协同处理。得到的高盐洗灰水采取序批式除重除杂工艺，经

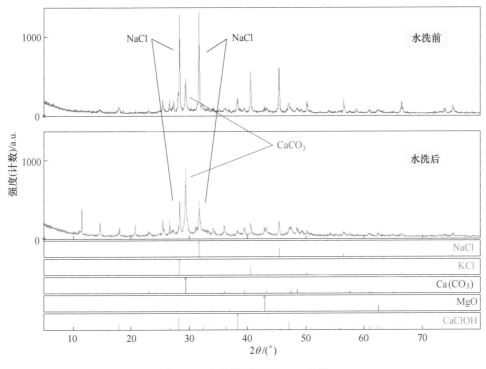

图 8-26 水洗前后飞灰 XRD 分析

预处理之后进入多效蒸发分盐结晶系统，分盐结晶出的氯化钾、氯化钠产品直接外销。

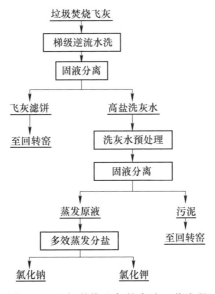

图 8-27 垃圾焚烧飞灰的水洗工艺流程

8.5　烧结法消纳脱硫副产物技术

8.5.1　烧结法消纳脱硫副产物的原理与工艺路线

　　钢铁工业是继电力行业之后的第二大 SO_2 排放行业，其中钢铁冶炼的烧结工序是重点污染源。我国目前烧结烟气脱硫技术主要为石灰石-石膏法、半干法脱硫、干法碳基脱硫技术，由于碳基脱硫基本不产生副产物，因此脱硫过程产生的副产物主要为两类，即湿法脱硫石膏和半干法脱硫灰。国内外研究和应用情况表明，湿法脱硫石膏可广泛应用于建材、土壤改良剂及工业原料。目前，欧美等发达国家已形成较为完善的应用体系，脱硫石膏总体利用率在 80% 以上。国内脱硫石膏最主要的资源化利用方式为用于水泥缓凝剂、石膏板制造、盐碱地改良及建筑石膏制造等。而半干法脱硫灰由于成分复杂且不稳定，$CaSO_3$ 在潮湿环境下易被氧化生成 $CaSO_4$，导致混凝土产生微量膨胀，且含有大量的游离氧化钙和 Cl、K 等有害元素，限制了其在建筑行业的大规模应用，目前还没有关于半干法脱硫灰大量使用的综合处置方法。

　　空气气氛下，脱硫灰的分解分为 4 个阶段，100~360 ℃ 是 $CaSO_3 \cdot 1/2H_2O$ 结晶水脱除；400~650 ℃ 发生 $CaSO_3$ 的氧化和 $Ca(OH)_2$ 的分解，650~800 ℃ 发生 $CaCO_3$ 的分解；1200 ℃ 以上，是 $CaSO_4$ 晶体分解的突变区，在这个温区内，$CaSO_4$ 晶体分解率大于 90%。$CaSO_4$ 在 1200 ℃ 时加热一定时间，其分解率可达 60%，而在 1330 ℃ 时加热一定时间，其分解率已经达到了 95%。另外，$CaSO_4$ 的热分解还受到反应气氛的影响，还原气氛有利于 $CaSO_4$ 的分解。当温度高于 800 ℃ 时，燃烧产生的 CO 能降低 $CaSO_4$ 的分解温度，根据相关的热力学数据和热力学函数公式 $\Delta G = \Delta H - T\Delta S$，从理论上可以算出 $CaSO_4$ 在 CO 作用下，可在 839 ℃ 时开始发生分解反应，而实际测出的结果为大于 840 ℃ 时可发生分解反应；当温度高于 1200 ℃ 时，固体燃料中的碳也可以促进 $CaSO_4$ 的分解；当 $CaSO_4$ 在 Fe_2O_3 存在的情况下，也可以改善其分解的热力学条件，上述反应式如下：

$$CaSO_3 \cdot 1/2H_2O == CaSO_3 + 1/2H_2O$$

$$CaSO_3 + 1/2O_2 == CaSO_4$$

$$Ca(OH)_2 == CaO + H_2O$$

$$CaCO_3 == CaO + CO_2$$

$$CaSO_3 == CaO + SO_2$$

$$2CaSO_4 == 2CaO + 2SO_2 + O_2$$

$$CaSO_4 + CO == CaO + SO_2 + CO_2$$

$$2CaSO_4 + C \Longrightarrow 2CaO + 2SO_2 + CO_2$$

$$CaSO_4 + Fe_2O_3 \Longrightarrow CaO \cdot Fe_2O_3 + SO_2 + 1/2O_2$$

烧结过程尽管属于氧化性气氛，但烧结料层局部，尤其是固体燃料比较集中的区域仍存在还原性气氛，烧结烟气中也含有2%左右的CO，因此，烧结料层中掺混脱硫灰生成的$CaSO_4$分解温度应低于空气气氛下的分解温度，这是烧结工序可以处置脱硫灰的理论基础。尤其是近年来，随着碳基法烟气净化技术在烧结领域的应用，从源头减少了脱硫石膏和脱硫灰的产生，也为烧结协同资源化处置钙基脱硫灰提供了新的技术思路。

图 8-28 所示为烧结工序协同处置半干法脱硫灰的技术路线。在大型钢铁企业，往往有多台烧结机或多个产生烟气的工序同时运行，部分采用钙基脱硫法，部分采用碳基脱硫法。钙基法脱硫产生的石膏可以适当添加到采用碳基法脱硫的烧结机上，脱硫灰中的$CaSO_4$在烧结料层中分解吸出SO_2进入烧结烟气中，被碳基法脱硫脱硝系统吸附，活性炭在解吸塔中重新将SO_2析出，可用于制取工业硫酸，实现了硫元素的资源化。这种技术路线适用于采用碳基法脱硫脱硝的烧结生产线，可以解决半干法脱硫灰无法外运的难题，但脱硫灰添加量应严格控制，不应对烧结正常生产造成严重负面影响，要充分评估其中的氯离子对设备的损伤及SO_2资源化装置的裕量。

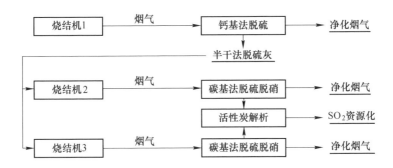

图 8-28 烧结工序协同处置半干法脱硫灰的技术路线

8.5.2 配加半干法脱硫灰对烧结生产的影响研究

（1）对烧结矿质量的影响。从表 8-18 中可以看出，在配加比例为 0.3% ~ 0.5%时，烧结速度、成品率、转鼓强度、利用系数与基准方案基本相当，但是当配加比例增加到 0.7%时，成品率、转鼓强度均出现较大幅度下降，继续添加脱硫灰至 1.5%，烧结速度、成品率、转鼓强度、利用系数均出现明显降低，因此，适宜的脱硫灰添加比例为 0.3% ~ 0.5%。

表 8-18   不同配加比例脱硫灰对烧结指标的影响

煤粉配比 /%	水分配比 /%	配加比例 /%	烧结速度 /mm·min⁻¹	成品率 /%	转鼓强度 /%	利用系数 /t·(m²·h)⁻¹
4. 62	9. 00	—	26. 64	66. 22	61. 92	1. 41
4. 62	9. 00	0. 3	26. 17	66. 10	61. 55	1. 40
4. 62	9. 00	0. 5	25. 75	65. 61	60. 78	1. 39
4. 62	9. 00	0. 7	25. 55	62. 47	57. 75	1. 35
4. 62	9. 00	0. 9	24. 05	60. 08	56. 40	1. 19
4. 62	9. 00	1. 1	23. 64	56. 19	55. 44	1. 06
4. 62	9. 00	1. 5	23. 23	56. 82	56. 28	1. 03

（2）对污染物排放的影响。配加不同比例脱硫灰对 NO_x 排放的影响，结果如图 8-29 所示。由图可知，添加较为适宜比例脱硫灰对 NO 的排放影响较小，均值排放浓度从 246 ppm 降至 240 ppm，所以截取两组数据，一组为常规烧结，另一组为添加 0.5% 脱硫灰后的 NO 排放曲线，两组差异较小。

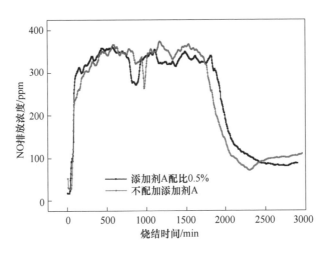

图 8-29   添加脱硫灰对烧结烟气 NO 排放的影响

配加不同比例脱硫灰对 SO_2 排放的影响如图 8-30 所示。从图上可以看出，随着脱硫灰配入量的不断增大，烟气中的 SO_2 也随着增高，基准的 SO_2 排放量约为 500 ppm，当配入量达到 1.5% 时，SO_2 排放峰值约为 2000 ppm，主要原因为脱硫灰中的硫酸钙、亚硫酸钙在烧结高温过程发生分解释放了 SO_2。

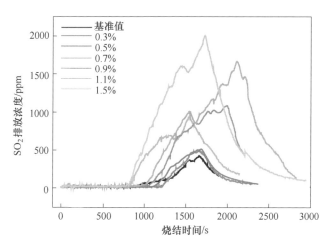

图 8-30 添加脱硫灰对烧结烟气 SO_2 排放的影响

（3）对烧结矿中游离钙的影响。配加脱硫灰对烧结矿中游离钙含量的影响如表 8-19 所示。由表可知，在未配加脱硫灰时，烧结矿内的游离氧化钙含量为 0.8%，将脱硫灰添加至 0.5% 时，烧结矿中的游离氧化钙含量为 0.86%，继续增加脱硫灰的配量至 1.5%，游离氧化钙含量为 0.99%，据此可知，配加脱硫灰会增加烧结矿中残余游离氧化钙的含量，且随脱硫灰配加比例提高而提高。

表 8-19 不同配加比例脱硫灰对烧结矿中游离钙含量的影响

方　案	脱硫灰配比/%	游离氧化钙含量/%
基准	—	0.80
1	0.3	0.82
2	0.5	0.86
3	0.7	0.91
4	0.9	0.93
5	1.1	0.97
6	1.5	0.99

（4）对烧结矿矿相结构的影响。配加脱硫灰对烧结矿矿相结构的影响如图 8-31 所示。由图可知，基准方案所得烧结矿主要为铁酸钙与磁铁矿形成的交织结构，以微小孔洞为主，矿物间结合较为紧密，是较为理想的微观结构；脱硫灰配加量为 0.5% 时，为铁酸钙与磁铁矿形成的熔蚀结构，也以微小孔洞为主，但脱硫灰配加量提高至 1.5% 时，烧结矿中出现一定的大孔，这对烧结矿强度会产生不利影响。因此，从微观结构上来看，脱硫灰配加比例较低时对烧结矿微观结构和矿物组成影响较小，配比较高时会产生较大不利影响。

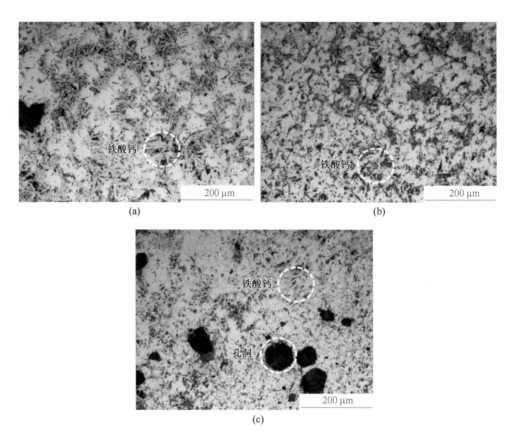

图 8-31　配加脱硫灰对烧结矿矿相结构的影响

（a）基准方案；（b）脱硫灰 0.5%；（c）脱硫灰 1.5%

　　总的来说，脱硫灰配加比例为 0.3%~0.5% 时，各项烧结指标均与基准方案基本相当，但进一步提高脱硫灰配比，各项烧结指标均出现较大幅度下降，因此，适宜的脱硫灰配加比例为 0.3%~0.5%。在较为适宜的脱硫灰配加比例条件下，NO 排放浓度与未配加时差异较小，均值从 346 ppm 下降为 340 ppm；烟气中二氧化硫排放浓度随脱硫灰添加比例增加而升高。配加脱硫灰会增加烧结矿中残余游离氧化钙的含量，且随脱硫灰配加比例提高而提高，在适宜脱硫灰配加比例时，游离氧化钙含量从 0.8% 提高至 0.86%；提高脱硫灰配加比例至 1.5% 时，游离氧化钙含量进一步提高至 0.99%。

8.5.3　应用示范简介

　　宝钢湛江钢铁有限公司（以下简称湛江钢铁）脱硫副产物主要来自三个工序，包括球团脱硫、高炉热风炉脱硫、煤精煤气干法脱硫。

　　（1）球团脱硫工艺介绍。球团脱硫系统采用循环流化床脱硫工艺，主要由脱硫塔、脱硫除尘器、脱硫灰循环系统、脱硫吸收剂制备及供应系统、烟气系统、工艺水系统、流化风系统、脱硫灰外排系统构成。湛江钢铁的球团脱硫系统设计烟气处理能力为 $222×10^4$ m³/h，平均运行烟气量为 $180×10^4$ m³/h。采用氧化钙（CaO）作为吸收剂，主要设计参数如表 8-20 所示，脱硫设施如图 8-32 所示。

表 8-20　湛江钢铁脱硫系统主要设计参数

序号	设计数据	单位	数　值
1	年利用小时数	h	8000
2	主抽入口烟气量（最大工况）	m³/h	$222×10^4$
3	入口烟气温度	℃	175
4	入口 SO_2 浓度（干标，标态）	mg/m³	100~2000
5	入口粉尘浓度（干标，标态）	mg/m³	60~150
6	出口 SO_2 浓度（标态）	mg/m³	≤100
7	出口粉尘浓度（标态）	mg/m³	≤15
8	脱除 SO_2 量	t/h	约 1.1
9	吸收剂耗量	t/h	约 2.2

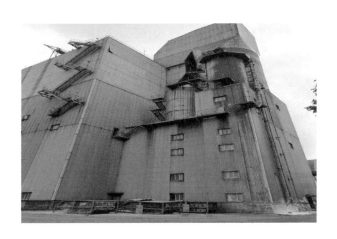

图 8-32　湛江钢铁球团脱硫设施

（2）高炉热风炉脱硫工艺介绍。高炉热风炉脱硫系统采用固定床干法钙基催化脱硫剂脱硫工艺，如图 8-33 所示。系统主要由钢框架、烟道系统、固定床系统仓单元、物料运送装置、控制系统组成。该系统的主要运行指标如表 8-21 所示。

图 8-33　湛江钢铁高炉热风炉脱硫设施

表 8-21　湛江钢铁高炉热风炉脱硫技术指标

序号	运行指标名称	单位	技术指标
1	净化装置处理规模（标态）	m^3/h	550000
2	最高可运行烟气温度	℃	320
3	入口 SO_2 浓度（标态）	mg/m^3	70~120
4	出口 SO_2 浓度（标态）	mg/m^3	≤50
5	出口颗粒物浓度（标态）	mg/m^3	≤10
6	入口 NO_x 浓度（标态）	mg/m^3	10~20
7	出口 NO_x 浓度（标态）	mg/m^3	≤150
8	脱硫效率	%	≥75

（3）煤精煤气干法脱硫的工艺介绍。来自真空碳酸钾脱硫单元的焦炉煤气，从装有高效脱硫剂的框式脱硫塔底部进入，塔顶引出的净化后的煤气一部分送回焦炉，其余送往后续用户，脱硫装置如图 8-34 所示。8 台脱硫塔四开四备，2 台

图 8-34　煤精煤气干法脱硫装置

一组，组内可串可并。脱硫的反应原理如下：

$$2Fe(OH)_3 + 3H_2S \rule[0.5ex]{2em}{0.4pt} Fe_2S_3 + 6H_2O$$
$$2Fe(OH)_3 + H_2S \rule[0.5ex]{2em}{0.4pt} 2Fe(OH)_2 + S\downarrow + 2H_2O$$
$$Fe(OH)_2 + H_2S \rule[0.5ex]{2em}{0.4pt} FeS + 2H_2O$$

主要操作技术指标如表 8-22 所示。

表 8-22　煤精煤气干法脱硫技术指标

项　目	数　值
进脱硫塔的 H_2S 含量/$g \cdot m^{-3}$	0.2
出脱硫塔的 H_2S 含量/$g \cdot m^{-3}$	0.1
进脱硫塔的温度/℃	25~30

上述三个工序的脱硫副产物中，球团脱硫灰含硫量约为 10%，产生量约为 10000 t/a；高炉热风炉脱硫灰含硫量约为 20%，发生量约为 1500 t/a；煤精废脱硫剂含硫量约为 30%，发生量约为 4500 t/a，这些脱硫副产物在原料堆场的照片如图 8-35 所示。

图 8-35　脱硫副产物在原料堆场的照片

宝钢湛江钢铁基地 1 号、2 号烧结机分别于 2015 年 8 月、2016 年 6 月热负荷试车成功并生产出烧结矿，两台烧结机均为 550 m^2 烧结机，年产成品烧结矿 2×613 万吨，两台烧结机配套有 4 套碳基烟气净化装置，主抽风机后烟气经增压风机增压，通过吸附塔脱除污染物后返回至烧结主烟囱排放。碳基烟气净化装置按当时环保要求设计，烧结烟气中污染物排放浓度为粉尘约 15 mg/m^3（标态），SO_2 约 10 mg/m^3（标态），NO_x 为 80~120 mg/m^3（标态）。

随着钢铁行业超低排放的要求，需对原有烟气净化设施升级，并增设脱硝装置，以确保烧结机机头烟气达到超低排放水平。中冶长天针对湛江钢铁现有烟气净化设施进行了改造升级，主要目的是降低烟气中的颗粒物及 NO_x 的排放浓度。改造升级后，烧结烟气经活性炭装置除尘、脱硫后的烟气，进入 SCR 装置脱除 NO_x 后，由 SCR 引风机引至原有主烟囱排放。增设 SCR 装置后，碳基烟气净化系统的主要功能为脱硫除尘，SCR 装置功能为脱硝，烟气经处理后达到钢铁行业超低排放水平。

2021 年 2 月，由中冶长天总承包的"湛江钢铁一二烧结新增主烟气脱硝及设备功能提升项目"在宝钢湛江钢铁有限公司建成投产，湛江钢铁的碳基烟气净化系统如图 8-36 所示。该项目的实施，为湛江钢铁利用烧结机系统处置其他工序脱硫副产物奠定了技术基础。湛江钢铁实行固废不出厂的环保要求，从 2021 年至今，球团、高炉热风炉、煤精煤气三个工序的脱硫副产物均掺杂在烧结原料中使用，根据混匀矿含硫量动态平衡，一般配入时比例约为 0.1%。对烧结矿的质量和污染物排放指标未产生明显影响，脱硫固废在烧结工序中重新分解，SO_2 析出，被活性炭吸附后成为制备工业硫酸的原料，成功实现了硫的资源化，该项目技术具有良好的经济和环境效益。

图 8-36　湛江钢铁烧结烟气碳基净化工程

本 章 小 结

（1）钢铁流程除了可以消纳厂内自产的含铁、含碳固废外，也能消纳经过预处理的非钢领域含铁、含碳固废。近年烧结、球团工序在消纳硫酸渣、赤泥、提钒弃渣、生活垃圾焚烧飞灰等工业固废、市政危险废物方面已经展现出巨大的潜力，焦炉、高炉、转炉、电炉等炉窑协同处置非钢领域固废也已经有了许多应用的案例。

（2）中冶长天、中南大学、铜陵有色联合开发了高比例硫酸渣氧化球团生产技术，并在铜陵有色建成了国内首条年产120万吨以硫酸渣作为主要原料的链箅机-回转窑氧化球团生产线，实现了硫酸渣中铁、硫分离资源化利用的目标。

（3）赤泥、提钒弃渣分别是电解铝工业、钒化工的大宗含铁固废，行业内很多专家、学者对其如何充分利用已经开展了大量的研究工作。本书介绍的是其中一种技术思路，未得到实践的验证。

（4）中冶长天联合中南大学开发的烧结法消纳垃圾焚烧飞灰技术具有可行性，但是要考虑垃圾飞灰的添加对烟气净化系统造成的负面影响，也要采取措施预防飞灰中氯离子对烧结系统设备腐蚀、职业健康等方面的不利影响。

（5）在大型钢铁企业，多台烧结机或多个产生烟气的工序同时运行，部分采用钙基脱硫法，部分采用碳基脱硫法。允许半干法脱硫灰少量添加到采用碳基法脱硫的烧结机上，解决脱硫灰无法外运的难题，但添加量不宜过多，要充分评估其中的氯离子对设备的损伤及 SO_2 资源化装置的裕量。

参 考 文 献

[1] 陈栋. 含多金属硫酸渣制备预还原球团工艺及机理研究 [D]. 长沙：中南大学，2012.
[2] 周晓青. 润磨强化硫酸渣制备氧化球团的技术及机理研究 [D]. 长沙：中南大学，2009.
[3] 刘树立. 铜陵有色高配比硫酸渣球团技术的工业化应用 [J]. 烧结球团，2010，35（1）：15-20.
[4] 刘小杰，李建鹏，吕庆，等. 脱硫石膏综合利用的现状与展望 [J]. 化工环保，2017，37（6）：611-615.
[5] 潘建. 铁矿烧结烟气减量排放基础理论与工艺研究 [D]. 长沙：中南大学，2007.
[6] 李晓岩，李晓红，王军，等. 城市生活垃圾等高热值废弃物资源化利用技术 [J]. 可再生能源，2007（1）：77-80.
[7] 魏国侠，刘汉桥，蔡九菊. 冶金技术在城市固体废弃物处理中的应用前景 [J]. 工业炉，2009，31（1）：33-37.
[8] Sahajwalla V，Khanna R，Zaharia M，et al. Environmentally sustainable EAF steelmaking through introduction of recycled plastics and tires：Laboratory and plant studies [J]. Iron & Steel Technology，2009，6（4）：43-50.
[9] 回春雪，李虎，郎明松，等. 烧结脱硫灰资源化利用途径 [J]. 河北冶金，2023（4）：66-69.
[10] 茅沈栋，苏航，王飞，等. 烧结SDA脱硫灰还原煅烧解析 SO_2 过程分析 [J]. 钢铁研究学报，2020，32（7）：610-617.

9 全流程、跨领域多源固废协同资源化组合方案及智慧平台构建

钢铁企业生产过程中，各工序会同时产生多种不同固废。本书第2、3章阐述了固废质、能、毒害属性分析、循环利用准则及冶金炉窑合理适配路径，指出了不同固废协同资源化的潜力和价值，提出了钢铁冶金流程固废优先在本流程质、能循环利用，确实不能在本流程循环利用的，也应跨领域资源化利用的理念。本章将在前几章介绍特定固废预处理后在冶金流程循环利用技术方法的基础上，阐述钢铁流程多源固废协同资源化组合方案的构建，鉴于烧结工序处理散装物料适应能力强，有完善的环保措施等特殊优势，重点介绍了以烧结工序为中心，建立多源复杂固废协同资源化处置的组合技术方案。由于国家对固废处置相关管理规定，固废跨领域资源化处置一定是区域性跨领域利用，不可能超长距离的"跨领域"。而一定区域内除钢铁冶金固废及炉窑外，还有其他品种繁多的固废和工业炉窑，限于本书篇幅和作者的知识面，对各种工业炉窑处置固废的技术细节不做介绍，重点阐述区域性固废协同处置智慧平台的构建。

9.1 钢铁冶金流程多源固废协同资源化组合技术方案

钢铁冶金流程会产生大量多污染含铁、含碳固废，以及组分复杂的废水和废气，这些多源多相副产物的质、能属性在资源化处置时，往往具有互补性，因此，结合不同钢铁流程资源和环境条件，建立多源多相副产物协同资源化组合方案，可以以最低的成本实现最高的资源化水平。本节提出了几种钢铁冶金流程多源固废协同资源化的组合技术方案，为钢铁企业实现低成本、高价值的固废处置提供技术参考，但组合技术方案的模式不局限于这几种。

9.1.1 钢铁尘泥湿/火法组合选冶方案

本书第5章含锌固废回转窑法还原脱锌资源化利用技术的论述中，提到了高炉灰、转炉灰和电炉灰还原脱锌时需要消耗碳作为还原剂和燃料，炼钢灰中碳含量极低，铁含量高，为了实现炼钢灰中锌的有效脱除，必然需要配加较多含碳高的高炉灰或额外配煤，导致回转窑处理量大、处理能力和能量浪费，且原料铁含

量高又导致回转窑易结圈的隐患。如果能用成本更低的方法把含锌固废中的铁先部分选出来，降低进入回转窑中含锌固废的铁组分，富集固废中锌组分，不但减少了回转窑处理量，降低了回转窑能耗和结圈的风险，而且还能提高回收的锌品位。本书第6章高盐固-液废协同资源化技术的论述中，提到了利用钢铁流程废水调质、二段洗灰、除铊提盐等技术措施。进一步考察研究，本书作者提出了利用钢铁流程废水，把湿法高盐固废处置和火法还原脱锌协同起来，组成湿/火法组合选冶方案。钢铁厂含锌粉尘、烧结灰与冶金废水协同处置技术路线如图9-1所示，具体的工艺流程如下：

（1）含锌粉尘首先采用磨选或直接选矿获得铁精矿浆和含锌尾矿浆，磨选过程所用水为钢铁厂内废水，例如制酸废水、焦亚废水、高炉煤气冷凝水等。根据水量平衡，也可先把废水浓缩，部分浓缩获得的淡水供给钢铁流程其他工序循环使用。

（2）分选获得的铁精矿浆经过过滤后获得铁精矿送至烧结配料，含锌尾矿浆经过滤后获得含碳含锌尾矿送至回转窑还原脱锌配料系统，过滤所得选矿水送至烧结机头灰水洗工序。

（3）根据回转窑原料要求，含锌尾矿与其他含锌粉尘、还原剂进行配矿后进行造球和回转窑还原，回转窑还原过程中含锌粉尘中锌组分经还原挥发后进入烟尘收集系统，烟尘经除尘获得次氧化锌产品，高温烟气经余热锅炉回收余热余能后，低品质余热送至水洗蒸发系统进行回用；含锌粉尘中铁组分被还原为金属铁，随窑渣从窑头排出后经冷却获得脱锌渣。

（4）选矿水混合冶金废水并调质后用于烧结灰的水洗，水洗后的烧结灰返回烧结配料使用，水洗后的含钾、钠、氯的废水经蒸发结晶提取氯化钾和氯化钠。

采用本书提出来的高炉除尘灰、炼钢除尘灰、烧结灰与冶金废水协同处置方案，提前将含锌粉尘中的锌铁组分进行初步分离，可以减少回转窑处理量，提高还原效率，降低能耗。同时，利用钢铁厂内废水进行含锌粉尘的磨选处理和烧结灰水洗，不额外使用新水，做到了厂内废水的多级循环利用。

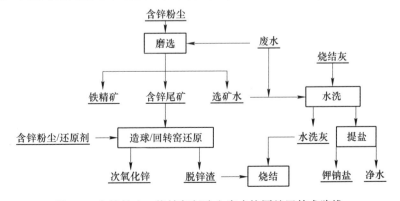

图9-1 含锌粉尘、烧结灰与冶金废水协同处置技术路线

9.1.2　以烧结为中心的冶金复杂固废综合协同处置方案

钢铁流程的烧结、炼焦、炼铁、炼钢等主流程质能流都有与固废分离组分相耦合的潜力，但是相对而言，烧结工序是钢铁原料的制备工序，对废弃物的复杂组分容忍度更高；有制粒预处理工序，可以处置散状废弃物；还拥有完善的烟气净化系统，这些优势使得烧结工序在综合协同处置固废方面拥有更大的优势。本书第4~7章分别介绍了各种固废经预处理后，进入烧结资源化利用的技术，本节将阐述以烧结为中心构建钢铁企业和城市固废的协同处置平台。图9-2展示了冶金流程多源固废与烧结主工序气、液、固三相耦合的技术路线和综合协同处置方案。

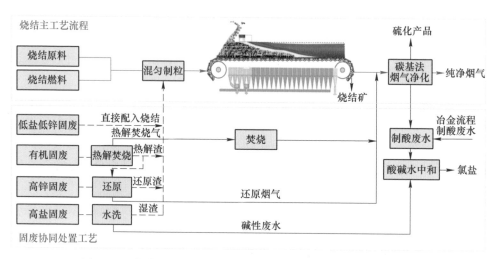

图9-2　以烧结工序为中心的冶金流程多源固废综合利用技术方案

冶金复杂固废预处理时，通常会产生多种相态的副产物，不同相态的副产物可以以不同方式与烧结流程重新耦合。有机固废经过热解后，其热解渣中含有大量的碳元素，固定碳和热值指标甚至接近焦炭，因此，可以将有机固废热解渣掺入烧结后，可以替代部分原有的化石燃料；也可以将热解渣与含锌固废混匀，利用热解渣中的碳还原含锌固废，减少外配焦炭的使用，达到"以废代碳"的目的。高锌和高盐固废分离出锌和盐分之后，其底渣中含有的铁可达到40%~60%，接近铁矿石的品位，掺入烧结中可以回收其中的铁资源，实现"以废代铁"的目标。

在气相协同方面，冶金流程的有机固废、含锌尘泥在回转窑火法处置过程中，都会产生高温烟气。通常情况下，15万吨/年的含锌尘泥处置回转窑产生的烟气量约为100000 m³/h，与烧结工序相比，回转窑烟气气量小、组分波动大，烟气治理的难度大、成本高。而烧结烟气体量大、成分相对稳定，因此，可以将固废火法处置产生的烟气并入烧结烟气协同净化，既可以节约回转窑烟气净化系统的一次投资，也可以节约后期的运行成本。中冶长天总承包建设的山东钢铁集团永峰临港有限公司的脱锌回转窑采用了该工艺，将回转窑烟气并入碳基法烧结烟气净化系统，在行业内率先以较低成本实现了脱锌回转窑烟气污染物超低排放。

在液相协同方面，传统的高盐固废水洗需要消耗大量的新水，洗灰之后产生呈碱性的高盐废水，而冶金主流程中有大量的酸性废水，如碳基法烟气净化系统的制酸废水，用冶金流程的酸性废水进行高盐固废水洗，可以提高水洗的效果，节约新水的消耗，实现废水的源头减量。

综上所述，通过构建以烧结为中心的冶金固废综合处理平台，对冶金复杂固废物质、能源、毒害元素分离后，通过气、液、固三相与烧结主流程质能耦合协同，能最大程度提高固废资源化利用率，并降低固废的综合处置成本。

9.1.3　其他冶金炉窑协同处置固废方案

除了烧结外，钢铁流程的其他工业窑炉也具有高价值协同处置固废的潜力。图9-3以高炉和转炉为例，展示了钢铁流程其他冶金炉窑协同处置固废方案。

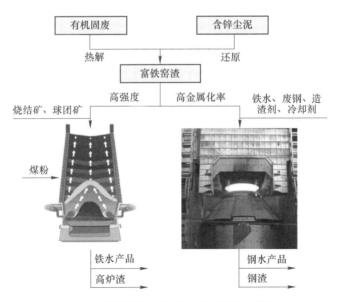

图9-3　高炉和转炉协同处置固废技术路线

高炉是以烧结矿或球团矿为炼铁原料、以焦炭作为铁矿石还原剂和热源，生产铁水的冶金工业窑炉，为了降低焦比和炼铁成本，还会在高炉风口向炉内喷吹一定量煤粉，以替代部分焦炭提供热量和还原剂。烧结工序对燃料的粒度要求一般在 1~3 mm，粒度太细的燃料进入烧结料层会影响料层透气性，也容易被料层负压吸入大烟道，造成热能损失。因此，有机固废经过热解后的热解渣必须要经过筛分，满足粒度要求的有机固废热解渣可以进入烧结，而筛分出来粒度较细的固废热解渣适宜以喷吹方式进入高炉协同利用。同时，高炉是竖炉结构，铁原料和焦炭在炉内堆积，为了保证炉内的透气性，对铁原料和焦炭的粒度和强度都有一定的要求，经预处理后的固废铁品位、颗粒粒度、强度满足高炉炼铁要求，也可以作为高炉的铁原料加入高炉。

转炉是以铁水、废钢为主要原料，配以造渣剂、冷却剂，生产钢水的工业窑炉。转炉工序靠近钢铁产品的末端，是产品的精制工序，因此，转炉协同处置固废对原料的要求较高，适宜处置高金属化率的固废产品。富铁的有机固废经过热解或者含锌尘泥经过还原后，有可能获得较高金属化率的预处理含铁渣，这些高金属化率的含铁渣如果进入烧结则需要经历再氧化、再还原的过程，无疑会增加冶炼成本，而直接进入转炉炼钢可以缩短固废在钢铁流程的处置工序，降低能耗和碳排放，最大程度提升高金属化率铁渣的处置价值。

9.1.4 钢铁流程主要元素迁移及全量资源化

钢铁冶金流程是以铁矿石作为主要铁原料、焦炭作为主要燃料和还原剂、空气作为氧化剂，生产钢铁产品的过程，当前，我国的钢铁流程仍然是以围绕铁素流 "碳-氧" 体系的高炉—转炉长流程工艺为主。

原料和燃料中除了含有铁、碳等主要成分外，还含有钾、钠、铅、锌、氯、铬、硅、铝、铊等杂质元素，传统的钢铁流程生产钢铁产品的同时还会产生大量的废水、废气和固废，困扰钢铁企业。

为了强化钢铁流程资源循环利用，本书作者提出钢铁流程质能优化循环利用的理念，开发钢铁流程复杂固废资源循环利用技术体系，结合作者开发的碳基法多污染物烟气净化技术及行业内渣类固废建材化利用技术，钢铁流程除生产优质钢铁产品外，其他元素基本实现了全量化利用，其主要元素迁移及全量资源化示意图如图 9-4 所示。

（1）冶金烟气：冶金烟气具体包括烧结烟气、高炉煤气、转炉煤气等，通过对这些冶金副产气体进行除尘和净化，又会产生高盐固废如烧结机头灰、高锌固废如转炉灰和高炉灰，以及高盐废水等。烧结烟气采用碳基法净化后，得到洁净空气达标排放，同时可以将 SO_2 资源化生产 H_2SO_4 或焦亚硫酸钠等化工产品。

（2）普通固废：钢铁流程各环节产生的普通含铁固废（如烧结一、二次电

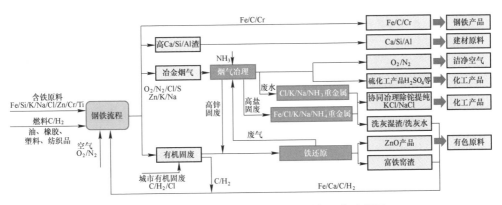

图 9-4 钢铁流程主要元素迁移及全量资源化示意图

场灰、高炉出铁场灰等）直接在冶金流程循环利用。

（3）高盐固废和废水：可以经协同治理进行除铊提纯，生产 KCl/NaCl 等工业产品，洗灰产生的湿渣则通过烧结回收铁元素。

（4）高锌固废：采用回转窑对高锌固废进行还原，获得 ZnO 和富铁窑渣两种产品，ZnO 作为有色原料进一步提炼金属锌，富铁窑渣进入烧结或转炉回收铁元素；回转窑还原产生的废气进入冶金烟气净化系统进行净化。

（5）有机固废：钢铁流程自产的有机固废和城市有机固废均可以经过预处理后作为回转窑还原或冶金流程的燃料，用于替代化石焦炭。此路径为钢铁流程消纳部分城市有机固废提供了技术基础。

（6）高 Ca/Si/Al 的冶炼渣：原料、燃料及各种固废循环利用带来的 Ca/Si/Al 等一般进入高炉渣和钢渣，作为建筑工业的主要原料生产建材产品。

通过以上技术综合应用，钢铁企业有望从过去排污大户（如图 9-5（a）所示）蜕变为以铁矿石、含铁固废为原料，以焦炭、有机固废为燃料，生产高品质钢铁产品、高价值化工产品、有色原料、建材原料，并对外排放洁净空气的清洁生产绿色工业，成为鸟语花香的城市花园（如图 9-5（b）所示）。

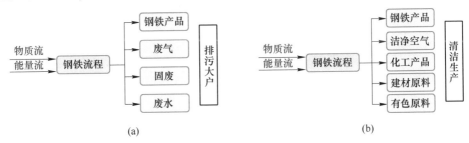

图 9-5 传统钢铁流程向绿色资源循环钢铁流程转化示意图

（a）传统钢铁流程；（b）资源循环绿色钢铁流程

9.2 区域性固废协同资源化处置智慧平台构建

9.2.1 区域固废协同处置的思路

一定区域内固废的品种和来源繁多，按其组成可分为有机废物和无机废物；按其形态可分为固体废物（块状、粒状、粉状）、半固态废物（废机油等）和非常规固态废物（含有气态或固态物质的固态废物，如废油桶、含废气态物质、污泥等）；按其来源可分为工业固体废物、矿业固体废物、农业固体废物、城市生活垃圾、危险固体废物、放射性废物和非常规来源固体废物，部分固废来源、分类及举例如表 9-1 所示。

表 9-1 固废来源、分类及举例

来源与分类		固废举例
工业固体废物	冶金固体废物	高炉渣、钢渣、含锌尘泥、铁合金渣、铜渣、锌渣、镍渣、铬渣、镉渣、汞渣、赤泥等
	燃料灰渣	煤矸石、粉煤灰、烟道灰、页岩灰
	化学工业固体废物	硫铁矿烧渣、煤造气炉渣、油气气炭黑、黄磷炉渣、磷泥、磷石膏、烧碱盐泥、纯碱盐泥、化学矿山尾矿渣、蒸馏釜残渣、废母液、废催化剂
	石油工业固体废物	碱渣、酸渣及炼油厂污水处理过程中排出的浮渣、含油污泥等
	矿业固体废物	废石和尾矿
农业固体废物		植物秸秆、人畜粪便
城市生活垃圾	居民生活垃圾	厨余垃圾、废纸、织物、家用什具、玻璃陶瓷碎片、废电器制品、废塑料制品、煤灰渣、废交通工具
	城建渣土	废砖瓦、碎石、渣土、混凝土碎块
	商业及办公固体废物	废旧的包装材料，丢弃的主、副食品
	污泥	河道淤泥、水净化污泥
放射性废物		核电站、核研究机构、医疗单位、放射性废物处理设施产生的废物，如污染的废旧设备、仪器、防护用品，含放射性的废树脂等
危险废物		废矿物油、废脱硫剂、橡胶生产过程中产生的废溶剂油

固废的长期堆存和粗放利用会造成严重的水-土-气复合污染。目前处置固废的主要方式是填埋和焚烧，对危险废物可能还需要在专业的有危险废物处置能力的固废处理工厂进行无害化减量化处置后再进行填埋处置。固废填埋法不能实现固废资源的回收利用，占用宝贵的土地资源，没有消除固废的环境风险，对填埋场周围的地下水资源造成严重的威胁；而固废集中焚烧处置设施存在选址难、运

行成本高、邻避效应严重的问题，没有得到根本解决，导致处置能力严重不足。当前，我国固体废物大量堆存已经使脆弱的环境承载力难以支撑，实现固废源头减量、资源化利用与无害化处置成为当前迫切和重大的民生需求。

工业炉窑基本都具有协同消纳社会废弃物的潜力，固体废物在合适的流程工业高温窑炉中进行协同处置，是提升固体废物利用处置能力的有效措施。除本书介绍的钢铁冶金流程外，火电、水泥、有色等企业对固废也都有一定的协同处置能力。工业炉窑共同的特征是生产过程中大量燃料的燃烧产生的高温气氛，实现物质或能量的转换，在生产出优质工业产品的同时，析出大量的污染物。经过多年的产业升级，现役和新建的钢铁、火电行业工业窑炉均已经具备了较完善的过程控制和末端治理污染物排放的措施，部分技术已经达到了污染物超低排放，有利于协同处置城市固废回收其能源和物质资源时实现全过程污染物控制。

另外，对产能过剩的钢铁、火电、水泥生产企业而言，利用生产设备协同处置固废也为企业提供了新的经济增长点，提高了设备利用效率，节约了燃料成本。因此，采用工业窑炉的高温环境处置城市固废既能有效控制协同处置过程中产生的二次污染，又能实现固废中有价元素资源化，将极大提升我国城市固废的消纳能力、极大降低城市固废的处置成本和污染物排放、极大缓解我国资源能源短缺的战略瓶颈问题。开展工业炉窑协同处置固废的研究，形成专业固废处置+工业炉窑协同处置的局面，对工业与城市共融共生具有十分重要的意义。

但是当前固废产量大、来源广、成分极其复杂。固废协同处置设施如钢铁厂的烧结机、炼焦炉、高炉、转炉、回转窑、电厂的煤粉锅炉、水泥厂的水泥窑以及化工行业的气化炉等，其工艺流程物质流、能量流差别很大，热工制度不同，处置能力各有差异，对入炉固废也有着不同的要求。而固废属性与工业流程有着优选的生态化适配路径，比如含铁固废宜进入钢铁流程，钙、硅类的固废宜进入建材工业流程，特定的固废只有进入最合适的工业窑炉进行协同处置，才能最大程度发挥协同处置的资源利用效益。就目前工业窑炉协同处置固废技术发展现状来看，仍然存在以下问题：

（1）固废产生端的产能、固废物化性质与协同处理端能力信息不透明，缺乏区域内特定固废与特定协同处置工业装置生态化适配的评价机制。

（2）区域之内的固废在不同处置设施之间缺乏统一的调配制度，固废协同处置综合经济效益和处置效率有待提升。

（3）缺乏统一的政府监管平台和第三方固废处置企业运营平台。

针对以上问题，在对区域内固废特征和工业窑炉分布及运行特征进行充分调研的基础上，必须构建一个区域性的工业窑炉协同处置固废智慧平台，对区域内需处置的固废和可以提供协同处置能力的设施进行合理地调配，提升环境效益和经济效益，并为新建固废处置工厂选址、确定规模提供量化参数，实现社会资源的优化配置。

9.2.2　区域固废源与工业窑炉数据库的建立

9.2.2.1　区域性固废数据库

区域性固废数据库包含固废的基础特性多维度识别指标（物质属性、能源属性、毒害属性和物理特征指标，包括工业分析、元素分析、热值、闪点、S/N/F/Cl、K/Na 等，如图 9-6 所示），并对固废的基础特性进行周期性更新，包含固废的位置信息和产存量数据，实时显示固废处置需求，如图 9-7 所示。

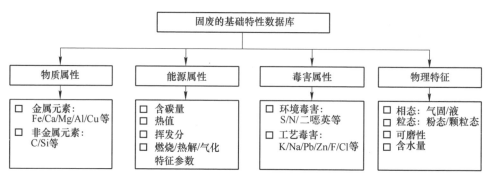

图 9-6　固废基础特性数据库组成

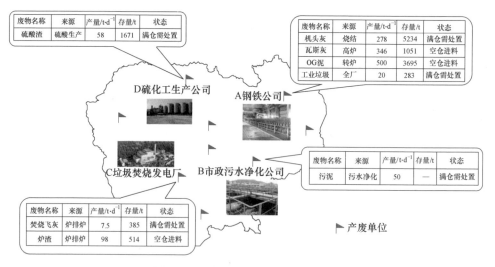

图 9-7　区域性固废产排分布示意图

9.2.2.2　区域性工业窑炉数据库

区域性工业窑炉数据库包含处置设施的位置信息、生产规模、热工制度、固废消纳能力，表 9-2 以湖南省为例，展示了湖南省区域性工业窑炉分布和部分产能情况。从中可以看出，湖南省内的钢铁企业比较集中，主要是由湘钢、涟钢、衡钢组建的湖南华菱钢铁集团有限责任公司（2022 年 2 月更名为"湖南钢铁集团有限公司"）、冷水江钢铁集团有限公司，湖南省钢铁年产能达到 3000 多万吨，拥有烧结机、焦炉、高炉、转炉等钢铁高温工业窑炉，可以协同处置垃圾焚烧飞灰、污水净化污泥、废橡胶等市政固废、危险废物。火电企业主要集中在长沙、益阳、岳阳、常德、株洲、邵阳、郴州等地区，如湖南华电长沙发电有限公司、大唐华银株洲发电有限公司、湖南华电常德发电有限公司、长安益阳发电有限公司，拥有多台 1000 MW、650 MW 发电机组，其电站锅炉可以协同处置市政污泥、市政园林生物质等固废。水泥企业分布较为广泛，每个地区都有多家水泥生产企业，如中材常德水泥有限责任公司、中材株洲水泥有限责任公司、湖南耒阳南方水泥有限公司等，水泥生产的主要窑型为回转窑，生产规模达到 2500~5000 t/d，可以协同处置生活垃圾、市政危险废物等。除此之外，湖南作为有色金属之乡，还拥有较多的有色冶炼炉窑，在处置钢厂高品位次氧化锌等有色金属固废方面具有较强的优势。

表 9-2 湖南省工业窑炉产能及分布（部分）

企 业 名 称	地 区	炉窑类型	规 模	数量/台
湘潭钢铁集团有限公司	湘潭	烧结机	180 m^2	1
		烧结机	360 m^2	2
		烧结机	450 m^2	1
		焦炉	4.3 m	1
		焦炉	7.3 m	2
		高炉	2580 m^3	2
		转炉	120 t	1
湖南华菱涟源钢铁有限公司	娄底	烧结机	130 m^2	1
		烧结机	180 m^2	1
		烧结机	280 m^2	1
		烧结机	360 m^2	1
		高炉	2200 m^3	1
		高炉	2800 m^3	1
		高炉	3200 m^3	1
		焦炉	—	5
		转炉	210 t	2
		转炉	100 t	3
湖南华电长沙发电有限公司	长沙	电站锅炉	650 MW	2

企 业 名 称	地 区	炉窑类型	规 模	数量/台
国能永州电厂	永州	电站锅炉	1000 MW	2
长安益阳电厂	益阳	电站锅炉	300 MW	2
		电站锅炉	600 MW	2
		电站锅炉	1000 MW	2（在建）
大唐华银金竹山发电厂	娄底	电站锅炉	125 MW	1
		电站锅炉	600 MW	3
中材常德水泥有限责任公司	常德	回转窑	2500 t/d	1
中材株洲水泥有限责任公司	株洲	回转窑	5000 t/d	1
湖南耒阳南方水泥有限公司	衡阳	回转窑	2500 t/d	1
		回转窑	4000 t/d	1
石门海螺水泥有限责任公司	常德	回转窑	4500 t/d	1
		回转窑	5000 t/d	1

所有流程工业的高温炉窑分布在湖南省境内各个地市州，组成了协同处置固废的强大网络。需要指出的是，每个工业窑炉都拥有不同的热工制度，即使是相同类型的炉窑，也会因为原料、产品目标、装备水平的不同，造成生产制度不同，对固废的原料要求、处置能力也会存在差异。因此，区域性工业窑炉数据库还需要动态地、全面地涵盖地区工业窑炉的生产状态及各自对固废入炉标准，鼓励入炉标准和限制入炉标准，鼓励入炉标准如热值、Fe/Ca等元素含量，限制入炉标准如K/Na/F/Cl等元素含量。

9.2.3 智能专家匹配系统

一种类型的固废可以有多种协同处置设施可以处置，一种协同处置设施也可能处置多种不同类型的固废。固废一般采用就近处置原则，即在固废的产生地附近处置。在特定固废与特定协同处置装置之间，在基于生态化适配原则基础上，建立智能专家匹配系统。

智慧平台拥有智能专家匹配系统（简称"专家系统"），主要解决"固废往哪里去"的问题，解决协同处置设施与固废产生端之间的最佳匹配的问题。基于固废数据库和协同处置设施数据库，专家系统按照质能利用率最高、污染腐蚀影响最小、经济成本最低的价值极大化原则，计算固废与协同处置设施的最佳适配原则，最佳适配原则遵循"物质利用>能源利用>无害化处置"的固废处置优先级顺序，其原理是：

（1）对于具有资源属性的固废，必须优先对其进行物质利用，对其中含有的资源进行循环利用，也包括对固废进行组分分离预处理后，再进行物质循环利用。

（2）对于无法进行物质利用，而具有能源属性的固废，可以优先将其用作工业生产的燃料，对固废中的能量进行重新利用，使其替代原有燃料，也包括对固废进行组分分离预处理后，再进行能源循环利用。

（3）对于既不能物质利用，也不能能源利用，而仅具有毒害物质属性的固废，则优先对其无害化处置，消除固废对环境的毒害影响后，进行安全填埋。

专家系统同时遵循距离就近原则，在其他适配条件相同条件下，以距离最近为优先原则，以节约运输成本，减少路途中污染物扩散的风险。专家系统按照最佳适配原则和物流成本最低原则，给出固废的最佳处置路径建议。

9.2.4 5G 智慧物流系统

智慧平台提供一种智慧物流系统，以解决传统物流中，对运输载具没有合理规划及利用的问题。智慧物流系统包括：运输载具、固定于运输载具上的载具信息终端、运输人员的手持信息终端，以及智慧物流服务器；其中，载具信息终端与手持信息终端一一对应；智慧物流服务器用于获取派送信息，派送信息包括目标固废的种类和重量信息、目标固废产生端和目标固废处置端的地理位置。

具体实施流程如图 9-8 所示。智慧平台拥有某区域内的固废产排和协同处置设施的数据库，在智慧平台上可以实时显示固废的产生状态和设施的生产状态。对于某特定固废，其基础数据已经储存在智慧平台数据库中，在固废持续产生的过程中，其产量不断累积，一旦超过仓储设定的限制，仓库向系统报警，请求处

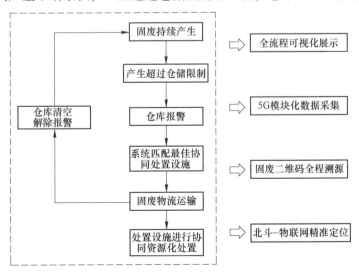

图 9-8 智慧平台处置固废典型工作流程

理；系统接收仓库的报警信息后，在数据库中寻找距离最近的、能够处置该固废的协同处置设施，并根据价值最优算法，匹配固废的最佳协同处置设施；系统内运输车辆装备了北斗模块，在可视化系统上也显示其位置和状态，系统匹配最近车辆前往运输固废；固废被运输到协同处置设施后，原有固废仓库清空，警报解除，继续接收固废，而车辆中的固废运输到协同处置设施进行资源化消纳。

依托 5G 模块化数据采集技术、云服务技术等现代化信息手段，智慧平台不断采集固废基础数据，智能仓储实时反映固废产量和堆存信息，通过云计算匹配经济和环境效益最优的协同处置路径，固废通过物流送往目的设施进行协同处置。通过北斗-物联网技术实现固废溯源和物流追踪，采用实景三维和视景仿真技术，实现固废从产生、检测、储存、运输到最后处置的过程可以通过智慧平台进行全流程可视化展示、运行管理和监测。

9.2.5 基于信息化、数字化技术的智慧平台

为了提高区域内固废协同处置效率，笔者提出了构建区域性固废协同处置智慧网络平台的构想。该智慧平台构成和原理如图 9-9 所示，包含区域性固废分布数据库、区域性协同处置设施分布数据库、智慧物流、智能仓储等。

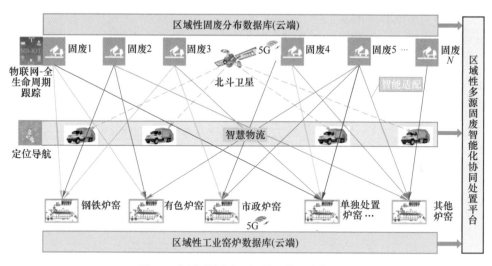

图 9-9　固废协同处置智慧网络平台构想图

在固废协同处置智慧网络平台中，设置固废和协同处置设施专有的、包含多维度特征指标信息和地理信息的特征码，建立区域固废与协同处置设施的分布数据库。对于固废数据库，要包含固废的基础特性多维度识别指标（资源属性、能源属性、污染属性和物理属性指标），并对固废的基础特性进行周期性更新；包

含固废的产存量数据，实时显示固废处置需求。对于区域内协同处置设施数据库，要包含处置设施的位置信息、生产规模、固废处置量、固废入炉要求以及对特定协同处置设施的鼓励型/准入型/限制型固废处置清单，为固废协同处置技术方案的制定提供数据支撑。

依托5G模块化数据采集技术、云服务技术等现代化信息手段，智慧平台不断采集固废基础数据，智能仓储实时反映固废产量和堆存信息，通过云计算匹配经济和环境效益最优的协同处置路径，固废通过物流送往目的设施进行协同处置。通过北斗-物联网技术实现固废溯源和物流追踪，采用实景三维和视景仿真技术，实现固废从产生、检测、储存、运输到最后处置的过程可以通过智慧平台进行全流程可视化展示、运行管理和监测。

固废协同处置智慧网络平台是第三方固废处置企业的运营平台、研发机构的技术成果推广平台，也是政府部门对区域内固废协同处置情况的监管平台，能有效促进固废在区域内的协同高效处置。

本 章 小 结

（1）钢铁流程多源复杂固废协同资源化组合方案的建立和实施，可以以最短的流程、最经济的处置成本、最低的碳排放，基本实现钢铁原料、燃料带进来的主要元素全量资源化利用。其中，铁等金属元素制成了钢铁产品，硫制成了硫酸或焦亚硫酸钠等化工产品，钾、钠、氯元素制成了高品质钾盐、钠盐等工业品，钙、硅、铝最终走向建材化，其他有机物质转化为冶金燃/辅料，二噁英、铊等严重影响人类健康的物质无毒化或资源化处置，钢铁企业有望成为鸟语花香的花园，且还能消纳部分社会废弃物，促进工业与城市共融共生。

（2）固废的种类纷繁复杂，而且是实时产生；在同一个区域内可以协同处置固废的设施也是种类和数量繁多，如何在区域内实现固废协同处置效率和效益最大化，是固废处置监管部门、运营企业必须要考虑的问题。本书首次提出了构建固废协同处置智慧网络平台的构想，对协同处置设施的处置状态、固废的产生情况进行实时展示，为固废的最佳协同处置路径选择提供了高效方案，为区域内固废协同处置提供了新的思路。

参 考 文 献

[1] 叶恒棣，李谦，魏进超，等. 钢铁炉窑协同处置冶金及市政难处理固废技术路线［J］. 钢铁，2021，56（11）：141-147.
[2] 叶恒棣，刘雁飞，魏进超，等. 一种固废协同处置中处置端选取方法及系统：中国，202110541792. 3［P］. 2021-07-30.

［3］叶恒棣，刘雁飞，魏进超，等．一种固废协同处置中固废端选取方法及系统：中国，202110541796.1［P］．2021-07-30.

［4］叶恒棣，刘雁飞，李谦，等．智慧物流系统：中国，202110541778.3［P］．2021-07-30.

［5］叶恒棣，刘雁飞，周浩宇，等．智慧物流系统：中国，202110541793.8［P］．2021-08-10.

10 相关政策及标准体系

钢铁流程资源化循环消纳复杂固废技术的推广与应用离不开政府部门的政策以及行业标准体系的支持。本章梳理了钢铁流程资源化消纳固废的相关政策，从国家的"双碳"战略目标、循环经济发展战略、无废城市建设方案等政策方面，介绍了政府部门出台的固废资源化循环利用政策法规。在标准化建设方面，从较为成熟的水泥窑行业协同处置固废技术标准建设出发，分析了钢铁行业协同处置固废在标准体系建设上的现状和差距，并提出了建议。

10.1 冶金流程资源化消纳固废的相关政策

10.1.1 冶金流程资源化消纳固废的政策支持

固废处理是指对产生的固体废物进行收集、运输、分类、利用、处置等活动，以减少其对环境和人类健康造成的危害。固废处理是生态文明建设和绿色发展的重要内容，也是实现资源节约和循环利用的有效途径。

我国是世界上固体废物产生量最大的国家之一，面临着固体废物污染环境防治的严峻挑战。一直以来，我国政府高度重视固废处理工作，出台了一系列法律法规和政策措施，为固废处理行业提供了法治保障和政策指引。自"八五"时期开始，我国对固废处理的行业政策均有定性表述，具体如表10-1所示，工业固废利用率定量的指标要求如图10-1所示。

表 10-1 固废处理行业政策发展历程

时 期	具 体 内 容
"八五"	加强对固体废物的检测和防治；工业固体废物综合利用率达到33%
"九五"	2000年，县及县以上固体废物综合利用率为50%
"十五"	推进资源综合利用技术研究开发，加快废弃物处理的产业化，促进废弃物转化为可用资源
"十一五"	工业固体废物综合利用率提高到60%；禁止工业固体废物、危险废物向农村转移；推进粉煤灰、冶金废渣工业废物利用；加强污泥资源化利用
"十二五"	推进大宗工业固体废物资源化利用，工业固体废物综合利用率达到72%

时　期	具　体　内　容
"十三五"	做好工业固废等大宗废弃物资源化利用；加强危险废物污染防治、开展危险废物专项整治全面整治
"十四五"	固体废物非法堆存；推进废物循环利用和污染物集中处置；加强大宗固体废弃物综合利用；城市污泥无害化处置率达到 90%

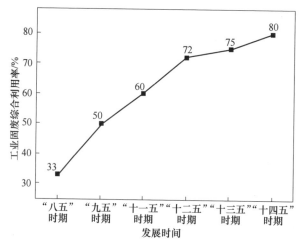

图 10-1　不同发展时期工业固废综合利用目标

　　自"十三五"以来，我国加大重视固废资源化回收利用，工业资源综合利用法规政策标准体系日益完善，技术装备水平显著提升，产业集中度和协同发展能力大幅提高。在法规政策和标准体系的引领下，企业可更好地制定固废资源利用发展规划方案，优化设计固废资源化利用实施路径。"十三五"以来重要的工业资源综合利用法规政策汇总如表 10-2 所示。

表 10-2　"十三五"以来重要的工业资源综合利用法规政策汇总

序号	时　间	法　规　政　策
1	2017 年 4 月	循环发展引领行动
2	2018 年 5 月	工业固体废物资源综合利用评价管理暂行办法
3	2018 年 5 月	国家工业固体废物资源综合利用产品目录
4	2018 年 10 月	中华人民共和国环境保护税法
5	2019 年 5 月	关于构建市场导向的绿色技术创新体系的指导意见
6	2019 年 8 月	排污许可管理办法（试行）
7	2019 年 11 月	再生资源回收管理办法（2019 年修订）

序号	时　间	法　规　政　策
8	2020 年 4 月	中华人民共和国固体废物污染环境防治法（2020 版）
9	2021 年 3 月	关于"十四五"大宗固体废弃物综合利用的指导意见
10	2021 年 6 月	关于开展大宗固体废弃物综合利用规范的通知
11	2021 年 7 月	"十四五"循环经济发展规划
12	2021 年 10 月	2030 年前碳达峰行动方案
13	2021 年 12 月	关于加快推进大宗固体废弃物综合利用示范建设的通知
14	2021 年 12 月	"十四五"工业绿色发展规划
15	2021 年 12 月	"十四五"原材料工业发展规划
16	2022 年 1 月	"十四五"节能减排综合工作方案
17	2022 年 2 月	关于加快推动工业资源综合利用的实施方案
18	2022 年 2 月	高耗能行业重点领域节能降碳改造升级实施指南（2022 年版）
19	2022 年 2 月	关于促进钢铁工业高质量发展的指导意见
20	2022 年 6 月	减污降碳协同增效实施方案
21	2022 年 8 月	工业领域碳达峰实施方案
22	2024 年 1 月	中共中央国务院关于全面推进美丽中国建设的意见
23	2024 年 2 月	国务院办公厅关于加快构建废弃物循环利用体系的意见

10.1.1.1 固废领域重要政策

环保产业作为生态文明建设的支柱产业，是打赢污染防治攻坚战的中坚力量，"十四五"以来，节能环保、循环经济的理念持续普及，国家对于环保领域的支出逐年增长，环保产业成为国民经济新的增长力量。加上国内"碳达峰""碳中和"相关工作持续推进，国家对于节能减排、资源循环利用高度重视，相继出台了《中华人民共和国固体废物污染环境防治法》《财政支持做好碳达峰碳中和工作的意见》《工业领域碳达峰实施方案》《"十四五"循环经济发展规划》《关于加快推动工业资源综合利用的实施方案》等有关政策，重点鼓励和扶持行业的高质量发展。

A　中华人民共和国固体废物污染环境防治法

《中华人民共和国固体废物污染环境防治法》（以下简称《防治法》）是我国关于固体废物污染环境防治方面最基本、最全面、最权威的法律文件。自 1995 年首次颁布以来，《防治法》已经经历了三次修订，分别在 2004 年、2016 年和 2020 年进行。2020 年 4 月 29 日，《防治法》第三次修订后正式通过，并于 2020 年 9 月 1 日起施行。

新修订的固体废物污染环境防治法明确固体废物污染环境防治坚持减量化、

资源化和无害化原则，鼓励、支持固体废物污染环境防治的科学研究、技术开发、先进技术推广和科学普及，加强固体废物污染环境防治科技支撑，推广先进的防治工业固体废物污染环境的生产工艺和设备。强化政府及其有关部门监督管理责任，明确目标责任制、信用记录、联防联控、全过程监控和信息化追溯等制度，明确国家逐步实现固体废物零进口。从具体方面看，法律完善了工业固体废物污染环境防治制度。强化产生者责任，增加排污许可、管理台账、资源综合利用评价等制度。在生活垃圾分类方面，明确国家推行生活垃圾分类制度，确立生活垃圾分类的原则。统筹城乡，加强农村生活垃圾污染环境防治。完善了建筑垃圾、农业固体废物等污染环境防治制度。建立建筑垃圾分类处理、全过程管理制度。明确国家建立电器电子、铅蓄电池、车用动力电池等产品的生产者责任延伸制度。加强过度包装、塑料污染治理力度。明确污泥处理、实验室固体废物管理等基本要求。法律对危险废物污染环境防治制度进行了完善，规定危险废物分级分类管理、信息化监管体系、区域性集中处置设施场所建设等内容。

《防治法》第三次修订后，在原有基础上增加了四大类内容：

（1）对固体废物污染环境防治项目给予鼓励。例如，《防治法》规定：县级以上人民政府应当采取财政补贴、税收优惠等方式支持社会力量参与固体废物污染环境防治工作。

（2）对固体废物污染环境防治行为进行规范。例如，《防治法》规定：固体废物的生产者和经营者应当履行减量化、资源化、无害化的义务，实施分类管理；固体废物的处置应当符合国家标准和技术规范，不得随意倾倒、堆放或者遗弃；禁止进口固体废物等。

（3）对固体废物污染环境防治监督管理进行强化。例如，《防治法》规定：生态环境部门应当建立固体废物污染环境防治信息公开制度，及时向社会公布有关信息；县级以上人民政府应当建立固体废物污染环境防治责任制度，明确各级各部门的职责和任务；对违反《防治法》规定的行为，依法予以查处，并加大处罚力度等。

（4）对固体废物污染环境防治相关方面进行完善。例如，《防治法》规定：国家鼓励和支持科学研究、技术开发和推广应用，提高固体废物综合利用水平和安全处置水平；国家鼓励和支持社会组织、志愿者等参与固体废物污染环境防治工作，提高公众的环保意识和参与度等。

《防治法》第三次修订后，对于促进我国固体废物污染环境防治工作具有重要意义。一方面，《防治法》为我国建立健全以减量化、资源化、无害化为原则的固体废物管理制度提供了法律依据；另一方面，《防治法》为我国推动绿色发展、构建美丽中国提供了法律保障。

B "双碳"战略目标及相关政策

2020年9月22日，国家主席习近平在第七十五届联合国大会上宣布，中国力争2030年前二氧化碳排放达到峰值，努力争取2060年前实现碳中和目标。

2021年10月，中共中央、国务院印发《关于完整准确全面贯彻新发展理念做好碳达峰碳中和工作的意见》，对碳达峰碳中和工作作出系统谋划和总体部署，提出"要加快形成绿色生产生活方式，大力推动节能减排，全面推进清洁生产，加快发展循环经济，加强资源综合利用，不断提升绿色低碳发展水平"。同期，国务院发布《2030年前碳达峰行动方案》，进一步明确了推进碳达峰工作的总体要求、主要目标、重点任务和保障措施，并部署"碳达峰十大行动"，其中"循环经济助力降碳行动"明确指出要"抓住资源利用这个源头，大力发展循环经济，全面提高资源利用效率，充分发挥减少资源消耗和降碳的协同作用"，从推进产业园区循环化发展、加强大宗固废综合利用、健全资源循环利用体系、大力推进生活垃圾减量化资源化四个方面开展工作。在大宗固废综合利用方面，《行动方案》指出要"提高矿产资源综合开发利用水平和综合利用率，以煤矸石、粉煤灰、尾矿、共伴生矿、冶炼渣、工业副产石膏、建筑垃圾、农作物秸秆等大宗固废为重点，支持大掺量、规模化、高值化利用，鼓励应用于替代原生非金属矿、砂石等资源。健全资源循环利用体系，实现再生资源应收尽收，推动再生资源规范化、规模化、清洁化利用"。

2022年8月，科学技术部、国家发展和改革委员会、工业和信息化部等9部门印发《科技支撑碳达峰碳中和实施方案（2022—2030年）》（以下简称《实施方案》），统筹提出支撑2030年前实现碳达峰目标的科技创新行动和保障举措，并为2060年前实现碳中和目标做好技术研发储备。《实施方案》提出要"加强重点领域低碳降碳技术创新，支撑重点领域绿色低碳高质量发展。以钢铁、石化、水泥等行业为重点，实施清洁高效可循环生产工艺、节能降碳、原料替代等一批低碳零碳工业流程再造技术研发"。

钢铁是高能耗、高碳排放的行业，国家实现"双碳"战略目标的关键领域。钢铁行业产生复杂固废中含有丰富的 Fe、Ca、C、H、Zn 等有价资源，对固废中的有价资源进行循环利用，用固废中废碳替代化石燃料中的碳，用含铁固废替代炼铁炼钢原料，是支撑钢铁行业减碳的重要手段，符合国家"双碳"战略目标。

C "十四五"循环经济发展规划

2021年7月，国家发展和改革委员会发布了《"十四五"循环经济发展规划》（以下简称《规划》）。《规划》提出发展循环经济是我国经济社会发展的一项重大战略，大力发展循环经济，推进资源节约集约利用，构建资源循环型产业体系和废旧物资循环利用体系，对保障国家资源安全，推动实现碳达峰、碳中和，促进生态文明建设具有重大意义。

《规划》提出的主要目标是：到 2025 年，循环型生产方式全面推行，绿色设计和清洁生产普遍推广，资源综合利用能力显著提升，资源循环型产业体系基本建立。废旧物资回收网络更加完善，再生资源循环利用能力进一步提升，覆盖全社会的资源循环利用体系基本建成。资源利用效率大幅提高，再生资源对原生资源的替代比例进一步提高，循环经济对资源安全的支撑保障作用进一步凸显。大宗固废综合利用率达到 60%，建筑垃圾综合利用率达到 60%，资源循环利用产业产值达到 5 万亿元。

《规划》同时提出要推进城市废弃物协同处置，"有序推进水泥窑、冶炼窑炉协同处置医疗废物、危险废物、生活垃圾等，统筹推进生活垃圾焚烧炉协同应急处置医疗废物"。这为钢铁冶炼窑炉协同处置市政危险废物提供了政策支持。钢铁行业生产规模大、高温工业窑炉多、污染治理体系完善，钢铁冶炼窑炉协同处置城市危险废物是发展循环经济的有力途径。

D   循环发展引领行动

2017 年 4 月，国家发展和改革委员会、工业和信息化部、科学技术部等部门印发了《循环发展引领行动》的通知（以下简称《引领行动》）。《引领行动》中特别指出了"推动生产系统协同处理城市及产业废弃物。因地制宜推进水泥行业利用现有水泥窑协同处理危险废物、污泥、生活垃圾等，因地制宜推进火电厂协同资源化处理污水处理厂污泥，推进钢铁企业消纳铬渣等危险废物。鼓励将生活废弃物作为生产的原料、燃料进行资源化利用"。

E   环保装备制造业高质量发展行动计划

2022 年 1 月，工业和信息化部、科学技术部和生态环境部印发《环保装备制造业高质量发展行动计划（2022—2025 年)》（以下简称《行动计划》），为环保装备制造业未来几年的发展指明了方向。这是国家层面第一次发布"环保装备制造业高质量发展行动计划"。《行动计划》明确提出，"聚焦长期存在的环境污染治理难点问题，攻克高盐有机废水深度处理、污泥等有机固废减量化资源化技术装备"。到 2025 年，环保装备制造业产值要力争达到 1.3 万亿元。截至 2021年，环保装备制造业的产值为 9500 亿元，未来 3 年还有增长空间。冶金流程资源化消纳固废的主要环保装备包括回转窑、干式冷渣机、活性炭吸附系统、固废水洗一体化装备等，努力提高现有环保装备的技术水平，大力开发新型节能环保的环保装备，符合国家关于环保装备制造业高质量发展的迫切需求。

F   河北省"十四五"时期"无废城市"建设工作方案

2022 年 3 月，河北省发布了《"十四五"时期"无废城市"建设工作方案》，提出以钢铁产业为重点引领减污降碳协同增效。开展钢铁行业建设项目碳排放环境影响评价试点，从源头实现减污降碳协同作用。推进钢铁行业短流程改造，试点示范富氢燃气炼铁，持续降低长流程炼钢比重。优化钢铁行业原燃料结构，由化石能源向可再生能源转型，提高废钢、废铁、煤尘、烟尘等固体废物资源化利用，打造钢铁冶金行业"固废不出厂"的全量化利用模式。结合钢铁、建材、石化化工等重点行业碳达峰行动方案，实施重大节能低碳技术改造示范工程，加快实现钢铁行业碳排放达峰，创建一批钢铁行业"无废工厂"示范。

G 上海市减污降碳协同增效实施方案

2023年1月，上海市发布了《减污降碳协同增效实施方案》加快探索钢铁、石化、化工等重点行业工业固体废物减量化路径。制定循环经济重点技术推广目录，支持企业采用固体废物减量化工艺技术。加快固废综合利用和技术创新，推动冶炼废渣、脱硫石膏、焚烧灰渣等大宗工业固废的高水平全量利用。推动产业园区配套建设固体废弃物中转、贮存和预处理设施，探索推进重点园区率先实现"固废不出园"，并协同处置城市其他固体废弃物。

10.1.1.2 对固废行业发展的影响与挑战

A 行业政策对于固废处理行业发展产生的积极影响

促进了固废处理行业规范化、标准化、专业化。通过出台《防治法》等法律法规，明确了固废处理行业的相关主体、职责、义务、权利等方面的规定，为固废处理行业提供了法律依据和约束力；通过出台《行动计划》等政策措施，制定了具体的目标任务和措施要求，为固废处理行业提供了政策指引和执行力。这些法律法规和政策措施有助于推动固废处理行业按照统一的标准和要求进行管理服务，提高其规范化、标准化、专业化水平。

促进了固废处理行业技术创新与应用。通过出台《防治法》等法律法规，在鼓励支持方面给予了明确表述，并在处罚力度方面进行了加大；通过出台《行动计划》《行动方案》等政策措施，在财政补贴、税收优惠等方面给予了具体扶持，并在目标任务方面进行了量化考核，明确了目标，为固废处理行业的技术创新指明了方向。这些法律法规和政策措施有助于激发固废处理行业的技术创新动力和应用需求，促进了固废处理行业的技术进步和装备更新，提高了固废处理行业的综合利用水平和安全处置水平。

促进了固废处理行业市场化、多元化、国际化。通过出台《防治法》等法律法规，在市场准入、价格形成、竞争秩序等方面进行了规范；通过出台《行动计划》等政策措施，在政府购买服务、社会资本参与、跨区域合作等方面进行了引导。通过出台《引领行动》等政策措施，鼓励冶金流程消纳固废与单独资源消纳固废竞争与合作，构建了多元消纳固废的技术体系，为补充固废消纳能力提供了支撑。这些法律法规和政策措施有助于推动固废处理行业形成公平竞争的市场环境，吸引更多的社会力量参与固废处理行业，拓展固废处理行业的国内外合作空间。

B　行业政策对于固废处理行业发展产生的挑战

固废处理行业面临着较大的投入压力。由于我国固体废物产生量持续增加，种类繁多，污染程度较高，对于固体废物分类收集、转运、处置等配套设施建设和运营维护需要投入较大的资金、人力、物力等资源。同时，由于我国在固体废物综合利用和安全处置方面还存在一定的技术缺口，需要加大科学研究和技术开发方面的投入。因此，如何保障足够有效的投入是固废处理行业发展面临的一个重要问题。

固废处理行业面临着较高的管理难度。由于我国地域广阔，经济社会发展不平衡，各地区在固体废物产生量、种类、特性等方面存在较大差异；由于我国在固体废物管理制度和监管机制方面还存在一定的不足，导致固体废物管理服务水平和质量存在较大差距；同时，由于我国在固体废物信息公开和社会监督方面还存在一定的障碍，导致固体废物管理过程中出现一些违法违规行为。因此，如何提高固废处理行业的管理效率和效果是固废处理行业发展面临的一个重要问题。

固废处理行业面临着较强的社会责任。由于固体废物污染环境问题关系到人民群众生态环境安全和健康，因此，固废处理行业不仅要满足经济效益的要求，还要满足社会效益和生态效益的要求。同时，由于固体废物污染环境问题涉及多个部门、多个领域、多个层次、多个利益主体，因此，固废处理行业不仅要协调好自身内部的利益关系，还要协调好与外部相关方的利益关系。因此，如何承担好固废处理行业的社会责任是固废处理行业发展面临的一个重要问题。

10.1.2　冶金流程资源化消纳固废政策的不足

钢铁行业协同处置固废仍然处于研究起步的阶段，缺乏统一的建设、运营和监管标准，也缺乏相应的政策激励。由于缺乏针对性固废预处理标准、技术规范、污染控制标准、产品质量控制标准和相关回收政策支持等措施，加之部分固废属于危险废物，管理及处置成本较高，企业开展协同处置的积极性不高。未来仍需要持续加强进行工业窑炉协同处置固废方面的技术研发，加快标准制定，从国家层面积极出台协同处置企业税收、固废处置补贴方面的激励政策，促进协同处置行业的健康发展。

10.2　跨领域协调与资源循环利用标准体系构建

标准是经济活动和社会发展的技术支撑，是国家基础性制度的重要方面。为贯彻落实《国家标准化发展纲要》，加快构建推动高质量发展的国家标准体系，国家标准化管理委员会、中央网络安全和信息化委员会办公室、科学技术部、工业和信息化部、民政部、生态环境部、住房和城乡建设部、农业农村部、商务部、应急管理部联合编制印发了《"十四五"推动高质量发展的国家标准体系建设规划》，提出了建设重点领域国家标准体系。其中，在生态文明建设领域，建设资源高效循环利用标准，开展工业固废、再生资源回收及综合利用等领域的标准研制，健全资源循环利用标准体系。推动绿色产品评价标准制定，完善绿色产品评价标准体系。

10.2.1 水泥窑协同处置固废标准体系建设介绍

水泥窑具有焚烧温度高、热容量大、工况稳定、停留时间长、更易形成稳定的氧化环境的特点，利用水泥窑协同处置固废，在进行水泥熟料生产的同时实现对废物的无害化处置，同时，各类固废又可作为水泥窑的替代燃料或替代原料使用，有效降低了天然原燃料的用量。水泥窑协同处置技术使一般固废、危险固废、生活垃圾、城市污泥等各种废物得以资源化再利用，实现了"减量化、无害化、资源化"，符合国家节能减排和循环经济的可持续发展理念，近几年发展尤为迅速。

为指导水泥企业规范处置废物，从设计规范到排放标准，国家已经出台了较为完善的水泥窑协同处置固体废物的标准规范体系，为水泥窑协同处置固体废物工程的设计、实施和运行提供了相关依据，如表 10-3 所示。

表 10-3　水泥行业协同处置固体废弃物标准清单

序号	名　　称	标准号	类　别
1	水泥窑协同处置工业废物设计规范	GB 50634—2010	国家标准
2	水泥窑协同处置垃圾工程设计规范	GB 50954—2007	国家标准
3	水泥窑协同处置固体废物技术规范	GB 30760—2014	国家标准
4	水泥窑协同处置污泥工程设计规范	GB 50757—2012	国家标准
5	水泥工厂设计规范	GB 50295—2016	国家标准
6	水泥窑协同处置固体废物污染控制标准	GB 30485—2013	国家标准
7	水泥窑协同处置污泥及污染土中重金属的检测方法	GB 41058—2021	国家标准
8	水泥窑协同处置的生活垃圾预处理可燃物	GB 35170—2017	国家标准
9	水泥窑协同处置的生活垃圾预处理可燃物燃烧特性检测方法	GB 34615—2017	国家标准
10	水泥窑协同处置的生活垃圾预处理可燃物取样和样品制备方法	GB 35171—2017	国家标准
11	水泥胶砂中可浸出重金属的测定方法	GB 30810—2014	国家标准
12	水泥窑协同处置固体废物环境保护技术规范	HJ 662—2013	行业标准
13	排污单位自行监测技术指南　水泥工业	HJ 848—2017	行业标准
14	水泥窑协同处置飞灰成套装备技术要求	JC 2591—2021	行业标准
15	水泥窑协同处置生活垃圾工程项目建设标准	DB42 1672—2021	地方标准

序号	名 称	标准号	类 别
16	水泥窑协同处置生活垃圾评价标准	DB42 1673—2021	地方标准
17	水泥窑协同处置废物能源消耗增加值限额	DB11 1560—2018	地方标准
18	钨冶炼固体废物利用处置技术指南 第1部分：水泥窑协同处置	DB36 1295.1—2020	地方标准
19	水泥窑协同处置危险废物企业安全生产标准化规范	T/CAWS 0003—2022	团体标准

2013年底，环境保护部同时颁发了《水泥窑协同处置固体废物环境保护技术规范》（HJ 662—2013）和《水泥窑协同处置固体废物污染控制标准》（GB 30485—2013），在此基础上水泥窑协同处置固体废物逐渐形成规模。水泥窑协同处置技术的实施和推广，打破了原有的危险废物处置设施格局，随后又颁发了《水泥窑协同处置危险废物经营许可证审查指南》（2017年6月）和《水泥窑协同处置固体废物污染防治技术政策》（2016年12月）等，这都促进了水泥窑协同处置固体废物更加规范化、合理化。

GB 30485—2013规定了入窑生料中重金属含量参考限值，水泥熟料中重金属含量限值及水泥熟料中可浸出重金属含量限值。氯化氢$\leqslant 10$ mg/m^3，氟化氢$\leqslant 1$ mg/m^3，汞及其化合物$\leqslant 0.05$ mg/m^3，铊、镉、铅、砷及其化合物$\leqslant 1.0$ mg/m^3，铍、铬、锡、锑、铜、钴、锰、镍、钒及其化合物$\leqslant 0.5$ mg/m^3，二噁英类$\leqslant 0.1$ ng TEQ/m^3。有效控制氯化氢、氟化氢、重金属及二噁英类物质排放，同时利用固体废物作为替代燃料和原料生产水泥可减少温室气体CO$_2$排放的作用。

HJ 662—2013规定了水泥窑协同处置固体废物的鉴别和检测、处置工艺技术和管理要求，入窑生料和水泥熟料重金属含量限值及水泥可浸出重金属含量限值、检测方法及检测频次等。规定了入窑生料中重金属含量限值规定，水泥熟料中重金属含量限值及水泥熟料中可浸出重金属含量限值满足国家相应标准，水泥产品满足国家标准。标准针对水泥窑协同处置全过程实施控制，可操作性强。

《水泥窑协同处置危险废物经营许可证审查指南》明确了水泥窑协同处置危险废物单位关于技术人员、危险废物运输、协同处置工艺和设施、规章制度与事故应急等方面的审查要求，以及针对不同运营模式申请单位的许可证颁发方式等。特别是对协同处置的全过程提出了详细的要求，包括对厂区、水泥窑、贮存、预处理、场内输送、废物投加位置与投加量、协同处置的规模与类别、污染物排放控制、化学分析与质量控制和水泥窑性能测试（试烧）等提出相应的审查要点与要求。

《水泥窑协同处置固体废物污染防治技术政策》明确了协同处置固体废物应利用现有新型干法水泥窑，并采用窑磨一体化运行方式，同时对水泥窑处置固体废物的类型以及水泥窑规模作出规定。合理确定水泥窑协同处置固体废物的种类及处置规模,严禁利用水泥窑协同处置具有放射性、爆炸性和反应性废物,未经拆解的废家用电器、废电池和电子产品,含汞的温度计、血压计、荧光灯管和开关、铬渣,以及未知特性和未经过检测的不明性质废物。窑尾烟气除尘应采用高效袋式除尘器,排气筒必须安装大气污染物自动在线监测装置,采用粉尘、二氧化硫、氮氧化物、汞等多种污染物高效协同脱除技术。

住房和城乡建设部也陆续颁布了一系列技术规范推动水泥窑协同处置发展、《水泥工厂设计规范》(GB 50295—2016)、《水泥窑协同处置工业废物设计规范》(GB 50634—2010)、《水泥窑协同处置污泥工程设计规范》(GB 50757—2012)、《水泥窑协同处置垃圾工程设计规范》(GB 50954—2007)。GB 50634—2010 从新型干法水泥熟料生产线协同处置工业废物的设计角度制定了标准,以实现水泥窑协同处置工业废物高温解毒和重金属固化的作用,达到减量化、无害化和资源化目标。

全国水泥标准化技术委员会颁发的《水泥窑协同处置固体废物技术规范》(GB 30760—2014)、《水泥胶砂中可浸出重金属的测定方法》(GB 30810—2014)规范方法更明确了水泥窑协同处置固体废物的技术和检测方法。其中,GB 30760—2014 规定了协同处置固体废物的鉴别和检测、处置工艺技术和管理要求、入窑生料和水泥熟料重金属含量限值及水泥可浸出重金属含量限值、检测方法及检测频次等技术内容。GB 30810—2014 规定了可浸出重金属测定的试样制备、浸出步骤和浸出液中重金属含量的测定方法,适用于处置固体废物的水泥生产企业生产的水泥。

这一系列政策、标准、规范的制定和实施,已经成为指导水泥企业取证以及在协同处置废物过程中的配伍、投加、产品质量等遵循和参照的主要标准,为水泥窑协同处置固废行业的健康发展奠定了基础、指明了方向。

10.2.2 钢铁冶金炉窑协同处置固废标准体系建设

10.2.2.1 标准体系建设的现状

钢铁行业固体废弃物处置技术标准体系建设起步较晚,技术标准清单如表10-4所示。国家市场监督管理总局颁发了《钢渣处理工艺技术规范》(GB 29514—2018),规定了采用热闷、滚筒、风碎、水淬等不同工艺处置钢渣的技术原理、工艺流程和技术要求,并介绍了几种工艺的具体操作、维护和安全方面的工作内容。同时颁发了《用于水泥和混凝土中的钢渣粉》(GB 20491—2017)、《耐磨沥青路面用钢渣》(GB 24765—2009)、《透水沥青路面用钢渣》(GB 24766—2009)等,规定了将钢渣应用于不同场景时,对钢渣具体的产品要求,以 GB 24765—2009 为例,该标准规定了用于耐磨沥青路面用的钢渣产品所必须达到的技术要求、试验方法以及检验规则、储存和运输要求，对于道路工程中具有较高耐磨要求的沥青路面，其钢渣要求浸水膨胀率不大于 2.0%，金属铁含量不大于 2.0%。

表 10-4 钢铁行业固体废弃物处置技术标准清单

序号	名　称	标准号	类　别
1	钢渣处理工艺技术规范	GB 29514—2018	国家标准
2	用于水泥和混凝土中的钢渣粉	GB 20491—2017	国家标准
3	烧结熔剂用高钙脱硫渣	GB 24184—2009	国家标准
4	耐磨沥青路面用钢渣	GB 24765—2009	国家标准
5	透水沥青路面用钢渣	GB 24766—2009	国家标准
6	钢渣矿渣硅酸盐水泥	GB 13590—2006	国家标准
7	钢铁工业含铁尘泥回收及利用技术规范	GB 28292—2012	国家标准
8	高炉干法除尘灰回收利用技术规范	GB 33759—2017	国家标准
9	烧结烟气除尘灰回收处置利用技术规范	YB 4727—2018	行业标准
10	钢渣用于烧结烟气脱硫工艺技术规范	YB 4712—2018	行业标准
11	透水水泥混凝土路面用钢渣	YB 4715—2018	行业标准
12	陶粒用钢渣粉	YB 4728—2018	行业标准
13	机制砂用含钛高炉渣	YB 4958—2021	行业标准
14	钢渣沥青路面施工技术指南	DB3201 1108—2022	地方标准
15	公路水泥稳定钢渣混合料设计与施工技术规范	DB15 2427—2021	地方标准
16	水泥生料用钢渣应用技术规程	DB14 1951—2020	地方标准
17	钢铁厂协同处置城市危险废物预处理回转窑工程设计标准	T/CMCA 2006—2022	团体标准

《烧结熔剂用高钙脱硫渣》（GB 24184—2009）规定了烧结熔剂用高钙脱硫渣的技术要求、试验方法、检验规则、运输、贮存与质量证明书等内容，该标准中的脱硫渣是指以钙基脱硫剂的铁水炉外脱硫工艺产生的高钙脱硫渣，其 CaO 含量不低于 53.0%，S 和 P 含量分别不高于 3.00% 和 0.15%，粒度范围为 0 ~ 5 mm 部分占比应不低于 85.0%。

《钢铁工业含铁尘泥回收及利用技术规范》（GB 28292—2012）规定了钢铁企业在原料准备、烧结、球团、炼铁、炼钢和轧钢等工艺过程产生的尘泥的回收及利用，不包括冶金辅料尘泥、轧钢含油尘泥和特种加工过程产生尘泥的回收及利用。该标准规定的钢铁工业含铁尘泥处置方法分为企业内部处置和外部处置两大类，外部处置主要分为露天堆放与填埋和企业外部集中处置两类，内部处置分为直接回收利用和企业内部集中回收利用两类。对于低锌含铁尘泥，可以采用磁选、重选、浮选等方法分离其中的铁和碳，进而得到含铁、含碳较高的铁精矿或碳精矿，而高锌的含铁尘泥需要采用物理法、湿法或火法等工艺先分离出锌元素。

对钢铁行业固废处置标准进行梳理发现，钢铁行业固体废弃物处置技术现有标准主要集中在钢渣、高炉渣、含铁尘泥等固废，尤其是钢渣、高炉渣建材化使用的产品技术规范，对钢渣、高炉渣应用于水泥、陶粒、机制砂、沥青路面等领域，已经有了明确、统一的标准。

钢铁行业固废处置标准体系建设仍然存在许多不足，主要表现在两个方面。一方面，钢铁行业固废来源广泛、成分复杂，对于钢渣、高炉渣等大宗普通固废，其技术标准已经相对全面，但是对组分更杂的复杂固废（有机固废、含锌尘泥、高盐固废）的资源化循环利用标准建设方面，仍然十分匮乏。虽然 GB 28292—2012 中提到了含铁尘泥的回收方法，但该标准仍是从宏观上指出不同含铁固废的处置技术路线，缺乏具体的设计、施工、运行以及产品质量标准，标准体系建设仍不完善。另一方面，钢铁行业协同处置固废仍然处于研究和应用的起步阶段，现有标准在利用钢铁流程协同处置钢铁企业厂内固废及厂外固废方面，则几乎处于空白，导致各地区钢铁企业对如何合法合规处置利用现有产能处置内部固废和厂外固废无法可依、无标准可循。

2022 年 10 月，中冶长天国际工程有限责任公司牵头编写并发布了团体标准《钢铁厂协同处置城市危险废物预处理回转窑工程设计标准》（T/CMCA 2006—2022），并于 2023 年 2 月 1 日开始正式实施。该标准提出了利用钢铁厂内回转窑对危险废物进行热解-焚烧预处理，危险废物中的有机碳和铁元素被保留在热解渣中，热解渣则可以利用钢铁厂内的烧结或球团工序进行利用。与传统焚烧技术相比，危险废物的处置能耗大幅降低，残渣不再需要占用土地填埋，危险废物中的有价元素回收率大幅提高，同时，采用该标准的工艺技术，不仅可以处置钢铁厂内的危险废物，还能协同处置市政有机危险废物，适合我国经济发展的新形势和我国钢铁企业"固废不出厂"的新要求，钢铁工业也承担起城市危险废物资源化处置的社会责任，实现由"黑色经济"向"绿色经济"转变，变"黑色制造"为"绿色制造"。T/CMCA 2006—2022 规定了钢铁厂协同处置城市危险废物预处理回转窑在总体设计、原料接收与贮存、危废热解-焚烧、烟气净化与残渣处理、节能与环境保护等方面的工程设计具体要求，为钢铁厂协同处置城市危险废物预处理回转窑工程的设计提供了指导和参考。

应当指出的是，团体标准 T/CMCA 2006—2022 的发布实施仅仅是钢铁冶金炉窑协同处置固废标准体系建设的起步，完善的标准体系建设还只是走出了"万里长征第一步"。为此，中冶长天目前仍在编写《钢铁厂协同处置城市危险废物预处理回转窑工程验收标准》《钢铁厂协同处置城市固废原燃料要求》《烧结工序协同处置城市固废工程设计标准》《烧结工序协同处置城市固废工程验收标准》等一系列标准，以期从钢铁流程资源化消纳厂内和市政固废的原料要求、处置工艺、产品质量、排放标准等方方面面，从工程的设计、施工、验收、运营、监管等各个环节，建立全方位、全流程的标准规范体系，促进固废协同处置行业的健康、快速、蓬勃发展。

10.2.2.2 标准体系建设的建议

（1）加快构建钢铁流程固废资源循环综合利用标准体系，强化标准实施。围绕重点利用领域制修订产品质量以及循环利用规范。对钢铁流程资源化循环消纳复杂固废技术标准的申报程序上开辟"绿色通道"，优先给予相应的技术支持和指导。鼓励冶金复杂固废产生及利用企业投入技术研发，并将技术转化为企业标准，并逐步由企业标准上升为地方标准、行业标准和国家标准。

（2）加强科技研发对标准化建设的支撑作用。广泛调查冶金复杂固废和市政固废的产排特征、基础理化特征，深入研究钢铁炉窑内高温环境中固废中有价元素与毒害元素的分离和循环利用机制，探明多源固废中及其预处理残渣分对不同钢铁流程产品性能和环境影响，建立冶金流程资源循环利用多源固废的高价值匹配方案与最优工艺制度，为我国制定钢铁替代原燃料方面的标准提供理论和技术基础。

（3）加强跨领域固废资源综合利用标准化研究。工业固废资源综合利用领域的标准化工作是一项专业性强、涉及领域广泛的工作，要对钢铁、有色金属、建材、市政固废等行业领域的生产技术比较了解。目前，从国家标准体系建设层面上，急需技术评价类标准的研制，而从企业和市场的需求来看，急需综合利用新产品标准的研制。对资源综合利用标准的基础研究需要政府的重视和跨领域专家协同参与，制定出台规范、高效的标准工作机制，加强标准的基础性培训，从而更好地推动标准工作的有序发展。

（4）加强对冶金固废协同资源化综合利用标准化工作的领导。行业协会在标准化工作中应进一步发挥作用，进一步加强政府主管部门对钢铁流程固废协同资源化综合利用标准化工作的指导与协调，为深入开展资源综合利用标准化工作提供经验和指导。积极探索开展资源综合利用及循环经济标准化试点及示范区创建活动，大力推广钢铁流程固废协同资源化利用产业典型模式。对试验区试点示范工程在政策、项目、资金上给予倾斜。

（5）加强标准的宣贯，建立推动奖励机制。加大对钢铁流程固废协同资源化利用领域技术和标准的宣传，使企业能够准确地理解标准、掌握标准、重视标准，从而积极参与到标准的制定工作中。建立相关的推动与奖励机制，鼓励在固废协同资源化综合利用标准化工作中做出突出贡献的单位和个人。

本 章 小 结

（1）冶金流程资源化消纳固废符合国家"双碳"战略目标和发展循环经济的总体要求。建议国家层面在协同处置企业税收、固废处置补贴方面积极出台激励政策，引导社会使用固废资源化循环生产的产品。

（2）在协同处置固废的标准化体系建设方面，水泥窑行业已经走在了前面，相关处置标准比较完善，而钢铁行业协同处置固废技术的标准化建设仍然刚刚起步。要加快构建钢铁工业协同处置冶金复杂固废及多源城市固废的技术标准体系建设，促进协同处置行业的健康发展。

（3）建议政府相关部门加大政策扶持力度，推动循环经济发展，加快构建资源循环型产业体系。例如，钢铁、有色冶金的渣类固废建材化利用是大势所趋，政府应出台鼓励和约束性政策，推动冶金和建材行业合作，优先使用相关领域渣类固废制备建材，既能维持工业产业链健康发展，又能保护青山绿水。

参 考 文 献

[1] 张红. 依法利用固废　建设生态文明 [J]. 混凝土世界，2020（5）：8-11.

[2] 郭瑞，李春萍，黄敏锐. 水泥窑协同处置固体废物相关标准对比浅析 [J]. 水泥，2020（7）：8-10.

[3] 刘晨. 水泥窑协同处置废弃物标准化介绍 [J]. 中国水泥，2018（6）：88-91.

[4] 王钰，刘京丽. 水泥窑协同处置政策和标准与技术简述 [J]. 混凝土世界，2017（5）：70-72.

[5] 李富民，黄荣，李明，等. 工业固废资源综合利用标准现状研究 [J]. 中国质量与标准导报，2021（1）：23-25.

后　　记

本书对冶金流程复杂固废的物质、能源、毒害属性，对冶金流程中各工序的功能、工艺、热工参数、物理化学反应进行了全面的分析，建立了冶金流程协同处置固废的多维度判别指标及分类方法和生态化适配路径，提出了复杂组分固废多介质反应物、反应场界面调控，强化组分分离循环利用的理论方法，全面介绍了有机固废回转窑热解-焚烧资源化技术及装备，高锌固废多场可控回转窑法高效还原资源化技术及装备，多金属高盐固-液废协同资源化技术及装备，以及冶金流程消纳上述固废的工艺及装备技术等技术成果与工业应用，并介绍了冶金流程消纳其他领域固废技术及相关政策支持和标准体系建设情况。

本书介绍的冶金流程复杂固废资源化技术是基于目前的钢铁冶金长流程。固废来源于长流程生产，冶金炉窑也主要是长流程中的工业炉窑。随着我国经济发展对钢材产量需求下降和废钢资源的日益丰富，钢铁流程将会发生重大变革，钢铁流程固废产生的来源、数量和成分都会发生变化。本书介绍的基本原理和技术在应对未来的挑战中具有参考和借鉴作用。

本书主要阐述了冶金流程资源化消纳复杂固废的工艺和装备，对数字化技术着墨不多，实际上，未来不管在任何领域，数字化技术都是提高生产力的重要手段，希望各位读者充分发挥自己的聪明才智，把数字化技术应用于低碳绿色产业中，赋能低碳绿色产业。

目前冶金流程资源化消纳固废，特别是消纳社会废弃物，还存在标准及政策法规支撑不足的重大问题，建议学界与企业加大标准编制力度，推动技术产业化；建议相关政府环境管理部门，出台政策法规，鼓励冶金流程资源化消纳自产及社会废弃物，打破行业间资源壁垒，建立资源大循环利用技术和标准体系。

本书作者水平有限，书中难免有些许谬误不足之处，恳请广大读者批评指正。